工业和信息化人才培养规划教材　　高职高专计算机系列

网络服务器配置与管理
——Windows Server 2008 R2 篇

（第2版）

张金石 丘洪伟 ◎ 主编

钟小平 朱晓彦 章喜字 ◎ 副主编

Web Server Configuration and Management
– Windows Server 2008 R2

人民邮电出版社

北　京

图书在版编目（CIP）数据

网络服务器配置与管理. Windows Server 2008 R2篇/
张金石，丘洪伟主编. -- 2版. -- 北京：人民邮电出版
社，2015.10（2021.6重印）
工业和信息化人才培养规划教材. 高职高专计算机系
列
ISBN 978-7-115-37824-8

Ⅰ. ①网… Ⅱ. ①张… ②丘… Ⅲ. ①Windows操作系
统－网络服务器－高等职业教育－教材 Ⅳ.
①TP316.86

中国版本图书馆CIP数据核字(2014)第281865号

内 容 提 要

本书基于网络应用的实际需求，以广泛使用的服务器操作系统 Windows Server 2008 R2 为例介绍网络服务器部署、配置与管理的技术方法。全书共 12 章，内容包括 Windows Server 2008 R2 服务器管理基础、系统配置与管理、活动目录与域、名称解析服务——DNS 与 WINS、DHCP 服务、文件与打印服务、IIS 服务器、证书服务器与 SSL 网络安全应用、邮件服务器 Exchange Server、远程桌面服务、路由和远程访问服务及网络策略服务器。附录部分介绍了如何使用虚拟机软件 VMware 组建虚拟网络。

本书内容丰富，注重系统性、实践性和可操作性，对于每个知识点都有相应的操作示范，便于读者快速上手。

本书可作为高职高专院校计算机相关专业的教材，也可作为网络管理和维护人员的参考书，以及各种培训班教材。

◆ 主　　编　张金石　丘洪伟

副 主 编　钟小平　朱晓彦　章喜字

责任编辑　桑　珊

责任印制　杨林杰

◆ 人民邮电出版社出版发行　　北京市丰台区成寿寺路 11 号

邮编　100164　　电子邮件　315@ptpress.com.cn

网址　http://www.ptpress.com.cn

三河市君旺印务有限公司印刷

◆ 开本：787×1092　1/16

印张：24　　　　　2015 年 10 月第 2 版

字数：634 千字　　2021 年 6 月河北第 13 次印刷

定价：55.00 元

读者服务热线：**(010)81055256**　印装质量热线：**(010)81055316**
反盗版热线：**(010)81055315**

广告经营许可证：京东市监广登字 20170147 号

前 言

　　计算机网络日益普及，网络服务器在计算机网络中具有核心的地位，很多企业或组织机构需要组建自己的服务器来运行各种网络应用业务，因而需要更多掌握各类网络服务器的部署、配置和管理，并能解决实际网络应用问题的应用型人才。

　　目前，我国很多高等职业院校的计算机相关专业，都将"网络服务器配置与管理"作为一门重要的专业课程。为了帮助高职高专院校的教师能够比较全面、系统地讲授这门课程，使学生能够熟练地部署、配置和管理各类网络服务器，并考虑到国内多数企业选择 Windows Server 2008 R2 服务器，我们几位长期在高职院校从事网络专业教学的教师，共同编写了本书。

　　本书内容系统全面，结构清晰，在内容编写方面注意难点分散、循序渐进；在文字叙述方面注意言简意赅、重点突出；在实例选取方面注意实用性和针对性。

　　全书共 12 章，按照从基础到应用的顺序组织，第 1 章介绍关于服务器的基础知识，第 2 章介绍系统配置与管理，第 3 章至第 5 章主要介绍基本网络服务，从第 6 章开始介绍各类应用型的网络服务。每一章讲解一类网络服务器，按基础知识、服务器部署、服务器配置与管理的内容组织模式进行编写，其中各类服务器软件的配置、管理是重点；同时每章还提供相应的实例进行详细讲解和操作示范。

　　本书的参考学时为 48 学时，其中实践环节为 16～20 学时，各章的参考学时参见下面的学时分配表。

章节	课程内容	学时分配
第1章	Windows Server 2008 R2服务器管理基础	4
第2章	系统配置与管理	4
第3章	活动目录与域	4
第4章	名称解析服务——DNS与WINS	4
第5章	DHCP服务	2
第6章	文件与打印服务	2
第7章	IIS服务器	6
第8章	证书服务器与SSL网络安全应用	4
第9章	邮件服务器——Exchange Server	4
第10章	远程桌面服务	2
第11章	路由和远程访问服务	6
第12章	网络策略服务器	6
课时总计		48

　　本书由张金石、丘洪伟任主编，钟小平、朱晓彦、章喜字任副主编。

　　由于作者水平有限，书中难免存在错误和不妥之处，敬请广大读者批评指正。

编　者

2014 年 12 月

目 录 CONTENTS

第 6 章　文件与打印服务　145

第 7 章　IIS 服务器　171

第 8 章　证书服务器与 SSL 网络安全应用　215

第 12 章 网络策略服务器 339

附录 基于 VMware 组建虚拟网络 367

PART 1

第 1 章
Windows Server 2008
R2 服务器管理基础

【学习目标】

本章将向读者详细介绍 Windows Server 2008 R2 服务器的基础知识，让读者掌握服务器部署、服务器操作系统安装、基本环境设置、服务器管理器使用、专业系统管理工具 Windows PowerShell 的使用等技能。

【学习导航】

本章是全书的基础，在介绍网络服务背景知识的基础上，重点讲解 Windows Server 2008 R2 服务器本身的安装和基本配置管理，以及服务器管理工具的使用。

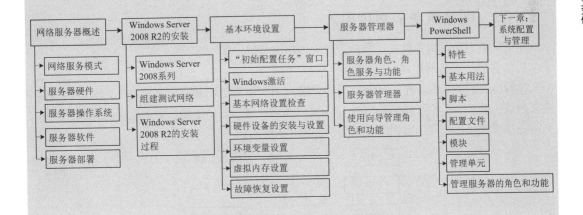

1.1 网络服务器概述

随着计算机网络的日益普及，越来越多的企业或组织机构需要建立自己的服务器来运行各种网络应用业务，服务器在网络中越来越具有核心地位。

1.1.1 网络服务器与网络服务

如图 1-1 所示，服务器（Server）是指在网络环境中为用户计算机提供各种服务的计算机，它承担网络中数据的存储、转发和发布等关键任务，是网络应用的基础和核心；使用服务器所提供服务的用户计算机就是客户机（Client）。

服务器与客户机的概念有多重含义，有时指硬件设备，有时又特指软件。在指软件的时候，也可以称服务和客户。同一台计算机可同时运行服务器软件和客户端软件，从而既可充当服务器，也可充当客户机。

网络服务是指一些在网络上运行的、应用户请求向其提供各种信息和数据的计算机业务，主要是由服务器软件来实现的，客户端软件与服务器软件的关系如图 1-2 所示。常见的网络服务类型有文件服务、目录服务、域名服务、Web 服务、FTP 服务、邮件服务、终端服务、流媒体服务、代理服务等。

图 1-1 服务器与客户机

图 1-2 服务器软件与客户端软件

1.1.2 网络服务的两种模式

网络服务主要有两种模式：客户／服务器与浏览器／服务器。

1. 客户／服务器模式

这种模式简称 C/S，是一种两层结构，客户端向服务器端请求信息或服务，服务器端则响应客户端的请求。无论是 Internet 环境，还是 Intranet 环境，多数网络服务支持这种模式，每一种服务都需要通过相应的客户端来访问，如图 1-3 所示。

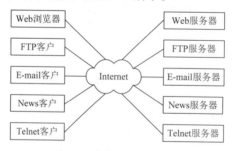

图 1-3 客户／服务器模式

2. 浏览器／服务器模式

这种模式简称 B/S，是对客户/服务器模式进行的改进，客户端与服务器之间物理上通过 Internet 或 Intranet 相连，按照 HTTP 协议进行通信，便于实现基于 Internet 的网络应用。客户端工作界面通过 Web 浏览器来实现，基本不需要专门的客户软件，主要应用都在服务器端实现。

现在许多网络服务都同时支持客户／服务器模式和浏览器／服务器模式，如电子邮件服务、文件服务。如图 1-4 所示，浏览器/服务器是一种基于 Web 的三层结构，Web 服务器作为一种网关，用户使用浏览器通过 Web 服务器使用各类服务。与客户／服务器模式相比，浏览器／服务器模式最突出的特点就是不需要在客户端安装相应的客户软件，客户使用通用的浏览器即可，这样就大大简化了客户端负担，减轻了系统维护与升级的成本和工作量，同时方便用户使用，因为基于浏览器平台的任何应用软件其风格都是一样的。

图 1-4　浏览器／服务器模式

1.1.3　网络服务器硬件

服务器大都采用了部件冗余技术、RAID 技术、内存纠错技术和管理软件。高端的服务器采用多处理器、支持双 CPU 以上的对称处理器结构。在选择服务器硬件时，除了考虑档次和具体的功能定位外，需要重点了解服务器的主要参数和特性，包括处理器架构、可扩展性、服务器结构、I/O 能力、故障恢复能力等。

根据应用层次或规模档次划分，服务器可分为以下几种类型。

- 入门级服务器。最低档的服务器，主要用于办公室的文件和打印服务。
- 工作组级服务器。适于规模较小的网络，适用于为中小企业提供 Web、邮件等服务。
- 部门级服务器。中档服务器，适合作为中型企业的数据中心、Web 网站等。
- 企业级服务器。高档服务器，具有超强的数据处理能力，可作为大型网络的数据库服务器。

根据结构，服务器可分为以下几种类型，如图 1-5 所示。

- 台式服务器。台式服务器也称为塔式服务器，这是最传统的结构，具有较好的扩展性。
- 机架式服务器。机架式服务器安装在标准的 19 英寸（1 英寸 = 2.54 厘米）机柜里面，根据高度有 1U（1U=1.75 英寸）、2U、4U、6U 等规格。
- 刀片式服务器。刀片式服务器是一种高可用高密度的低成本服务器平台，专门为特殊应用行业和高密度计算机环境设计，每一块"刀片"实际上就是一块系统主板。
- 机柜式服务器。该种服务器的机箱是机柜式的，其中需要安装许多模块组件。

图 1-5　台式、机架式（2U）、刀片式、机柜式服务器（从左至右）

根据硬件类型可将服务器划分为以下两种类型。

● 专用服务器。专门设计的高级服务器，采用专门的操作系统（如 UNIX、MVS、VMS 等），可以专用于数据库服务和 Internet 业务，一般由专业公司提供全套软硬件系统及全程服务。

● PC 服务器。以 Intel 处理器或 Itanium 处理器为核心构成的服务器，兼容多种网络操作系统和网络应用软件，性能可达到中档 RISC 服务器水平。

1.1.4　服务器操作系统

服务器操作系统又称网络操作系统（NOS），是在服务器上运行的系统软件。它是网络的灵魂，除了具有一般操作系统的功能外，还能够提供高效、可靠的网络通信能力和多种网络服务。目前主流的服务器操作系统有以下 3 种类型。

● Windows。目前较流行的是 Windows Server 2008 和 Windows Server 2003，最新产品为 Windows Server 2012。此类操作系统的突出优点是便于部署、管理和使用，国内中小企业的服务器多数使用 Windows 操作系统。

● UNIX。UNIX 的版本很多，大多要与硬件相配套，代表产品有 HP-UX、IBM AIX 等。自 2000 年惠普公司推出 SuperDome 高端服务器以来，HP-UX 日益强调可靠性、安全性、负载管理和分区功能。从 HP-UX 11iv2 开始，安全特性得到很大的扩充。目前最新的 HP-UX 版本是 HP-UX 11iv3，其发行方式按照适用特定用户应用场景提供 4 种不同的打包操作环境，大大简化了操作系统软件的配置。

● Linux。Linux 凭借其开放性和高性价比等特点，近年来获得了长足发展，在全球各地的服务器平台上市场份额不断增加。知名的 Linux 发行版本有 Red Hat、CentOS、Debian、Ubuntu 等。

1.1.5　网络服务器软件

服务器软件用来接收来自第三方的请求，并提供某种特定形式的信息来应答这些请求。要构建网络服务与应用系统，除了需要服务器硬件和操作系统外，还需要实现各种服务器应用的软件。

服务器软件从最初的电子邮件、FTP、Gopher（分类目录）、远程登录（Telnet）等，发展到目前品种众多的服务器软件。Internet 之所以如此受到用户的青睐，是因为它能提供极其丰富的服务，现在的 Internet 已成为以 WWW 服务为主体、具有多种服务形式的服务体系。

目前比较重要的服务器软件包括 DNS 服务器、Web 服务器、FTP 服务器、电子邮件服务器、文件服务器、数据库服务器、应用服务器、目录服务器、证书服务器、索引服务器、新闻服务器、通信服务器、打印服务器、传真服务器、流媒体服务器、终端服务器、代理服务器等。

1.1.6　网络服务器部署方案

网络服务器是关键设备，它不仅价格高，相关的管理维护成本高，而且对环境的要求也较高。用户部署服务器时，需要从多方面考虑。

1.　面向内网部署服务器

如果仅在内网部署服务器，一般需要自己建设和维护，必要时可将部分业务外包出去。根据业务规模来选择服务器档次，简单的小型办公网络，普通的 PC 就可充当网络服务器，如果对可靠性和性能要求较高，应当采用 PC 服务器；大型集团的中心服务器要采用企业级服务器。中型企业和大型企业分支机构和部门可选用部门级服务器。

2.　面向 Internet 部署服务器

如果面向 Internet 部署服务器，可根据情况选择自建或外包方案。

如果技术和设施条件不错，可自行建设和维护服务器，前提是拥有足够带宽的 Internet 线路。出于安全考虑，通常将服务器部署在内网，通过网关面向 Internet 提供服务。

从性能价格比和管理维护角度考虑，外包是个不错的选择，目前提供此类业务的服务商非常多，主要有服务器租用、服务器托管、虚拟主机等方式，如表 1-1 所示。

表 1-1　常见的服务器外包方式

外包方式	说　明	优　势
服务器租用	由服务商提供网络服务器，并提供从设备、环境到维护的一整套服务，用户通过租用方式使用服务器。服务商管理维护服务器硬件和通信线路，用户可选择完全自行管理软件部分，包括安装操作系统及相应的应用软件，也可要求服务商代为管理系统软件和应用软件	整机租用由一个用户独享专用，在成本和服务方面的优势明显
服务器托管	服务器为用户所拥有，部署在服务商的机房，服务商一般提供线路维护和服务器监测服务，用户自己进行维护（一般通过远程控制进行），或者委托其他人员进行远程维护	可以节省高昂的专线及网络设备费用
虚拟主机	虚拟主机依托于服务器，将一台服务器配置成若干个具有独立域名和 IP 地址的服务器，多个用户共享一台服务器资源。一般由服务商安装和维护系统，用户可以通过远程控制技术全权控制属于自己的空间	性能价格比远远高于自己建设和维护一个服务器

1.2　Windows Server 2008 R2 的安装

安装服务器操作系统是搭建网络服务的第一步，选择一个稳定并且易用的操作系统非常关键。随着基于 64 位处理器的 PC 服务器的逐渐普及，Windows Server 2008 R2 成为目前流行的 Windows 服务器操作系统，能够为用户提供全面、可靠的服务器平台和网络基础结构。

1.2.1　Windows Server 2008 系列

Windows Server 2008 版本分为两大系列，一个系列是基于 Windows Vista 的服务器系统 Windows Server 2008，提供 32 位版和 64 位版；另一个系列是基于 Windows 7 的服务器操作系统 Windows Server 2008 R2，只提供 64 位版。前者采用的是 NT 6.0 的内核，后者采用的是 NT 6.1 的内核。注意，Windows Server 2008 R2 并不是 Windows Server 2008 的升级版，这两个版本是单独销售的。目前 Windows Server 2008 R2 的应用越来越广泛了。

1.　Windows Server 2008

Windows Server 2008 继承于 Windows Server 2003，并对基本操作系统做出重大改进，对 Windows Server 产品系列核心代码进行彻底更新。作为网络服务器操作系统，Windows Server 2008 主要的新特性列举如下。

● Server Core（服务器核心）。这是 Windows Server 2008 的一种最小安装模式，包含了可执行文件和服务器的一个子集，通过命令行方式或配置文件实施服务器管理。Server Core 没有图形用户界面，适合那些仅需要在多台服务器上执行特定任务的用户，也比较适合于那些对安全性有较高需求的环境。

● 服务器虚拟化（Hyper-V）。用于在单一物理处理机上运行并管理多个虚拟机及多个虚拟操作系统，不仅可帮助企业降低成本、提高硬件虚拟化程度，还能优化基础架构及改进服务器的可用性。

● SMB2 共享协议。通过提供更大的包缓冲区、单文件并发 I/O 管道等技术，将文件读写过程与网络传输过程进一步优化，并且在局域网访问控制方面也增强了安全性。

● IIS 7 服务器。IIS 7 是对现有 IIS Web 服务器的重大升级，并在集成 Web 平台技术方面发挥着关键作用。IIS 7 的关键优势包括更高效的管理特性、更高安全性以及更低的支持成本等。

● Windows PowerShell。Windows PowerShell 命令行 Shell 以及脚本语言主要用于实现常见任务的自动化，使系统更加易于管理。它与现有的 IT 基础架构和现有的脚本集成，允许用户自动进行服务器的管理以及终端服务器等服务器角色的配置。

● 集中应用访问。通过对终端服务进行改进和创新来为基于网络的远程用户提供路径访问安全集中的应用，同时保证一致的应用体验以及性能。

● 安全性改进。操作系统经过加固，推出多种安全创新技术，如网络访问保护、联合权限管理和只读域控制器等，为企业的数据提供前所未有的保护级别。它还提供安全性与法规遵从增强技术、更高级加密以及改进了审查与安全启动的工具等。Windows Service Hardening 有助于避免服务器的关键服务在文件系统、注册表或网络发生异常情况时遭到破坏。

2. Windows Server 2008 R2

同 Windows Server 2008 相比，Windows Server 2008 R2 继续提升了虚拟化、系统管理弹性、网络存取方式及信息安全等领域的应用，其中有不少功能需搭配 Windows 7。Windows Server 2008 R2 重要的新特性列举如下。

● Hyper-V 2.0 加入动态迁移功能，使得虚拟化的功能与可用性更加完备。

● Active Directory 强化管理接口与部署弹性，包括 Active Directory 管理中心、离线加入网域、AD 资源回收筒。

● Windows PowerShell 版本升级为 2.0，提高了服务器管理操作效率。

● 远程桌面服务（Remote Desktop Services）增加新的 Remote Desktop Connection Broker（RDCB），提升桌面与应用程序虚拟化功能。

● DirectAcess 提供更方便、更安全的远程联机通道。

● BranchCache 加快分公司之间档案存取的新做法。

● 基于 URL 的 QoS（服务质量）让企业进一步管控网页访问带宽。

● BitLocker to Go 支持可移除式储存装置加密。

● AppLocker 使个人端的应用程序管控程度更高。

Windows Server 2008 R2 包括以下 7 个版本。

● Windows Server 2008 R2 Foundation。适合小型企业使用，是最经济的入门版本。

● Windows Server 2008 R2 Standard（标准版）。面向中小型企业及部门级应用，具备关键性服务器所拥有的功能，内置网站与虚拟化技术。

● Windows Server 2008 R2 Enterprise（企业版）。适合中型与大型组织的关键业务，此版本提供更高的扩展性与可用性，并且增加适用于企业的技术。

● Windows Server 2008 R2 Datacenter（数据中心版）。适合对伸缩性和可用性要求极高的企业，支持更大的内存与更好的处理器。

● Windows Web Server 2008 R2。主要是用来架设网站服务器，适合快速开发、部署 Web 服务与应用程序的用户。

● Windows HPC Server 2008 （R2）。高性能计算（HPC）的下一版本，为高效率的 HPC 环境提供了企业级的工具。

● Windows Server 2008 R2 for Itanium-Based Systems。针对 Intel Itanium 处理器所设计的操作系统，用来支持网站与应用程序服务器的搭建。

本书以 Windows Server 2008 R2 企业版为例来讲解网络服务器的配置与管理。该版本是为满足各种规模的企业的一般用途而设计的，是各种应用程序、Web 服务和基础结构的理想平台。其中大部分内容可供 Windows Server 2008 版本借鉴。

1.2.2　组建测试网络

在学习网络服务器配置与管理的过程中，虽然网络服务或应用程序可以直接在服务器上进行测试，但是为了达到好的测试效果，往往需要两台或多台计算机进行联网测试。在实际工作中，正式部署生产服务器之前大都需要先进行测试。如果有多台计算机，可以组成一个小型网络用于测试；如果只有一台计算机，可以采用虚拟机软件构建一个虚拟网络环境用于测试。

1.　组建实际测试网络

本书实例运行的网络环境涉及 3 台计算机。

● 用于安装各种网络服务的服务器。运行 Windows Server 2008 R2，名称为 SRV2008A，IP 地址为 192.168.0.10；用于测试路由器时需增加一个 Internet 连接（可加一个网卡模拟公网连接）。

● 用作域控制器的服务器。运行 Windows Server 2008 R2，名称为 SRV2008DC，IP 地址为 192.168.0.2，域的名称为 abc.com。

● 用作客户端的计算机。运行 Windows 7，名称为 WIN7A。

读者可根据需要调整，例如，域控制器与服务器由一台计算机充当。

2.　组建虚拟测试网络

虚拟机是通过软件模拟的具有完整硬件系统功能的、运行在一个完全隔离环境中的完整计算机系统。通过虚拟机软件，可以在一台物理计算机上模拟出一台或多台虚拟计算机，这些虚拟机完全就像真正的计算机那样进行工作，可以安装操作系统、应用程序及访问网络资源等。

目前最流行的虚拟机软件是 VMware。VMware 是一款经典的虚拟机软件，可以运行在 Windows 或 Linux 平台上，支持的操作系统多达数十种，无论是在功能上还是应用上都非常优秀。读者可通过该软件来组建一个测试网络，网络配置参考上述的实际测试网络。本书附录部分介绍如何利用虚拟软件 VMware 建立虚拟网络环境。

> **提示**　VMware 的快照（Snapshot）功能可以用于保存和恢复系统当前状态，这对测试很有用。强烈建议读者使用 VMware 创建网络环境，以利于服务器部署和测试，因为有些服务器功能还需变更网络环境、调整服务器和客户端的基本配置。

1.2.3　Windows Server 2008 R2 的安装过程

首先要了解 Windows Server 2008 R2 的硬件配置要求，CPU 最低要求 64 位 1.4GHz；内存最低 512MB，企业版最多支持 2TB；硬盘最少 32GB。32 位 CPU 的服务器可以安装 Windows

Server 2008，但不能安装 Windows Server 2008 R2。

1. 安装之前的准备工作

（1）备份数据，包括配置信息、用户信息和相关数据。

（2）切断 UPS 设备的连接。

（3）如果使用的大容量存储设备由厂商提供了驱动程序，请准备好相应的驱动程序，便于在安装过程中选择这些驱动程序。

（4）准备好磁盘并确定文件系统（Windows Server 2008 R2 只能安装到 NTFS 分区内）。

（5）运行 Windows 内存诊断工具以测试服务器内存是否正常。可以在 Windows Server 2008 R2 安装过程中进行此项工作。

2. Windows Server 2008 R2 的安装模式

Windows Server 2008 R2 提供两种安装模式。

● 完全安装模式。安装完成后的系统内置图形用户界面，可以充当各种服务器的角色。通常采用这种安装模式。

● Server Core 安装模式。安装完成后的系统仅提供最小化的环境，没有图形用户界面，只能通过命令行或 Windows PowerShell 来管理系统，这样可以降低维护与管理需求，同时提高安全性。不过它仅支持部分服务器角色。

3. Windows Server 2008 R2 的安装方式

● 全新安装。一般通过 Windows Server 2008 R2 DVD 光盘启动计算机并运行其中的安装程序。如果磁盘内已经安装了以前版本的 Windows 操作系统，也可以先启动此系统，然后运行 DVD 内的安装程序，不升级原 Windows 操作系统，这样磁盘分区内原有的文件会被保留，但原 Windows 操作系统所在的文件夹（Windows）会被移动到 Windows.old 文件夹内，而安装程序会将新操作系统安装到此磁盘分区的 Windows 文件夹内。

● 升级安装。将原有的 Windows 操作系统（64 位的 Windows Server 2003 或 Windows Server 2008）升级到 Windows Server 2008 R2。用户必须先启动原有的 Windows 系统，然后运行 Windows Server 2008 R2 DVD 内的安装程序。原有 Windows 系统会被 Windows Server 2008 R2 替代，不过原来大部分的系统设置会被保留在 Windows Server 2008 R2 系统内，常规的数据文件（非系统文件）也会被保留。

4. Windows Server 2008 R2 的安装步骤

下面以全新安装为例示范安装过程，从光盘安装 Windows Server 2008 R2 企业版。如果采用虚拟机软件，步骤基本相同。

（1）将计算机设置为从光盘启动，将 Windows Server 2008 R2 安装光盘插入光驱，重新启动。

（2）当出现选择语言和其他选项的界面时，选择要安装的语言、时间和货币格式、键盘和输入方式，这里保持默认值。

（3）单击“下一步”按钮，在相应的界面中单击“现在安装”按钮出现图 1-6 所示的界面，选择要安装的版本，这里选择 Windows Server 2008 R2 Enterprise（完全安装）。

（4）单击“下一步”按钮出现“请阅读许可条款”界面，选中“我接受许可条款”选项。

（5）单击“下一步”按钮出现选择安装类型界面，单击“自定义（高级）”按钮执行完全安装。

（6）出现图 1-7 所示的界面，选择要安装系统的磁盘分区。

有些磁盘需要安装厂商提供的驱动程序，单击“加载驱动程序”按钮执行此项任务。单击

"驱动器选项（高级）"可打开相应的磁盘管理界面，可以进行创建、删除磁盘分区或分区格式化等操作。为保证系统安全性和稳定性，最好先删除原有分区，然后再重新创建新的分区。

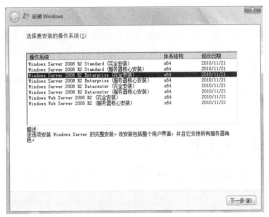

图 1-6　选择安装版本

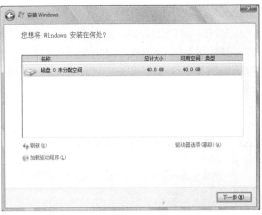

图 1-7　选择要安装系统的磁盘分区

（7）完成磁盘分区选择后，单击"下一步"按钮，正式开始安装 Windows Server 2008 R2。

（8）安装过程中往往要多次启动计算机，直至出现"安装程序正在为首次使用计算机做准备"的提示界面，接着出现"用户首次登录之前必须更改密码"的界面。

（9）单击"确定"按钮出现登录界面，创建密码，然后单击右向箭头图标登录。

第一次启动 Windows Server 2008 R2 时会自动以系统管理员账户 Administrator 登录系统，只是需要更改密码。注意系统默认要求用户的密码必须至少 6 个字符，并且不可包含用户账户名称中超过两个以上的连续字符，至少要包含 A~Z、a~z、0~9、非字母数字（如!、$、#、%）等 4 组字符中的 3 组，例如，10abAB 就是一个有效的密码，而 123456 是无效的密码。

（10）登录成功后会先出现图 1-8 所示的"初始配置任务"窗口，接着还会出现服务器管理器窗口（后面将详细介绍），这两个窗口可以暂时关闭，或者不予理会。

Windows Server 2008 R2 的关机和重新启动提供关闭事件跟踪程序来进行安全性保护，如图1-9 所示。

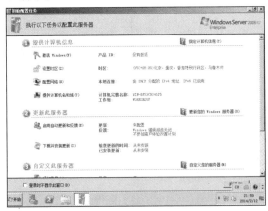

图 1-8　"初始配置任务"窗口

图 1-9　关闭事件跟踪程序

在 VMware 虚拟机中安装 Windows Server 2008 R2 服务器之后，可以通过 VMware 的克隆（Clone）快速安装另一台服务器。由于后面要用到 Active Directory，在同一域中两台计算机不能有相同的 SID。SID 也就是安全标识符（Security Identifiers），是标识用户、组和计算机账户的唯一号码。Windows Server 2008 R2 内置有 SID 更改工具 sysprep（系统准备工具），执行系统卷中的\windows\system32\sysprep\sysprep.exe，根据提示操作即可更改 SID，系统可以重新获取 SID，还需要重新激活。

1.3　Windows Server 2008 R2 基本环境设置

完成 Windows Server 2008 R2 安装之后，在正式部署服务器之前需要适当设置系统运行的基本环境。

1.3.1　"初始配置任务"窗口

默认情况下，当以 Administrators 组的成员账户登录到计算机时，将自动打开"初始配置任务"窗口。"初始配置任务"窗口在每次登录时都会打开，除非选中了"登录时不显示此窗口"复选框。参见图 1-12，该窗口可以用来执行 3 项基本配置任务。

- 提供计算机信息。针对网络上的其他计算资源来标识该计算机，从而保护该计算机。
- 更新此服务器。让服务器从 Microsoft 网站直接接收关键的软件更新和增强功能。
- 自定义此服务器。通过添加服务器角色和功能来自定义该计算机，启动远程桌面以及配置防火墙。

"初始配置任务"窗口有助于管理员在企业内部进行服务器的配置，并节省操作系统安装和服务器配置的时间。Windows Server 2008 R2 在安装过程中没有提供用户账户、域名和网络连接的信息，而是通过"初始配置任务"窗口将这些任务推迟到安装完成之后执行，从而减少了干扰，提高了整体配置速度。"初始配置任务"窗口非常适合设置系统运行基本环境。

1.3.2　Windows 激活

Windows Server 2008 R2 安装完成后，必须在 30 天内激活以验证是否为正版，否则过期时，虽然系统仍然可以正常运行，但是将出现黑屏，Windows Update 仅会安装重要更新，系统还会持续提醒必须激活系统，一直到激活为止。

"初始配置任务"窗口中"提供计算机信息"区域的"激活 Windows"字段显示此 Windows 副本的激活状态。单击"激活 Windows"链接打开相应的窗口，提供此 Windows 副本附带的产品密钥，根据提示操作即可。如果提供了正确的 Windows 产品密钥并且激活了操作系统，则显示"已激活"以及 Windows 产品 ID。

也可以从"开始"菜单中选择"计算机"，右键单击它选择"属性"命令（或者从控制面板中选择"系统和安全系统" > "系统"），打开相应的对话框，立即激活 Windows。

1.3.3　基本网络设置检查

Windows Server 2008 R2 作为网络操作系统，需要在网络环境中运行，安装完成之后需要检查网络设置，以便能与网络中的其他计算机正常通信。

1．检查 TCP/IP 安装与设置

IP 地址的获取方式有以下两种。

● 自动获取 IP 地址。该计算机会自动向网络中的 DHCP 服务器租用 IP 地址，这也是 Windows Server 2008 R2 的默认方式。

● 手动配置 IP 地址。由管理员手动配置 IP，比较适合企业服务器使用。

本书示例用服务器需要采用手动配置方式。在"初始配置任务"窗口中单击"提供计算机信息"区域的"配置网络"打开"网络连接"窗口，右键单击"本地连接"打开相应的属性设置对话框，依次选择"Internet 协议版本 4 (TCP/IPv4)"项、单击"属性"按钮打开相应的对话框，根据需要设置 IP 地址、子网掩码、默认网关，如图 1-10 所示。这里主要设置 IPv4 地址，至于 IPv6 地址的配置将在第 2 章介绍。如果所设置的 IP 地址与网络中其他节点的 IP 地址重复，系统给出相应提示，这就需要修改 IP 地址。

管理员也可以通过"网络和共享中心"工具来配置 IP 地址，从控制面板中选择"网络连接"＞"网络和 Internet"＞"网络和共享中心"，再打开"本地连接"相应的属性设置对话框，参照上述操作即可。

管理员可以利用 ipconfig 与 ping 这两个工具程序检查 TCP/IP 通信协议安装与设置是否正确。从"开始"菜单中选择"所有程序"＞"附件"＞"命令提示符"进入命令提示符环境，执行 ipconfig 命令检查 TCP/IP 通信协议是否已正常启动、IP 地址是否与其他的主机重复。还可以利用 ping 命令检测计算机是否能够正确地与网络上其他计算机沟通。

2．检查计算机名称与工作组名称

每台计算机的名称必须是唯一的，不可以与同一网络上的其他计算机同名。虽然安装系统时会自动设置计算机名，但是服务器一般都将计算机改为更有意义的名称。实际部署中，一般将同一部门或工作性质相似的计算机划分为同一个工作组，便于它们之间通过网络进行通信。计算机默认所属的工作组名为 WORKGROUP。

在"初始配置任务"窗口中单击"提供计算机信息"区域的"提供计算机名和域"链接打开相应的"系统属性"对话框，查看计算机名称或工作组名称的设置是否正确。如果要修改计算机名称或工作组名称，单击"更改"按钮弹出相应的对话框进行修改，如图 1-11 所示，完成后必须重新启动计算机。

管理员也可以从"开始"菜单中选择"计算机"，右键单击它选择"属性"命令（或者从控制面板中选择"系统和安全系统"＞"系统"），单击"计算机名称、域或工作组"区域的"更改设置"链接来执行上述任务。

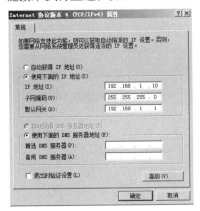

图 1-10　Internet 协议属性设置

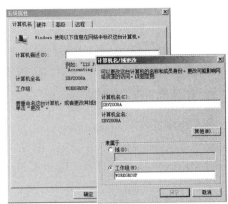

图 1-11　查看和设置计算机名称

1.3.4　硬件设备安装与设置

大部分情况下，安装硬件设备非常简单，只要将设备安装到计算机即可，因为现在绝大部分的硬件设备都支持即插即用，而 Windows Server 2008 R2 的即插即用功能会自动检测到用户所安装的即插即用硬件设备，并自动安装该设备所需要的驱动程序。

如果 Windows Server 2008 R2 检测到某个设备，但是却无法找到适当的驱动程序，则系统会显示相应的界面，要求用户提供驱动程序。如果用户安装的是最新的硬件设备，而 Windows Server 2008 R2 又检测不到这个尚未被支持的硬件设备，或硬件设备不支持即插即用，则可以利用"添加硬件"向导来安装与设置此设备。

1.　通过设备管理器配置管理硬件设备

可以利用设备管理器来查看、停用、启用计算机内已安装的硬件设备，也可以用它来针对硬件设备执行调试、更新驱动程序、回滚（Rollback）驱动程序等工作。从"开始"菜单中选择"计算机"，右键单击它选择"属性"命令（或者从控制面板中选择"硬件"）打开相应对话框，单击"设备管理器"项即可打开相应的设备管理器，如图 1-12 所示。

要查看隐藏的硬件设备，从"查看"菜单中选择"显示隐藏的设备"选项即可。

要停用、卸载、更新硬件设备驱动程序，只要右键单击该设备，从快捷菜单中选择相应项即可。对于停用的设备、驱动程序有问题的设备还会给出相应标记。

更新某个设备的驱动程序之后，如果发现此新驱动程序无法正常运行时，可以将之前正常的驱动程序再安装回来，这个功能称为回滚驱动程序。具体方法是右键单击某设备，选择"属性"命令打开图 1-13 所示的对话框，单击"回滚驱动程序"按钮。如果设备没有更新过驱动程序，则不能回滚驱动程序。

图 1-12　设备管理器

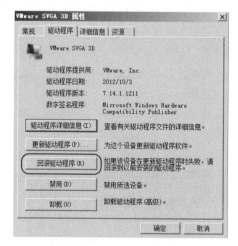

图 1-13　"驱动程序"对话框

2.　驱动程序签名

驱动程序如果通过 Microsoft 测试，则可以在 Windows Server 2008 R2 内正常运行，这个程序也会获得 Microsoft 的数字签名（Digital Signature）。驱动程序经过签名后，该程序内就会包含一个数字签名，系统通过此签名来得知该驱动程序的发行厂商名称与该程序的原始内容是否被篡改，以确保所安装的驱动程序是安全的。

安装驱动程序时，如果该驱动程序未经过签名、数字签名无法被验证是否有效，或者驱动程序内容被篡改过，系统就会显示警告信息。建议用户安装经过 Microsoft 数字签名的驱动程序，以确保系统能够正常运作。

Windows Server 2008 R2 的内核模式驱动程序必须经过签名，否则系统会显示警告信息，而且也不会加载此驱动程序。即使通过应用程序来安装未经过签名的驱动程序，系统也不会加载此驱动程序，只是不会给出警告。如果因系统不加载该驱动程序而造成系统不正常运行或无法启动，则需要禁用驱动程序签名强制，以便正常启动 Windows Server 2008 R2，具体操作方法是：启动计算机完成自检、系统启动时按 F8 键进入"高级启动选项"界面，选择"禁用驱动程序签名强制"，按回车键启动系统，启动成功后在将该驱动程序卸载，以便重新使用常规模式启动系统时可以正常启动、正常运行。

1.3.5　环境变量设置

在 Windows Server 2008 R2 计算机中，环境变量会影响计算机如何运行程序、如何搜索文件、如何分配内存空间等。管理员可修改环境变量来定制运行环境。

1.　环境变量的类型

Windows Server 2008 R2 的环境变量分为以下两种。

● 系统环境变量。适用于在计算机上登录的所有用户。只有具备管理员权限的用户才可以添加或修改系统环境变量。但是建议最好不要随便修改此处的变量，以免影响系统的正常运行。

● 用户环境变量。适用于在计算机上登录的特定用户。这个变量只适用于该用户，不会影响到其他用户。

2.　更改环境变量

从"开始"菜单中选择"计算机"，右键单击它选择"属性"命令打开相应的"系统"对话框（也可以从控制面板中选择"系统和安全">"系统"），单击"高级系统设置"项即可打开相应的对话框，如图 1-14 所示。其中上半部为用户环境变量区，下半部为系统环境变量区。管理员可根据需要添加、修改、删除用户和系统的环境变量。

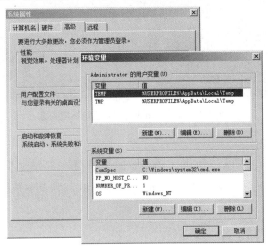

图 1-14　环境变量设置

3.　AUTOEXEC.BAT 文件中的环境变量

除了系统环境变量和用户环境变量之外，系统根文件夹的 AUTOEXEC.BAT 文件中的环境变量设置也会影响计算机的环境变量。如果这 3 处的环境变量设置有冲突，其设置的原则有如下两条。

● 对于环境变量 PATH，系统设置的顺序是系统环境变量设置→用户环境变量设置→AUTOEXEC.BAT 设置。

● 对于不是 PATH 的环境变量，系统设置的顺序是 AUTOEXEC.BAT 设置→系统环境变量设置→用户环境变量设置。

可直接在 AUTOEXEC.BAT 文件中更改环境变量。系统只有在启动时才会读取 AUTOEXEC.BAT 文件，因此，修改该文件中的环境变量后必须重新启动，这些变量才起作用。

4. 显示当前环境变量

在环境变量设置对话框中可以查看环境变量，但最好在命令行中运行 SET 命令来查看计算机内现有的环境变量。运行 SET 命令的结果如图 1-15 所示，其中每一行均有一个环境变量设置，等号（＝）左边为环境变量的名称，右边为环境变量的值。

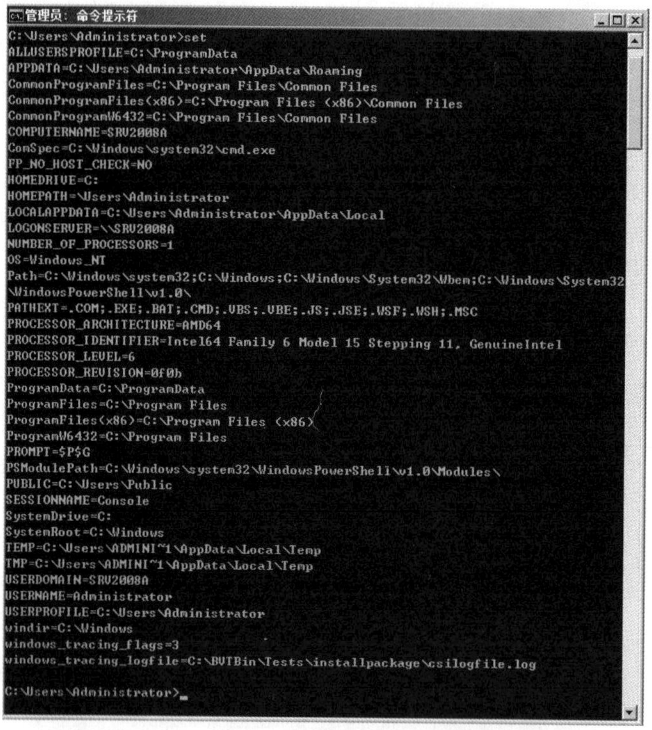

图 1-15 运行 set 命令显示当前环境变量

5. 环境变量的使用

用户可直接引用环境变量。使用环境变量时，必须在环境变量的前后加上%，例如，%USERNAME%表示要读取的用户账户名称，%SystemRoot%表示系统根文件夹（即存储系统文件的文件夹）。

1.3.6 虚拟内存设置

Windows Server 2008 R2 通过虚拟内存管理器来管理系统内存，虚拟内存由物理内存和硬盘空间组成。如果操作系统和应用程序需要的内存数量超过了物理内存，操作系统就会暂时将不需要访问的数据通过分页操作写入硬盘上的分页文件（又称虚拟内存文件或交换文件），从而给需要立刻使用内存的程序和数据释放内存。分页文件名为 pagefile.sys，默认情况下位于操作系统所在分区的根目录下。

更改虚拟内存文件的存储位置或大小可以提高系统性能。Windows Server 2008 R2 安装过程中会自动管理所有磁盘的分页文件并且将该文件新建在安装 Windows Server 2008 R2 磁盘的根文件夹中。启动时创建分页文件，将其大小设置为最小值，此后系统不断根据需要增加，直至达到可设置的最大值。管理员可以自行设置分页文件的大小，或者将分页文件同时新建在多个物理磁盘内，以便提高分页文件的运行效率。

从"开始"菜单中选择"计算机"，右键单击它选择"属性"命令打开相应的"系统"对话框（也可以从控制面板中选择"系统和安全" > "系统"），单击"高级系统设置"项，单击"性能"区域的"设置"按钮，再切换到"高级"选项卡，单击"虚拟内存"区域的"更改"按钮，打开相应的对话框，如图 1-16 所示，即可调整虚拟内存。如果减小了分页文件设置的初始值或最大值，则必须重新启动计算机才能看到这些改动的效果。增大则通常不要求重新启动计算机。

为获得最佳性能，不要将初始大小设成低于"所有驱动器分页文件大小的总数"区域中的推荐大小值。推荐大小等于系统物理内存大小的 1.5 倍。尽管在使用需要大量内存的程序时，可能会增加分页文件的大小，但还是应该将分页文件保留为推荐大小。

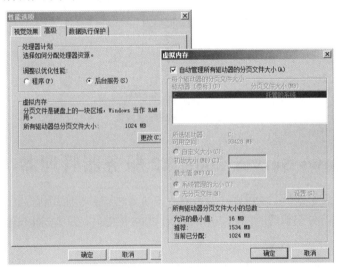

图 1-16　虚拟内存设置

1.3.7　故障恢复设置

通过相应的故障恢复设置，当 Windows Server 2008 R2 系统发生严重的错误以致意外终止时，可以利用这些信息来协助用户查找问题。

从"开始"菜单中选择"计算机"，右键单击它选择"属性"命令打开相应的"系统"对话框（也可以从控制面板中选择"系统和安全" > "系统"），单击"高级系统设置"项，单击"启动和故障恢复"区域的"设置"按钮，打开相应的对话框，如图 1-17 所示，在"系统失败"区域设置相应的选项。

"将事件写入系统日志"选项表示可利用事件查看器查看系统日志内容，查找系统失败的原因。

"自动重新启动"选项表示系统失败时，自动关闭计算机并重新启动。

"写入调试信息"区域用来设置当发生意外终止时，系统如何将内存中的数据写到转储文件内，这里有以下几种方式供选择。

● 完全内存转储。将该计算机内所有内存的数据写入转储文件，这是默认设置。

● 核心内存转储。仅将系统核心所占的内存内容写到转储文件，这种方式速度较快。

● 小内存转储。仅将有助于查找问题的少量内存内容写到转储文件。

默认的转储文件是%SystemRoot%\MEMORY.DMP，其中%SystemRoot%是存储系统文件的文件夹。默认选中"覆盖任何现有文件"选项，如果指定的文件已经存在，转储时将覆盖该文件。

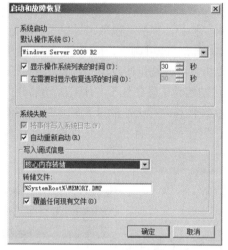

图 1-17　故障恢复设置

1.4　Windows Server 2008 R2 服务器管理器

完成了服务器安装之后，就可以在服务器上安装各种服务和应用程序，这些都是按照角色、功能和应用程序进行分组管理的。Windows Server 2008 R2 提供专门的服务器管理器来集中配置管理各种网络服务。

1.4.1　服务器角色、角色服务与功能

Windows Server 2008 R2 的网络服务和系统服务使用角色、角色服务与功能等概念。

1. 角色

服务器角色（Role）是软件程序的集合，描述的是服务器的主要功能，相当于服务器的一个门类。管理员可以将整个服务器设置为一个角色，也可以在一台计算机上运行多个服务器角色。一般来说，角色具有下列共同特征。

● 角色描述计算机的主要功能、用途或使用。特定计算机可以专用于执行企业中常用的单个角色，也可以执行多个角色。

● 角色允许整个组织中的用户访问由其他计算机管理的资源，如网站、打印机或存储在不同计算机上的文件。

● 角色通常包括自己的数据库，可以用来对用户或计算机请求进行排队，或记录与角色相关的网络用户和计算机的信息。例如，Active Directory 域服务包括一个用于存储网络中所有计

算机的名称和层次结构关系的数据库。

● 正确安装并配置角色之后，可将角色设置为自动工作，以允许安装该角色的计算机使用有限的用户干预执行预定的任务。

2. 角色服务

角色服务（Role Service）是提供角色功能的软件程序，相当于服务器组件。每个服务器角色可以包含一个或多个角色服务。有些角色（如 DNS 服务器）只有一个组件，因此没有可用的角色服务。有些角色（如远程桌面服务）可以安装多个角色服务，这取决于企业的需要。

安装角色时，可以选择角色将为企业中的其他用户和计算机提供的角色服务。可以将角色视作对密切相关的互补角色服务的分组，在大多数情况下，安装角色意味着安装该角色的一个或多个角色服务。

3. 功能

功能（Feature）并非描述服务器的主要功能，而是描述服务器的辅助或支持性功能（或特性）。功能是一些软件程序，相当于系统组件，这些程序虽然不直接构成角色，但可以支持或增强一个或多个角色的功能，或增强整个服务器的功能，而不管安装了哪些角色。例如，"故障转移群集"功能可以增强文件服务角色的功能，使文件服务器具备更加丰富的功能。

4. 角色、角色服务与功能之间的依存关系

安装角色并准备部署服务器时，服务器管理器提示安装该角色所需的任何其他角色、角色服务或功能。例如，许多角色都需要运行 Web 服务器（IIS）。同样，如果要删除角色、角色服务或功能，服务器管理器将提示其他程序是否也需要删除的软件。例如，如果要删除 Web 服务器（IIS），将询问是否在计算机中保留依赖于 Web 服务器的其他角色。

不过这种依存关系由系统统一管理，管理员并不需要知道要安装的角色所依赖的软件。

1.4.2 服务器管理器介绍

服务器管理器是扩展的 Microsoft 管理控制台（MMC），取代了 Windows Server 2003 版本的"配置您的服务器向导"和"管理您的服务器"工具，以及"添加或删除 Windows 组件"工具。这就有助于简化服务器管理、提高服务器管理效率。服务器管理器提供单一源，用于管理服务器的标志及系统信息、显示服务器状态、通过服务器角色配置来识别问题，以及管理服务器上已安装的所有角色。

1. 服务器管理器的功能

作为一个集中式的管理控制台，服务器管理器用于查看和管理影响服务器工作效率的大部分信息和工具。管理员使用该工具可以完成以下众多配置管理任务，使服务器管理更为高效。

① 查看和更改服务器上已安装的服务器角色及功能。

② 在本地服务器或其他服务器上执行与服务器运行生命周期相关联的管理任务，如启动或停止服务，以及管理本地用户账户。

③ 执行与运行本地服务器或其他服务器上已安装角色的运行生命周期相关联的管理任务，包括扫描某些角色，确定它们是否符合最佳做法。

④ 确定服务器状态，识别关键事件，分析并解决配置问题和故障。

⑤ 通过安装被称为角色、角色服务和功能的软件程序包，可以为部署服务器做准备。

2. 服务器管理器的界面

服务器管理器作为 Windows Server 2008 R2 的一部分自动安装。默认情况下，当以管理员身份登录服务器时，当"初始配置任务"窗口关闭时将自动打开服务器管理器。从管理工具菜

单中选择"服务器管理器"命令即可打开服务器管理器，还可以通过在 Windows PowerShell 或命令行中执行 servermanager 命令来打开服务器管理器。

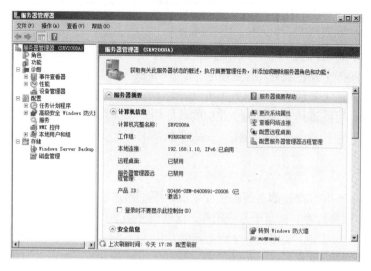

图 1-18 服务器管理器主窗口

服务器管理器的界面如图 1-18 所示，其层级菜单包含了可扩展的节点，打开节点可进行具体角色的管理。多种管理界面与工具都集成到一个控制台上，管理员执行一般的管理任务时，不用在多个界面、工具和对话框之间进行切换。

服务器管理控制台的主窗口包含以下 4 个可展开/折叠的部分。

● 服务器摘要。包含计算机信息与安全信息两个部分。
● 角色摘要。提供一个显示已安装角色的列表，允许管理员添加或删除角色。
● 功能摘要。提供一个显示已安装功能的列表，允许管理员进行功能的添加或删除。
● 资源与支持。显示服务器参与反馈计划的程度。

3．服务器管理器的工具

全套的服务器管理器包含以下工具。

● "初始配置任务"窗口，它在操作系统安装完成之后会立即打开。
● 在服务器上安装或删除角色、角色服务和功能的简单易用的向导。
● 最佳做法分析器。
● 服务器管理器的 Windows PowerShell cmdlet。
● 服务器管理器命令行。

Windows Server 2008 R2 的服务器管理器提供一组用于安装、删除和查询角色、角色服务和功能的 Windows PowerShell cmdlet（第 1.5 节将具体介绍），还提供一个能够执行角色、角色服务和功能的自动安装或删除的命令行工具 ServerManagerCmd.exe。使用这两个命令行工具，管理员可以查看其操作日志，查询计算机上已安装和可安装的角色、角色服务和功能列表。不过 ServerManagerCmd.exe 已被弃用，微软建议使用 Windows PowerShell cmdlet。

1.4.3 使用服务器管理器向导管理角色和功能

服务器管理器中的向导与以前版本的 Windows 服务器操作系统相比，缩短了配置的时间，从而简化了企业配置服务器的任务。大部分常见的配置任务，如配置或删除角色、定义多个角色以及角色服务都可以通过服务器管理器向导来一次性完成。Windows Server 2008 R2 会在用户使用管理器向导时执行依赖性检查，以确保针对一个所选择的角色的所有必要的角色服务都得到了设置，同时其他角色或角色服务所需的内容不会被删除。

Windows Server 2008 R2 提供多种向导，如添加角色向导、删除角色向导、添加角色服务向导、删除角色服务向导、添加功能向导、删除功能向导等。

使用服务器管理器向导能够一次性完成服务器的全部配置。而以前版本的 Windows 操作系统需要管理员多次运行"添加或删除 Windows 组件"功能才能安装服务器上需要的所有角色、角色服务及功能。

1. 添加服务器角色

在 Windows Server 2008 R2 中，可以使用添加角色向导向服务器中添加角色。添加角色向导可简化在服务器上安装角色的过程，并允许一次安装多个角色。添加角色向导将验证对于向导中所选的任何角色，是否已将该角色所需的所有软件组件一起安装。如有必要，该向导将提示管理员批准安装所选角色所需的其他角色、角色服务或软件组件。

（1）在服务器管理器主窗口"角色摘要"区域（或者在"角色"窗格）中单击"添加角色"按钮（也可在"初始配置任务"窗口操作），启动添加角色向导。

（2）单击"下一步"按钮，出现如图 1-19 所示的界面，选择要安装的角色。这里以安装文件服务为例。可同时选择多个角色，有些角色还需相应的功能支持。

（3）单击"下一步"按钮，出现如图 1-20 所示的界面，显示已选择安装的角色的基本信息。

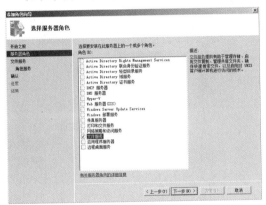

图 1-19　选择服务器角色

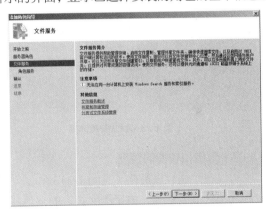

图 1-20　显示要安装角色的信息

（4）单击"下一步"按钮，出现如图 1-21 所示的界面，选择角色所需的角色服务。有的角色可以包括多个角色服务。

（5）单击"下一步"按钮，出现如图 1-22 所示的界面，设置角色服务相关的选项。

（6）根据需要完成不同的选项设置（如"存储监视"下面将出现"报告选项"），当出现如图 1-23 所示的界面时，确认选择安装的服务种类和设置，如果有问题则单击"上一步"按钮继续进行修改设置；如果没有问题则单击"安装"按钮开始安装，显示当前安装进度。

（7）安装完成之后出现"安装结果"界面，单击"关闭"按钮。

2. 将功能添加到服务器

添加功能向导允许一次性向计算机添加一个或多个功能。功能与设置的角色无关。在服务器管理器主窗口的"功能摘要"区域（或者在"功能"窗格）中单击"添加功能"按钮（也可在"初始配置任务"窗口操作），启动添加功能向导。如图 1-24 所示，选择要将添加的功能，单击"下一步"按钮，根据提示完成功能的添加。例中使用添加功能向导来安装"Windows Server Backup 功能"。

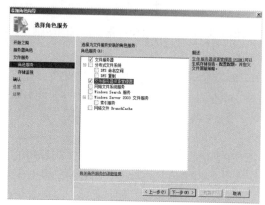

图 1-21 选择角色服务

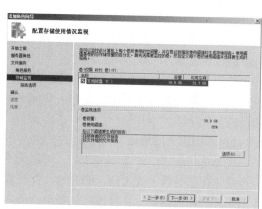

图 1-22 设置角色服务相关的选项

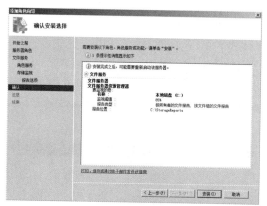

图 1-23 确认安装选择

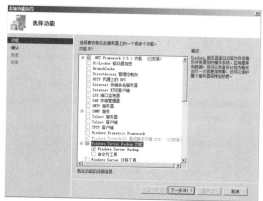

图 1-24 选择要安装的功能

3. 角色和功能的管理

可以在"角色"窗格（见图 1-25）和"功能"窗格（见图 1-26）分别查看当前已安装的角色和功能的摘要信息，或者删除指定的角色或功能。也可以在服务器管理器主窗口相应区域执行这些操作。

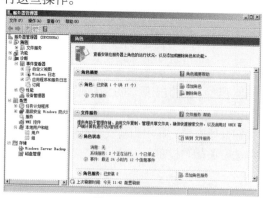

图 1-25 角色管理

图 1-26 功能管理

1.5 Windows PowerShell

Windows PowerShell 是一种专门为系统管理设计的、基于任务的命令行 Shell 和脚本语言。命令行窗口和脚本环境既可以独立使用，也可以组合使用。与图形用户界面管理工具不同的是，管理员可以在一个 Windows PowerShell 会话中合并多个模块和管理单元，以简化多个角色和功能的管理。作为专业的 Windows 网络管理员或系统管理员，应当熟悉和掌握这种专业工具。

1.5.1 Windows PowerShell 的特性

与大多数接收和返回文本信息的 Shell 不同，Windows PowerShell 建立在.NET 公共语言运行时（CLR）和.NET Framework 基础之上，接收和返回.NET 对象，为 Windows 系统的配置管理提供了全新的工具和方法。Windows PowerShell 具有以下特性。

● 引入 cmdlet 的概念，这是内置到 Shell 中的一个简单的单一功能命令行工具。可独立使用每个 cmdlet，但是组合使用 cmdlet 执行复杂任务时更能发挥其作用。Windows PowerShell 内置的 cmdlet 用于执行常见的系统管理任务。管理员还可以自行编写命令行 cmdlet。

● 支持现有的脚本（如 vbs、.bat、.perl），无需迁移脚本。

● 现有的 Windows 命令行工具可以在 Windows PowerShell 命令行中运行。

● 让管理员有权访问计算机的文件系统，以及其他存储数据，如注册表和数字签名证书等。

● 具有丰富的表达式解析程序和完整开发的脚本语言。通过采用一致的句法与命名规范，以及将脚本语言与互动 Shell 集成，它能降低流程的复杂性，并缩短完成系统管理任务所需时间。

● 它是一个完全可扩展的环境。任何人都可以为 Windows PowerShell 编写命令，也可以使用其他人编写的命令。命令是通过使用模块和管理单元共享的，Windows PowerShell 中的所有 cmdlet 和提供程序都是在管理单元或模块中分发的。

在 Windows Serve 2008 R2 中，Windows PowerShell 版本升级为 2.0，新增 240 个 cmdlets 命令集，引入了很多新的特性，如远程管理、完整的脚本环境、Debug 工具等。总之，专业人员可使用 Windows PowerShell 自动控制 Windows 操作系统，管理 Windows 上运行的应用程序。

1.5.2 Windows PowerShell 的基本用法

1. 启动 Windows PowerShell

安装 Windows Server 2008 R2 之后，便可以使用与之关联的 cmdlet。可以从"开始"菜单、任务栏、"搜索"或"运行"框、命令提示符窗口中启动 Windows PowerShell，甚至可以从另一个 Windows PowerShell 窗口中启动它。可以在一台计算机上启动 Windows PowerShell 的多个实例。

通常在 Windows 任务栏中单击"Windows PowerShell"图标 即可快速启动 Windows PowerShell。或者从"开始"菜单中选择"所有程序">"附件">Windows PowerShell>Windows PowerShell 命令来启动 Windows PowerShell。Windows PowerShell 命令行窗口如图 1-27 所示。与 DOS 命令行类似，也有提示符，不过最前面标有"PS"（PowerShell 的简称）。

图 1-27　Windows PowerShell 命令行窗口

有少部分命令需要以管理员特权启动 Windows PowerShell。在 Windows 任务栏中右键单击 Windows PowerShell 图标 选择 "以管理员身份运行 Windows PowerShell" 命令即可。或者在 "开始" 菜单中找到 Windows PowerShell 项，右键单击它，再选择 "以管理员身份运行 Windows PowerShell" 命令。

2. 使用 cmdlet

cmdlet 的命名方式是 "动词-名词"，如 Get-Help、Get-Command。可以像使用传统的命令和实用工具那样使用 cmdlet。在 Windows PowerShell 命令提示符下输入 cmdlet 的名称。Windows PowerShell 命令不区分大小写。例如，执行 Get-Date 获取当前日期时间的 cmdlet 如下。

```
PS C:\Users\Administrator>Get-Date
2014 年 2 月 17 日 21:17:35
```

执行 Get-Command 获取会话中的 cmdlet 列表，以及其他命令和命令元素，包括 Windows PowerShell 中可用的别名（Alias，命令昵称）、函数（Function）和可执行文件。默认的 Get-Command 显示 3 列：CommandType（命令类型）、Name（名称）和 Definition（定义）。列出 cmdlet 时，Definition 列显示 cmdlet 的语法，其中的省略号 "…" 表示信息被截断。

```
PS C:\Users\Administrator> Get-Command
CommandType      Name                                          Definition
-----------      ----                                          ----------
Alias            %                                             ForEach-Object
Alias            ?                                             Where-Object
Function         A:                                            Set-Location A:
Alias            ac                                            Add-Content
Cmdlet           Add-Computer       Add-Computer [-DomainName] <String> [-Credential...
Cmdlet           Add-Content        Add-Content [-Path] <String[]> [-Value] <Object[...
... ...（此处略）
```

Get-Help cmdlet 是了解 Windows PowerShell 的有用工具。执行 Get-Help 命令可以显示关于 Windows PowerShell 使用的最基本的帮助信息。要具体了解某一 cmdlet，可将该 cmdlet 名称作为参数加入，如执行 Get-Help Get-Command 命令获取 Get-Command cmdlet 的帮助信息。

要进一步查看某一 cmdlet 的信息，可提供相应的选项。例如，要查看 Get-Command 示例，执行命令 Get-Help Get-Command -examples；要获取 Get-Command 有关详细信息，执行 Get-Help Get-Command -detailed；要获取 Get-Command 技术信息，执行 Get-Help Get-Command -full 。

3. 使用函数

函数是 Windows PowerShell 中的一类命令。像运行 cmdlet 一样，输入函数名称即可运行函数。函数可以具有参数。Windows PowerShell 附带一些内置函数，例如，mkdir 函数用于创建目录（文件夹）。还可以添加从其他用户那里获得的函数以及编写自己的函数。

函数非常容易编写。与用 C#编写的 cmdlet 不同，函数仅仅是 Windows PowerShell 命令与表达式的命名组合。只要能够在 Windows PowerShell 中输入命令，就会编写函数。

要查找所有函数，执行命令 Get-Command -CommandType function。

4．使用别名

输入 cmdlet 名可能比较麻烦，为此 Windows PowerShell 支持别名（替代名称）。可以为 cmdlet 名称、函数名称或可执行文件的名称创建别名，然后在任何命令中输入别名而不是实际名称。

Windows PowerShell 包括许多内置的别名，例如，ls 是 Get-Childitem（列出文件和子目录）的别名。要查找当前会话中的所有别名，执行 Get-Alias 命令。管理员可以创建自己的别名。

5．使用对象管道

可以像 DOS 命令一样使用管道，即将一个命令的输出作为输入传递给另一命令。Windows PowerShell 提供了一个基于对象而不是基于文本的新体系结构。接收对象的 cmdlet 可以直接作用于其属性和方法，而无需进行转换或操作，可以通过名称引用对象的属性和方法。

下面示例的用途是将 IPConfig（IP 配置信息）命令的结果传递到 Findstr（查找字符串）命令，其中管道运算符"|"将其左侧命令的结果发送到其右侧的命令。

```
PS> ipconfig | findstr "Address"
        IP Address. . . . . . . . . . : 192.168.1.5
        IP Address. . . . . . . . . . : 192.168.1.22
```

6．使用驱动器与提供程序

可以在 Windows PowerShell 提供的任何数据存储中创建 Windows PowerShell 驱动器。驱动器可以具有任何有效的名称，后跟冒号，如 D:或 My Drive:。可以使用在文件系统驱动器中所用的相同方法在这些驱动器中导航。

注意，Windows PowerShell 驱动器无法在 Windows 资源管理器或 Cmd.exe（命令行）中查看或访问，仅在 Windows PowerShell 中有效。

Windows PowerShell 附带 Windows PowerShell 提供程序支持的多个驱动器。执行 Get-PSDrive 命令查看 Windows PowerShell 驱动器列表，结果如下，其中 Provider 表示提供程序。

```
PS C:\Users\Administrator> Get-PSDrive
Name       Used(GB)     Free(GB)     Provider        Root              CurrentLocation
----       --------     --------     --------        ----              ---------------
A                                    FileSystem      A:\
Alias                                Alias
C          8.26         31.65        FileSystem      C:\               Users\Administrator
cert                                 Certificate     \
D                       .07          FileSystem      D:\
Env                                  Environment
Function                             Function
HKCU                                 Registry        HKEY_CURRENT_USER
HKLM                                 Registry        HKEY_LOCAL_MACHINE
Variable                             Variable
WSMan                                WSMan
```

也可以使用 New-PsDrive cmdlet 创建自己的 Windows PowerShell 驱动器。例如，要在 My Documents 根目录下创建一个名为"MyDocs:"的新驱动器，执行以下命令。

```
new-psdrive -name MyDocs -psprovider FileSystem -root "$home\My Documents"
```

这样就可以像使用任何其他驱动器那样使用 MyDocs:驱动器。

Windows PowerShell 提供程序是基于.NET Framework 的程序，它们使存储于专用数据存储中的数据在 Windows PowerShell 中可用，便于查看和管理这些数据。提供程序公开的数据存储在驱动器中，可以像在硬盘驱动器上一样通过路径访问这些数据。可以使用提供程序支持的任何内置 cmdlet 管理提供程序驱动器中的数据。此外，可以使用专门针对这些数据设计的自定义cmdlet。

Windows PowerShell 包括一组内置提供程序（见表 1-2），可用于访问不同类型的数据存储。

表 1-2　Windows PowerShell 内置提供程序

提 供 程 序	驱 动 器	数 据 存 储
Alias	Alias:	Windows PowerShell 的别名
用于数字签名的证书	Cert:	x509 证书
EnvironmentWindows	Env:	环境变量
FileSystem	因实际系统而异	文件系统驱动器、目录和文件
Function	Function:	Windows PowerShell 函数
Registry	HKLM:，　HKCU	Windows 注册表
Variable	Variable:	Windows PowerShell 变量
WS-Management	WSMan	WS-Management 配置信息

执行 Get-PSPprovider 可以查看 Windows PowerShell 的提供程序的列表。有关提供程序的最重要信息是它所支持的驱动器的名称。驱动器在 Get-PsProvider cmdlet 的默认显示中列出，但是可以使用 Get-PsDrive cmdlet 来获取有关该提供程序驱动器的信息。例如，若要获取 Function:驱动器的所有属性，执行以下命令。

```
get-psdrive Function | format-list *
```

可以像在文件系统驱动器中一样查看和浏览提供程序驱动器中的数据。要查看提供程序驱动器的内容，使用 Get-Item 或 Get-ChildItem cmdlet。输入驱动器名称，后跟一个冒号。例如，若要查看 Alias:驱动器的内容，执行以下命令。

```
get-item alias:
```

可以从一个驱动器中查看和管理任何其他驱动器中的数据。例如，若要从另一个驱动器查看 HKLM: 驱动器中的 HKLM\Software 注册表项，执行以下命令。

```
get-childitem hklm:\software
```

1.5.3　编写和运行 Windows PowerShell 脚本

Windows PowerShell 除了提供交互式界面外，还完全支持脚本。脚本相当于 DOS 批处理文件。编写脚本可以保存命令以备将来使用，还能分享给其他用户。如果重复运行特定的命令或命令序列，或者需要开发一系列命令执行复杂任务，就要使用脚本保存命令，然后直接运行。Windows PowerShell 脚本文件的文件扩展名为.ps1。脚本具有其他一些功能，如#Requires 特殊注释、参数使用、支持 Data 节点，以及确保安全的数字签名。还可以为脚本及其中的任何函数编写帮助主题。

1．编写脚本

脚本可以包含任何有效的 Windows PowerShell 命令，既可以包括单个命令，又可以包括使用管道、函数和控制结构（如 If 语句和 for 循环）的复杂命令。编写脚本可以使用记事本等文本编辑器，如果脚本较为复杂，最好使用专用的脚本编辑器 Windows PowerShell 集成脚本环境（ISE）。

这里给出一个用于记录服务日志的脚本示例，包括以下两条命令。

```
$date = (get-date).dayofyear
get-service | out-file "$date.log"
```

第 1 条命令获取当前时期；第 2 条命令获取在当前系统上运行的服务，并将其保存到日志文件中，日志文件名根据当前日期创建。将脚本内容保存到名为 ServiceLog.ps1 的文件中。

2. 修改执行策略

脚本是一种功能非常强大的工具，为防止滥用影响安全，Windows PowerShell 通过执行策略（Execution_Policies）决定是否允许脚本运行。执行策略还用于确定是否允许加载配置文件。

Windows PowerShell 执行策略保存在 Windows 注册表中。默认的执行策略 "Restricted" 是最安全的执行策略，不允许任何脚本运行，而且不允许加载任何配置文件。如果要运行脚本或加载配置文件，则要更改执行策略。目前 Windows PowerShell 提供了 6 种执行策略，执行 Get-Help about_Execution_Policies 命令可获取帮助信息。其中 "AllSigned" 策略允许运行脚本，但要求由可信发布者签名，在运行来自尚未分类为可信或不可信发布者的脚本之前进行提示；"Unrestricted" 运行运行未签名脚本，运行从 Internet 下载的脚本和配置文件之前警告用户。

要查找系统上的执行策略，执行命令 Get-Executionpolicy；要更改系统上的执行策略，执行命令 Set-ExecutionPolicy。例如，这里将执行策略更改为 "Unrestricted"，执行如下命令。

```
PS C:\Users\Administrator> Set-ExecutionPolicy Unrestricted
```

3. 运行脚本

要运行脚本，在命令提示符下输入该脚本的名称，其中文件扩展名是可选的，但是必须指定脚本文件的完整路径。例如，若要运行 C:\Scripts 目录中的 ServicesLog 脚本，请输入如下命令。

```
c:\scripts\ServicesLog.ps1
```

或者

```
c:\scripts\ServicesLog
```

如果要运行当前目录中的脚本，则输入当前目录的路径，或者使用一个圆点表示当前目录，在后面输入路径反斜杠（.\）。

提示 为安全起见，在 Windows 资源管理器中双击脚本图标时，或者输入不带完整路径的脚本名时（即使脚本位于当前目录中），Windows PowerShell 都不会运行脚本。

4. 使用集成的脚本环境 ISE

Windows PowerShell 2.0 捆绑了一个集成的脚本环境（Integrated Script Environment，ISE），便于编写、运行和测试脚本。ISE 是服务器安装中的一个可选组件，默认没有安装。可以通过服务器管理器的添加功能向导安装 "Windows PowerShell 集成脚本环境(ISE)" 功能。安装成功之后，从 "开始" 菜单中打开 "所有程序" > "附件" >Windows PowerShell，将出现 Windows PowerShell ISE 项，如图 1-28 所示。单击该项启动 ISE，Windows PowerShell ISE 主界面如图 1-29 所示。

图 1-28　ISE 菜单

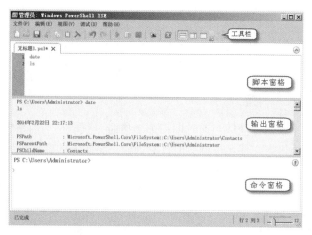

图 1-29　ISE 界面

Windows PowerShell ISE 界面包括若干个 PowerShell 选项卡，每个选项卡包括以下 3 个窗格。

● 脚本窗格。用于创建、编辑、调试和运行函数、脚本与模块。

● 输出窗格。用于捕获命令的输出。

● 命令窗格。像 Windows PowerShell 命令行一样运行交互式命令。命令的执行结果会显示在输出窗格中，可以清楚地跟踪之前所有命令执行的结果。

1.5.4　创建和使用 Windows PowerShell 配置文件

Windows PowerShell 配置文件是在 Windows PowerShell 启动时运行的脚本，可以将它用作登录脚本来自定义环境。设计良好的配置文件有助于使用 Windows PowerShell 管理系统。

1.　配置文件简介

添加命令、别名、函数、变量、管理单元、模块只是将它们添加到当前的 Windows PowerShell 会话中，仅在当前会话内有效，一旦退出会话或者关闭 Windows PowerShell，则这些更改将丢失。如果要保留这些更改，可将它们添加到配置文件，每次启动 Windows PowerShell 都会加载该配置文件。配置文件的另一种常见用法是保存常用函数、别名和变量，便于会话中直接使用这些项值。一定规模的用户还可创建、共享和分发配置文件，以强制实施 Windows PowerShell 的统一视图。

在 Windows PowerShell 中可以有 4 个不同的配置文件，表 1-3 按加载顺序列出。优先级顺序正好相反，后加载的优先于先加载的，特殊的配置文件优先级高于一般的配置文件。

表 1-3　Windows PowerShell 配置文件

配置文件路径和文件名	作 用 范 围	$PROFILE 变量
$PsHome \profile.ps1	所有用户所有主机	$Profile.AllUsersAllHosts
$PsHome \ Microsoft.PowerShell_profile.ps1	所有用户当前主机	$Profile.AllUsersCurrentHost
$Home \My Documents\WindowsPowerShell\ profile.ps1	当前用户所有主机	$Profile.CurrentUserAllHosts
$Home \My Documents\WindowsPowerShell\ Microsoft.PowerShell_profile.ps1	当前用户当前主机	$Profile.CurrentUserCurrentHost

其中，$PsHome 变量表示 Windows PowerShell 的安装目录（如 C:\Windows\System32\WindowsPowerShell\v1.0），$Home 变量表示当前用户的主目录（如 C:\Users\Administrator）。

作为范围的"主机"实际上是指 Windows PowerShell 的 Shell。所有用户所有主机表示适用于所有用户和所有 Shell；所有用户当前主机表示适用于所有用户，但仅适用于Microsoft.PowerShell Shell；当前用户所有主机表示仅适用于当前用户，但会影响所有 Shell；当前用户当前主机表示仅适用于当前用户和 Microsoft.PowerShell Shell。

$Profile 是一个自动变量，用于存储当前会话中可用的 Windows PowerShell 配置文件的路径，也就是"当前用户当前主机"配置文件的路径。执行以下命令可显示该路径。

```
PS C:\Users\Administrator> $profile
C:\Users\Administrator\Documents\WindowsPowerShell\Microsoft.PowerShell_profile.ps1
```

其他配置文件路径则保存在$Profile 变量的 note 属性中，如$Profile.AllUsersAllHosts。还可以在命令中直接使用$Profile 变量表示配置文件路径。

2. 创建配置文件

系统不会自动创建 Windows PowerShell 配置文件。要创建配置文件，首先要在指定位置中创建具有指定名称的文本文件。

可以先确定是否已经在系统上创建了 Windows PowerShell 配置文件，执行以下命令。

```
PS C:\Users\Administrator> test-path $profile
False
```

如果存在配置文件，则响应为 True，否则响应为 False。

要创建 Windows PowerShell 配置文件，执行以下命令。

```
new-item -path $Profile -itemtype file -force
```

要在记事本中打开配置文件，执行以下命令。

```
notepad $Profile
```

若要创建其他配置文件之一，如适用于所有用户和所有主机的配置文件，可执行以下命令。

new-item -path $PsHome \profile.ps1 -itemtype file -force

仅当配置文件的路径和文件名与$Profile 变量中存储的路径和文件名完全一致时，配置文件才有效。因此，如果在记事本中创建一个配置文件并保存它，或者将一个配置文件复制到系统中，则一定要用$Profile 变量中指定的文件名将该文件保存到在此变量中指定的路径下。

使用配置文件存储常用的别名、函数和变量。例如，以下命令会创建一个名为 pro 的函数，该函数用于在记事本中打开用户配置文件。

```
function pro { notepad $profile }
```

提示 Windows PowerShell 执行策略必须允许加载配置文件。如果它不允许，则加载配置文件的尝试将失败，而且 Windows PowerShell 显示一条错误消息。

1.5.5 使用 Windows PowerShell 模块

模块（Module）是包含 Windows PowerShell 命令（如 cmdlet 和函数）和其他项（如提供程序、变量、别名和驱动器）的程序包。在运行安装程序或者将模块保存到磁盘上后，可以将模块导入到 Windows PowerShell 会话中，可以像内置命令一样使用其中的命令或项。还可以使用模块组织 cmdlet、提供程序、函数、别名以及创建的其他命令，并将它们与其他人共享。使用某个模块，涉及安装模块、导入模块、查找模块中命令和使用模块中的命令等操作。

1. 安装模块

大多数模块都已经安装好了。Windows PowerShell 附带几个预先安装的模块。服务器管理器的添加功能向导会自动安装所选的功能模块。在用于安装模块的安装程序中包含许多其他模块。

如果收到的模块是包含文件的文件夹形式，则需要将该模块安装到计算机上，然后才能将它导入到 Windows PowerShell 中。通常安装只不过是将模块复制到驱动器上计算机可以访问的某个特定位置。安装模块文件夹的步骤如下。

（1）为当前用户创建 Modules 目录（如果没有该目录）。在 Windows PowerShell 命令行中执行如下命令。

```
new-item -type directory -path $home\Documents\WindowsPowerShell\Modules
```

（2）将整个模块文件夹复制到 Modules 目录中。可以使用任意方法复制文件夹。

虽然可将模块安装到任何位置，但将模块安装到默认模块位置会使模块管理更方便。Windows PowerShell 有两个默认的模块位置，$pshome\Modules（%windir%\System32\Windows PowerShell\v1.0\Modules）用于系统；$home\My Documents\WindowsPowerShell\Modules（%UserProfile%\My Documents\WindowsPowerShell\Modules）用于当前用户。通过更改 PSModulePath 环境变量（$env:psmodulepath）的值，可更改系统上的默认模块位置。

2. 导入模块

要使用模块中的命令，就要将已经安装的该模块导入到 Windows PowerShell 会话中。

在导入模块之前，可以使用 Get-Module—ListAvailable cmdlet 列出可以导入 Windows PowerShell 会话的所有已安装模块，即查找安装到默认模块位置的模块；使用 Get-Module 列出已导入 Windows PowerShell 会话的所有模块。

要将模块从默认模块位置导入到当前 Windows PowerShell 会话中，使用以下命令格式。

```
Import-Module <模块名>
```

该命令以模块名作为参数。例如，要将 ActiveDirectory 模块导入 Windows PowerShell 会话，则执行 Import-Module ActiveDirectory。

要导入默认模块位置以外的模块，应在命令中使用模块文件夹的完全限定路径，例如：

```
Import-Module c:\ps-test\TestCmdlets。
```

还可以将所有模块导入 Windows PowerShell 会话。右键单击任务栏中的 Windows PowerShell 图标，然后选择"导入系统模块"命令，或者在 Windows PowerShell 中执行如下命令。

```
Get-Module -ListAvailable | Import-Module。
```

Import-Module 命令将模块导入当前的 Windows PowerShell 会话，仅能影响当前会话。要将模块导入已启动的每一个 Windows PowerShell 会话，就应将 Import-Module 命令添加到 Windows PowerShell 配置文件。

3. 使用模块中的命令

将模块导入 Windows PowerShell 会话之后，即可使用模块中的命令。可以使用以下命令查找模块中的命令。

```
Get-Command -module <模块名>
```

要获取模块中某命令的相关帮助，请使用以下命令。

```
Get-Help <命令名>
```

加上选项 -detailed 可获取详细帮助。

4. 删除模块

删除模块时将从会话中删除模块添加的命令。要从会话中删除模块，请使用以下命令格式。

```
Remove-Module <模块名>
```

删除模块的操作是导入模块操作的逆过程。删除模块并不会将模块卸载。

1.5.6 使用 Windows PowerShell 管理单元

Windows PowerShell 管理单元是.NET Framework 程序集，其中包含 Windows PowerShell 提供程序和 cmdlet。Windows PowerShell 内置一组基本管理单元，可以通过添加包含自己创建的或从他人获得的提供程序和 cmdlet 的管理单元，可以扩展 Windows PowerShell 的功能。添加管理单元之后，它所包含的提供程序和 cmdlet 即可在 Windows PowerShell 中使用。

1. 内置管理单元

内置 Windows PowerShell 管理单元包含内置的 cmdlet 和提供程序，列举如下。

- Microsoft.PowerShell.Core。包含用于管理 Windows PowerShell 基本功能的提供程序和 cmdlet。它包含 FileSystem、Registry、Alias、Environment、Function 和 Variable 提供程序，以及 Get-Help、Get-Command 和 Get-History 之类的基本 cmdlet。
- Microsoft.PowerShell.Host。包含 Windows PowerShell 主机所使用的 cmdlet，如 Start-Transcript 和 Stop-Transcript。
- Microsoft.PowerShell.Management。包含用于管理基于 Windows 的功能的 cmdlet，如 Get-Service 和 Get-ChildItem。
- Microsoft.PowerShell.Security。包含用于管理 Windows PowerShell 安全性的 cmdlet，如 Get-Acl、Get-AuthenticodeSignature 和 ConvertTo-SecureString。
- Microsoft.PowerShell.Utility。包含用于处理对象和数据的 cmdlet，如 Get-Member、Write-Host 和 Format-List。

2. 查找管理单元

执行命令 Get-PSSnapin 列出已添加到 Windows PowerShell 会话中的所有管理单元。

要获取每个 Windows PowerShell 提供程序的管理单元，执行以下命令。

```
get-psprovider | format-list name, pssnapin
```

要获取 Windows PowerShell 管理单元中的 cmdlet 的列表，执行以下命令。

```
get-command -module <管理单元名称>
```

3. 注册管理单元

启动 Windows PowerShell 时，内置管理单元将在系统中注册，并添加到默认会话中。但是，用户创建的或从他人处获得的管理单元，必须注册后将其添加到会话中。注册管理单元就是将其添加到 Windows 注册表。大多数管理单元都包含注册.dll 文件的安装程序（.exe 或.msi 文件）。不过，如果收到.dll 文件形式的管理单元，则可以在系统中注册。

要获取系统中所有已注册的管理单元，或验证某个管理单元是否已注册，执行以下命令。

```
get-pssnapin -registered
```

4. 添加管理单元

使用 Add-PsSnapin 命令将已注册的管理单元添加到当前会话。例如，要将 Microsoft SQL Server 管理单元添加到会话，执行以下命令。

```
add-pssnapin sql
```

命令完成后，该管理单元中的提供程序和 cmdlet 将在当前会话中可用。

5. 保存管理单元

在以后的 Windows PowerShell 会话中使用某个管理单元有两种解决方案。一种是将 Add-PsSnapin 命令添加到 Windows PowerShell 配置文件，以后所有 Windows PowerShell 会话中均可用；另一种是将管理单元名称导出到控制台文件，可以在需要这些管理单元时才使用导出文件。

用户还可以保存多个控制台文件，每个文件都包含不同的管理单元组。使用 Export-Console 命令将会话中的管理单元保存在控制台文件（.psc1）中。例如，要将当前会话配置中的管理单元保存到当前目录中的 NewConsole.psc1 文件，执行以下命令。

```
export-console NewConsole
```

Windows PowerShell 要使用包含管理单元的控制台文件，可以从 Cmd.exe 中或在其他 Windows PowerShell 会话中的命令提示符下执行命令 Powershell.exe 启动 Windows PowerShell，并用 PsConsoleFile 参数指定控制台文件。下面是一个简单的例子。

```
powershell.exe -psconsolefile NewConsole.psc1
```

6. 删除管理单元

要从当前会话中删除 Windows PowerShell 管理单元，使用 Remove-PsSnapin 命令。该命令从会话中移除管理单元，该管理单元仍为已加载状态，只是它所支持的提供程序和 cmdlet 不再可用。

1.5.7 使用 Windows PowerShell 管理服务器的角色和功能

服务器管理器的 Windows PowerShell cmdlet 可以用来查看、安装或删除角色、角色服务和功能。以管理员特权启动 Windows PowerShell 之后执行 Import-module ServerManager 加载服务器管理器模块，这样就可以使用相关 cmdlet 管理角色、角色服务或功能，主要命令列举如下。

- Get-WindowsFeature：查看角色、角色服务和功能。
- Add-WindowsFeature：添加角色、角色服务和功能。
- Remove-WindowsFeature：删除角色、角色服务和功能。

表 1-4 列出了具体角色和功能的模块和管理单元，以及用于查找特定模块或管理单元中所有 cmdlet 的帮助的建议语法，供以后配置管理各类服务器时参考。

表 1-4 包含 Windows PowerShell cmdlet 的 Windows Server 2008 R2 角色和功能

名　　称	角色或功能	导入模块或添加管理单元	获取相应的帮助信息
Active Directory 模块	Active Directory 域服务角色	Import-Module ActiveDirectory	Get-Help *AD*
Active Directory 权限管理服务模块	无需角色或功能	Import-Module ADRMS	Get-Help *ADRMS
Active Directory Rights Management Services 管理模块	AD RMS 角色	Import-Module ADRMSAdmin	Get-Help *-rms*
应用程序 ID 策略管理模块	无需角色或功能	Import-Module AppLocker	Get-Help *AppLocker*
最佳实践分析程序模块	无需角色或功能	Import-Module BestPractices	Get-Help *BPA*
后台智能传送服务（BITS）模块	无需角色或功能	Import-Module BITSTransfer	Get-Help *BITS*

名　　称	角色或功能	导入模块或添加管理单元	获取相应的帮助信息
故障转移群集模块	故障转移群集功能	Import-Module FailoverClusters	Get-Help *Cluster*
组策略模块	组策略管理功能	Import-Module GroupPolicy	Get-Help *GP*
网络加载平衡群集模块	网络负载平衡功能	Import-Module NetworkLoadBalancingClusters	Get-Help *NLB*
远程桌面服务模块	远程桌面服务角色	Import-Module RemoteDesktopServices	Get-Help *Desktop*
服务器管理器模块	无需角色或功能	Import-module ServerManager	Get-Help *Feature*
服务器迁移模块	Windows Server 迁移工具功能	Add-PSSnapin Microsoft.Windows.ServerManager.Migration	Get-Help *Smig*
程序包支持疑难解答	无需角色或功能	Import-Module TroubleshootingPack	Get-Help *Troubleshoot*
Windows 备份管理单元	Windows Server Backup 功能	Add-PSSnapin Windows.ServerBackup	Get-Help *-WB*
Internet 信息服务（IIS）模块	Web 服务器（IIS）角色	Import-Module WebAdministration	Get-Help *Web*
Web Services for Management	Web Services for Management（WS-Management）角色	Add-PSSnapin Microsoft.WSMan.Management	Get-Help *WSMan*

1.6　习题

简答题

（1）简述网络服务的两种模式。
（2）主流的服务器操作系统有哪几种类型？
（3）简述 Windows Server 2008 R2 的安装模式。
（4）解释服务器角色、角色服务与功能的概念，简述它们之间的关系。
（5）什么是 Windows PowerShell？
（6）Windows PowerShell 配置文件有什么作用？
（7）解释 Windows PowerShell 模块与管理单元。

实验题

（1）安装 Windows Server 2008 R2 企业版。
（2）在服务器管理器中使用添加服务器角色向导添加"文件服务"。
（3）在 Windows PowerShell 执行命令导入 ActiveDirectory 模块。
（4）在 Windows PowerShell 执行命令获取系统中所有已注册的管理单元。

PART 2

第 2 章
系统配置与管理

【学习目标】

要做好 Windows Server 2008 R2 服务器的配置管理工作，必须掌握系统本身的配置管理。本章将向读者讲解 Windows Server 2008 R2 系统的基本配置与管理，让读者学会 MMC 管理控制台、控制面板、命令行注册表编辑器等常用系统管理工具的使用，掌握本地用户或组配置管理、用户配置文件管理、基本磁盘与动态磁盘管理、NTFS 文件与文件夹权限设置、NTFS 压缩、文件系统加密、磁盘配额管理、TCP/IP 配置、Windows 防火墙配置以及网络诊断测试的方法与技能。

【学习导航】

本章是服务器配置管理的基础，在介绍系统配置管理工具使用的基础上，重点讲解 Windows Server 2008 R2 系统基本的配置和管理，包括用户配置管理、磁盘管理、NTFS 文件系统管理和网络连接配置管理。

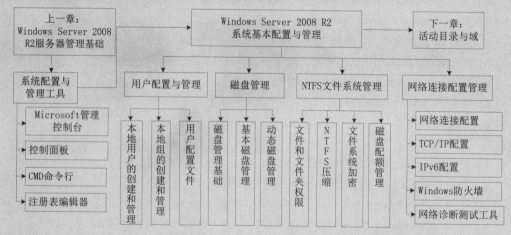

2.1 系统配置与管理工具

熟悉 Windows Server 2008 R2 管理工具对于配置和管理系统是至关重要的一步。第 1 章已经介绍过服务器管理器和 Windows PowerShell 这两种重要工具，这里再介绍其他管理工具。

2.1.1 Microsoft 管理控制台

Windows Server 2008 R2 优化了界面和管理结构，多数管理功能已经移植到 Microsoft 管理控制台（Microsoft Management Console，MMC）。MMC 本身只是一个框架，是一种集成管理工具的管理界面，用来创建、保存并打开管理工具，而 MMC 本身并不执行管理功能。

1. MMC 的特点

MMC 具有统一的管理界面，如图 2-1 所示。MMC 由菜单栏、工具栏、控制台树窗格、详细信息窗格和操作窗格等部分组成。控制台树通常显示所管理的对象的树状层次结构，列出可以使用的管理工具（管理单元）及其下级项目；详细窗格给出所选项目的信息和有关功能，内容随着控制台树中项目的选择而改变；操作窗格列出所选项目所提供的管理功能。

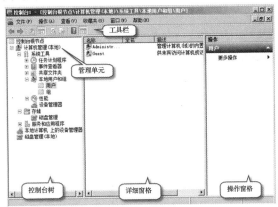

图 2-1　Microsoft 管理控制台界面

MMC 构成了集成管理工具的框架，这些管理工具本身被称为管理单元。在 MMC 中，每一个单独的管理工具算作一个"管理单元"，每一个管理单元完成某一特定的管理功能或一组管理功能。在一个 MMC 中，可以同时添加多个"管理单元"。

每一个 MMC 控制台实际上是一个扩展名为.msc 的文件。为执行各种管理任务，系统提供多个预配置的 MMC 控制台，保存在引导分区的 windows\system32 文件夹中。针对某一特定的管理任务，每一个预配置控制台包括了一个或多个管理单元。"管理工具"菜单仅仅包括了一部分控制台（实际上是指向.msc 文件的快捷方式），也就是一些最常用的管理工具。

管理员通过 MMC 使用管理工具来管理硬件、软件和 Windows 系统的网络组件。MMC 为这些管理工具提供了统一的界面，只要掌握其中一种工具的使用方法，就自然掌握其他工具的使用方法，当然各种不同工具的功能还是有区别的。更为重要的是，可以将这些管理工具组合起来，让用户创建自己的控制台，并且可以保存为控制台文件，供以后直接调用。使用 MMC 有两种方法，一种是直接使用已有的 MMC 控制台，另一种是创建新的控制台或修改已有的控制台。

2. 自定义 MMC 控制台

Windows Server 2008 R2 对最常用的管理工具提供预配置 MMC 控制台，至于其他管理工具，则可以自定义 MMC 来调用。还可以创建自定义控制台来组合多种管理单元。这里讲解添加管理单元以定制 MMC 控制台的过程。

（1）从"开始"菜单中执行"运行"命令，输入"MMC"，单击"确定"按钮，打开 MMC 界面，选择"文件" > "添加/删除管理单元"命令，弹出相应的对话框，如图 2-2 所示。

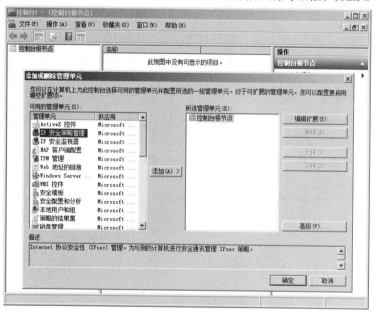

图 2-2 添加或删除管理单元

（2）左侧"可用的管理单元"列表显示可加载的管理单元，从中选择要添加到 MMC 界面的管理单元，单击"添加"按钮，根据提示进行操作即可。不同的管理单元需要设置的选项不同，例如，添加"IP 安全策略管理"管理单元需要选择计算机或域。中间的"所选管理单元"列表显示当前加载的管理单元。右侧给出一组操作按钮，可对当前加载的管理单元进行移动或删除操作。

管理单元可分为独立和扩展两种形式。通常将独立管理单元称为简单管理单元，而将扩展管理单元简称为扩展。管理单元可独立工作，也可添加到控制台中。扩展与一个管理单元相关，可添加到控制台树中的独立管理单元或者其他扩展之中。扩展在独立管理单元的框架范围内有效，可对管理单元目标对象进行操作。

默认情况下，当添加一个独立管理单元时，与管理单元相关的扩展也同时加入，当然也可以选择不加入相关的扩展。从"所选管理单元"列表选中某个管理单元，单击"编辑扩展"按钮，将列出当前选中管理单元的扩展，并且允许用户添加所有的扩展，或者有选择性地启用或禁用特定的扩展。例如，"服务"管理单元相关的扩展如图 2-3 所示。

（3）可根据需要添加其他管理单元。单击"确定"按钮，完成管理单元的添加。图 2-4 显示的就是有多个管理单元的控制台，这样通过一个控制台就可执行多种管理任务。

（4）为便于今后使用，选择"文件" > "保存"命令，将该控制台设置保存到文件（例中命名为"控制台示例.msc"），一般保存在"管理工具"文件夹中。

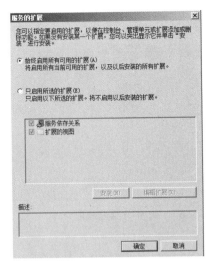

图 2-3 编辑扩展

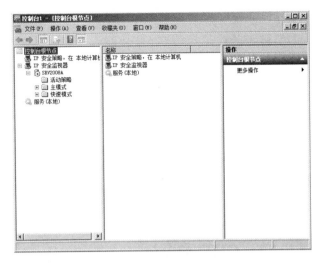

图 2-4 加载多个管理单元的控制台

保存好以后，从"所有程序">"管理工具"菜单中单击该控制台名称，即可打开该控制台。也可在 MMC 界面打开相应的控制台文件。

3. 使用 MMC 执行管理任务

使用 MMC 控制台管理本地计算机时，需要具备执行相应管理任务的权限。使用 MMC 远程管理网络上的其他计算机，需要满足两个前提条件，一是拥有被管理计算机的相应权限，二是在本地计算机上提供有相应的 MMC 控制台。

打开 MMC 控制台文件来启动相应管理工具执行管理任务。打开 MMC 文件有以下方法。

● 对于常用的管理工具，可以直接从"管理工具"菜单中打开，如"计算机管理""事件查看器""服务""性能""证书颁发机构"等。

● 通过资源管理器找到相应的.msc 文件，运行即可。

● 使用命令行启动 MMC 控制台，基本语法格式如下。

```
mmc  文件路径\.msc 文件  /a
```

其中，参数/a 表示强制以作者模式打开控制台。例如，执行命令 mmc c:\windows\system32\diskmgmt.msc 将打开"磁盘管理"工具。

2.1.2 控制面板

虽然 MMC 在日常管理工作中充当着核心的角色，但是控制面板依然有其用武之地。MMC 所提供的工具不能完全取代控制面板中的配置管理对象。与其他 Windows 版本一样，Windows Server 2008 R2 的控制面板是一个配置硬件和操作系统的控制中心。默认情况下，并不是所有的项目都出现在"控制面板"文件夹中，例如，红外和无线连接是随着红外线端口或类似的无线硬件出现在系统中，才在"控制面板"文件夹中显示相应的项目。

要使用控制面板中的配置管理工具，从"开始"菜单中选择"控制面板"打开相应的对话框，如图 2-5 所示，从中选择相应的项目即可。Windows Server 2008 R2 控制面板项以选项集合的形式列出，不再是单一的命令项。其中一些控制面板控制比较简单的选项集，还有一些项则比较复杂。例如，"添加或删除程序"命令项不存在了，而是融入 "程序"控制面板中 "程序和功能"下面的"卸载程序"，如图 2-6 所示。

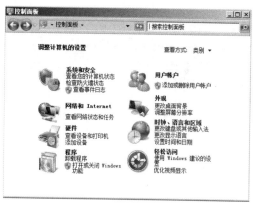

图 2-5　控制面板

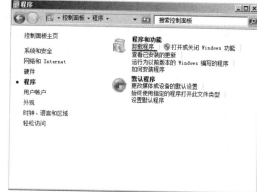

图 2-6　"程序"控制面板项

2.1.3　CMD 命令行

专业管理员往往选择用命令行工具来管理系统和网络，这样不仅能够提升工作效率，还可以完成许多在图形界面下无法胜任的任务。第 1 章介绍过的 Windows PowerShell 是一种新型的基于.NET 的命令行 Shell，大部分 CMD 命令行命令都可在其中运行，但还有一部分是 CMD 特有的。许多图形界面管理工具都有对应的 CMD 命令行工具，还有一些命令行工具功能更为强大，例如，schtasks 是任务计划工具的命令行版本，创建一个任务如下。

```
schtasks /create /tn test /tr cmd /sc once /st 10:00
```

其中，/tn 指定任务名称，/tr 指定要运行的程序，/sc 指定调度情况，/st 指定开始运行的时间。

命令行程序通常具有占用资源少、运行速度快、可通过脚本进行批量处理等优点。当出现故障，或是被病毒、木马破坏，系统无法引导时，可以通过短小精悍的 DOS 操作系统引导进入命令行，然后进行备份数据、修复系统等工作。

命令行程序分为内部命令和外部命令。内部命令是随 command.com 装入内存的，系统运行时，这些内部命令都驻留在内存中。外部命令都是以一个个独立的文件存放在磁盘上的可执行文件，它们并不常驻内存，只有在需要时，才会被调入内存执行。

1. 命令提示符窗口

需要在使用命令提示符窗口中输入可执行命令进行交互操作。Windows Server 2008 R2 提供了以下 3 种"命令提示符"窗口。

● 从"所有程序"菜单中选择"附件" > "命令提示符"命令打开命令提示符窗口，则该窗口标题栏写着"命令提示符"。命令的提示符是 C:\Users\<UserName>>。该窗口正运行 Cmd.exe。

● 从"开始"菜单中选择"运行"命令，在相应的对话框中输入 cmd（或者 cmd.exe）命令，则命令行提示符窗口标题栏显示到 cmd.exe 的路径。该窗口运行 Cmd.exe。

● 运行%SystemRoot%\System32\Command.com，则命令行提示符窗口的标题栏显示"Command Prompt"，命令提示符是%SystemRoot%\System32。

2. 命令行语法

输入命令必须遵循一定的语法规则，命令行中输入的第 1 项必须是一个命令的名称，从第 2 项开始是命令的选项或参数，各项之间必须由空格或<TAB>隔开，格式如下。

```
提示符> 命令　选项　参数
```

选项是包括一个或多个字母的代码，前面有一个"/"符号，主要用于改变命令执行动作的类型。参数通常是命令的操作对象，多数命令都可使用参数。有的命令不带任何选项和参数。Windows 命令并不区分大小写。可以附带选项/?获取相关命令的帮助信息，系统会反馈该命令允许使用的选项、参数列表以及相关用法。

例如，sc 是用于与服务控制管理器通信的命令行程序，用于查询、控制服务的状态以及配置服务信息。启动/停止/暂停服务的语法格式如下。

```
sc start/stop/pause service
```

2.1.4　注册表编辑器

注册表是 Windows Server 2008 R2 存放配置信息的核心文件，用于存放有关操作系统、应用程序和用户环境的信息，必要时可以直接编辑和修改注册表来实现系统配置。在 Windows Server 2008 R2 中，注册表存储了有关系统硬件和软件的配置信息，这些信息与操作系统和应用程序都有关。注册表还保存有关用户的信息，包括安全信息、权限设置以及工作环境等。

实际上使用各种 MMC 管理单元修改 Windows Server 2008 R2 的某项设置时，通常就等于修改注册表中的某项设置。有些问题只能通过直接修改注册表才能解决。对于系统管理员来说，不仅要理解注册表的功能以及如何修改它，还要保护注册表，使它免受破坏或避免未授权的访问。

1. 注册表的结构

注册表的具体内容取决于安装在每台计算机上的设备、服务和程序。一台计算机上的注册表内容可能与另一台有很大的不同，但是基本结构是相同的。注册表的内部组织结构则是一个树状分层的结构，如图 2-7 所示，具体说明如下。

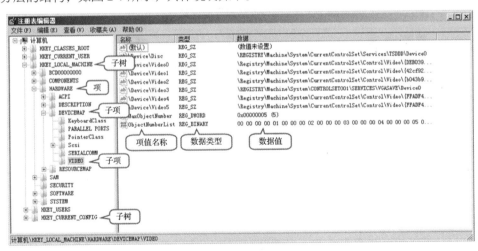

图 2-7　注册表的结构

● 整个结构分为 5 个主要分支，称为子树（subtree），又称文件夹。
● 每一个子树下包含若干项，又称键（key）。
● 每一个项下包含若干子项，又称子键（subkey），子项是项中的一个子分支。
● 每一个子项下可能包含若干下级子项。
● 每一个子键下可能包含若干项值（value），又称键值。
● 每一个项值对应某项具体设置。

（1）子树。

注册表中实际上有两个"物理"子树 HKEY_LOCAL_MACHINE 和 HKEY_USERS，前者包含了与系统和硬件相关的设置，后者包含了与用户有关的设置。这两个子树被分成以下 5 个"逻辑"子树，便于查找信息和理解注册表的逻辑结构。

① HKEY_LOCAL_MACHINE，简称 HKLM，存储本地计算机系统的设置，即与登录用户无关的硬件和操作系统的设置，如设备驱动程序、内存、已装硬件和启动属性。

② HKEY_CLASSES_ROOT，简称 HKCR，包含与文件关联的数据，如文件类型与其应用程序建立关联。

③ HKEY_CURRENT_USER，简称 HKCU，存储当前登录到本地系统的用户的特征数据，包括桌面配置和文件夹、网络和打印机连接、环境变量、"开始"菜单和应用程序，以及用户操作环境和用户界面的其他设置。

④ HKEY_USERS，简称 HKU，存储登录到本地计算机的用户的特征数据，以及本地计算机用户的默认特征数据。

⑤ HKEY_CURREN_CONFIG，简称 HKCC，存储启动时所标识的本地计算机的硬件配置数据，并包括有与设备份配、设备驱动程序等有关的设置。该子树实际上是 HKEY_LOCAL_MACHINE\System\CurrentControlSet\Hardware Profiles\Current 项的别名。

（2）项值。

项是注册表中的容器，可包含其他子项，也可包含具体的项值条目。项值位于注册表层次结构的最底端，它由名称、数据类型和数据值 3 部分组成。名称标识了设置项目，数据类型描述了该项的数据格式，而数据值则是设置值。Windows 注册表所支持的数据类型如表 2-1 所示。

表 2-1　Windows 注册表项值数据类型

数 据 类 型	说 明
REG_BINARY	二进制数据。主要用于硬件组件信息，在注册表编辑器中这种数据可以以二进制或十六进制格式来显示或编辑
REG_DWORD	占用 4 个字节的长度。许多设备驱动程序和服务的参数是这种类型，并在注册表编辑器中以二进制、十六进制或十进制的格式显示
REG_SZ	单一字符串
REG_MULTI_SZ	多字符串。这种类型由包含多个文本字符串的数据项值使用，多值用空格、逗号或其他标记分开
REG_EXPAND_SZ	可扩充字符串，内含变量（例如%systemroot%）
REG_FULL_RESOURCE_DESCRIPTOR	改用来存储硬件或驱动程序所占用的资源清单。用户无法修此处的数据

（3）Hive（蜂巢）与注册表文件。

Windows 将注册表数据存储到一系列注册表文件中，每一个注册表文件内所包含的项、子项、项值的集合称为 Hive（通常译为"蜂巢"），因而注册表文件又称为蜂巢文件。

HKEY_LOCAL_MACHINE 子树下的 SAM、SECURITY、SOFTWARE、SYSTEM 都是蜂巢，因为其中的项、子项、项值分别存储到不同的注册表文件内。这些注册表文件保存在%systemroot%\system32\Config 文件夹中（%systemroot%是指存储 Windows 系统文件的文件夹），文件名分别是 Sam 与 Sam.log、Security 与 Security.log、Software 与 Software.log、System 与 System.log。

属于用户配置文件的数据存储在%systemdrive%\Documents and Settings\用户名文件夹中，其文件名是 Ntuser.dat 与 Ntuser.dat.log。默认用户配置文件%SystemDrive%\Documents and Settings\Default User\Ntuser.dat 与 Ntuser.dat.log。

2. 编辑注册表

Windows 提供注册表编辑器 Regedit.exe 用于查看和修改注册表。在操作注册表之前要记住两点，一是要备份注册表，二是要小心修改注册表，因为错误的修改可能导致系统不能启动。

提示 对注册表的大多数改动，不论被修改的是系统、用户、服务、应用程序还是其他对象，都要尽可能使用配置管理工具来完成。只有在没有其他管理工具时，才考虑使用注册表编辑器来修改注册表。

执行 regedit 命令即可启动 Regedit 编辑器。参见图 2-7，整个编辑器分为两个窗格，左窗格显示树状结构，右窗格显示树状结构中当前被选中对象的具体内容，展开树状结构并选中所要查看的对象，即可查看特定的键或设置，根据需要还可以进行修改。

例如，Windows Server 2008 R2 提供默认共享功能，这些默认的共享都有 "$" 标志（隐藏共享），允许共享所有的分区（C$，D$，E$等）和系统目录（admin$），这就带来了安全隐患，要永久禁止这些默认共享，可以通过修改注册表来实现，具体步骤如下。

（1）打开注册表编辑器，找到 HKEY_LOCAL_MACHINE\SYSTEM\CurrentControlSet\Services\lanmanserver\parameters 项。

（2）查看是否有 AutoShareServer 项值，如果有，将其数据值由 1 改为 0，这样就能关闭硬盘各分区的共享。如果没有 AutoShareServer 项值，可新建一个再赋值，具体方法是右键单击它的容器项 parameters，并选择 "新建" > "DWORD 值"（必须知道项值的数据类型），根据提示给该项命名，并设置数据值（这里为 0）。

（3）查看是否有 AutoShareWks 项值，如果有，将其键值由 1 改为 0 以关闭 admin$共享。如果没有 AutoShareWks 项值，可新建一个再赋值。

（4）退出注册表编辑器，重启系统，上述修改生效，永久停止隐藏共享。

可以使用注册表编辑器来查找或操作网络上另一台计算机的注册表。选择 "文件" > "连接网络注册表" 命令来连接远程计算机。远程注册表的子树在本地注册表的子树下面显示，注意，只能够看到远程计算机的 HKEY_LOCAL_MACHINE 与 HKEY_USERS 两个子树。

3. 使用 Windows PowerShell 管理注册表

除了注册表编辑器外，还可以使用 Windows PowerShell 来管理注册表。它提供了两个关于注册表的驱动器：HKCU 和 HKLM，分别表示子树 HKEY_CURRENT_USER 和 HKEY_LOCAL_MACHINE。其他 3 个子树可以先转到注册表的根部。

```
Set-Location -Path Microsoft.PowerShell.Core\Registry::
Get-ChildItem -Recurse
```

"Microsoft.PowerShell.Core\Registry::" 是一个特殊的路径，表示注册表的根路径。进入根路径，就能随意转到一个注册表路径了。

```
Push-Location HKLM:SOFTWARE\Wow6432Node\Microsoft\Windows\CurrentVersion\Run
Pop-Location
```

经常需要在其他驱动器中进行操作（如文件系统），这就临时需要访问注册表，可以使用 Push-Location 暂时转到注册表的驱动器，操作完成后使用 Pop-Location 回到原来的驱动器。这是一种推荐做法，可以方便地在不同驱动器之间切换。下面是一个更改注册表的值的例子。

```
Set-Item -Path HKLM:SOFTWARE\Wow6432Node\Microsoft\Windows\CurrentVersion\Run\PS
-Value "PSV2" -Force -PassThru
    Set-ItemProperty -Path KLM:SOFTWARE\Wow6432Node\Microsoft\Windows\CurrentVersion\
Run -Name "VS2010" -Value "E:\" -PassThru
```

4. 使用注册文件

在处理注册表数据之前，往往要备份正在处理的子项，以免发生意外时恢复原来的数据。为此在注册表编辑器中选择计划要处理的子项，然后选择"文件" > "导出"命令，将这些子项导出到外部文件。导出文件的默认文件类型是注册文件，它的扩展名是.reg。注册文件包含所选择的项和子项的所有数据。要将注册文件的数据恢复到注册表，可以导入命令，也可直接双击该文件将其导入。

除了备份和恢复注册表数据外，.reg 文件还可直接用于管理系统上的注册表。按照格式编写.reg 文件，将其内容导入到注册表，即可用来控制用户、软件设置、计算机设置或者存储在注册表的任何其他数据。这特别适合将所需注册表的改变发布到多台计算机的情形。

注册文件是 Unicode 文本文件，使用下面的格式。

```
NameOfTool                    ## 第一行工具名用于识别完成这个程序的工具
blank line                    ## 空行
[Registry path]               ## 注册表路径（层次结构每一层都用反斜杠\分开）
"DataItemName"=DataType:value ## 项值定义
......
```

一个注册文件中可以有多个注册表路径。项值定义中的的名称用引号，等号紧跟在数项值名称后面，然后是数据类型，后面跟着冒号，最后是数值。

2.2 用户配置与管理

每个用户必须要有一个账户，通过该账户登录到计算机访问其资源。用户账户用于用户身份验证，授权用户对资源访问，审核网络用户操作。在 Windows 网络中，按照作用范围，用户账户分为本地用户账户与域用户账户。这里主要讲解本地用户账户，至于域用户账户将在第 3 章介绍。

2.2.1 本地用户的创建和管理

本地用户账户只属于某台计算机，存放在该机本地安全数据库中，为该机提供多用户访问的能力，但是只能访问该机内的资源，不能访问网络中的资源。不同的计算机有不同的本地用户账户。使用本地用户账户，可以直接在该计算机上登录，也可从其他计算机上远程登录到该计算机，由该计算机在本地安全数据库中检查该账户的名称和密码。

1. 内置用户账户

安装 Windows Server 2008 R2 时由系统自动创建的账户称为内置账户，主要有以下 3 个账户。

（1）系统管理员（Administrator）。具有对服务器的完全控制权限，可以管理整个计算机的账户数据库。该账户不能被删除，但可以重命名或被禁用。

（2）来宾（Guest）。临时账户，可以访问网络中的部分资源。默认情况下该账户是禁用的。

（3）HelpAssistant 账户。与远程协助会话一起安装，用于建立远程协助会话的主账户。

平常最好不要以系统管理员身份运行计算机，以免使系统受到木马及其他安全风险的威胁。需要执行管理任务时，如升级操作系统或配置系统参数，先注销其他用户再以管理员身份登录。

2．创建用户账户

无论是从本地，还是从网络中其他计算机登录到 Windows 服务器，必须拥有相应的用户账户。用户账户主要包括用户名、密码、所属组等信息。

（1）从"管理工具"菜单中选择"计算机管理"命令打开计算机管理控制台。

（2）在左侧控制台树中依次展开"系统工具">"本地用户和组">"用户"节点。

（3）右键单击空白区域或"用户"节点，从快捷菜单中选择"新用户"命令打开相应的对话框，如图 2-8 所示。

（4）输入用户名和密码，默认选中"用户下次登录时须更改密码"复选框，可根据需要选中"用户不能更改密码"、"密码永不过期"和"账户已禁用"（为了使用规范词语，本书图中的"帐户"在正文中一律使用"账户"）复选框。

（5）单击"创建"按钮将关闭"新用户"对话框，计算机管理控制台右侧详细窗格用户列表中将增加新建的用户，表明本地用户创建成功。

3．管理用户账户

对于已创建的用户账户，往往还需要进一步配置和管理，这需要使用计算机管理控制台，从用户列表中选择要管理的用户进行设置，如图 2-9 所示。

图 2-8　创建用户账户

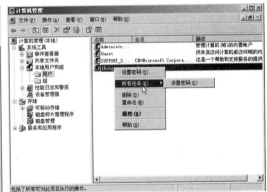

图 2-9　管理用户账户

● 重设密码。出于安全性考虑，最好过一段时间就对用户账户的密码进行重新设置。右键单击要重设密码的用户账户，从快捷菜单中选择"设置密码"命令，弹出相应对话框，分别输入两次完全一样的密码完成设置。

● 重命名账户。需要将一个用户账户转给另一个用户时，可以对该用户重新命名。例如，一个新员工替代一个已离职的员工，可将后者的账户重命名给前者。右键单击要重命名的用户账户，从快捷菜单中选择"重命名"命令，直接更改用户名即可。

● 禁用、启用账户。如果某用户在一段时间内不需要账户，以后还需要使用，如某人暂时离开公司，可以将其账户临时禁用，等返回之后再启用，以防止他人利用其用户账户登录到服务器。右键单击要设置的用户账户，从快捷菜单中选择"属性"命令打开相应的对话框，切换到"账户"选项卡，选中"账户已禁用"复选框将禁用该账户；清除该复选框，则启用该账户。

● 删除用户账户。对于不需要使用的用户账户，可以将其删除。右键单击要删除的用户账户，从快捷菜单中选择"删除"命令，根据提示确认即可。已删除的用户账户是不能恢复的。

2.2.2　本地用户组的创建与管理

用户组是一类特殊账户，就是指具有相同或者相似特性的用户集合，比如可以将一个部门的用户组建为一个用户组。管理员向一组用户而不是每一个用户分配权限来简化用户管理工作。用户可以是一个或多个用户组的成员。如果一个用户属于某个组，该用户就具有在该本地计算机上执行各种任务的权利和能力。用户组也可分为本地用户组和域用户组。

1．内置组账户

Windows Server 2008 R2 自动创建内置组，下面列出几个主要的内置组账户。

● 管理员组（Administrators）：其成员具有对服务器的完全控制权限，可以根据需要向用户指派用户权利和访问控制权限。管理员账户（Administrator）是其默认成员。

● 备份操作员组（Backup Operators）：其成员可备份和还原服务器上的文件。

● 超级用户组（Power Users）：其成员可以创建用户账户，修改并删除所创建的账户。

● 网络配置用户组（Network Configuration Users）：其成员可以执行常规的网络配置功能。

● 性能监视用户组（Performance Monitor Users）：其成员可以监视本地计算机的性能。

● 用户组（Users）：其成员可以执行大部分普通任务。可以创建本地组，但是只能修改自己创建的本地组。

● 远程桌面用户组（Remote Desktop Users）：其成员可以远程登录服务器，允许通过终端服务登录。

2．特殊组账户

除了前面所介绍的内置组之外，Windows Server 2008 R2 内还提供一些特殊组，管理员无法更改这些组的成员。下面列出几个比较常见到的特殊组。

● Everyone。任一用户都属于该组。若 Guest 账户被启用，则在委派权限给 Everyone 时需要小心，因为若一个计算机内没有账户的用户，通过网络来登录计算机时，会被自动允许使用 Guest 账户来连接。因为 Guest 也是 Everyone 组成员，所以 Guest 账户具有 Everyone 所拥有的权限。

● Authenticated Users。任何使用有效用户账户来登录此计算机的用户，都属于此组。

● Interactive。任何在本地交互登录（按 Ctrl+Alt+Del 组合键）的用户，都属于此组。

● Network。任何通过网络来登录此计算机的用户，都属于此组。

● Anonymous Logon。任何未使用有效的一般用户账户来登录的用户，都属于此组。不过该组默认并不属于 Everyone 组。

3．创建和配置本地用户组账户

除了内置组之外，管理员可以根据实际需要来创建自己的用户组，如将一个部门的用户全部放置到一个用户组中，然后针对这个用户组进行权限设置。

打开计算机管理控制台，依次展开"系统工具" > "本地用户和组" > "组"节点，右键单击空白区域或"组"节点，从快捷菜单选择"新建组"命令打开相应的对话框，根据提示输入用户组名称和说明文字即可。

通过组来为用户账户分配权限，对用户进行分组管理，前提是让用户成为组的成员。为用户组添加成员有两种方式，一种是为用户选择所属组，将现有用户账户添加到一个或多个组，如图2-10 所示；另一种是向组中添加用户，将一个或多个用户添加到现有的组中，如图 2-11 所示。

图 2-10　为用户选择所属组　　　　　图 2-11　将用户作为组成员添加到组

2.2.3　通过配置文件管理用户工作环境

用户配置文件是定义用户工作环境的一组设置。用户登录到计算机时，Windows Server 2008 R2 使用用户配置文件构建用户的工作环境。典型的用户配置文件定义桌面配置、菜单内容、控制面板设置、网络打印机连接等。用户可通过用户配置文件来维护自己的桌面环境，以便让自己在每次登录时，都有统一的工作环境与界面。另外，登录脚本与主文件设置也用来定制用户工作环境。

1．用户配置文件的类型

Windows Server 2008 R2 支持的用户配置文件主要有以下 3 种类型。

● 本地用户配置文件。当用户首次次登录到计算机时，系统就会自动为该用户在该计算机内创建一个本地用户配置文件，用户对其桌面设置的任何更改都将存储在该配置文件内，以供下次登录时使用。每个用户账户在不同的计算机内有不同的本地用户配置文件。

● 漫游用户配置文件。漫游用户配置文件存放在服务器上。当用户登录到网络时，不论用户从哪台计算机上登录，该文件都从服务器下载到本地计算机。用户配置的任何修改也都将被保存到服务器上的配置文件中。这种配置文件只适合域用户使用。

● 强制用户配置文件。这是一种不能被更改的特殊漫游用户配置文件，其内容由系统管理员事先设置好，即使用户在会话中更改了一些设置，这些更改也无法保存到位于服务器的配置文件中，因而也就无法在用户下次登录网络时使用。管理员可以修改强制用户配置文件。

接下来主要介绍本地用户配置文件。

2．本地用户配置文件设置

用户配置文件并不是单纯的一个文件，本地用户配置文件的文件夹位于系统分区中的"用户"文件夹，如图 2-12 所示。其中，以用户的登录名命名的文件夹就是该用户专用的本地用户配置文件夹。系统会在用户首次登录时为其创建专用的用户配置文件夹（如 C:\用户\zxp），默认内容来源于默认配置文件，即系统分区的"用户\Default"文件夹。即使用户以后更该账户名，该文件夹也不会更名。该文件夹下的目录结构和快捷方式决定了用户的桌面和应用程序环境，如图 2-13 所示。

图 2-12　用户配置文件文件夹

任何一个首次登录的用户的桌面环境，事实上是由默认配置文件（Default 文件夹）与公用文件夹（系统分区的 ProgramData 文件夹）共同设置，后者包含"开始"菜单、桌面等所有用户公用的设置数据。这两个文件夹在以前版本的 Windows 中称为 Default User 文件夹与 All Users 文件夹。

当用户注销时，其所做的任何设置上的更改（不含公用文件夹的内容）都会存储到该用户配置文件文件夹内，下次该用户再从该计算机登录时，就会以这个属于其个人的用户配置文件文件夹的内容（配合公用文件夹的内容）设置其桌面环境。在整个过程中，默认文件夹的内容并不会受到影响，也就是仍然保持不变。

另外，用户不是首次登录计算机，但是因故无法读取其本地用户配置文件，例如，无权读取本地用户配置文件文件夹或者文件夹被误删等，这时也要用到默认配置文件。

图 2-13　用户配置文件夹的内容

从"开始"菜单中选择"计算机"，右键单击，选择"属性"命令打开相应的"系统"对话框（也可以从控制面板中选择"系统和安全" > "系统"命令），单击"高级系统设置"项，单击"用户配置文件"区域的"设置"按钮，打开图 2-14 所示的对话框，查看当前有哪些用户配置文件。

如果想要自定义个人的开始菜单，则可以打开资源管理器，进入其本地用户配置文件中的"「开始」菜单"文件夹（默认不允许打开，可通过权限设置更改），增加、删除和复制程序或快捷方式。用户也可以在 ProgramData 文件夹中的"「开始」菜单"文件夹中自定义可供所有用户使用的程序或快捷方式。

还可以自定义 Default User 配置文件内容来设计一个应用到所有登录用户的配置文件。具体方法是以非 Administrator 权限账户（或一个临时用户账户）登录到计算机，改变其桌面环境，如安装应用程序、更改鼠标指针、创建桌面快捷方式等，然后以 Administrator 权限的用户账户登录到计算机，将该用户的本地配置文件复制到 Default 文件夹，并设置允许 Everyone 有权访问。

3. 登录脚本设置

登录脚本是用于配置用户工作环境的、可选的程序（批处理文件、命令文件或 VBS 脚本）。该脚本在登录时会自动运行。为了启用该功能，通过计算机管理控制台打开用户属性设置对话框，切换到"配置文件"选项卡，指定登录脚本文件的路径（见图 2-15），或者对登录脚本应用组策略。完成后，以后该用户登录时，就会从负责审核用户登录身份的域控制器或本地计算机读取上述的登录脚本，并执行它。

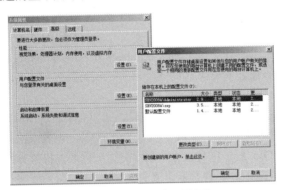

图 2-14　查看用户配置文件

图 2-15　设置用户属性

4. 主文件夹设置

登录到 Windows Server 2008 R2 的所有用户都有一个"文档"文件夹（以前 Windows 版本称为"我的文档"），当用户在本地工作时，这通常就是其主文件夹。可以在"配置文件"选项卡中指定另外一个位置作为主文件夹，让用户存储私人信息。只有该用户与 Administrator 账户才有权访问该文件夹。主文件夹不包含在用户配置文件内。

主文件夹既可以设置在用户自己的计算机内，也可以设置到网络上某台计算机的共享文件夹内。域用户与本地用户都可以指定主文件夹。这里以本地用户为例。在计算机管理控制台中打开用户属性对话框，切换到"配置文件"选项卡（见图 2-15），在"本地路径"文本框中将其主文件夹设置到本地计算机的磁盘上，它必须是一般的本地路径，如 C:\Home\%username%，不要将本地用户的主文件夹设置到网络某服务器上的共享文件夹。

2.3　磁盘管理

磁盘用来存储需要永久保存的数据，目前常见的磁盘包括硬盘、软盘、光盘、闪存（Flash Memory，如 U 盘、CF 存储卡、SD 存储卡）等。这里的磁盘主要指硬盘。注意 Windows Server

2008 R2 并不限于磁盘存储，还包括范围更广的数据存储功能，如移动存储、远程存储。

2.3.1 磁盘管理基础

磁盘在系统中使用都必须先进行分区，然后建立文件系统，才可以存储数据。

1. 磁盘分区与卷

分区有助于更有效地使用磁盘空间。如图 2-16 所示，每一个分区（Partion）在逻辑上都可以视为一个磁盘，每一个磁盘都可以划分若干分区。分区表用来存储这些磁盘分区的相关数据，如每个磁盘分区的起始地址、结束地址，是否为活动磁盘分区等。

当一个磁盘分区被格式化之后，就可称为卷（Volume）。在 Windows 操作系统中，每一个卷就有所谓的盘符（一般使用字母表示），又称驱动器号。卷的序列号由系统自动产生，不能由手动修改。卷还有卷标（Label），由系统默认生成，也可以自定义。

术语"分区"和"卷"通常可互换使用。分区是硬盘上由连续扇区组成的一个区域，需要进行格式化才能存储数据。硬盘上的"卷"是经过格式化的分区或逻辑驱动器。另外，还可将一个物理磁盘看成一个物理卷。

2. 分区形式: MBR 与 GPT

磁盘中的分区表用来存储这些磁盘分区的相关数据。传统的解决方案是将分区表存储在主引导记录（MBR）内，现在有一种的新分区形式称为 GUID 分区表（GPT）。这两种分区形式有所不同，但与分区相关的配置管理任务差别并不大。为区分这两种分区形式的磁盘，通常将使用 MBR 分区形式的磁盘标记为 MBR 磁盘，而将使用 GPT 分区形式的磁盘标记为 GPT 磁盘。

（1）MBR。

现有 PC 机架构采用主板 BIOS 加磁盘 MBR 分区的组合模式，操作系统通过 BIOS 与硬件进行通信，BIOS 使用 MBR 来识别所配置的磁盘。MBR 包含一个分区表，该表说明分区在磁盘中的位置。MBR 分区的容量限制是 2TB，最多可支持 4 个磁盘分区，可通过扩展分区来支持更多的逻辑分区。MBR 磁盘分区如图 2-17 所示，包括以下 3 种类型。

- 主要分区（主分区）。可用来启动操作系统。每个磁盘最多可以分成 4 个主要分区。
- 扩展分区。无法用来启动操作系统，也不能直接使用，必须在扩展分区上建立逻辑分区才能使用。每个磁盘上只能够有一个扩展分区，但扩展分区可包含多个逻辑分区。因为扩展磁盘分区也会占用一条磁盘分区记录，如果设有扩展分区，则该磁盘最多只能有 3 个主要分区。
- 逻辑分区。建立在扩展分区之上，操作系统可以直接使用。

不管什么操作系统，能够直接使用的只有主要分区和逻辑分区。

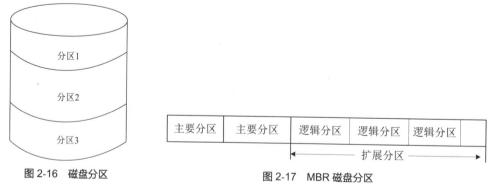

图 2-16　磁盘分区

图 2-17　MBR 磁盘分区

（2）GPT。

随着主板集成技术的发展，硬盘容量突破 2TB，出现主板 EFI（可扩展固件接口）加硬盘 GPT 分区的组合模式。EFI 只是一个接口，位于操作系统与平台固件之间。GPT 支持唯一的磁盘和分区 ID（GUID），分区容量限制为 18EB，最多支持 128 个分区。GPT 磁盘上至关重要的平台操作数据位于分区中，而不是像与 MBR 磁盘那样位于未分区或隐藏的扇区中。Windows Server 2008 的所有版本都能使用 GPT 分区磁盘进行数据操作，但只有基于 EFI 主板的系统支持从 GPT 启动。

> **提示** MBR 和 GPT 磁盘之间的转换需要删除所有的卷和分区，即只有空盘才能进行转换。在 Windows Server 2008 R2 中可使用"磁盘管理"管理单元或命令行工具 Diskpart 来实现转换。本章有关磁盘分区的内容主要以 MBR 分区体系为例。

3. 文件系统

文件系统是操作系统用于在磁盘上组织文件的方法。一个磁盘分区在作为文件系统使用前需要初始化，并将记录数据结构写到磁盘上，这个过程称为建立文件系统或者格式化。

不同的操作系统使用的文件系统格式不同，如 Windows 文件系统格式主要有 3 种——FAT16、FAT32（FAT32x）和 NTFS，Linux 文件系统格式主要有 Ext2、Ext3 等。

NTFS 单个扇区容量更大，具有更高的读写性能；可支持的磁盘容量也更大；具有更多的安全控制功能，可以对不同的文件和文件夹设置不同的访问权限，提供访问控制及文件保护。在安装 Windows Server 2008 R2 服务器时，最好将硬盘所有分区都设为 NTFS 分区。如果服务器已经安装运行，应确保服务器上所有的硬盘分区都是 NTFS 格式。实际工作中可能涉及到 FAT 或 FAT32 格式到 NTFS 格式的转换，目前有以下两种转换方法。

● 通过格式化操作转换。选择 NTFS 文件格式重新格式化，这将导致数据丢失，适用于没有可用数据的磁盘分区。有些磁盘管理工具转换文件系统格式采用的也是格式化技术，应格外注意。

● 使用内置的命令行工具 Convert 转换。将 FAT 或 FAT32 文件系统无损地转换成 NTFS 文件系统，适用于保存有可用数据和文件的磁盘分区。转换后的 NTFS 分区无法转回原来 FAT 或 FAT32 分区。

4. 基本磁盘与动态磁盘

Windows 系统的磁盘可分为基本磁盘和动态磁盘两种类型。

（1）基本磁盘。

基本磁盘是传统的磁盘系统，可以被早期版本 Windows 操作系统所使用的磁盘类型。Windows Server 2008 R2 安装时默认采用基本磁盘。基本磁盘的磁盘分区可分为主要分区和扩展分区两类，如图 2-18 所示。

（2）动态磁盘。

动态磁盘是对基本磁盘进行转换得到的。为与基本磁盘有所区分，在动态磁盘上使用"卷"（Volume）来取代"磁盘分区"这个术语。卷代表动态磁盘上的一块存储空间，可以看成一个逻辑盘，可以是一个物理硬盘的逻辑盘，也可以是多个硬盘或多个硬盘的部分空间组成的磁盘阵列，但它的使用方式与基本磁盘的主要磁盘分区相似，都可分配驱动器号，经格式化后存储数据。动态磁盘及其卷如图 2-19 所示。动态磁盘具有以下特点。

- 卷数目不受限制。动态磁盘不使用分区表，可容纳若干卷，而且能提高容错能力。
- 可动态调整卷。在动态磁盘上建立、调整、删除卷，不需重新启动系统步骤即能生效。
- 动态磁盘不能被其他操作系统（如 Windows 2000 以下版本、Linux 等）访问。

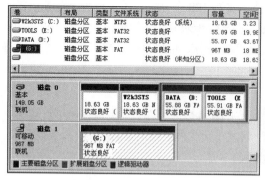

图 2-18　基本磁盘及分区　　　　　　　　图 2-19　动态磁盘及卷

对于 Windows Server 2008 R2 来说，卷分为两种，一种是基本磁盘上的基本卷，另一种是动态磁盘上的动态卷。操作系统必须安装在基本卷上，之后基本卷可随基本磁盘转换而变成动态卷。

5. "磁盘管理"管理单元

在 Windows Server 2008 R2 中可以使用 MMC 控制台中的"磁盘管理"管理单元来管理本地或网络中其他计算机的磁盘。打开计算机管理控制台，展开"存储">"磁盘管理"节点，即可使用该管理单元，界面如图 2-20 所示。也可在命令行中执行 diskmgmt.msc 命令来直接启动"磁盘管理"管理单元，界面如图 2-21 所示。两处所使用的实际上是同一工具。在不需重启系统或中断用户的情况下，可执行多数与磁盘相关的任务，大多数配置更改立即生效。

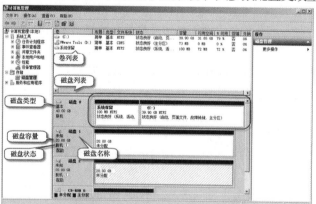

图 2-20　内嵌"计算机管理"中的磁盘管理单元

参见图 2-20，"磁盘管理"界面中通过磁盘列表能够查看当前计算机所有磁盘的详细信息，包括磁盘类型、容量、磁盘的未分配空间、磁盘状态、磁盘设备类型和分区形式等。通过卷列表可以查看计算机所有卷的详细信息，有卷布局、类型、文件系统、卷状态、容量、空闲空间、空闲空间所占的百分比、当前卷是否支持容错和用于容错的开销等。

磁盘状态可标识当前磁盘的可用状态，除"联机"以外，还有"音频 CD"、"外部"、"正在初始化""丢失""无媒体""没有初始化""联机（错误）""脱机"和"不可读"等多种状态。

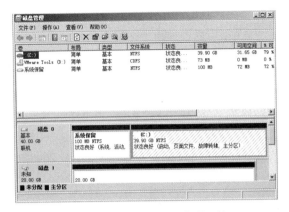

图 2-21 独立的 "磁盘管理" 管理单元

卷状态用于标识磁盘上卷的当前状态，有些卷还有子状态，在卷状态后面的括号里标注。例如，当卷状态为 "良好" 时，可以有 "启动" "系统" 等子状态。除 "良好" 以外，还有 "失败" "失败的重复" "格式化" "正在重新生成" "重新同步" "数据未完成" "未知" 等多种状态。

也可以使用命令行工具管理磁盘和卷，如 Chkdsk 用于检查磁盘错误并修复发现的任何错误；DiskPart 可以实现磁盘分区或卷的管理，Format 使用一种文件系统格式化卷。

为方便实验测试，建议使用虚拟机软件 VMware 来模拟多块硬盘进行操作。

2.3.2 基本磁盘管理

在基本磁盘用于存储任何文件之前，必须将其划分成分区（卷）。为实现兼容性，Windows Server 2008 R2 仍然支持基本磁盘，并将那些在早期版本中已分区或未分区的磁盘初始化为基本磁盘。基本磁盘内的每个主分区或逻辑分区又被称为 "基本卷"。基本卷是可以被独立格式化的磁盘区域。当使用基本磁盘时，只能创建基本卷。

1. 初始化磁盘

所有磁盘一开始都是带数据结构的基本磁盘。操作系统根据数据结构识别该磁盘。具体的数据结构取决于该磁盘分区形式是 MRB 还是 GPT。数据结构还存储了一个磁盘签名，它唯一地标识这个磁盘。这个签名通过被称为 "初始化" 的过程写入到该磁盘，初始化通常发生在将磁盘添加到系统的时候。

在 Windows Server 2008 R2 计算机中添加新磁盘时，必须先初始化磁盘。安装新磁盘（通过虚拟机操作时应将磁盘状态改为 "联机"）后，系统会自动检测到新的磁盘，并且自动更新磁盘系统的状态，将其作为基本磁盘。打开 "磁盘管理" 管理单元时，自动打开图 2-22 所示的对话框，从中选择要划分分区的磁盘及其分区形式（MBR 或 GPT），单击 "确定" 按钮，完成初始化磁盘。如果单击 "取消" 按钮，磁盘状态就会显示为 "没有初始化"。可根据需要在以后执行初始化磁盘操作（方法是选中该磁盘，选择相应的 "初始化磁盘" 命令即可）。

如果在 "磁盘管理" 窗口中看不到新安装的磁盘，可选择 "操作" > "重新扫描磁盘" 命令。如果使用其他程序或实用工具创建分区，而 "磁盘管理" 窗口中没有检测到更改，则必须关闭 "磁盘管理" 管理单元，然后重新打开该工具。

将已分区的磁盘（或其他系统使用过的硬盘）添加到 Windows Server 2008 R2 计算机时，系统自动将其初始化为基本磁盘。不过，在使用之前需要为其分配一个驱动器号（盘符）。

2. 磁盘分区管理

对 MBR 磁盘来说，一个基本磁盘内最多可以有 4 个主分区，而对 GTP 磁盘来说，一个基本磁盘内最多可有 128 个主分区。

主分区的创建通过新建简单卷完成。打开"磁盘管理"管理单元，右键单击一块未分配的空间，选择"新建简单卷"命令，根据向导提示进行操作，当出现图 2-23 所示的界面时，指定简单卷的大小（分区大小），然后单击"下一步"按钮，根据向导提示完成驱动器号和路径指定、文件系统选择、格式化等任务。参见图 2-20，Windows Server 2008 R2 安装时自动创建两个主分区，一个是系统保留区，另一个是用来安装 Windows Server 2008 R2 的启动卷。安装程序将启动文件置于系统保留区，并将它设置为活动分区，作为系统卷，而且没有分配驱动器号。

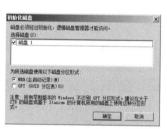

图 2-22　初始化磁盘

图 2-23　指定简单卷的大小（分区大小）

可以在基本磁盘中尚未使用的空间内创建扩展分区，但是在一个基本磁盘内只可以创建一个扩展分区。不过 Windows Server 2008 R2 的"磁盘管理"管理单元不再提供创建扩展分区功能，可以改用命令行工具 diskpart 来实现，具体步骤如下。

（1）打开命令提示行，执行 diskpart 命令进入交互界面。

（2）选择要操作的磁盘，这里执行 select disk 1 命令选择磁盘 1。可进一步执行 list partition 命令查看该磁盘的分区列表。

（3）执行 create partition extended 命令就未分配磁盘空间创建扩展分区。如果要指定扩展分区大小，可使用参数 size 指定，单位为 MB，如 size = 10000 表示大约 10GB。

（4）退出 diskpart 交互界面。

创建扩展分区后，就可以在此扩展分区内创建多个逻辑驱动器（逻辑分区）。打开"磁盘管理"管理单元，右键单击扩展分区，选择"新建简单卷"命令，根据向导提示完成该逻辑驱动器大小设置、驱动器号和路径指定、文件系统选择、格式化等任务。

还可以很据需要执行指派活动分区、删除磁盘分区、格式化磁盘分区、更改驱动器号和路径等操作。注意如果删除一个分区，那么该分区上的所有数据都会丢失，而且不可恢复。要删除一个扩展分区，需要先删除该扩展分区包含的所有逻辑驱动器，然后才能删除该扩展分区。

3. 扩展与压缩基本卷

可以根据需要扩展现有的基本卷，也就是将未分配的空间合并到基本卷内，以便扩大其容量。只有未格式化的或已格式化为 NTFS 的基本卷才可以被扩展，系统卷与启动卷无法扩展，新增加的空间必须是紧跟着该基本卷之后的未分配空间。

在"磁盘管理"管理单元中右键单击基本卷，选择"扩展卷"命令打开相应的对话框，选择要扩展的磁盘空间，单击"下一步"按钮完成基本卷的扩展。也可使用命令行工具 diskpart 来扩展基本卷。

压缩卷是指缩减卷空间，缩小原分区，从卷中未使用的剩余空间中划出一部分作为未分区空间。操作方法与扩展卷相似，只是要选择"压缩卷"命令。

2.3.3 动态磁盘管理

动态磁盘由基本磁盘转换而来，相应的磁盘管理主要是动态卷的管理。Windows Server 2008 R2 服务器支持动态磁盘，可提供更多的卷、更大的存储能力。不论动态磁盘使用的是 MBR 分区还是 GPT 分区，都可以创建最多 2 000 个动态卷，但一般创建的动态卷少于 32 个。

1. 动态卷及其类型

Windows Sever 2008 R2 支持 5 种动态卷，具体说明如表 2-2 所示。如果需要对数据加以保护，对存储容量进行扩展，对磁盘存取性能进行提升，可考虑选择磁盘阵列（RAID）。磁盘阵列技术用来将一系列磁盘组合起来，以提高可用性、改善性能，从而比单个磁盘驱动器具有更高的速度、更好的稳定性和更大的存储能力。磁盘阵列技术是一种工业标准，根据不同的技术实现模式分为多个级别（Level），目前工业界公认的标准分别为 RAID 0 ~ RAID 5，还有一些在此基础上的组合级别（阵列跨越），其中应用最多的是 RAID 0、RAID 1、RAID 5、RAID 10 和 RAID 50。Windows Server 2008 R2 的动态卷可以实现基于软件的磁盘阵列，简单卷和跨区卷不支持磁盘阵列，其他 3 种卷都对应一种标准的磁盘阵列。

表 2-2 动态卷的类型

卷 类 型	说 明	对应 RAID 技术
简单卷	单个物理磁盘上的卷，可以由磁盘上的单个区域或同一磁盘上连接在一起的多个区域组成，可以在同一磁盘内扩展简单卷	无
跨区卷	将简单卷扩展到其他物理磁盘，这样由多个物理磁盘的空间组成的卷就称为跨区卷，适用于有多个硬盘，需要动态扩大存储容量的场合	非标准的 JBOD（简单磁盘捆绑）
带区卷	以带区形式在两个或多个物理磁盘上存储数据的卷	RAID 0
镜像卷	在两个物理磁盘上复制数据的容错卷	RAID 1
RAID-5 卷	具有数据和奇偶校验的容错卷，分布于 3 个或更多的物理磁盘	RAID 5

2. 将基本磁盘转换为动态磁盘

要使用动态卷，必须首先建立动态磁盘。默认情况下，Windows Server 2008 R2 将所有硬盘都视为基本磁盘，这就需要将基本磁盘转换为动态磁盘，不过需要注意以下两点。

● 将基本磁盘转换为动态磁盘以整个物理磁盘为单位，不能只转换其中一个分区。

● 将基本磁盘转换为动态磁盘不会影响原有数据，但是不能轻易地将动态硬盘再转回基本磁盘，除非删除整个磁盘上的所有卷。

基本磁盘可以按照以下步骤转换为动态磁盘。

（1）打开"磁盘管理"管理单元，右键单击要转换的磁盘，选择"转换为动态硬盘"命令，打开图 2-24 所示的对话框。

（2）从列表中选择要转换的基本磁盘，这里选中"磁盘 1"与"磁盘 2"，单击"确定"按钮。

（3）出现对话框列出要转换的物理磁盘的内容，单击"详细信息"按钮可查看某磁盘的具体卷信息，如图 2-25 所示。

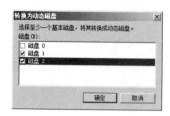

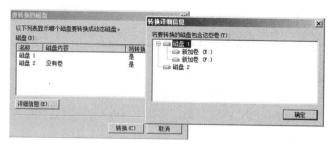

图 2-24　选择要转换的磁盘　　　　　　图 2-25　列出要转换的磁盘内容

（4）单击"转换"按钮，弹出警告对话框，提示"如果将这些磁盘转换成动态磁盘，您将无法从这些磁盘上的任何卷启动其他已安装的操作系统"，单击"是"按钮开始执行转换。

转换完毕，该磁盘上的状态标识由"基本"变为"动态"；如果原基本磁盘包含分区或逻辑驱动器，都将变为简单卷，如图 2-26 所示。

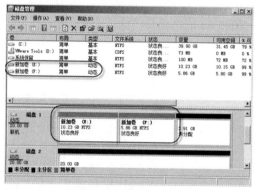

图 2-26　转换成功的动态磁盘

如果要转换的磁盘中安装有操作系统，系统和启动分区将变成包含引导信息的简单卷（即引导卷）。转换过程中还需重新启动计算机。如果要卸载 Windows Server 2008 R2 并安装其他操作系统，则必须先备份数据，再将动态磁盘还原为基本磁盘，否则其他操作系统将无法识别动态磁盘。

一旦转换为动态磁盘后，就无法直接再将其转换回基本磁盘，除非删除动态磁盘内的所有扇区。也就是说，只有空的磁盘才可以转换回基本磁盘。

3．创建和管理简单卷

简单卷是动态磁盘中的基本单位，它的地位与基本磁盘中的主磁盘分区相当。可以从一个动态磁盘内选择未分配空间来创建简单卷，并且在必要的时候可以将此简单卷扩大。

利用同一物理磁盘上的空闲空间创建简单卷。打开"磁盘管理"管理单元，右键单击动态磁盘上未分配空间，选择"新建简单卷"命令启动相应的向导，根据提示执行简单卷大小定义、驱动器号和路径指定、文件系统选择、格式化等操作即可。

可以将未分配空间合并到简单卷中，也就是扩展简单卷的空间，以便扩大其容量。扩展简单卷必须注意以下问题。

● 只有未格式化或 NTFS 格式的简单卷才可以被扩展。

● 安装有操作系统的简单卷不能扩展。

● 新增加的空间，既可以是同一个磁盘内的未分配空间，也可以是另外一个磁盘内的未分配空间。一旦将简单卷扩展到其他磁盘的未分配空间内，它就变成了跨区卷。简单卷可以成为镜像卷、带区卷或 RAID-5 卷的成员之一，但是将它扩展程跨区卷后，就不具备该功能了。

右键单击动态磁盘上要扩展的简单卷，选择"扩展卷"命令，启动扩展卷向导，根据提示进行操作，当出现图 2-27 所示的对话框时，选择要使用的动态磁盘，并指定要并入原有卷的空间。扩展完毕，原有卷和扩展后的卷都使用相同的驱动器号和标签。

还可以压缩卷来缩小简单卷的空间。

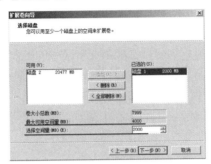

图 2-27　指定扩展空间

4. 创建和管理跨区卷

跨区卷是指多个位于不同磁盘的未分配空间所组合成的一个逻辑卷。可将多个磁盘内的多个未分配空间合并成一个跨区卷，并赋予一个共同的驱动器号。跨区卷具有以下特性。

● 跨区卷必须由两个或两个以上物理磁盘上的存储空间组成。

● 组成跨区卷的每个成员，其容量大小可以不相同。

● 组成跨区卷的成员中，不可以包含系统卷与活动卷。

● 将数据存储到跨区卷时，是先存储到其成员中的第 1 个磁盘内，待其空间用尽时，才会将数据存储到第 2 个磁盘，以此类推，所以它不具备提高磁盘访问效率的功能。

● 跨区卷被视为一个整体，无法独立使用其中任何一个成员，除非将整个跨区卷删除。

打开"磁盘管理"管理单元，右键单击要组成跨区卷的任一未分配空间，选择"新建跨区卷"命令启动相应的向导，根据提示执行卷成员（组成跨区卷的磁盘及其空间）指定（见图 2-28）、驱动器号和路径指定、文件系统选择、格式化等操作即可。操作成功的跨区卷如图 2-29 所示，示例中跨区卷分布在两个磁盘内，总空间 5.35GB，使用同一驱动器号。

图 2-28　选择磁盘并指定卷大小

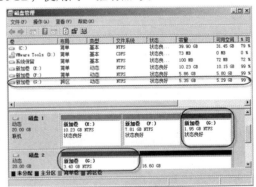

图 2-29　跨区卷示例

可以将未分配空间合并到跨区卷中，也就是扩展跨区卷的空间，以便扩大其容量。只有 NTFS 格式的跨区卷才可以被扩展。扩展跨区卷的步骤同简单卷。还可以压缩卷来缩小跨区卷的空间。

5. 创建和管理带区卷（RAID 0 阵列）

在 Windows Server 2008 R2 上创建带区卷，实际上就是建立一个高性能的软件 RAID 0 阵列。与跨区卷类似，带区卷是指多个分别位于不同磁盘的未分配空间所组合成的一个逻辑卷，赋予其一个共同的驱动器号。如果没有未分配空间，可以通过删除现有的卷来产生。与跨区卷不同的是，带区卷的每个成员其容量大小是相同的，并且数据写入时是以 64KB 为单位平均地写到每个磁盘内。带区卷使用 RAID 0 技术，单纯就效率来讲，它是工作效率最高的动态卷类型。

创建带区卷至少需要两个磁盘有未分配空间，可通过压缩卷来腾出未分配空间。

打开"磁盘管理"管理单元，右键单击要组成带区卷的磁盘中任一未分配空间，选择"新建带区卷"命令启动相应的向导，根据提示执行卷成员（组成带区卷的磁盘及其空间）指定（见图 2-30，例中带区卷成员空间相同，均为 3 924MB）、驱动器号和路径指定、文件系统选择、格式化等操作即可。操作成功的带区卷如图 2-31 所示，示例中带区卷分布在两个磁盘内，总空间 7.66GB 正好是卷成员空间的两倍，使用同一驱动器号。

带区卷只能整个被删除，不能分割，也不能再扩大。不过删除带区卷将删除该卷包含的所有数据以及组成该卷的分区。要删除带区卷，右键单击要删除的带区卷，然后选择"删除卷"命令即可。

图 2-30　选择磁盘并指定卷大小

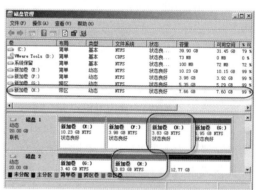

图 2-31　带区卷示例

6. 创建和管理镜像卷（RAID 1 阵列）

在 Windows Server 2008 R2 中创建镜像卷，实际上就是建立一个支持数据冗余的 RAID 1 阵列。每个镜像卷需要两个动态磁盘，既可将两个动态磁盘上的未分配空间组成一个镜像卷，又可将一个动态磁盘上的简单卷与另一个动态磁盘上的未分配空间组成一个镜像卷，然后给予一个逻辑驱动器号。如果要为一个已经存储有数据的简单卷添加镜像时，另一个动态硬盘上的未分配空间不能小于该简单卷的容量。组成镜像卷的成员中可以包含系统卷与活动卷。

（1）创建镜像卷。要将一个磁盘上的简单卷与另一个磁盘的未分配空间组合成一个镜像卷，右键单击该简单卷（例中为磁盘 1 的 E 卷），选择"添加镜像"命令，出现如图 2-32 所示的对话框，选择另一个成员磁盘（例中为磁盘 2），单击"添加镜像"按钮，系统将在磁盘 2 中的未分配空间内创建一个与磁盘 1 的 E 卷相同的卷，并且开始将磁盘 1 的 E 卷内的数据复制到磁盘 2 的 E 卷，即进行重新同步，这要花费一些时间。同步操作结束后，其状态将由"重新同步"转变为"状态良好"。完成后的镜像卷如图 2-33 所示，它分布在 2 个磁盘上，且每个磁盘内的数据是相同的。

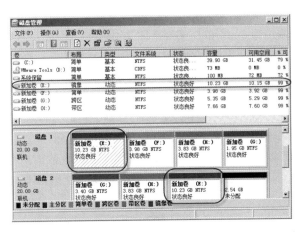

图 2-32　添加镜像

图 2-33　新创建的镜像卷

　　如果要利用两个动态磁盘的未分配空间创建一个镜像卷，则需右键单击任一未分配空间，选择"新建镜像卷"命令启动相应的向导，选择两个成员磁盘及其卷空间，指定驱动器号并对该卷进行格式化。

　　整个镜像卷被视为一个整体，镜像意味着一份数据将同时写到两个磁盘上。两个成员内将存储完全相同的数据，当有一个磁盘发生故障时，系统仍然可以使用另一个正常磁盘内的数据，因此具备容错的能力。镜像卷比较实用，在实际应用中可根据需要对镜像卷实现进一步管理。

　　（2）中断镜像卷。要强制解除两个磁盘的镜像关系，执行中断镜像操作，将镜像卷分成两个卷。右键单击镜像卷，选择"中断镜像卷"命令，弹出对话框提示"如果中断镜像卷，数据将不再由容错性。要继续吗？"，单击"是"按钮，则组成镜像的两个成员自动改为简单卷（不再具备容错能力），其中的数据也被分别保留，磁盘驱动器号也会自动更改，列在前面的卷的驱动器号维持原镜像卷的代号，列在后面的卷的驱动器号自动取用下一个可用的驱动器号。

　　（3）删除镜像与删除镜像卷。也可通过删除镜像来解除两个磁盘的镜像关系。右键单击镜像卷，选择"删除镜像"命令，出现图 2-34 所示的对话框，从中选择一个磁盘，单击"删除镜像"按钮，即可删除该镜像。

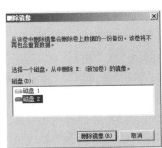

图 2-34　删除镜像

　　与中断镜像不同的是，一旦删除镜像，被删除磁盘上镜像对应空间就变成未分配的空间，数据被删除；而剩下磁盘上镜像对应空间变成不再具备容错能力的简单卷，数据仍然保留。

　　至于删除镜像卷则是指删除整个卷，两个成员的数据都被删除，并且变为未分配空间。右键单击镜像卷，选择"删除卷"命令进行此操作。

　　（4）镜像卷的故障恢复。镜像卷具备容错功能，即使其中一个成员发生严重故障（例如断电或整个硬盘故障），另一个完好的硬盘会自动接替读写操作，只是不再具备容错功能。但是，如果两个磁盘都出现故障，整个镜像卷及其数据将丢失，要避免这样的损失，应该尽快排查故障，修复镜像卷。例如，在虚拟机环境中打开"磁盘管理"管理单元，通过"脱机"命令即可模拟镜像卷故障状态，如图 2-35 所示，当镜像卷状态显示为"失败的重复"（译为"失效的冗余"或"冗余失效"更为准确）时，应根据情况采取相应的措施。

如果某个镜像磁盘的状态为"联机（错误）"，说明 I/O 错误是暂时的，可以尝试重新激活磁盘。在磁盘管理工具中右键单击该故障磁盘，选择"重新激活磁盘"命令即可。

如果镜像磁盘状态为"脱机"或"丢失"，应尝试重新连接并激活磁盘。首先，确保物理磁盘已经正确连接到计算机上（如有必要，请打开或重新连接物理磁盘）；然后，再尝试重新激活该磁盘。如果上述方法仍然没有使该镜像卷恢复正常，应当用另一磁盘上的替换出现故障的磁盘。

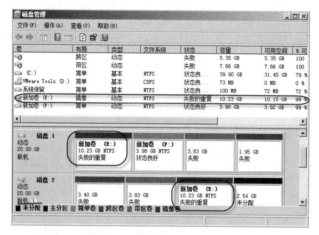

图 2-35　镜像卷故障状态

要替换镜像卷中出现故障的磁盘，必须准备一个未分配空间不小于待修复区域的动态磁盘，可通过检查磁盘属性检查未分配空间大小。

① 使用新磁盘将故障磁盘替换下来。对于热插拔硬盘，可在线操作；对于非热插拔硬盘，需要关机后更换硬盘，再重新启动计算机。

② 打开"磁盘管理"管理单元，如果新磁盘为基本磁盘，需要转换为动态磁盘；如果新磁盘为外来的动态磁盘，需要执行"导入外部磁盘"操作。

③ 执行"删除镜像"命令，将标识为"丢失"的磁盘删除。

④ 右键单击要重新镜像的卷，选择"添加镜像"命令，根据提示利用新的磁盘组成一个新的镜像卷。系统将通过重新同步镜像中的数据进行自我修复。

应从硬件上加强镜像卷的安全性。尽可能地将用于镜像的两块硬盘连接到不同的硬盘控制器上，这样即使有一个硬盘控制器出现故障，另一个硬盘控制器仍可存取另一块硬盘的数据。这种方式又称为"磁盘双工"。它还兼具可以提高磁盘访问效率的功能。

7. 创建和管理 RIAD-5 卷（RAID 5 阵列）

用 Windows Server 2008 R2 实现 RAID-5 卷（相当于 RAID 5 阵列），至少需要用 3 块硬盘，最多可支持 32 个硬盘。必须用多个动态磁盘上的未分配空间来组成一个 RAID-5 卷。系统默认以未分配空间最小的容量为单位，然后从所选的动态磁盘中分别取用该容量的未分配空间，来组成一个完整的 RIAD-5 卷。当然也可自定义最小单位。

整个 RAID-5 卷被视为一个整体，不能将其中任何一个成员独立出来使用。只有将整个

RAID-5 卷删除，才能还原每一个成员，不过，这样一来 RAID-5 卷上所有的数据都将丢失。

RAID-5 卷具备容错功能，即使其中某一个成员发生严重故障（如整个硬盘故障），系统还是能够正常运行的，仍然可以继续使用其余的联机磁盘访问该卷，只是不再具备容错功能。但是，如果再有其他成员磁盘出现故障，该卷及其数据将丢失，要避免这样的损失，应该尽快排查故障，通过 RAID-5 卷的其他成员重新生成数据以修复 RAID-5 卷。具体地讲，当 RAID-5 卷状态显示为"失败的重复"时，应根据情况采取相应的措施。

与镜像卷相似，如果 RAID-5 卷成员磁盘的状态为"联机（错误）"，说明 I/O 错误是暂时的，应尝试重新激活磁盘；如果成员磁盘状态为"脱机"或"丢失"，说明包含该磁盘已经断开连接，应尝试重新连接并激活磁盘。上述方法仍然使 RAID-5 卷恢复正常，此时应当替换 RAID-5 卷中出现故障的成员磁盘。

要替换 RAID-5 卷的成员磁盘，必须准备一个未分配空间不小于要修复的区域的动态磁盘，可通过检查磁盘属性来查看未分配空间大小。替换 RAID-5 卷的成员磁盘的步骤说明如下。

（1）使用新磁盘将故障磁盘替换下来。

（2）打开"磁盘管理"管理单元，如果新磁盘为基本磁盘，需要升级为动态磁盘，如果新磁盘为外来的动态磁盘，需要执行"导入外部磁盘"操作。

（3）右键单击出现故障的 RAID-5 卷，选择"修复卷"命令，选择用于修复卷的磁盘。

（4）单击"确定"按钮，系统将通过奇偶校验数据重建 RAID-5 卷。

（5）修复成功后，RAID-5 卷的状态将变为"状态良好"。

（6）右键单击标识为"丢失"的磁盘，选择"删除磁盘"命令将其删除即可。

2.4 NTFS 文件系统管理

Windows Server 2008 R2 服务器一般使用 NTFS 文件系统，以充分利用 NTFS 的高级功能。

2.4.1 文件和文件夹权限

权限是指对某个对象（如文件、文件夹、打印机等）的访问限制，如是否能读取、写入或删除某个文件夹等。在 NTFS 卷中，管理员可通过设置文件与文件夹权限为用户或组指定访问级别。FAT 文件系统无法设置这种权限，因此又将这种权限称为 NTFS 权限，或称安全权限。

NTFS 权限是一组标准权限，控制用户或组对资源的访问，为资源提供安全性。具体实现方法是允许管理员和用户控制哪些用户可以访问单独文件或文件夹，指定用户能够得到的访问种类。不论文件或文件夹在计算机上或网络上是否为交互访问，NTFS 的安全性都是有效的。Windows Server 2008 R2 提供了以下两类 NTFS 权限。

● NTFS 文件权限。用于控制对 NTFS 卷上单独文件的访问。

● NTFS 文件夹权限。用于控制对 NTFS 卷上单独文件夹的访问。

1. 文件和文件夹的基本权限

文件和文件夹的基本权限包括 6 种，具体说明如表 2-3 所示。基本权限实际上都是一些具体权限（特殊权限）的组合，特殊权限包括"遍历文件夹/运行文件""列出文件夹/读取数据"等 14 种。

表 2-3 文件与文件夹的基本权限

权限	文 件	文 件 夹
读取	读取文件内的数据、查看文件的属性、查看文件的所有者、查看文件等	查看文件夹内的文件名称与子文件夹名称、查看文件夹的属性、查看文件夹的所有者、查看文件夹
写入	更改或覆盖文件的内容、改变文件的属性、查看文件的所有者、查看文件等	在文件夹内添加文件与文件夹、改变文件夹的属性、查看文件夹的所有者、查看文件夹
列出文件夹目录		该权限除了拥有"读取"的所有权限之外,它还具有"遍历子文件夹"的权限,也就是具备进入到子文件夹的功能
读取和运行	除了拥有"读取"的所有权限外,还具有运行应用程序的权限	拥有与"列出文件夹目录"几乎完全相同的权限,只有在权限的继承方面有所不同:"列出文件夹目录"的权限仅由文件夹继承,而"读取和运行"是由文件夹与文件同时继承
修改	除了拥有"读取""写入"与"读取和运行"的所有权限外,还可以删除文件	除了拥有前面的所有权限外,还可以删除子文件夹
完全控制	拥有所有 NTFS 文件的权限,也就是除了拥有前述的所有权限之外,它还拥有"更改权限"与"取得所有权"的权限	拥有所有 NTFS 文件夹的权限,也就是除了拥有前述的所有权限之外,它还拥有"更改权限"与"取得所有权"的权限

2. 有效权限

如果用户属于某个组,将具有该组的全部权限。

权限具有累加性。对于一个属于多个组的用户,其权限就是各组权限与该用户权限的累加。

权限具有继承性,子文件夹与文件可继承来自父文件夹的权限。当用户设置文件夹的权限后,在该文件夹下添加的子文件夹与文件默认会自动继承该文件夹的权限。用户可以设置让子文件夹或文件不继承父文件夹的权限,这样该子文件夹或文件的权限将改为用户直接设置的权限。

"拒绝"权限会覆盖所有其他的权限。虽然用户对某个资源的有效权限是其所有权限来源的总和,但是只要其中有一个权限被设为拒绝访问,则用户将无法访问该资源。

文件权限会覆盖文件夹的权限。如果针对某个文件夹设置了 NTFS 权限,同时也对该文件夹内的文件设置了 NTFS 权限,则以文件的权限设置为优先。

将文件或文件夹复制到其他文件夹中,被复制的文件或文件夹继承目的文件夹的权限。

将文件或文件夹移动到同一磁盘的文件夹中,被移动的文件或文件夹会保留原来的权限;但移动到另一磁盘,则被移动的文件或文件夹则继承目的文件夹的权限。

3. 文件和文件夹权限设置

在 NTFS 卷中系统会自动设置其默认权限值,其中有一部分权限会被其下的文件夹、子文件夹或文件继承。用户可以更改这些默认值。

文件和文件夹权限设置以文件或文件夹为设置对象,而不是以用户或组为设置对象,也就是先选定文件或文件夹,再设置哪些账户对它有什么权限,不能直接设置用户或组能够访问哪些对象。最好是将权限分配给组以简化管理。

　　只有 Administrators 组成员、文件或文件夹的所有者、具备完全控制权限的用户，才有权指派这个文件或文件夹的 NTFS 权限。下面以文件夹为例讲解访问权限的设置步骤。

　　（1）打开"计算机"或 Windows 资源管理器，定位到要设置权限的文件夹，右键单击它，选择"属性"命令打开相应的对话框，切换到"安全"选项卡，如图 2-36 所示。

　　（2）在"组或用户名"区域列出已经分配文件夹权限的用户或组账户，下面的区域显示所选用户或组的具体权限项目，可见 Administrators 组具备最高级权限"完全控制"。

　　（3）要更改权限时，只需单击"编辑"按钮打开图 2-37 所示的对话框，可对访问权限进行编辑设置。定位指定的用户或组，选中权限右方的"允许"或"拒绝"复选框即可。权限项目复选框为灰色，表明是从父文件夹继承的权限，不能够直接去除。不过，可以更改从父对象所继承的权限，如添加权限，或者通过选中"拒绝"复选框删除权限。

图 2-36　"安全"选项卡

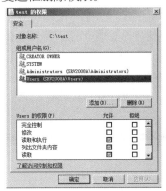

图 2-37　基本权限设置

　　使用"拒绝"选项一定要谨慎。对 Everyone 组应用"拒绝"可能导致任何人都无法访问资源，包括管理员。全部选择"拒绝"则无法访问该目录或文件的任何内容。

　　（4）如果要为其他用户或组分配权限，单击"添加"按钮弹出"选择用户或组"对话框，如图 2-38 所示，可以直接输入用户或组的名称（本地用户或组通常使用 DomainName\ObjectName 的格式表示，可单击"检查名称"按钮来检查）；也可以查找或从列表中选择所需账户，具体方法是单击"高级"按钮切换到图 2-39 所示的对话框，再单击"立即查找"按钮从搜索结果中选择。

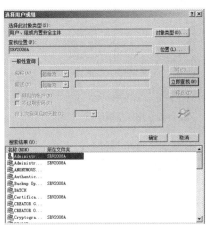

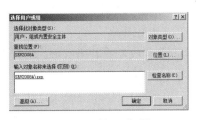

图 2-38　选择用户或组

图 2-39　查找用户或组账户

选择好用户或组账户，回到文件夹属性对话框，新加入的用户或组出现在列表中。默认为新加用户或组授予"读取和运行""列出文件夹目录"和"读取"3 项权限，可根据需要修改。

如果要为组或用户设置特殊权限，继续下面的步骤。

（5）回到"安全"选项卡（见图 2-36），单击"高级"按钮，打开高级安全设置对话框，在"权限"选项卡（见图 2-40）中双击相应的权限项目可查看现有用户或组的特殊权限。

（6）要添加或更改特殊权限，单击"更改权限"按钮打开图 2-41 所示的对话框以执行相应的操作。其中，第 1 个复选框表示要继承父项的权限设置，第 2 个复选框表示将文件夹内子对象的权限以该文件夹的权限替代。

（7）根据需要利用特殊权限更精确地分配权限。从"权限项目"列表中选择一个要修改的项目，单击"编辑"按钮弹出图 2-42 所示的对话框，可以更精确地设置用户的权限。其中"应用于"下拉列表用来指定权限被应用到什么地方，如应用到文件夹、子文件夹或文件等。

如果要为其他的用户或组分配特殊权限，单击"添加"按钮打开相应的对话框进行操作。

（8）回到高级安全设置对话框，切换到"有效权限"选项卡，选择某一用户或组可查看其有效权限，如图 2-43 所示。

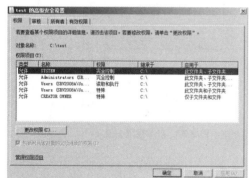

图 2-40 "权限"选项卡

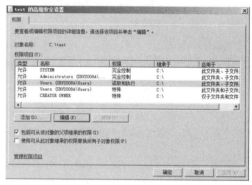

图 2-41 特殊权限设置

图 2-42 特殊权限设置

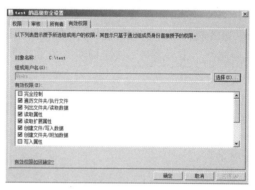

图 2-43 有效权限

4. 文件与文件夹的所有权

所有权是一种特殊的权限。NTFS 卷内每个文件与文件夹都有其所有者，所有者对该对象拥有所有权，有所有权便可设置对象的访问权限。

默认情况下，创建文件或文件夹的用户就是该文件或文件夹的所有者。打开文件或文件夹的高级安全设置对话框，切换到"所有者"选项卡，可查看该文件或文件夹的所有者，如图 2-44 所示。除了用户新创建的对象之外，其他对象的拥有者都是 Administrators 组，而且 Administrators

组也内置取得任何对象所有权的能力。

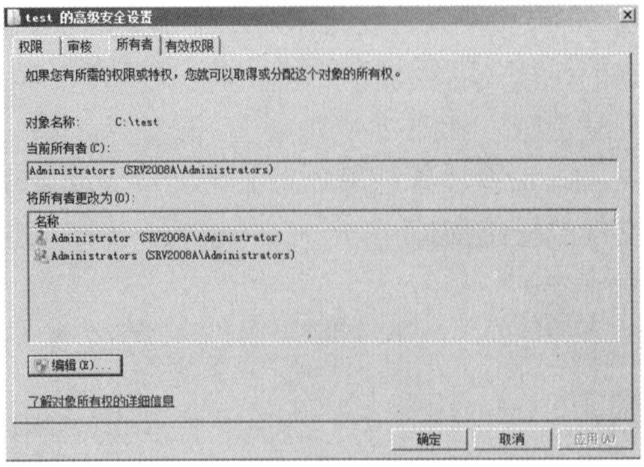

图 2-44 查看用户的有效权限

当然，文件或文件夹的所有者始终可以更改其权限，无论存在任何保护该文件或文件夹的权限，甚至已经拒绝了所有访问。例如，如果不小心拒绝了 Everyone 组对文件或文件夹的"完全控制"权限，会导致连管理员都无法访问该文件或文件夹的情况，而通过所有权机制即可解决。

管理员可以获得计算机中任何文件或文件夹的所有权，也可让其他用户或组取得所有权，即更改所有者。在"所有者"选项卡中单击"编辑"按钮打开相应的对话框，从"将所有者更改为"列表中选中要成为所有者的用户或组账户，单击"确定"按钮即可使该用户或组取得所有权。

要将所有者更改为"将所有者更改为"列表中未列出的用户或组，单击"其他用户或组"按钮，弹出"选择用户或组"对话框，选择所需的用户或组，将其添加到"将所有者更改为"列表，然后选中它并单击"应用"按钮，即可使其取得所有权，如图 2-45 所示。

图 2-45   "所有者"选项卡

2.4.2 NTFS 压缩

将文件压缩后可以减少磁盘空间的占用。既可以压缩整个 NTFS 卷，也可以配置 NTFS 卷中所要压缩的某个文件和文件夹。注意簇尺寸大于 4KB 的卷不支持压缩。

1. 启用 NTFS 压缩

可以在格式化某个卷时启用压缩，在格式化向导选择"启用文件和文件夹压缩"选项即可。默认情况下，一旦启用卷压缩，其中的文件和文件夹都会被压缩。

也可以在任何时候为整个卷、某个文件或某个文件夹启用压缩。打开该卷的属性对话框，在"常规"选项卡中选中"压缩此驱动器以节约磁盘空间"复选框，如图 2-46 所示。Windows Server 2008 R2 会询问是只压缩根文件夹，还是同时压缩所有的子文件夹和文件。

至于某个文件或文件夹的压缩，打开相应的属性设置对话框，单击"高级"按钮，选中"压缩内容以便节省磁盘空间"复选框，如图 2-47 所示。

可以在命令行中用 Compact 命令压缩或解压缩某个文件夹或文件。可用不带命令行参数的该命令查看某个文件夹或文件的压缩属性。

图 2-46　启用或禁用卷压缩

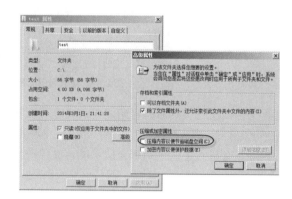

图 2-47　文件或文件夹的压缩

2. 压缩对于移动和复制文件的影响

移动和复制文件会影响它们的压缩属性，这主要体现在以下几个方面。

● 将未压缩文件移动到任何文件夹中。该文件仍保持未压缩状态，不管目标文件夹压缩属性。

● 将压缩文件移动到任何文件夹。该文件仍然保持压缩状态，与目标文件夹的压缩属性无关。

● 复制文件。该文件具有目标文件夹的压缩属性。

● 替换文件。如果将一个文件复制到某个文件夹中，而该文件夹中已经有了一个同名文件，并且新复制的文件替换了原始文件，那么该文件使用被替换文件的压缩属性。

● 将 FAT 卷中的文件复制或移动到 NTFS 卷中。该文件使用目标文件夹的压缩属性。

● 将 NTFS 卷中的文件复制或移动到 FAT 卷中。所有的文件不再保持压缩状态。

提示　压缩确实影响性能。在移动或拷贝文件时，即使在同一个卷中，文件也得先解压缩，然后再压缩。在网络传输中，文件的解压缩也会影响到带宽以及速度。

2.4.3　文件系统加密

Windows Server 2008 R2 利用"加密文件系统（Encrypting File System，EFS）"提供文件加密的功能，以增强文件系统的安全性。

1. 概述

文件或文件夹经过加密后，只有当初将其加密的用户或者经过授权的用户能够读取。用户一旦启用加密，EFS 自动为该产生用户一对密钥（公钥和私钥）。当用户读取自己加密的文件时，首先以用户的私钥对加密过的文件加密密钥进行解密，然后使用文件加密密钥对文件进行解密。其他用户因为私钥不同就无法读取加密文件。加密是 NTFS 文件系统的一个特性，需注意以下事项。

● 只有 NTFS 卷内的文件、文件夹才可以被加密。如果将文件复制或移动到非 NTFS 卷内，则该文件会被解密。

● 不能对整个卷进行加密。

● NTFS 文件压缩与加密无法并存。

● 当用户将一个未加密的文件移动或复制到加密文件夹时，该文件会自动加密，然而将一个加密的文件移动或复制到非加密文件夹时，该文件仍然会保持其加密的状态。

● 利用 EFS 加密的文件，只有存储在硬盘内才会被加密，通过网络发送时是不加密的。

2. 对文件夹或文件进行加密

通常对文件夹进行加密，具体步骤示范如下。

（1）打开"计算机"或 Windows 资源管理器，右键单击要加密的文件夹，从快捷菜单中选择"属性"命令打开属性设置对话框。

（2）单击"高级"按钮弹出对话框，选中"加密内容以便保护数据"复选框，如图 2-48 所示。

（3）单击"确定"按钮，回到属性设置对话框，再单击"确定"或"应用"按钮。如果该文件夹下面还有子文件夹，将弹出图 2-49 所示的对话框，选择加密作用范围。

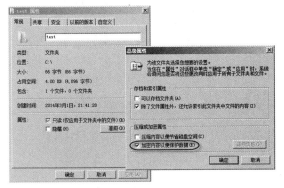

图 2-48 加密文件夹

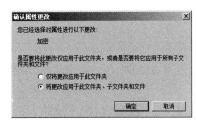

图 2-49 设置加密范围

如果选择"仅将更改应用于此文件夹"单选按钮，则以后在该文件夹内所添加的文件、子文件夹与子文件夹内的文件都会自动加密，但是并不会影响到该文件夹内现有的文件与文件夹。如果选择"将更改应用于此文件夹、子文件夹和文件"单选按钮，则不但以后在该文件夹内添加的文件、子文件夹与子文件夹内的文件都会自动加密，同时会加密已经存在于该文件夹内的现有文件、子文件夹与子文件夹内的文件。

（4）单击"确定"按钮，系统开始加密处理。

用户也可以对非加密文件夹内的文件进行加密。要对个别文件进行加密时，步骤与文件夹类似，可以选择仅针对该文件加密，或者对文件及其父文件夹都加密。

加解密都是由系统在后台处理的，除能够看到加密属性外，用户访问加密文件与未加密文件没什么不同。加密后的项目使用绿色显示。还可以利用 CIPHER.EXE 工具对文件、文件夹加密。

3. 授权其他用户访问加密文件

在对文件夹中的文件加密后，只有用户可以访问该文件。不过，可以通过授权让其他的用户也能够访问该文件。具体方法是，右键单击已经加密的文件，打开属性设置对话框，如图 2-50

所示，切换到"高级"选项卡，单击"详细信息"按钮，在单击"添加"按钮，选择要授权的用户，单击"确定"按钮，以后新添加的用户也可以访问这个加密的文件。

注意只有具备 EFS 证书的用户才可以被授权。一般用户执行过文件或文件夹加密操作后，就会自动赋予一个 EFS 证书。当然，普通用户只有对自己创建的文件或文件夹才能执行加密操作。

4. 备份 EFS 证书

EFS 证书丢失或损毁将导致加密文件无法读取，因此强烈建议使用证书控制台来备份 EFS 证书。具体方法是执行 certmgr.msc 命令打开"证书"管理单元，如图 2-51 所示，展开"个人"节点，找到预期目的为"加密文件系统"的证书，右键单击它，选择"所有任务">"导出"命令打开证书导出向导，根据提示将证书导出至一个文件，注意应将私钥随证书一起导出。如果有多个 EFS 证书，应当都导出。当需要恢复 EFS 证书时，再将导出的 EFS 证书文件导入 "证书"管理单元的"个人"节点即可。在将 NTFS 加密文件迁移到其他计算机中时也需要迁移相应的 EFS 证书。

图 2-50　授权他人访问加密文件　　　　　图 2-51　备份 EFS 证书

2.4.4　磁盘配额管理

磁盘配额的主要作用是限制是用户在卷（分区）上的存储空间，防止用户占用额外的服务器磁盘空间，既可减少磁盘空间浪费，又可避免不安全因素，有助于管理共享服务器磁盘的用户。

1. 磁盘配额的特性

● 只有 NTFS 卷才支持磁盘配额。

● 磁盘配额只应用于卷，且不受卷的文件夹结构及物理磁盘上的布局的影响。如果卷有多个文件夹，则分配给该卷的配额将整个应用于所有文件夹。

● 磁盘配额监视用户的卷使用情况，依据文件所有者来计算其使用空间，并且不受卷中用户文件的文件夹位置的限制。如果用户 A 建立了 5MB 的文件，而用户 B 取得了该文件的所有权，那么用户 A 的磁盘使用将减少 5MB，而用户 B 的磁盘使用将增加 5MB。

● 磁盘配额有两个控制点：警告等级和配额限制。第一个控制点是当用户的磁盘使用量要超越警告等级时，系统可以记录此事件或忽略不管；第二个控制点是当用户的磁盘使用量要超越配额限制时，系统可以拒绝该写入动作、记录该事件或忽略不管。

2. 磁盘配额的设置与使用

磁盘配额的设置有两种类型，一种是针对所有用户的通用设置（默认的配额限制），另一种是针对个别用户的单独设置，单独设置优先于通用设置。设置和使用磁盘配额非常简单，可以参照下述步骤完成操作。Administrators 组成员可启用 NTFS 卷上的配额，为所有用户设置磁盘配额。

（1）打开"计算机"或 Windows 资源管理器，右键单击要启用磁盘配额的 NTFS 卷，选择"属性"命令，打开属性对话框，切换到"配额"选项卡。如图 2-52 所示，进行各项设置。

（2）选中"启用配额管理"复选框，启用配额功能。尽管启用磁盘配额功能，默认情况下并不限制磁盘使用。只有为卷上用户设置默认配额限制才能确定用户的超过限额行为。

（3）选中"将磁盘空间限制为"单选按钮，在右侧两个文本框中分别设置默认的配额限制和警告等级的磁盘占用空间。通常配额限制的值应大于警告等级的值。至于系统如何处置用户的超过限额行为，还需进一步设置。

（4）选中最下面的两个复选框，设置当用户使用空间超过警告等级或配额限制时，系统将此记录事件日志，便于管理员查看和监控。这两个行为并不足以阻止用户超限行为。如果严格限制用户使用，应选中上面的"拒绝将磁盘空间给超过配额限制的用户"复选框。

（5）至此磁盘配额仍处于被禁用状态，单击"确定"或"应用"按钮，将弹出相应的提示对话框，单击"确定"按钮启用磁盘配额系统，状态将显示为"磁盘配额系统正在使用中"。

启用配额系统后系统重新扫描该卷，更新磁盘使用数据，系统自动跟踪所有用户对卷的使用。

（6）单击"配额项"按钮打开相应的对话框。可检查该卷上的用户账户的磁盘使用情况，跟踪磁盘配额限制，确定哪些账户超出限制，哪些账户被警告。

系统管理员和 Administrators 组成员不受默认配额限制影响。启用磁盘配额后，系统将自动建立并实时更新磁盘配额项目列表，并将所有文件拥有者被当作新用户加入其中。此后警告等级和配额限制的更改仅仅影响新的用户，不会影响以前的用户，即以前用户的配额限制不变。

至此所有用户仅接受默认配额限制，还可针对特定用户进一步设置磁盘配额。

（7）从菜单中选择"配额" > "新建配额项"命令，弹出"选择用户"对话框，在此需要输入一个或多个用户账户名称，也可通过查找来选取用户。

（8）单击"确定"按钮弹出"添加新配额项"对话框（见图 2-53），为选定用户单独设置磁盘配额限制和磁盘配额警告级别。

（9）单击"确定"按钮回到配额项管理界面，新建的配额项生效。

图 2-52　配置磁盘配额

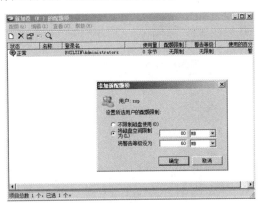

图 2-53　设置磁盘配额项

2.5　网络连接配置管理

在 Windows Server 2008 R2 中必须正确配置网络连接，才能使服务器计算机同网络中其他计算机之间进行正常通信。

2.5.1　网络连接配置

Windows Server 2008 R2 支持多种网络接口设备类型，包括以太网连接、令牌环连接、无线局域网连接、ADSL 连接、ISDN 连接、Modem 连接等。一般情况下，安装程序均能自动检测和识别到网络接口设备。安装完 Windows Server 2008 R2 之后可以直接通过"初始配置任务"窗口进行系统的网络连接配置，也可以在以后通过 "网络和共享中心"工具来进行配置。用于局域网连接的网络适配器默认显示的网络连接名称为"本地连接"。

在"初始配置任务"窗口中单击"提供计算机信息"区域的"配置网络"打开图 2-54 所示的"网络连接"窗口，选中"本地连接"，可通过工具栏或快捷菜单查看状态或设置属性。

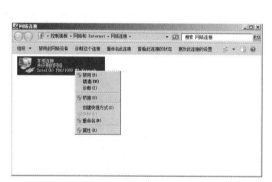

图 2-54　"网络连接"窗口

图 2-55　"网络和共享中心"窗口

也可以从控制面板中选择"网络连接">"网络和 Internet">"网络和共享中心"，打开图 2-55 所示的"网络和共享中心"窗口，查看当前的网络连接状态和任务。双击相应的网络连接项就可以查看网络连接状态，如图 2-56 所示。单击"禁用"按钮，将停用该网络连接。要进一步配置网络连接，单击"属性"按钮打开图 2-57 所示的网络连接属性设置对话框，列出该网络连接所使用的网络协议及其他网络组件，可以根据需要安装或卸载网络协议或组件。

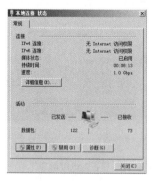

图 2-56　网络连接状态

图 2-57　网络连接属性

要建立新的网络连接，双击"网络连接"窗口中的"新建连接向导"项，打开"新建连接向导"对话框，选择不同的网络连接方式，根据向导提示完成网络连接的建立。

2.5.2　TCP/IP 配置

TCP/IP 配置是网络连接配置中最主要的一部分。对于 Windows Server 2008 R2 来说，TCP/IP 协议就是首选的网络协议，也是登录系统、使用 Active Directory、域名系统（DNS）以及其他应用的先决条件。其 TCP/IP 协议栈包括大量的服务和工具，便于管理员应用、管理和调试 TCP/IP 协议。Windows Server 2008 R2 装载了许多基于 TCP/IP 的服务，并对 TCP/IP 提供了强有力的支持，其安装和配置管理都是基于图形化窗口的，即使是初学者按照提示也能够很容易地进行基本的安装配置。一些熟练用户更喜欢使用像 Netsh 这样的命令行实用工具或 Windows PowerShell。

1.　TCP/IP 基本配置

TCP/IP 基本配置包括 IP 地址、子网掩码、默认网关、DNS 服务器配置等。设置 IP 地址和子网掩码后，主机就可与同网段的其他主机进行通信，但是要与不同网段的主机进行通信，还必须设置默认网关地址。默认网关地址是一个本地路由器地址，用于与不在同一网段的主机进行通信。主机作为 DNS 客户端，访问 DNS 服务器来进行域名解析，使用目标主机的域名与目标主机进行通信，可同时首选以及备用 DNS 服务器的 IP 地址。具体步骤示范如下。

（1）从控制面板中选择"网络连接">"网络和 Internet">"网络和共享中心"命令打开相应的窗口。

（2）单击要设置的网络连接项，再单击"属性"按钮打开网络连接属性设置窗口，从组件列表中选择"Internet 协议版本（TCP/IPv4）"项，单击"属性"按钮打开图 2-58 所示的对话框。

（3）选择 IP 地址分配方式，这里有两种情况。

如果要通过动态分配方式获取 IP 地址，应选择"自动获得 IP 地址"单选钮，这样计算机启动时自动向 DHCP 服务器申请 IP 地址，除了获取 IP 地址外，还能获得子网掩码、默认网关和 DNS 服务器信息，自动完成 TCP/IP 协议配置。对于服务器，一般不让 DHCP 服务器指派地址，而应设置固定的 IP 地址。

微软从 Windows 2000 开始支持自动专用 IP 寻址（APIPA）功能，如果无法访问 DHCP 服务器，将自动从 IP 地址 169.254.0.1～169.254.255.254，子网掩码为 255.255.0.0 的保留地址范围中获取一个 IP 地址。

如果要分配一个静态地址，应选择"使用下面的 IP 地址"单选钮，接着在下面的区域输入指定的 IP 地址、子网掩码以及默认的网关地址。必须为不同的计算机设置不同的 IP 地址，同一网段的子网掩码必须相同。默认网关是一个本地 IP 路由器地址，用于同不在本网段内的主机通信。如果该服务器只在本地网段内使用，就不需设此地址。

如果需要为一个连接设置多个 IP 地址或多个网关，或进行 DNS、WINS 设置，就要进行高级配置，单击"高级"按钮，进入图 2-59 所示的对话框进行设置。

（4）选择 DNS 服务器地址分配方式。

2.　为网络连接分配多个 IP 地址

对于 Windows Server 2008 R2 服务器来说，可以对单个网络适配器分配多于多个 IP 地址，这就是所谓的多重逻辑地址。最常见的应用就是机器在 Internet 上用作服务器，让每个 Web 站点都有自己的 IP 地址，这是一种典型的虚拟主机解决方案。另外，还可以在同一物理网段上建立多个逻辑 IP 网络，此时配置多个 IP 地址的计算机相当于逻辑子网之间的路由器，如图 2-60 所示。

参见图 2-59，在 TCP/IP 高级属性设置对话框的"IP 设置"选项卡中配置多个 IP 地址。

图 2-58　TCP/IP 属性设置

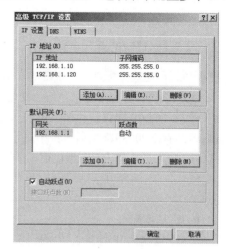

图 2-59　TCP/IP 高级属性设置

3．为多个网络连接配置 IP 地址

尽管可以为一个网卡配置多个 IP 地址，但是这样对性能没有任何好处，应尽可能地将不重要的 IP 地址从现有的服务器 TCP/IP 配置中删除。Windows Server 2008 R2 支持多个网络适配器，通过 NDIS 来使网络协议同时在多个网络适配器上通信。一台计算机安装多个网卡，为每个网络连接指定一个主要 IP 地址，这就是所谓的多重物理地址，主要用于路由器、防火墙、代理服务器、NAT 和虚拟专用网等需要多个网络接口的场合。

具体方法是分别安装每个网卡的驱动程序，然后分别设置每个网络连接的属性。Windows Server 2008 R2 计算机上设置多个网卡的界面如图 2-61 所示。为便于识别，一般可以为各个网络连接重新命名（默认第 2 个网络连接名称为"本地连接 2"）。当然，除了 TCP/IP 之外，还可以为不同的网卡绑定不同的网络协议。

也可以对每一个网卡指定额外的默认网关。与多个 IP 地址同时保留激活状态不同，额外的网关只在主要的默认网关不可到达时，才能够使用（按列出的顺序尝试）。参见图 2-61，在"默认网关"区域设置其对应的网关。

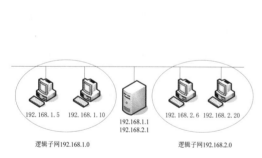

图 2-60　在同一物理网段建立多个逻辑子网

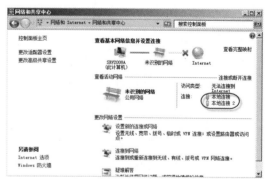

图 2-61　设置多个网络连接

2.5.3　IPv6 配置

IPv6 和 IPv4 之间最显著的区别是 IP 地址的长度从 32 位增加到 128 位，近乎无限的 IP 地

址空间是部署 IPv6 网络最大的优势。与 IPv4 相比，IPv6 取消了广播地址类型，而以更丰富的多播地址代替，同时增加了任播地址类型。Windows Server 2008 R2 支持基于 IPv6 的互连网络。

1．IPv6 地址的表示方法

IPv6 地址文本表示有以下 3 种方法。URL 中使用 IPv6 地址要用符号 "[" 和 "]" 进行封闭。

● 优先选用格式 x:x:x:x:x:x:x:x。IPv6 的 128 位地址分成 8 段，每段 16 位，每个 16 位段转换成 4 位十六进制数字，用冒号 ":" 分隔，如 20DA:00D3:0000:2F3B:02AA:00FF:FE28:9C5A，又称为冒号十六进制格式。可以删除每个段中的前导零以进一步简化 IPv6 地址表示，但每个信息块至少要有一位，如上述地址可简化为 20DA:D3:0:2F3B:2AA:FF:FE28:9C5A。

● 双冒号缩写格式。可以将 IPv6 地址中值为 0 的连续多个段缩写为双冒号 "::"。例如，多播地址 FF02:0:0:0:0:0:0:2 可缩写为 FF02::2。双冒号在一个地址中只能使用一次。

● IPv4 兼容地址格式 x:x:x:x:x:x:d.d.d.d。IPv6 设计时考虑对 IPv4 的兼容性，以利于网络升级。在混用 IPv4 节点和 IPv6 节点的环境中，采用替代地址格式 x:x:x:x:x:x:d.d.d.d 更为方便，其中 "x" 是地址的 6 个高阶 16 位段的十六进制值，"d" 是地址的 4 个低阶 8 位字节十进制值（标准的 IPv4 地址表示法），如 0:0:0:0:0:0:13.1.68.3，0:0:0:0:0:FFFF:129.144.52.38。可以采用双冒号缩写格式，这两个地址分别缩写为::13.1.68.3 和::FFFF:129.144.52.38。

2．IPv6 地址的前缀（子网前缀）

IPv6 中不使用子网掩码，而使用前缀长度来表示网络地址空间。IPv6 前缀又称子网前缀，是地址的一部分，指出有固定值的地址位，或者属于网络标识符的地址位。

IPv6 前缀与 IPv4 的 CIDR（无类域间路由）表示法的表达方式一样，采用 "IPv6 地址/前缀长度" 的格式，前缀长度是一个十进制值，指定该地址中最左边的用于组成前缀的位数。IPv6 前缀所表示的地址数量为 2 的（128 − 前缀长度）次方。例如，20DA:D3:0:2F3B::/60 是子网前缀，表示前缀为 60 位的地址空间，其后的 68（128 − 60）位可分配给网络中的主机，共有 2^{68} 个主机地址。

3．IPv6 地址类型标志（格式前缀）

IPv6 地址类型由地址的高阶位标志，主要地址类型标志（又称格式前缀）如表 2-4 所示。

表 2-4　IPv6 地址类型标志

地 址 类 型	二进制前缀	IPv6 符号表示法
未指定	00...0 （128 位）	::/128
环回	00...1 （128 位）	::1/128
多播	11111111	FF00::/8
链路本地单播	1111111010	FE80::/10
全球单播	其他的任何一种	

4．IPv6 单播地址

每个接口上至少要有一个链路本地单播地址，类似 IPv4 的 CIDR 地址。在 IPv6 中的单播地址类型有全球单播、站点本地单播（已过时）和链路本地单播。任何 IPv6 单播地址都需要一个接口标识符。一个 IPv6 单播地址也可看成由子网前缀和接口标识符（接口 ID）两个部分组成，如图 2-62 所示。

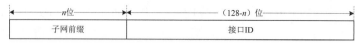

图 2-62 IPv6 单播地址结构

子网前缀用来标识网络部分，接口标识符则用来标识该网络上节点的接口。子网前缀由
IANA、ISP 和各组织分配。对于不同类型的单播地址，前缀部分还可进一步划分为几部分，分
别标识不同的网络部分。IPv6 为每一个接口指定一个全球唯一的 64 位接口标识符。对于以太
网来说，IPv6 接口标识符直接基于网卡的 48 位 MAC 地址得到。

（1）链路本地 IPv6 单播地址。链路本地地址用于单一链路，类似于 IPv4 私有地址，格式
如图 2-63 所示。链路本地地址被设计用于在单一链路上寻址，在诸如自动地址配置、邻居发现，
或者在链路上没有路由器时使用。

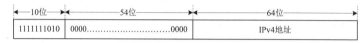

图 2-63 链路本地 IPv6 单播地址格式

（2）IPv6 全球单播地址。IPv6 全球单播地址一般格式如图 2-64 所示。全球路由前缀是一
个的典型等级结构值，该值分配给站点（一群子网或链路），子网 ID 是该站点内链路的标识符。
除了以二进制 000 开始的全球单播地址外，所有全球单播地址有一个 64 位的接口 ID 字段（即
$n+m=64$）。以二进制 000 开头的全球单播地址在大小上或接口 ID 字段结构上没有这类限制。具
有嵌入的 IPv4 地址的 IPv6 地址就是一种以二进制 000 开始的全球单播地址。

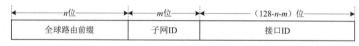

图 2-64 全球单播地址格式

（3）嵌入 IPv4 地址的 IPv6 地址。

已经定义了以下两类携带 IPv4 地址的 IPv6 地址，它们均在地址的低阶 32 位中携带 IPv4
地址。一种是 IPv4 映射的 IPv6 地址，格式如图 2-65 所示，高阶 80 位为全 0，中间 16 位为全
1，最后 32 位为 IPv4 地址。在支持双栈的 IPv6 节点上，IPv6 应用发送目的地址为这种地址的
数据包时，实际上发出的数据包为 IPv4 数据包（目的地址是"IPv4 映射的 IPv6 地址"中的 IPv4
地址）。

图 2-65 IPv4 映射的 IPv6 地址格式

一种是 IPv4 兼容的 IPv6 地址，在低阶 32 位携带 IPv4 地址，前 96 位全为 0，主要用于一
种自动隧道技术，由于这种技术不能解决地址耗尽问题，已经逐渐被废弃。

5. 特殊的 IPv6 地址

与 IPv4 类似，IPv6 也有两个比较特殊的 IPv6 地址。

（1）未指定的 IPv6 地址。0:0:0:0:0:0:0:0（::）是未指定地址，相当于 IPv4 未指定地址
0.0.0.0，只能作为尚未获得正式地址的主机的源地址，不能作为目的地址，不能分配给真实的
网络接口。使用未指定地址的一个例子是正在初始化的主机还没有学习到它自己的地址之前，
它发送的任何 IPv6 数据包中的源地址字段的内容就是这个地址。

（2）IPv6 环回地址。0:0:0:0:0:0:0:1（::1）是环回地址，相当于 IPv4 中的 localhost（127.0.0.1），

节点用其发送返回给自己的 IPv6 数据包。它不能分配给任何物理接口。它被看成属于链路本地范围，可以被当作是虚拟接口的链路本地单播地址，该虚拟接口通向一个假想的链路，该链路和谁也不连通。以环回地址为目的地址的 IPv6 数据包决不能发送到单一节点以外，并且决不能经由 IPv6 路由器转发。

6. IPv4 到 IPv6 的过渡

在 IPv6 成为主流协议之前，很长一段时间将是 IPv4 与 IPv6 共存的过渡阶段，为此必须提供 IPv4 到 IPv6 的平滑过渡技术，解决 IPv4 和 IPv6 的互通问题。目前解决过渡问题的主要技术方案有 3 种：双协议栈、隧道技术和协议转换技术。双协议栈是指节点上同时运行 IPv4 和 IPv6 两套协议栈。IPv6 穿越 IPv4 隧道技术提供了一种使用现存 IPv4 路由基础设施携带 IPv6 流量的方法，常用的自动隧道技术有 6to4 隧道和 ISATAP 隧道。

7. IPv6 的配置

Windows Server 2008 R2 预安装 IPv6 协议，并为每个网络接口自动配置一个唯一的链路本地地址，其前缀是 FE80::/64，接口标识符 64 位，派生自网络接口的 48 位 MAC 地址。可以使用 ipconfig /all 命令来查看网络连接配置，下面列出某台主机与 IPv6 有关的网络连接配置部分信息。

```
以太网适配器 本地连接:
    连接特定的 DNS 后缀 . . . . . . . :
    描述. . . . . . . . . . . . . : Intel(R) PRO/1000 MT Network Connection
    物理地址. . . . . . . . . . . : 00-0C-29-BB-FE-97
    DHCP 已启用 . . . . . . . . . :否
    自动配置已启用. . . . . . . . :是
    本地链接 IPv6 地址. . . . . . : fe80::2cd4:e2ce:4b9d:6ef4%11(首选)
    IPv4 地址 . . . . . . . . . . : 192.168.1.10(首选)
    子网掩码 . . . . . . . . . . : 255.255.255.0
    子网掩码 . . . . . . . . . . : 255.255.255.0
    默认网关. . . . . . . . . . . : 192.168.1.1
    DHCPv6 IAID . . . . . . . . . : 234884137
    DHCPv6 客户端 DUID . . . . . . : 00-01-00-01-1A-8D-2F-6E-00-0C-29-C6-2C-1A
    DNS 服务器 . . . . . . . . . : 192.168.1.2
    TCPIP 上的 NetBIOS . . . . . . :已启用
隧道适配器 isatap.{247A560A-EBD8-41F3-80F1-883E0140180B}:
(以下略)
```

"本地连接"部分给出本地链接 IPv6 地址，也就是链路本地地址。这里值为 fe80::2cd4:e2ce:4b9d:6ef4%11。后面跟了一个参数%11，"11"为区域 ID（ZoneID）。在指定链路本地目标地址时，可以指定区域 ID，以便使通信的区域（特定作用域的网络区域）成为特定的区域。用于指定附带地址的区域 ID 的表示法是：地址%区域 ID。

Windows Server 2008 R2 会自发建立一条 IPV6 的隧道，通常用 ipconfig /all 会看到很多条隧道，如 isatap 之类的。这是因为 Windows 在 IPv6 迁移过程中使用了一种或多种 IPv6 过渡技术。隧道适配器是 6to4 网络过度机制，可以使连接到纯 IPv4 网络上的孤立 IPv6 子网或 IPv6 站点与其他同类站点在尚未获得纯 IPv6 连接时彼此间进行通信。目前 IPV6 暂时还用不到，可以暂时关闭，只要在本地连接属性设置中清除 IPv6 协议选项即可。

与 IPv4 一样，IPv6 协议配置内容包括 IPv6 地址、默认路由器和 DNS 服务器。Windows Server

2008 R2 提供类似 IPv4 的配置工具。在"网络和共享中心"窗口中单击要设置的网络连接项，再单击"属性"按钮打开网络连接属性设置窗口，从组件列表中选择"Internet 协议（TCP/IPv6）"项，单击"属性"按钮打开 "Internet 协议版本（TCP/IPv6）属性"设置对话框，与 IPv4 一样选择 IP 地址分配方式。如果需要为一个连接设置多个 IPv6 地址或多个网关，或进行 DNS 设置，就需要进行高级配置。

除了自动配置链路本地地址的实际接口（"本地连接"）之外，还可自动配置 6to4 隧道操作伪接口（6to4 Pseudo-Interface）和自动隧道操作伪接口（Automatic Tunneling Pseudo-Interface），当然每个网络接口自动拥有环回伪接口（Loopback Pseudo-Interface）。

在 Windows Server 2008 R2 中可使用命令行脚本实用工具 Netsh 来配置 IPv6，用于接口 IPv6 的 Netsh 命令可用于查询和配置 IPv6 接口、地址、缓存以及路由。

2.5.4 Windows 防火墙配置

Windows Server 2008 R2 内置 Windows 防火墙，以保护服务器本身免受外部攻击。

系统默认已经启用 Windows 防火墙已阻止其他计算机与本机通信。从控制面板中选择"系统和安全"＞"Windows 防火墙"，可以显示当前 Windows 防火墙状态。

单击"打开或关闭 Windows 防火墙"链接，打开图 2-66 所示的窗口，可以打开或关闭防火墙。如果启用防火墙，还可以设置进一步设置选项，如果选中第 1 个复选框，将完全阻止其他计算机的访问；选中第 2 个复选框，遇到被阻止的通信时将给出提示。

在 Windows Server 2008 R2 中，可以为不同网络位置设置不同的 Windows 防火墙配置。网络位置共有 3 种，分别是家庭或工作（专用）网络、公用网络或域网络。可以将计算机上的每个网络连接（接口）安排到一个网络位置。加入域的计算机的网络位置自动设置为域网络，不可直接变动。为安全起见，最好将 3 个网络位置都启用防火墙。

启用 Windows 防火墙的默认设置没有选中"阻止所有传入连接，包括位于允许程序列表中的程序"复选框，允许选择部分程序与其他计算机通信。从控制面板中选择"系统和安全"＞"Windows 防火墙"，单击"允许程序或功能通过 Windows 防火墙"链接，打开图 2-67 所示的窗口，可以在"允许的程序或功能"列表中基于网络位置来设置要允许通过 Windows 防火墙的程序或功能。例中 FTP 服务器在专用网络、公用网络和域网络中都允许通过 Windows 防火墙，而 HTTPS 在公用网络和域网络中都允许通信。

在后续的配置管理实验中，为方便调试，可以先将 Windows 防火墙都关闭，调试成功后再启用 Windows 防火墙，并检查确认允许的程序或功能列表。

图 2-66　打开或关闭防火墙

图 2-67　允许程序通过防火墙通信

2.5.5 网络诊断测试工具

在网络故障排查过程中，各类测试诊断工具是必不可少的。Windows Server 2008 R2 内置的网络测试工具使用起来非常方便，小巧实用，提供了许多开关选项。

● arp。用于查看和修改本地计算机上的 ARP 表项。该表项用于缓存最近将 IP 地址转换成 MAC（媒体访问控制）地址的 IP 地址/MAC 地址对。最常见的用途是查找同一网段的某主机的 MAC 地址，并给出相应的 IP 地址。可使用 arp 命令来查找硬件地址问题。

● ipconfig。主要用来显示当前的 TCP/IP 配置，也用于手动释放和更新 DHCP 服务器指派的 TCP/IP 配置，这一功能对于运行 DHCP 服务的网络特别有用。

● ping。用于测试 IP 网络的连通性，包括网络连接状况和信息包发送接收状况。

● tracert。是路由跟踪实用程序，用于确定 IP 数据包访问目的主机所采取的路径。

● pathping。用于跟踪数据包到达目标所采取的路由，并显示路径中每个路由器的数据包损失信息，也可以用于解决服务质量（QoS）连通性的问题。它将 ping 和 tracert 命令的功能和这两个工具所不提供的其他信息结合起来。

● netstat。用于显示协议统计和当前 TCP/IP 网络连接。

除了上述命令行工具外，还有一些非常适用的命令工具，如用于诊断 NetBIOS 名称问题的 nbtstat、用于诊断 DNS 问题的 nslookup，以及用于查看和设置路由的 route 等。

2.6 习题

简答题

（1）简述 Microsoft 管理控制台。
（2）简述注册表结构。
（3）本地用户与域用户有何不同？
（4）用户配置文件有什么作用？有哪几种类型？
（5）磁盘分区有哪两种形式？
（6）简述动态磁盘的特点。
（7）简述文件与文件夹的有效权限。
（8）简述磁盘配额的特性。
（9）IPv6 有哪几种表示方法？

实验题

（1）自定义一个 MMC 控制台。
（2）在 Windows Server 2008 R2 服务器上创建镜像卷。
（3）在 Windows Server 2008 R2 服务器上创建和配置磁盘配额。
（4）为一个网络连接分配两个 IP 地址。

第 3 章
活动目录与域

【学习目标】

本章将向读者介绍目录服务、LDAP 与 Active Directory（活动目录）的基础知识，让读者掌握 Active Directory 规划、域控制器部署、域成员计算机配置、组织单位管理、Active Directory 用户、计算机和组账户管理、Active Directory 对象查询、Active Directory 组策略配置管理等方法和技能。

【学习导航】

Active Directory 是一种用于组织、管理和定位网络资源的增强性目录服务，用于建立以域控制器为核心的 Windows 域网络，作为 Windows 网络的基础设施，以域为基础对网络资源实行集中管理和控制。本章在介绍目录服务背景知识的基础上，重点讲解 Active Directory 的部署、管理和应用。Active Directory 组策略可以针对 Active Directory 站点、域或组织单位的所有计算机和所有用户统一配置，是集中配置和管理 Windows 网络的重要手段，必须熟练掌握，后面的许多章节都将用到它。

3.1 目录服务基础

我们常会用到目录服务，如电话簿、计算机文件系统都是一种目录，一些电子邮件系统也使用目录服务。实际上，目录服务既是一种信息查询工具，如用来查询信息；又是一种管理工具，如用于网络资源管理，各种资源都可作为目录对象来管理，随着网络中对象数量的增长，目录服务变得越来越重要。本章的重点是网络环境中的目录，Windows 服务器操作系统提供的活动目录（Active Directory，AD）就是一套增强的目录服务。对于 Windows 网络来说，规模越大，需要管理的资源越多，建立活动目录就越有必要。

3.1.1 什么是目录服务

目录服务是一种基于客户/服务器模型的信息查询服务。可以将目录看成一个具有特殊用途的数据库，用户或应用程序连接到该数据库后，便可轻松地查询、读取、添加、删除和修改其中的信息，而且目录信息可自动分布到网络中的其他目录服务器。

与关系型数据库相比，目录数据库特点如下。

● 数据读取和查询效率非常高，比关系型数据库能够快一个数量级。

● 数据写入效率较低，适用于数据不需要经常改动，但需要频繁读出的情况。

● 以树状的层次结构来描述数据信息。如图3-1 所示，这种模型与众多行业应用的业务组织结构完全一致，如企业的机构设置。由于在现实世界

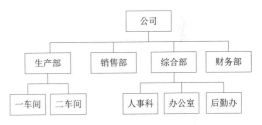

图 3-1　组织机构层次

中存在大量的层次结构，采用目录数据库就能够轻易地做到与实际业务模式相匹配。

● 能够维持目录对象名称的唯一性。

3.1.2 目录服务的应用

目录服务是扩展计算机系统中最重要的组件之一，适合基于目录和层次结构的信息管理，尤其是基础性、关键性信息管理。通讯录、客户信息、组织结构信息、计算机网络资源、数字证书和公共密钥等，都适合使用目录数据库管理。目录服务主要用于以下领域。

● 计算机网络管理。目录服务作为网络基础结构的一个重要组成部分，支持网络结构化、安全认证、资源集中管理和资源共享等功能，用于网络本身的资源管理、网络信息的组织和查询。

● 信息安全管理。目录服务用于数字证书管理、安全认证、身份验证和单点登录等。

● 公共查询。目录服务作为 Internet/Intranet 基础结构的一个重要组件，提供类似参考目录、黄页、电子邮件目录之类的公共查询服务。

● 组织机构和企业的资源管理，如机构信息、人事信息、产品信息和账户信息。

● 作为应用程序的支撑系统，启用目录的应用程序依靠成熟的目录服务来执行身份验证和授权、命名和定位，以及网络资源的支配和管理等功能。

● 扩充电子邮件系统。目录服务可在不同电子邮件系统之间传递和集成电子邮件的功能。

3.1.3 目录服务标准——LDAP

LDAP（Lightweight Directory Access Protocol，轻量级目录访问协议）是基于协议 TCP/IP 的目录访问协议，是 Internet 上目录服务的通用访问协议。

1. LDAP 的由来

目录服务的两个国际标准是 X.500 和 LDAP。X.500 包括了从 X.501 到 X.509 等一系列目录数据服务，用于提供全球范围的目录服务。用于 X.500 客户端与服务器通信的协议是 DAP（Directory Access Protocol）。它被公认为是实现一个目录服务的最好途径，但是在实际应用中存在不少障碍，也不适应 TCP/IP 协议体系。鉴于此，出现了 DAP 的简化版 LDAP。LDAP 的目的就是要简化 X.500 目录的复杂度以降低开发成本，同时适应 Internet 的需要。LDAP 已经成为目录服务的工业标准，目前有两个版本——LDAP v2 和 LDAP v3。

2. LDAP 目录树结构

LDAP 目录由包含有描述性信息的各个条目（记录）组成，LDAP 使用一种简单的、基于字符串的方法表示目录条目。LDAP 使用目录记录的识别名称（DN）读取某个条目。

LDAP 定位于提供全球目录服务，数据按树状的层次结构来组织，从一个根开始，向下分支到各个条目，其层次结构如图 3-2 所示。

要实现 LDAP，预先规划一个可扩展且有效的结构很重要。首先要建立根，根是目录树的最顶层，其他对象都基于根。因而将根称为基本 DN（也译为基准 DN）。它可使用以下 3 种格式来表示。

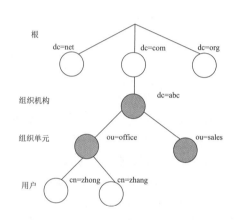

图 3-2　LDAP 目录树

● X.500 标准格式，如 o=abc，c=CN。其中 o=abc 表示组织名，c=CN 表示组织所在国别。

● 直接使用公司的 DNS 域名，如 o=abc.com。这是目前最常用的格式。

● 使用 DNS 域名的不同部分，如 dc=abc，dc=com。这种格式将域名分成两个部分，更灵活、便于扩展。例如，当 abc.com 和 xyz.com 合并之后，不必修改现有结构，可将 dc=com 作为基本 DN。对于新安装的 LDAP 服务器，强烈建议使用这种格式。

目录往下被进一步细分成组织单元（简称 OU，或称组织单位）。OU 属于目录树的分枝节点，也可继续划分更低一级的 OU。OU 作为"容器"，包含其他分枝节点或叶节点。

最后在 OU 中包含实际的记录项，也称条目（Entry），即目录树中的叶子节点，相当于数据库表中的记录。所有记录项都有一个唯一的识别名称（DN）。

每一个记录项的 DN 由两个部分组成：RDN（相对识别名称）和记录在 LDAP 目录中的位置。RDN 是 DN 中与目录树的结构无关的部分，通常存储在 cn（Common Name，公用名称）这个属性里。例如，将公司员工信息作为记录，这里给出一个完整的 DN：cn=wang，ou=employee，dc=abc，dc=com。

其中，cn=wang 是 RDN，用于唯一标识记录；后面的 ou 和 dc 值指向目录结构中记录的位置。

3. LDAP 对象类和模式

像普通的数据库一样，存储数据需要定义表的结构和各个字段。对于目录数据来说，也需要定制目录的对象类型。LDAP 存储各种类型的数据对象，这些对象可以用属性来表示。LDAP 目录通过对象类（objectClasses）的概念来定义运行哪一类的对象使用什么属性。

模式（Schema）是按照相似性进行分组的对象类集合。例如，广为使用的 inetOrgPerson 模式包含 departmentNumber、employeeType、givenName、homePhone 和 manager 等对象类。

3.1.4　目录服务软件

随着 Internet 应用业务、电子商务和电子政务的迅速发展，目录系统广泛受到客户和 IT 开发厂商的重视，目录服务软件也日趋成熟。

微软从 Windows 2000 Server 开始进一步强化网络资源的集中管理和配置，推出了 Active Directory，旨在集中部署和管理整个网络资源，能够减轻网络管理负担，提高管理效率，特别适合规模较大的企业网络。Active Directory 支持 LDAP v2 和 LDAP v3，能够与其他供应商的目录服务进行互操作。本章主要以 Windows Server 2008 R2 为例讲解 Active Directory。

OpenLDAP 是一款优秀的开放源代码 LDAP 服务器软件，在 UNIX 和 Linux 平台上受到欢迎。OpenLDAP 不但功能强大而且安全可靠，最新版本支持 LDAP v3，作为一款稳定的、商业级的、功能全面的 LDAP 软件，目前许多 ISP 或邮件系统都使用它。

一些应用平台支持 LDAP，如微软在 Exchange Server 系统中提供了对 LDAP 的支持，Sun 的 iPlanet Directory Server 是目前具有最高应用性能的用户管理目录服务器产品。

3.2　Active Directory 基础

Active Directory 是一种用于组织、管理和定位网络资源的增强性目录服务，它建立在域的基础上，由域控制器对网络中的资源实行集中管理和控制。对于 Windows 网络来说，规模越大，需要管理的资源越多，建立 AD 域就越有必要。

3.2.1　Active Directory 的功能

Active Directory 存储了网络对象大量的相关信息，网络用户和应用程序可根据不同的授权使用在 Active Directory 中发布的有关用户、计算机、文件和打印机等的信息。它具有下列功能。

● 数据存储，也称为目录，它存储着与 Active Directory 对象有关的信息。这些对象包括共享资源，如服务器、文件、打印机、网络用户和计算机账户。

● 包含目录中每个对象信息的全局编录，允许用户和管理员查找目录信息。

● 查询和索引机制的建立，可以使网络用户或应用程序发布并查找这些对象及其属性。

● 通过网络分发目录数据的复制服务。

● 与网络安全登录过程的安全子系统的集成，以及对目录数据查询和数据修改的访问控制。

● 提供安全策略的存储和应用范围，支持组策略来实现网络用户和计算机的集中配置和管理。

3.2.2　Active Directory 对象

与其他目录服务器一样，Active Directory 以对象为基本单位，采用层次结构来组织管理对象。这些对象包括网络中的各项资源，如用户、计算机、打印机、应用程序等。Active Directory 对象可分为两种类型，一种是容器对象，可包含下层对象；另一种是非容器对象，不包含下层对象。

1. Active Directory 对象的特性

● 每个对象具有全域唯一标识符（GUID），该标识符永远不会改变，无论对象的名称或属性如何更改，应用程序都可通过 GUID 找到对象。

● 每个对象有一份访问控制列表（ACL），记载安全性主体（如用户、组、计算机）对该对象的读取、写入、审核等访问权限。

● 对象具有多种名称格式供用户或应用程序以不同方式访问，具体名称类型如表 3-1 所示。Active Directory 根据对象创建或修改时提供的信息，为每个对象创建 RDN 和规范名称。

表 3-1　Active Directory 对象名称的类型

对 象 名 称	说　　明	示　　例
SID（安全标识符）	标识用户、组和计算机账户的唯一号码	S-1-5-21-1292428093-725345543
LDAP RDN	LADP 相对识别名称。RDN 必须唯一，不能在组织单位中重名	cn=zhong
LDAP DN	LADP 唯一识别名称。DN 是全局唯一的，反映对象在 Active Directory 层次中的位置	cn=zhong,ou=sales,dc=abc,dc=com
AD 规范名称	AD 管理工具使用的名称	abc.com/sales/zhong
UPN	用户主体名称，即 Windows 域登录名称	zhong@abc.com

2. Active Directory 对象的主要类别

● 用户（User）。作为安全主体，被授予安全权限，可登录到域中。

● 计算机（Computer）。表示网络中的计算机实体，加入到域的 Windows 计算机都可创建相应的计算机账户。

● 联系人（Contact）。一种个人信息记录。联系人没有任何安全权限，不能登录网络，主要用于通过电子邮件联系的外部用户。

● 组（Group）。某些用户、联系人、计算机的分组，用于简化大量对象的管理。

● 组织单位（Organization Unit）。将域进行细分的 Active Directory 容器。

● 打印机（Printer）。在 Active Directory 中发布的打印机。

● 共享文件夹（Shared Folder）。在 Active Directory 中发布的共享文件夹。

● InterOrgPersion。标准的用户对象类，可以作为安全主体。

3.2.3　Active Directory 架构

Active Directory 中的每个对象都是在架构中定义的类的实例。Active Directory 架构包含目录中所有对象的定义。架构的英文名称为 Schema，也可译为模式，实际上就是对象类。在 LDAP 目录服务中，Schema 一般以文本方式来存储，在 Active Directory 中却将其作为一种特殊的对象。架构对象由对象类和属性组成，是用来定义对象的对象。

在架构中，对象类代表共享一组共同特征的目录对象的类别，比如用户、打印机或应用程序。每个对象类的定义包含一系列可用于描述类的实例的架构属性。例如，"User"类有 givenName、surname 和 streetAddress 等属性。在目录中创建新用户时，该用户变成"User"类的实例，输入的有关用户的信息变成属性的实例。

每个林只能包含一个架构，存储在架构目录分区中。架构目录分区和配置目录分区一起被复制到林中所有域控制器。但单独的域控制器，即架构主机控制着架构的结构和内容。

3.2.4 Active Directory 的结构

Active Directory 以域为基础，具有伸缩性以满足任何网络的需要，包含一个或多个域，每个域具有一个或多个域控制器。多个域可合并为域树，多个域树可合并为林。Active Directory 是一个典型的树状结构，按自上而下的顺序，依次为林→树→域→组织单元。在实际应用中，则通常按自下而上的方法来设计 Active Directory 结构。

1. 域

域是 Active Directory 的基本单位和核心单元，是 Active Directory 的分区单位，Active Directory 中必须至少有一个域。域包括以下 3 种类型的计算机。

● 域控制器。它是整个域的核心，存储 Active Directory 数据库，承担主要的管理任务，负责处理用户和计算机的登录。

● 成员服务器。域中非域控制器的 Windows 服务器，不存储 Active Directory 信息，不处理账户登录过程。

● 工作站。加入域的 Windows 计算机，可以访问域中的资源。

成员服务器和工作站可统称为域成员计算机。域就是一组服务器和工作站的集合，如图 3-3 所示。它们共享同一个 Active Directory 数据库。Windows Server 2008 R2 采用 DNS 命名方式来为域命名。

2. 组织单位

为便于管理，往往将域再进一步划分成多个组织单位。组织单位是可将用户、组、计算机和其他组织单位放入其中的 Active Directory 容器。

组织单位相当于域的子，可以像域一样包含各种对象。组织单位本身也具有层次结构，如图 3-4 所示。可在组织单位中包含其他的组织单位，将网络所需的域的数量降到最低程度。

每个域的组织单位层次都是独立的，组织单位不能包括来自其他域的对象。

在域中创建组织单位应该考虑能反映组织单位的职能或商务结构。

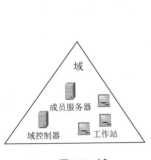

图 3-3 域

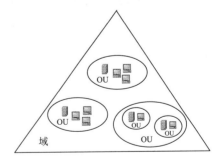

图 3-4 组织单位

3. 域树

可将多个域组合成为一个域树。域树中的第一个域称作根域，同一域树中的其他域为子域，位于上层的域称为子域的父域，如图 3-5 所示，root.com 域为 child.root.com 的父域，它也是该域树的根域。域树中的域虽有层次关系，但仅限于命名方式，并不代表父域对子域具有管辖权限。域树中各域都是独立的管理个体，父域和子域的管理员是平等的。

4. 林

林是一个或多个域树通过信任关系形成的集合。林中的域树不形成邻接的名称空间，各自使用不同的 DNS 名称，如图 3-6 所示。林的根域是林中创建的第一个域，所有域树的根域与林的根域建立可传递的信任关系。

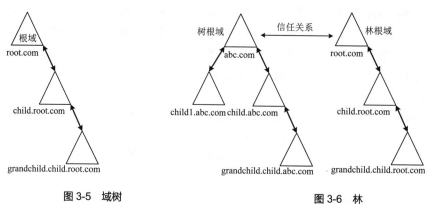

图 3-5 域树

图 3-6 林

5. 域信任关系

域信任关系是建立在两个域之间的关系，它使一个域中的账户由另一个域中的域控制器验证。如图 3-7 所示，所有域信任关系都只能有两个域：信任域和受信任域；信任方向可以是单向的，也可以是双向的；信任关系可传递，也可不传递。

在 Active Directory 中创建域时，相邻域（父域和子域）之间自动创建信任关系。在林中，在林根域和从属于此林根域的任何树根域或子域之间自动创建信任关系。因为这些信任关系是可传递的，所以可以在林中的任何域之间进行用户和计算机的身份验证。

除默认的信任关系外，还可手动建立其他信任关系，如林信任（林之间的信任）、外部信任（域与林外的域之间的信任）等信任关系。

6. Active Directory 站点

Active Directory 站点可看成一个或多个 IP 子网中的一组计算机定义。站点与域不同，站点反映网络物理结构，而域通常反映整个组织的逻辑结构。逻辑结构和物理结构相互独立，可能相互交叉。Active Directory 允许单个站点中有多个域，单个域中有多个站点，如图 3-8 所示。

图 3-7 域信任关系

图 3-8 Active Directory 站点与域的关系

Active Directory 站点的主要作用是使 Active Directory 适应复杂的网络连接环境，一般只有在有多种网络连接的网络环境（如广域网）中才规划站点。默认情况下，建立域时将创建一个名为 Default-First-Site 的默认站点。

7. Active Directory 目录复制

由于域中可以有多台域控制器，要保持每台域控制器具有相同的 Active Directory 数据库，必须采用复制机制。目录复制提供了信息可用性、容错、负载平衡和性能优势。通过复制，Active

Directory 目录服务在多个域控制器上保留目录数据的副本，从而确保所有用户的目录可用性和性能。Active Directory 使用一种多主机复制模型，允许在任何域控制器上更改目录。Active Directory 依靠站点来保持复制的效率。

8. 全局编录

全局编录（简称 GC）是林中 Active Directory 对象的一个目录数据库，存储林中主持域的目录中所有对象的完全副本，以及林中所有其他域中所有对象的部分副本。这部分副本中包含用户在查询操作中最常使用的对象，可以在不影响网络的情况下在林中所有域控制器上进行高效查询。

全局编录主要用于查找对象、提供 UPN（用户主体名称）验证、在多域环境中提供通用组的成员身份信息等。

默认情况下，林中第一个域的第一个域控制器将自动创建全局编录，可以向其他域控制器添加全局编录功能，或者将全局编录的默认位置更改到另一个域控制器上。还可以让一个远程站点的域控制器持有一个备份，使域控制器不必跨越广域网连接进行身份验证或解析全局对象。

3.2.5　域功能级别与林功能级别

Active Directory 域服务将域和林分为不同的功能级别，对应不同的特色与功能限制。Windows Server 2008 R2 有以下 4 个域功能级别，分别用于支持不同的域控制器。

- Windows 2000 本机模式。支持 Windows 2000 Server 到 Windows Server 2008 R2 域控制器。
- Windows Server 2003。支持 Windows Server 2003 到 Windows Server 2008 R2 域控制器。
- Windows Server 2008。支持 Windows Server 2008 和 Windows Server 2008 R2 域控制器。
- Windows Server 2008 R2。仅支持 Windows Server 2008 R2 域控制器。

可根据需要提升域功能级别以限制所支持的域控制器。一旦提升域功能级别之后，就不能再将运行旧版操作系统的域控制器引入该域中，而且也不能改回原来的域功能级别。

域功能级别设置仅影响到该域，而林功能级别设置会影响到该林内所有域。林功能级别有着与域功能级别类似的 4 个级别，管理员同样可以提升林功能级别。

3.2.6　Active Directory 与 DNS 集成

Active Directory 与 DNS 集成并共享相同的名称空间结构，两者集成体现在以下 3 个方面。

- Active Directory 和 DNS 有相同的层次结构。
- DNS 区域可存储在 Active Directory 中。如果使用 Windows 服务器的 DNS 服务器，主区域文件可存储于 Active Directory，可复制到其他 Active Directory 域控制器。
- Active Directory 将 DNS 作为定位服务使用。为了定位域控制器，Active Directory 客户端需查询 DNS，Active Directory 需要 DNS 才能工作。如图 3-9 所示，DNS 将 AD 域、站点和服务名称解析成 IP 地址。

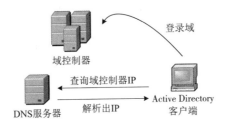

图 3-9　Active Directory 将 DNS 作为定位服务使用

DNS 不需要 Active Directory 也能运行，而 Active Directory 需要 DNS 才能正常运行。

3.2.7　Windows 域网络

规划 Windows 网络结构时，有工作组（Workgroup）和域（Domain）两种选择，前者适用于小型网络；后者拥有较优越的管理能力，更适合于大中型网络。

1. 工作组——对等式网络

工作组是一种对等式网络，联网计算机彼此共享对方的资源，每台计算机地位平等，只能够管理本机资源。如图 3-10 所示，无论是服务器还是工作站，都拥有本机的本地安全账户数据库，称为安全账户管理器（Security Accounts Manager，SAM）数据库。如果用户要访问每台计算机内的资源，那么必须在每台计算机的 SAM 数据库内创建该用户的账户。

采用工作组结构，计算机各自为政，网络管理很不方便，突出的问题有以下两点。

● 账户管理繁琐。例如，有 10 台计算机和 20 个用户，需要相互访问，则要在每台计算机上重复创建相同的 20 个用户账户，任一账户修改，都要在每台计算机上进行相应修改。

● 系统设置不便。例如，需要对每台计算机进行安全设置。

工作组不一定要部署服务器计算机，若干 Windows 客户端就能构建一个工作组结构的网络。

2. 域——集中管理式网络

域由一群通过网络连接在一起的计算机组成，它们将计算机内的资源共享给网络上的其他用户访问。与工作组不同的是，域是一种集中管理式网络，域内所有的计算机共享一个集中式的目录数据库，它包含整个域内的用户账户与安全数据。在域结构的 Windows 网络中，这个目录数据库存储在域控制器中。

域控制器主管整个域的账户与安全管理，所有加入域的计算机，都以域控制器的账户和安全性设置为准，不必个别建立本地账户数据，如图 3-11 所示。用户以域账户登录域后，即可根据授权使用域中相应的服务和资源。网管员只需维护域控制器上的目录数据库，即可管理域里的所有用户与计算机，这样能大大提高网络管理效率，适用于较复杂的或规模较大的网络。

在域网络结构中，只有服务器计算机才可以胜任域控制器的角色。计算机必须加入域，用户才能够在这些计算机上利用域账户登录，否则只能够利用本地安全账户登录。

用户以域账户登录域后，即可根据授权使用域中相应的服务和资源。网管员只需维护域控制器上的目录数据库，即可管理域里的所有用户与计算机，这样能大大提高网络管理效率，适用于较复杂的或规模较大的网络。

如果企业主要是运行基于数据库服务器的信息管理系统，或者仅仅提供网站服务，就不一定要建立域环境，可将这些服务器作为非域成员单独管理。

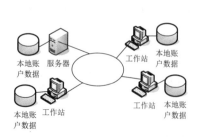

图 3-10　工作组网络

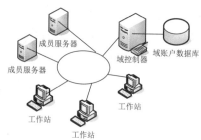

图 3-11　域网络

3.3 部署和管理域

建立域的关键是安装和配置域控制器，前提是做好 Active Directory 规划。

3.3.1 Active Directory 的规划

Active Directory 规划的内容主要是 DNS 名称空间和域结构，必要时还要规划组织单位或 Active Directory 站点。这里给出几个基本原则。

● 尽可能减少域的数量。建议企业网应尽可能使用单一域结构，以简化管理工作。与多域结构相比，它能实现网络资源集中管理并保障管理上的简单性和低成本。规模较小的网络，如 50 个节点以内的网络，只需建立一个域即可。规模更大的网络，应尽可能在域中建立组织单位层次结构，以代替多域的设计结构。

● 组织单位的规划很重要，在域内划分组织单位可依据多种标准，如按对象（用户、计算机、组、打印机等）来划分，按业务部门（如市场部、生产部、销售部）划分，按地理位置划分等。可在组织单位中根据新的标准再划分组织单位，形成组织单位的层次结构。

● 林是驻留在该林内的所有对象的安全和管理边界，Active Directory 中必须有一个林。

● 选择 DNS 名称用于 Active Directory 域时通常使用现有域名，以企业保留在 Internet 上使用的已注册 DNS 域名后缀开始，并将该名称和企业中使用的地理名称或部门名称结合起来，组成 Active Directory 域的全名。例如，可将某信息中心的域命名为 "info.abc.com"。

● 内部名称空间与外部名称空间尽可能保持一致。微软建议将两者分离，对 DNS 域名进行分组，如内部 DNS 名称使用诸如 "internal.abc.com" 的名称，外部 DNS 名称使用诸如 "external.abc.com" 的名称。

● 多数情况下只需一个 Active Directory 站点，如一个包含单个子网的局域网，或者以高速主干线连接的多个子网。

3.3.2 域控制器的安装

域控制器是整个域的核心，Windows Server 2008 R2 提供 Active Directory 域服务安装向导来安装和配置域控制器。默认情况下，Active Directory 安装向导从已配置的 DNS 服务器列表中定位新域的权威 DNS 服务器，如果找到可接受动态更新的 DNS 服务器，则在重新启动域控制器时，所有域控制器的相应记录都自动在 DNS 服务器上注册；如果没有找到，安装向导将 DNS 服务组件安装在域控制器上，并根据 Active Directory 域名自动配置一个区域。

如果网络上没有 DNS 服务器，可在安装 Active Directory 时选择自动安装和配置本地 DNS 服务器，这样 DNS 服务器将安装在运行 Active Directory 安装向导的域控制器上。这是推荐的方式，下面的安装示例就是这种情况，将以单域结构为例示范安装域中第一台域控制器并同时安装 DNS。考虑到后续的配置实验，建议准备两台 Windows Server 2008 R2 服务器，其中一台作为域控制器。

（1）打开服务器管理器，在主窗口"角色摘要"区域（或者在"角色"窗格）中单击"添加角色"按钮，启动添加角色向导。

也可以直接执行 dcpromo 命令来启动 Active Directory 安装向导，转到第（8）步。

（2）单击"下一步"按钮出现图 3-12 所示的界面，选择角色"Active Directory 域服务"。

（3）单击"下一步"按钮，显示该角色的基本信息。

（4）单击"下一步"按钮，出现"确认安装选择"界面，单击"安装"按钮开始安装。

（5）安装完成之后出现"安装结果"界面，提示要启动 Active Directory 域服务安装向导（dcpromo.exe）才能使该服务器成为正常运行的域控制器，单击"关闭"按钮。

（6）如图 3-13 所示，在服务器管理器单击"角色"节点下的"Active Directory 域服务"，再单击"运行 Active Directory 域服务安装向导"启动该安装向导。

（7）单击"下一步"按钮，显示操作系统兼容性信息。

图 3-12　选择服务器角色

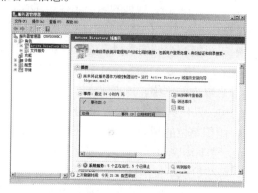

图 3-13　运行 AD 域服务安装向导

（8）单击"下一步"按钮，出现图 3-14 所示的对话框，选择为现有林或新林创建域控制器。这里选中"在新林中新建域"单选按钮以建立一个新的域，此服务器也将成为新域的域控制器。

要在现有林中建立另一个域控制器，需选中"现有林"单选按钮，再选择创建域控制器的方式。

（9）单击"下一步"按钮，出现图 3-15 所示的对话框，指定新域的 DNS 名称，一般应为公用的 DNS 域名，也可是内部网使用的专用域名，例中为内部域名 abc.com（仅用于示范）。

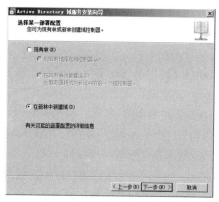

图 3-14　选择创建域控制器类型

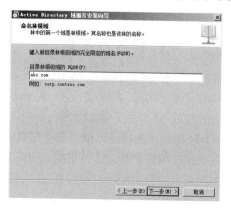

图 3-15　指定 DNS 域名

（10）单击"下一步"按钮，系统验证 NetBIOS 名称。除 DNS 域名外，系统还会创建新域的 NetBIOS 名称，目的是兼容早期版本 Windows 系统。默认采用 DNS 域名最左侧的名称，安装程序将验证 DNS 域名与 NetBIOS 名称是否已被使用。

（11）出现图 3-16 所示的对话框，选择林功能级别。这里选择"Windows Server 2008 R2"林功能级别，域功能级别将自动设置为"Windows Server 2008 R2"。

如果选择其他林功能级别，系统将明确要求选择域功能级别。

（12）单击"下一步"按钮，出现图 3-17 所示的对话框，为域控制器选择其他选项。这里选中"DNS 服务器",表示在域控制器上同时建立 DNS 服务器。由于是第一台域控制器,必须担任"全局编录"服务器角色,而且不能作为只读域控制器。

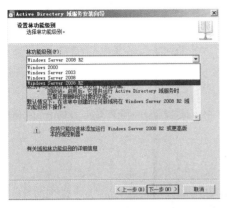

图 3-16 选择林功能级别

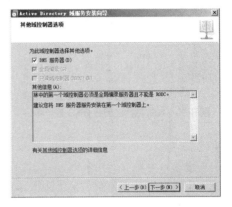

图 3-17 为域控制器选择其他选项

（13）单击"下一步"按钮,出现对话框提示无法创建 DNS 服务器委派。关于此类知识在第 4 章解释。这里单击"是"按钮继续。

（14）单击"下一步"按钮,出现"数据库、日志文件和 SYSVOL 的位置"对话框,指定数据库、日志文件和 SYSVOL（存储域共享文件）的文件夹位置,这里保留默认值即可。如果服务器上有多块物理硬盘,可将数据库和日志文件分别存储在不同硬盘中,分开存储既可提高效率,又可提高 Active Directory 修复可能性。

（15）单击"下一步"按钮,出现"目录服务还原模式的 Administrator 密码"对话框,可设置用于还原 Active Directory 数据的管理员密码。当 Active Directory 数据损坏时,可在域控制器上开机时按 F8 键进入目录服务还原模式,重建 Active Directory 数据库,此时需要输入此处指定的密码。

（16）单击"下一步"按钮,出现摘要界面,供管理员确认安装域控制器的各种选项。如要更改,可单击"上一步"按钮,否则单击"下一步"按钮予以确认。

（17）单击"下一步"按钮,向导开始配置 Active Directory 域服务,一般要等待一段时间。

（18）完成安装向导后弹出相应的提示对话框,再单击"完成"按钮弹出相应的对话框,提示重新启动才能使 Active Directory 向导所做的更改生效。

（19）重启服务器,并登录。

例中在域控制器上同时建立 DNS 服务器,并自动创建名为"abc.com"的区域。可以进一步检查 DNS 服务器内是否存在该域控制器注册的记录,以便让其他计算机通过 DNS 服务器来定位该域控制器。在服务器管理器（也可使用专门的 DNS 控制台,下一张将具体介绍）中展开"角色">"DNS 服务器">"DNS"节点,找到服务器（例中为 SRV2008DC）节点并展开,然后再展开"正向查找区域">"abc.com"节点,可发现域控制器已将其主机名与 IP 地址注册到 DNS 服务器中,如图 3-18 所示。进一步展开"_tcp"节点,如图 3-19 所示,可以发现两条记录,一是"_gc"表示全局编录服务器,二是"_ldap"表示 LDAP 目录服务器。

另外该服务器上网络连接 TCP/IP 设置所涉及的 DNS 服务器如果没有设置为域控制器本身,将自动设置。

图 3-18　域控制器注册到 DNS 服务器

图 3-19　域控制器作为全局编录与 LDAP 目录服务器

提示　　如果条件允许，应当在一个域内创建两台以上的域控制器。一方面可以分担域控制器处理负载，提高服务能力。另一方面提高可用性，也就是容错，若一台域控制器发生故障，则有另一台域控制器继续提供服务，前提是配置 Active Directory 目录复制。安装好第一台域控制器后，要安装另一台域控制器，只需在运行 Active Directory 域服务安装向导时选择向现有域添加域控制器即可（见图 3-14）。

3.3.3　Active Directory 管理工具

在 Windows Server 2008 R2 域控制器上可直接使用以下内置 Active Directory 管理工具。

① Active Directory 管理中心。

② Active Directory 用户和计算机。

③ Active Directory 域和信任。

④ Active Directory 站点和服务。

其中第①种是 Windows Server 2008 R2 新增的管理工具，用于管理各种 Active Directory 对象。其界面如图 3-20 所示，采用三栏结构，左中右分别为导航、详细和操作。其中🏠图标表示域，🗔图标表示容器，🗔图标表示组织单位。该工具可以取代以前版本最常用的"Active Directory 用户和计算机"控制台（见图 3-21），本章介绍 Active Directory 配置管理时以该工具为例。注意该工具对系统性能要求较高，必要时可以改用"Active Directory 用户和计算机"控制台。

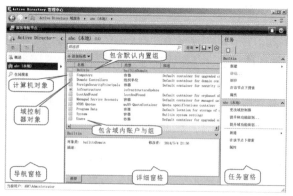

图 3-20　Active Directory 管理中心

图 3-21　Active Directory 用户和计算机

后 3 种工具继承于以前 Windows 服务器版本。可从管理工具菜单中选择这些工具，或者在服务器管理中打开上述工具（见图 3-22）。

要在域成员计算机上使用 Active Directory 管理工具，必须先进行安装。在 Windows Server 2008 R2 成员服务器上可以通过服务器管理器的添加功能向导来安装 Active Directory 管理工具。如图 3-23 所示，依次展开 "远程服务器管理工具" > "角色管理工具" > "AD DS 和 AD LDS 工具" > "AD DS 工具"，选中 "AD DS 管理单元和命令行工具" 和 "Active Directory 管理中心"，单击 "下一步" 按钮，根据向导提示操作即可。

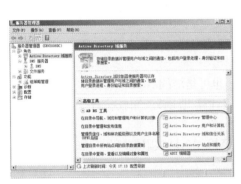
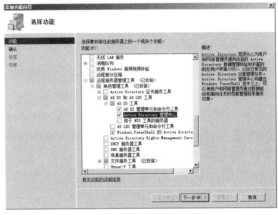

图 3-22　服务器管理器中 AD 管理工具　　　　图 3-23　安装 AD 管理工具

Windows 7 域成员计算机则需到微软网站下载远程服务器管理工具进行安装，通过打开 Windows 功能来启用 "AD DS 管理单元和命令行工具" 和 "Active Directory 管理中心"。

无论是在域控制器上，还是在域成员计算机上，只要安装有 Active Directory 管理工具，就可使用 MMC 来加载 Active Directory 管理工具。

3.3.4　域成员计算机的配置与管理

Windows 计算机可作为域成员加入 Active Directory 域，接受域控制器集中管理。有两种情况，一种是将独立服务器加入到域，另一种是将工作站添加到域。加入到域的计算机可统称为域成员计算机。在安装 Windows 操作系统时可以选择加入到域中，或保留在工作组中，以后再添加到 Active Directory 域中。

1. 将计算机添加到域

这里以 Windows 7 计算机为例。运行其他 Windows 版本的计算机加入到域的操作步骤基本相同，只是界面略有差别。

（1）以本机系统管理员身份登录，确认能够连通域控制器计算机（可使用 ping 命令测试）。

Windows Vista 以上版本默认启用用户账户控制，如果不以管理员身份登录，在更改计算机名等设置信息时也会要求输入本机系统管理员及其密码。

（2）在 TCP/IP 属性设置中将 DNS 服务器设置为能够解析域控制器域名的 DNS 服务器 IP 地址，如图 3-24 所示。在单域网络中，DNS 服务器通常就是域控制器本身。

（3）右键单击 "开始" 菜单中的 "计算机" 项，选择 "属性" 命令打开 "系统" 控制面板，单击 "计算机名称、域与工作组设置" 区域的 "更改设置" 按钮弹出 "系统属性" 对话框。

（4）如图 3-25 所示，"计算机名" 选项卡中显示当前的计算机名称设置，单击 "更改" 按钮。

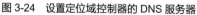

图 3-24 设置定位域控制器的 DNS 服务器

图 3-25 显示当前的计算机名称

（5）打开图 3-26 所示的对话框，在"隶属于"区域选中"域"单选按钮，在下面的文本框中输入要加入域的域名，单击"确定"按钮。

这里的域名可以是域的 DNS 域名（如 abc.com），也可是域的 NetBIOS 名称（如 abc）。使用 DNS 域名一定要确保已经设置好 DNS 服务器，即该计算机能够获知域控制器 IP 地址，否则将提示"不能联系某域的域控制器"。

（6）出现相应的对话框，根据提示输入具有将计算机加入域权限的域用户账户的名称和密码，单击"确定"按钮。

提示

除了域系统管理员账户（隶属于 Domain Admins），普通的域用户账户（隶属于 Domain Users）也具有将计算机加入域的权限，只不过一个账户最多可以新建 10 个计算机账户。域用户账户需要完整的名称，如 zhong@abc.com。

（7）如无异常情况，将出现欢迎加入域的提示，单击"确定"按钮。

（8）出现必须重新启动计算机才能应用这些更改的提示，单击"确定"按钮。

（9）回到"系统属性"对话框，如图 3-27 所示，可发现 DNS 域名后缀已加入完整的计算机名称，单击"关闭"按钮。

（10）弹出提示对话框，重新启动计算机，使上述更改生效。

图 3-26 设置域的名称

图 3-27 系统属性

此时在域控制器上打开 Active Directory 管理中心，在导航窗格中单击相应域（abc.com），在详细窗格中单击"Computers"节点，发现该计算机加入域，并自动指派相应计算机账户。另外，该计算机的 DNS 域名也自动注册到与该域名对应的 DNS 区域。

2．域成员计算机登录到域

可以在域成员计算机上通过本地用户或域账户进行登录。启动域成员计算机（服务器或工作站），按 Ctrl+Alt+Delete 组合键出现登录界面。如图 3-28 所示，默认出现的是本地用户登录（格式为"主机名\账户"），此时系统利用本地安全账户数据库来检查账户与密码，如果成功登录，只可以访问本地计算机的资源，无法访问域内其他计算机的资源。

要访问域内资源，必须以域用户账户身份登录到域。单击"切换用户"按钮，再单击"其他用户"按钮，然后输入域用户账户及其密码。域用户账户有以下两种表示方式。

● SAM 账户名——域名\用户名。此处域名既可以是域的 DNS 域名(相当于 Active Directory 规范名称)，又可以是域的 NetBIOS 名称（相当于 SAM 账户，主要是兼容 Windows 2000 以前版本），相应的域用户账户表示例子如 abc.com\Administrator、ABC\Administrator，如图 3-29 所示。

图 3-28　本地用户账户登录

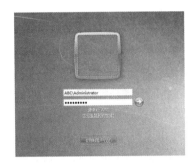

图 3-29　域名\账户登录

● UPN 用户名——用户名@域名。域用户账户具有一个称为 UPN（用户主体名称，类似于电子邮箱）的名称。UPN 是一个友好的名称，容易记忆。UPN 包括一个用户登录名称和该用户所属域的 DNS 名称，如 Administration@abc.com，如图 3-30 所示。

域用户账户登录到域后，可通过 Windows 资源管理器中的"网络"节点来查看网络中的域及其中的计算机，前提是启用网络发现和文件共享功能，当然还可以直接搜索 Active Directory 对象和资源。

图 3-30　UPN 账户登录

图 3-31　设置工作组名

3. 让域成员计算机退出域

如果要退出 Active Directory 域，只需将域成员计算机重新加入工作组即可。这里以 Windows 7 计算机为例进行示范。

（1）在域成员计算机上以域管理员身份（Enterprise Admins 或 Domain Admins 组成员）登录到域，或者以本地系统管理员身份登录到本机。退出域并不要求能够连通域控制器。

（2）参考加入域的操作步骤打开"系统属性"对话框，在"计算机名"选项卡中单击"更改"按钮。

（3）如图 3-31 所示，在"隶属于"区域选中"工作组"单选按钮，在下面文本框中输入要加入的工作组名，单击"确定"按钮。

（4）根据提示输入具有将计算机从域中删除权限的用户的名称和密码，单击"确定"按钮。

（5）出现欢迎加入工作组的提示，单击"确定"按钮，根据提示完成其他步骤，重新启动计算机，使上述更改生效。

此后，在该计算机上就只能利用本地用户账户登录，无法使用域用户账户来登录。

3.3.5 域控制器的管理

以域系统管理员身份登录到域控制器，可根据需要对域控制器进一步配置和管理。

1. 提升域和林功能级别

可根据需要提升域功能级别以限制所支持的域控制器。一旦提升域功能级别之后，就不能再将运行旧版操作系统的域控制器引入该域中。例如，如果将域功能级别提升至 Windows Server 2008 R2，则不能再将运行 Windows Server 2008 的域控制器添加到该域中。如图 3-32 所示，在域控制器上打开 Active Directory 管理工具，选中要管理的林或域，在"任务"窗格中执行"提升域功能级别"命令即可。例中安装域控制器时域和林功能级别均设置为 Windows Server 2008 R2，目前不能提升。

2. 删除（降级）域控制器

在 Active Directory 环境中，Windows 服务器可以充当域控制器、成员服务器和独立服务器 3 种角色。成员服务器是域中非域控制器的服务器，不处理域账户登录过程，不参与 Active Directory 复制，不存储域安全策略信息。与其他域成员一样，它服从站点、域或组织单位定义的组策略，同时也包含本地安全账户数据库（SAM）。独立服务器是非域成员的服务器，如果 Windows 服务器作为工作组成员安装，则该服务器是独立的服务器。独立服务器可与网络上的其他计算机共享资源，但是不能分享 Active Directory 所提供的好处。

独立服务器或成员服务器可升级为域控制器。也可将域控制器降级为成员服务器。将独立服务器加入到域，使其变为成员服务器。成员服务器从域中退出，又可变回独立服务器。这种角色转换关系如图 3-33 所示。

可根据需要删除域控制器（也就是删除 Active Directory），或者对其进行降级。在域控制器上运行命令 dcpromo 打开 Active Directory 安装向导，根据指示执行删除操作。删除之后需要重新启动服务器。

如果该域有子域，则不能将它删除。如果这个域控制器是该域中的最后一个域控制器，则降级这个域控制器将使该域从树林中删除。至于林中最后一个域，降级其域控制器也将删除林。

图 3-32 提升域和林功能级别

图 3-33 Active Directory 域中服务器角色转换

3.4 管理与使用 Active Directory 对象和资源

域管理的一项重要任务是对各类 Active Directory 对象进行合理的组织和管理，这些对象包括网络中的各项资源，其中最重要的是用户、组和计算机。以前版本中这些对象主要是通过 "Active Directory 用户和计算机" 控制台来管理的，在 Windows Server 2008 R2 中则通常使用 Active Directory 管理工具。

3.4.1 管理组织单位

在介绍 Active Directory 对象之前，先来看组织单位的管理。组织单位相当于域的子域，可以像域一样包含用户、组、计算机、打印机、共享文件夹以及其他组织单位等各种对象。组织单位是可指派组策略设置或委派管理权限的最小作用域或单位。

组与组织单位不能混淆。一个用户可隶属于多个组，但只能隶属于一个组织单位；组织单位可包含组，但是组不能将组织单位作为成员；组可作为安全主体，被授予权限，而组织单位不行。

使用组织单位可将网络所需的域的数量降到最低程度，创建组织单位应该考虑能反映企业的职能或业务结构。要创建新的组织单位，打开 Active Directory 管理中心，右键单击要添加组织单位的域（或组织单位），选择 "新建" > "组织单位" 命令，弹出图 3-34 所示的对话框，为其命名。当然还可根据需要添加地址、管理者等信息。

组织单位可以看成一种特殊目录容器对象，在 Active Directory 管理工具中以一种文件夹的形式（图标为 ）出现。组织单位可以像域一样管理用户、计算机等对象，如图 3-35 所示。可以在组织单位新建 Active Directory 对象，也可以在组织单位与其他容器（域、组织单位）之间移动 Active Directory 对象。

图 3-34 设置组织单位

图 3-35 组织单位包含的对象

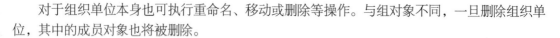

对于组织单位本身也可执行重命名、移动或删除等操作。与组对象不同，一旦删除组织单位，其中的成员对象也将被删除。

3.4.2 管理计算机账户

在域环境中，每个运行 Windows 操作系统的计算机都有一个计算机账户。与用户账户类似，计算机账户提供了一种验证和审核计算机访问网络以及域资源的方法。连接到网络上的每一台计算机都应有自己的唯一计算机账户。

当将计算机加入到域时，该计算机相应的计算机账户自动添加到域的"Computers"容器中。对于计算机账户可执行禁用、重置账户、删除计算机账户等管理操作。

3.4.3 管理域用户账户

域用户账户在域控制器上建立，又称 Active Directory 用户账户，用来登录域、访问域内的资源，账户数据存储在目录数据库中，可实现用户统一的安全认证。

非域控制器的计算机（包括域成员计算机）上还有本地账户。本地账户数据存储在本机中，不会发布到 Active Directory 中，只能用来登录账户所在计算机，访问该计算机上的资源。上一章具体介绍过本地用户的管理。本地账户主要用于工作组环境，对于加入域的计算机来说，一般不必再建立和管理本地账户，除非要以本地账户登录。

Windows Server 2008 R2 域控制器提供了以下两个内置域用户账户。

● Administrator。系统管理员账户，对域拥有最高权限，为安全起见，可将其重命名。

● Guest。来宾账户，主要供没有账户的用户使用，访问一些公开资源，默认禁用此账户。

1．创建域用户账户

为获得用户验证和授权的安全性，应为加入网络的每个用户创建单独的域用户账户。每个用户账户又可添加到组以控制指派给账户的权限。添加域用户账户的操作步骤如下。

（1）打开 Active Directory 管理中心，右键单击要添加用户的容器（例中是"Users"），从快捷菜单中选择"新建">"用户"命令。

默认情况下，域用户账户一般位于"Users"容器中，域控制器计算机上的原本地账户自动转入该容器的 Domain Users 组中。也可在域或组织单位节点下面直接创建用户。

（2）弹出图 3-36 所示的对话框，在"账户"区域设置用户账户基本信息。"全名"项必须设置；在"用户 UPN 登录"框中输入用户用于登录域的名称，从下拉列表中选择要附加到用户登录名称的 UPN 后缀；在"用户 SamAccountName 登录"框中输入可用于 Windows 2000 以前版本的用户登录名（SAM 账户），此处可以使用不同于"用户登录名"框中的名称，管理员可以随时更改此登录名；设置密码、密码选项以及其他账户选项。

（3）根据需要进入其他区域设置其他选项。如"组织"区域设置该账户的单位信息；"隶属于"区域设置所属组；"配置文件"区域设置用户配置文件信息。

（4）完成用户账户设置后，单击"确定"按钮完成用户账户创建。

2．管理域用户账户

新创建的用户如图 3-37 所示，可以根据需要进行管理操作，如删除、禁用、复制、重命名、重设密码、移动账户等。

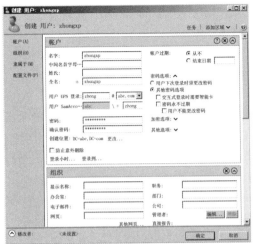
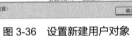

图 3-36　设置新建用户对象　　　　　　　　图 3-37　管理新建的用户对象

3．配置域用户账户

如果要进一步设置用户账户，双击相应的用户账户或者右键单击账户选择"属性"命令，弹出如图 3-38 所示的对话框，根据需要配置。用户属性设置对话框比新建用户对话框多提供了一个"扩展"区域用于设置扩展选项，如图 3-39 所示。

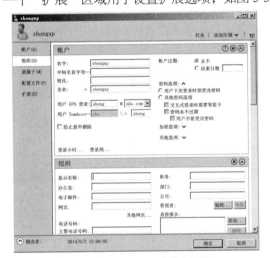

图 3-38　设置用户账户属性　　　　　　　　图 3-39　设置扩展选项

4．设置域用户工作环境

第 2 章所介绍的用户工作环境设置主要是针对本地用户的，这里再补充介绍一下域用户工作环境设置，包括用户配置文件、登录脚本和主文件夹。

（1）漫游用户工作环境设置。可通过用户配置文件设置工作环境。如果用户希望无论到域中任何一台计算机登录时，都能够使用相同的工作环境，则可以指定用户采用漫游用户配置文件。

漫游用户配置文件只适合于给域用户使用，本地用户无法使用它。由于漫游用户配置文件存储在网络服务器上，当用户无论从域中任何一台计算机登录时，都可以读取到这个配置文件。当用户注销时，其桌面的更改会自动保存到该漫游用户配置文件中，用户下次无论到哪一台计算机登录，都会将更改过的设置作为自己的工作环境。

漫游用户配置文件比较适合个人使用。可以给用户指定一个空的漫游用户配置文件，也可以给用户指定一个预先设好的漫游用户配置文件。具体步骤如下。

① 需要在服务器上创建一个共享文件夹，确定用户对该文件夹至少要有"更改"的 NTFS 权限。例如服务器名为 SRV2008A，共享名设为 Profiles，用户账户为 zhongxp。

② 以 Domain Admins 或 Enterprise Admins 组成员身份登录到域控制器，打开 Active Directory 管理中心，找到用户账户（例中为 zhongxp），打开其属性设置对话框，在"配置文件"区域（见图 3-39）的"配置文件路径"文本框中指定存储漫游用户配置文件的 UNC 网络路径，例中为\\SRV2008A\Profiles\zhongxp（建议采用与用户账户名称相同的文件夹名，该文件夹将自动创建，不需要事先创建）。

③ 完成上述设置后，当用户 zhongxp 登录到域中任何一台计算机，系统就会自动在上述 UNC 网络路径中创建一个漫游用户配置文件文件夹，此时该文件夹中尚未包含任何数据。如果用户是首次在该计算机登录，则桌面设置由 Default 配置文件决定。如果用户曾经在该计算机登录过，则桌面设置由本地用户配置文件决定。

当用户注销时，桌面设置及所做的任何更改都将被保存到该漫游用户配置文件中和本地用户配置文件中。此后，该用户登录域时都会读取这个漫游用户配置文件，并以该用户配置文件的内容来设置其桌面环境。

（2）强制用户配置文件设置。强制用户配置文件也是一种漫游用户配置文件，只是用户无法更改该配置文件的内容。使用强制用户配置文件的用户，在登录后可以修改其当前的桌面设置，注销时这些修改并不会被保存到服务器上的强制用户配置文件内。不过，用户所修改的桌面设置被存储到本地用户配置文件内，下一次用户登录时，如果无法访问服务器上的强制用户配置文件，则会使用本地用户配置文件。

由于内容无法更改，强制用户配置文件更适合于多个人同时使用，例如，某部门所有人员共享一个内容无法更改的强制用户配置文件，但是任何一个人都无法修改其内容。

创建强制用户配置文件的方法与漫游用户配置文件一样，不过在完成后，系统管理员必须将该漫游用户配置文件文件夹内的 ntuser.dat（注意不是 ntuser.dat.log）文件更名为 ntuser.man。默认情况下，只有 System 账户对该文件具有更改权限，Administration 账户并不具备更改权限，可以更改权限设置，以便修改该文件名。

3.4.4 管理组

在域中，组可包含用户、联系人、计算机和其他组的 Active Directory 对象或本机对象。组作为一种特殊的对象，使用组可以简化 Active Directory 对象的管理。

1. 组的特性
- 组可跨越组织单位或域，将不同域、不同组织单位的对象归到一个组。
- 组可作为安全主体，与用户、计算机一样被授予访问权限。
- 组为非容器对象，组成员与组之间没有从属关系，而且一个对象可属于多个不同的组。

2. 组的作用域
每个组均具有作用域，作用域确定组在域树或林中所应用的范围。根据不同的作用域，可以将组分为以下 3 种类型。

（1）通用组。具有通用作用域，成员可以是任何域的用户账户、全局组或通用组，权限范围是整个林。

内置的通用组有 Enterprise Admins（位于林根域，成员有权管理林内所有域）和 Schema

Admin（管理架构权限），这两个组均位于 Users 容器中，默认的组成员为林根域内的 Administrator。

（2）全局组。具有全局作用域，其成员可以是同域用户或其他全局组，权限范围是整个林。

内置全局组位于 Users 容器中，常用的主要有 Domain Admins（域管理员）、Domain Computers（加入域的计算机）、Domain Controllers（域控制器）、Domain Users（添加的域用户自动属于该组，同时该组又是本地组 Users 成员）、Domain Guests。

（3）本地域组。具有本地域作用域，成员可以是任何域的用户账户、全局组，权限范围仅限于同域（建立组的域）的资源，只能将同域资源指派给本地域组。本地域组不能访问其他域的资源。

内置的本地域组位于 Builtins 容器中，主要有 Account Operators（账户操作员）、Administrators（系统管理员）、Backup Operators（备份操作员）、Gusets（来宾）、Printer Operators（打印机操作员）、Remotes Desktop Users（远程桌面用户）、Server Operators（服务器操作员）、Users（普通用户组，默认成员为全局组 Domain Users）。

提示 非域成员计算机上只有本地组，用来组织本地用户账户，权限范围仅限于本地计算机，不涉及组作用域。当它们加入到域，成为域成员计算机之后，本地组除可包含本地用户账户外，还可以包含同域的域用户账户、同域的本地域组、整个林的全局组与通用组。由于本地组权限仅限于本地计算机，因而将计算机入到域后，一般使用本地域组来管理域内账户，而不用本地组。

3．安全组和通信组

组还可分为安全组（Security）和通信组（Distribute）两种类型。安全组用于将用户、计算机和其他组收集到可管理的单位中，为资源（文件共享、打印机等）指派权限时，管理员应将那些权限指派给安全组而非个别用户。通信组只能用作电子邮件的通讯组，不能用于筛选组策略设置，不具备安全功能。

4．默认组

创建域时自动创建的安全组称为默认组。许多默认组被自动指派一组用户权利，授权组中的成员执行域中的特定操作。默认组位于"Builtin"容器和"Users"容器中。"Builtin"容器包含用本地域作用域定义的组。"Users"容器包含通过全局作用域定义的组和通过本地域作用域定义的组。可将这些容器中的组移动到域中的其他组或组织单位，但不能将它们移动到其他域。

安装 Windows Server 2008 R2 独立服务器或成员服务器时自动创建默认本地组。本地组不同于域本地组，必须在本机上独立管理。在域成员计算机上可向本地组添加本地用户、域用户、计算机以及组账户，如图 3-40 所示；但不能向域组账户添加本地用户和本地组账户。

5．创建组

要创建新的组，打开 Active Directory 管理中心，右键单击要添加组的容器（域或组织单位），选择"新建"＞"组"命令，弹出图 3-41 所示的对话框，设置组的名称，选择组作用域和组类型。根据需要进入其他区域设置其他选项。如"组织"区域设置该组的单位信息；"隶属于"区域设置所属组；"成员"区域添加组成员。完成设置后，单击"确定"按钮完成组账户的创建。

可以对组执行管理操作，如移动到其他容器，添加到其他组，删除组，或进一步设置组属性。

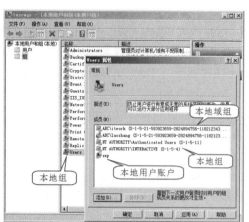

图 3-40 本地组　　　　　　　　　　　　图 3-41 创建组

6. 添加组成员

要将成员添加到组中，有两种方法。一种是打开组的属性设置对话框，在"成员"区域单击"添加"按钮弹出相应的对话框，单击"位置"按钮指定对象所属的域，在"输入对象名称来选择"列表中指定要添加的成员对象（如用户账户、联系人、其他组），单击"确定"按钮即可，如图 3-42 所示。另一种方法是打开 Active Directory 对象（如用户账户、计算机、组）的属性对话框，在"隶属于"区域单击"添加"按钮弹出相应的对话框，选择所属的组对象，如图 3-43 所示。

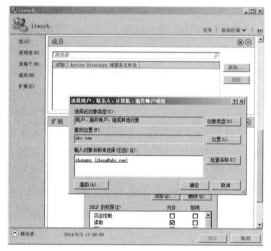

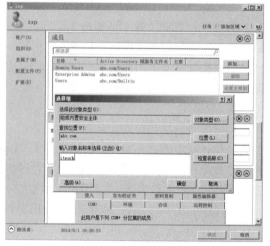

图 3-42 往组中添加成员　　　　　　　图 3-43 为成员设置所属组

可根据需要删除组成员，另外删除组不会删除其成员。

3.4.5 选择用户、计算机或组对象

用户、计算机、组作为安全主体，在实际应用（如用户管理、用户权限设置等）中经常需要查找和指定这些对象。Windows 系统提供了用户选择向导，便于管理员快速查找和选择用户、计算机、组等对象。前面一些配置过程已经涉及，这里再补充讲解一下。

例如，要添加组成员，在组属性设置对话框中的"成员"区域单击"添加"按钮，将弹出

图 3-44 所示的对话框，如果知道对象的名称，在"输入对象名称"框中直接输入即可。如果要从域中查找，可单击"高级"按钮打开图 3-45 所示的对话框，单击"立即查找"按钮来快速搜索该域中的账户。

可根据需要进一步限定查找范围，单击"对象类型"按钮，弹出图 3-46 所示的对话框，选择要查找的对象类型；单击"位置"按钮，弹出图 3-47 所示的对话框，选择要查找的范围，可以是整个目录、某个域、某个组、某个组织单位，还可以是本地计算机。还可以在"一般性查询"区域指定具体的查询条件。

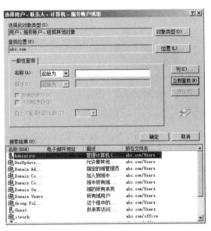

图 3-44 选择用户、计算机或组

图 3-45 选择用户、计算机或组（高级）

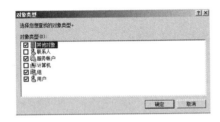

图 3-46 选择要查找的对象类型

图 3-47 选择要查找的位置范围

3.4.6 查询 Active Directory 对象

1. 使用 Active Directory 管理工具查询

在域控制器上可直接使用 Active Directory 管理中心或"Active Directory 用户和计算机"控制台查找几乎所有的 Active Directory 对象，通常以普通域用户身份登录到域执行 Active Directory 对象查询任务。在域成员计算机上需要安装 Active Directory 管理工具。

例如，打开 Active Directory 管理中心执行全局搜索，如图 3-48 所示。可进一步限制查找对象和范围。从"查找"下拉列表中选择要查询的对象类型，从"范围"下拉列表中选择要查询的范围（整个目录、某域）。

2. 使用内置 Active Directory 搜索工具

在域成员计算机上，可通过 Windows 资源管理器上的"网络"节点来搜索 Active Directory 中的用户、联系人、组、计算机、共享文件夹、打印机、组织单位等对象。例如，在 Windows 7 域成员计算机上单击"网络"节点，单击"搜索 Active Directory"链接打开相应的对话框。如图 3-49 所示，可直接搜索用户、联系人和组。还可进一步限制查找对象和范围，或者切换到"高级"选项卡设置更为复杂的搜索条件。

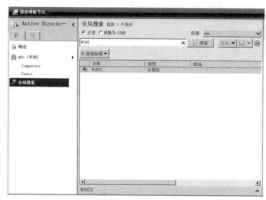

图 3-48　使用 Active Directory 管理中心查询

图 3-49　使用内置 Active Directory 搜索工具

3.4.7　设置 Active Directory 对象访问控制权限

使用访问控制权限，可控制哪些用户和组能够访问 Active Directory 对象以及访问对象的权限。每个 Active Directory 对象都有一个访问控制列表（ACL），记录安全主体（用户、组、计算机）对对象的读取、写入、审核等访问权限。不同的对象类型提供的访问权限项目也不一样。

提示　只有安全主体能够被授予权限。安全主体是被自动指派了安全标识符（SID）的目录对象，只包括用户账户、计算机账户和组。用户或计算机账户的主要用途有：验证用户或计算机的身份；　授权或拒绝访问域资源；管理其他安全主体；审计使用用户或计算机账户执行的操作。

在域中，访问控制是通过为对象设置不同的访问级别或权限（如"完全访问""写入""读取"或"拒绝访问"）来实现的。访问控制定义了不同的用户使用 Active Directory 对象的权限。默认情况下，Active Directory 中对象的权限被设置为最安全的设置。管理员可根据需要为 Active Directory 对象设置访问权限，操作步骤如下。

（1）打开 Active Directory 管理中心，右键单击要设置权限的对象，选择"属性"命令打开相应的对话框。

（2）在"扩展"区域切换到"安全"选项卡，列出当前的权限设置，如图 3-50 示。

（3）要为新的组和用户指定访问该对象的权限，单击"添加"按钮，根据提示添加新的组或用户账户，并设置相应权限即可。要进一步设置该对象的详细访问权限，进行下面的操作。

（4）单击"高级"按钮查看可用于该对象的所有权限项目，如图 3-51 示。

（5）要给对象添加新的权限，单击"添加"按钮打开相应的对话框，指定要添加的组、计算机或用户的名称，根据需要选中或清除相应权限项目前面的"允许"或"拒绝"复选框。

（6）要修改对象的现有权限，可单击某个权限项目，单击"编辑"按钮，根据需要选中或清除相应权限项目前面的"允许"或"拒绝"复选框。

注意应尽量避免为对象的某个属性分配权限，一般保持默认值即可。如果操作不当，可能造成无法访问 Active Directory 对象的问题。

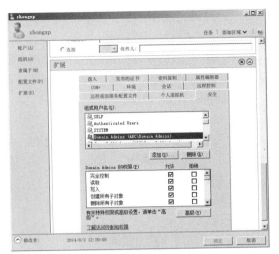

图 3-50 对象的访问权限

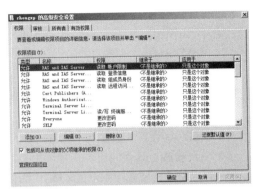

图 3-51 对象的高级安全设置

3.5　通过组策略配置管理网络用户和计算机

在 Windows 域网络环境中可通过 Active Directory 组策略（Group Policy）来实现用户和计算机的集中配置和管理。例如，管理员可为特定的域用户或计算机设置统一的安全策略，可为域中的每台计算机上自动安装某个软件，还可为某个组织单位中的用户设置统一的 Windows 界面。通过组策略可以针对 Active Directory 站点、域或组织单位的所有计算机和所有用户统一配置。组策略能够大大减轻管理员的负担，便于实施企业的网络配置管理、应用部署和安全设置策略。

3.5.1　组策略概述

组策略与"组"没有关系，可以将它看成一套（组）策略。

1. 组策略的两类配置

组策略是一种 Windows 系统管理工具，主要用于定制用户和计算机的工作环境，包括安全选项、软件安装、脚本文件设置、桌面外观、用户文件管理等。如图 3-52 所示，组策略包括以下两大类配置。

● 计算机配置。包含所有与计算机有关的策略设置，应用到特定的计算机，不同的用户在这些计算机上都受该配置的控制。

● 用户配置。包含所有与用户有关的策略设置，应用到特定的用户，只有这些用户登录后才受该配置的控制。如果使用 Active Directory 组策略，用户在网络不同的计算机上都受该配置的控制。

2. 本地组策略与 Active Directory 组策略

本地组策略设置存储在各个计算机上，只能作用于该计算机。每台运行 Windows 2000 及更高版本的计算机都有一个本地组策略对象。另外，本地安全策略相当于本地组策略的一个子集，仅仅能够管理本机上安全设置。

Active Directory 组策略存储在域控制器中，只能在 Active Directory 环境下使用，可作用于 Active Directory 站点、域或组织单位中的所有用户和所有计算机，但不能应用到组。Active

Directory 组策略用来定义自动应用到网络中特定用户和计算机的默认设置。Active Directory 组策略又称域组策略。

Active Directory 组策略不影响未加入域的计算机和用户，这些计算机和用户只能使用本地组策略管理。只有在非域网络环境中，才考虑本地组策略对象的设置。因此，对于网络管理来说，除非明确指出，组策略一般是指 Active Directory 组策略。

3．组策略对象

组策略设置存储在组策略对象（GPO）中，即组策略是由具体的组策略对象来实现的。无论是计算机配置，还是用户配置，组策略对象都包括以下 3 个方面的配置内容。

- 软件设置。管理软件的安装、发布、更新、修复和卸载等。
- Windows 设置。设置脚本文件、账户策略、用户权限、用户配置文件等。
- 管理模板。基于注册表来管理用户和计算机的环境。

可以以站点、域或组织单位（OU）为作用范围来定义不同层次的组策略对象。一旦定义了组策略对象，则该对象包含的规则将应用到相应作用范围的用户和计算机的设置。组策略对象的作用范围是由组策略对象链接（GPO Link）来设置的。任何组策略对象要生效，必须链接到某个 Active Directory 对象（站点、域或组织单位）。组策略对象与链接对象的关系如图 3-53 所示。一个未链接的组策略对象不能作用于任何 Active Directory 站点、域或组织单位。

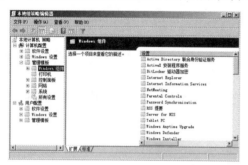

图 3-52　组策略对象配置类型

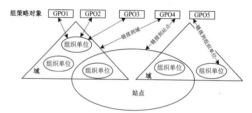

图 3-53　组策略对象链接

4．组策略应用对象

组策略既可以应用于用户，也可以应用于计算机。用户和计算机是接收策略的唯一 Active Directory 对象类型。组策略可提供针对用户和计算机的配置，相应地称为用户策略和计算机策略。对于用户配置来说，无论用户登录到哪台计算机，组策略中的用户配置设置都将应用于相应的用户。用户在登录计算机时获得用户策略。对于计算机配置来说，无论哪个用户登录到计算机，组策略中的计算机配置设置都将应用于相应的计算机。计算机启动时即获得计算机策略。

5．组策略应用顺序

在域成员计算机中，组策略的应用顺序为本地组策略对象→Active Directory 站点→Active Directory 域→Active Directory 组织单位。首先处理本地组策略对象，然后是 Active Directory 组策略对象。对于 Active Directory 组策略对象，最先处理链接到 Active Directory 层次结构中最高层对象的组策略对象，然后是链接到其下层对象的组策略对象，依次类推。当策略不一致时，默认情况下后应用的策略将覆盖以前应用的策略。

在 Active Directory 层次结构的每一级组织单位中，可链接一个或多个组策略对象，也可不链接任何组策略对象。如果一个组织单位链接了多个组策略对象，则按照管理员指定的顺序同步处理。

3.5.2　配置管理 Active Directory 组策略对象

要使用组策略对象，就需要创建和管理相应的组策略对象。

1. 组策略管理控制台

以前 Windows 服务器版本使用 "Active Directory 用户和计算机" 控制台管理适合域或组织单位的组策略，使用 "Active Directory 站点和服务" 控制台来管理适合 Active Directory 站点的组策略设置，这些工具提供 "组策略" 选项卡。Windows Server 2008 R2 则使用专门的组策略管理控制台（GPMC）。

可直接在命令行状态运行 gpmc.msc，或者从管理工具菜单中执行 "组策略管理" 命令，打开组策略管理控制台。该控制台主界面如图 3-54 所示，管理员可用它来管理多个站点、域和组织单位的组策略。组策略对象实体位于 "组策略对象" 节点下面，一个组策略对象实体可以作用于多个站点、域或组织单位，一个站点、域或组织单位可以链接多个组策略对象实体。

2. 新建组策略对象

可为 Active Directory 站点、域或组织单位创建多个组策略对象。具体步骤如下。

（1）以系统管理员身份登录到域控制器，打开并展开组策略管理控制台，导航到要配置的域节点（例中为 abc.com），可以发现已经有一个名为 "Default Domain Policy" 的默认组策略对象链接到该域。右键单击要该节点，选择 "新建" > "在这个域中创建 GPO 并在此处链接" 命令，如图 3-55 所示。

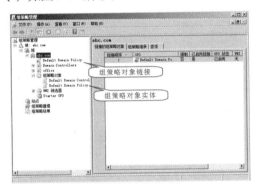

图 3-54　组策略管理控制台主界面

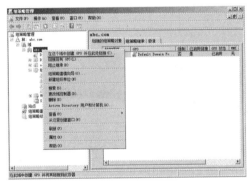

图 3-55　执行组策略对象链接创建命令

（2）弹出 "新建 GPO" 对话框，为新建的组策略对象命名（例中为 "Test Group Policy"），单击 "确定" 按钮。

新建的组策略对象将出现在组策略对象列表中（见图 3-56），同时出现在该域链接的组策略对象列表中（见图 3-57），两处都可查看该对象的状态，右键单击该对象，从快捷菜单中选择相应的命令对其执行各种操作。

> **提示**　此处示例操作是创建组策略对象并同时连接到 Active Directory 站点、域或组织单位。也可以先创建组策略对象（在 "组策略对象" 节点下创建），再在 Active Directory 站点、域或组织单位节点下执行 "链接现有 GPO" 命令（见图 3-55），选择链接的组策略对象。

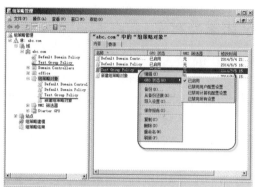

图 3-56　新建的组策略对象

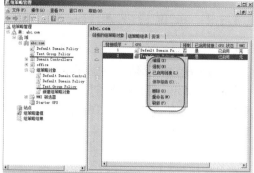

图 3-57　新建组策略对象的链接

（3）新建的组策略对象没有任何设置，需要进行编辑。右键单击该组策略对象，选择"编辑"命令打开组策略管理编辑器，对组策略对象进行编辑。

　　每个组策略对象包括计算机配置和用户配置两个部分，分别对应所谓的计算机策略和用户策略。这里以禁用用户更改主页设置为例。

（4）如图 3-58 所示，在组策略管理编辑器中依次展开"用户配置">"策略">"管理模板">"Windows 组件">Internet Explorer 节点，双击"禁用更改主页设置"项。

（5）弹出图 3-59 所示的对话框。选中"已启用"单选按钮，并设置主页，单击"确定"或"应用"按钮以启用该策略。每个选项都提供了详细的说明信息。

图 3-58　定位要设置的选项

图 3-59　查看和设置选项

（6）根据需要设置其他选项，然后关闭组策略管理编辑器，完成组策略对象的编辑。

3. 查看和编辑组策略对象

　　在组策略管理控制台中单击"组策略对象"节点下的组策略对象，或者单击 Active Directory 容器（站点、域或组织单位）的组策略对象链接，都可在右侧窗格查看该对象的详细情况。切换到"作用域"选项卡查看当前对象作用域（如查看该组策略对象链接到哪些站点、域或组织单位），如图 3-60 所示；切换到"设置"选项卡查看具体策略选项设置，如图 3-61 所示。

　　要进行编辑修改，需要打开组策略管理编辑器，前面已经介绍过。

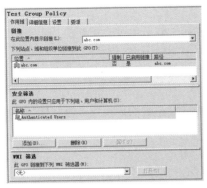

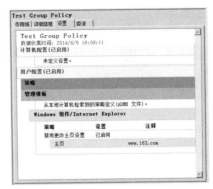

<table>
<tr><td>图 3-60　组策略对象作用域</td><td>图 3-61　组策略对象选项设置</td></tr>
</table>

图 3-60　组策略对象作用域　　　　　　　　图 3-61　组策略对象选项设置

4．管理组策略对象及其链接

可以对现有组策略对象及其链接进行管理操作。

（1）链接组策略对象。定位到要链接组策略对象的站点、域或组织单位，右键单击它并选择"链接现有 GPO"命令，弹出"选择 GPO"对话框，从列表中选择要链接的对象，单击"确定"按钮。

（2）调整组策略对象顺序。如果有多个组策略对象链接到同一个容器，可根据需要调整这些组策略对象的应用顺序。参见图 3-57，链接的组策略对象列表中的顺序确定优先级，最上方的有限级最高，可根据需要单击上下箭头来调整排列顺序。

（3）修改组策略的继承设置。可以改变默认的组策略继承，阻止或强制继承。继承只能在站点、域和组织单位上设置，而不能在具体的组策略对象上设置。右键单击要设置继承的站点、域和组织单位，选择"阻止继承"命令将阻止策略继承（见图 3-55 中的快捷菜单），这样从更高级站点、域或组织单位继承的策略在当前作用范围内被拒绝。

（4）删除组策略对象。对于不再需要的组策略对象，可以直接删除。选中某个要删除的组策略对象，单击"删除"按钮，弹出相应的对话框，提示是否删除该对象及其链接，根据需要选择即可。

3.5.3　组策略的应用过程

组策略并不是由域控制器直接强加的，而是由客户端主动请求的。

1．何时应用组策略

当发生下列任一事件时，客户端从域控制器请求策略。

● 计算机启动。域控制器根据该计算机账户在 Active Directory 中的位置（站点、域或组织单位）来决定该计算机应用哪些组策略对象。

● 用户登录（按 Ctrl+Alt+Del 组合键登录）。域控制器根据该用户账户在 Active Directory 中的位置（站点、域或组织单位）来决定该用户应用哪些组策略对象。

● 应用程序通过 API 接口 RefreshPolicy() 请求刷新。

● 用户请求立即刷新。

● 如果组策略的刷新间隔策略已经启用，按间隔周期请求策略。

一般都是计算机启动之后，用户才能够登录到域，因而先应用计算机设置，再应用用户设置，但是当两者由冲突时，计算机设置优先。由于计算机和用户分别属于不同的站点、域或组织单位，此时的应用顺序为本地→站点→域→组织单位→子组织单位。

2. 刷新组策略

操作系统启动之后，默认设置为客户端每隔 90～120 分钟便会重新应用组策略。如果要强制立即应用组策略，可执行命令 Gpupdate。Gpupdate 的语法格式如下。

```
gpupdate [/target:{computer | user}] [/force] [/wait:Value] [/logoff] [/boot]
```

各参数含义说明如下。

● /target:{computer | user}。选择是刷新计算机设置还是用户设置，默认情况下将同时处理计算机设置和用户设置。

● /force。忽略所有处理优化并重新应用所有设置。

● /wait:Value。策略处理等待完成的秒数。默认值 600 秒，0 表示不等待，而 - 1 表示无限期。

● /logoff。刷新完成后注销。

● /boot。刷新完成后重新启动计算机。

可以通过组策略本身的配置来设置如何刷新某 Active Directory 站点、域或组织单位的用户和计算机组策略。最省事的方式是直接编辑 Default Domain Policy 的默认组策略对象，如图 3-62 所示，依次展开"计算机配置">"策略">"管理模板">"系统">"组策略"节点，主要有以下两种设置。

（1）禁用组策略的后台刷新。双击"关闭组策略的后台刷新"项，如图 3-63 所示，选中"已启用"单选按钮以启用该策略，单击"确定"按钮，将防止组策略在计算机使用时被更新，这样系统会等到当前用户从系统注销后才会更新计算机和用户策略。

图 3-62　"组策略"对象设置

图 3-63　启用"关闭组策略的后台刷新"策略

（2）设置组策略刷新间隔。如果禁用"关闭组策略的后台刷新"策略，在用户在工作时组策略仍然能够刷新，更新频率由"计算机组策略刷新间隔"和"用户组策略更新间隔"这两个策略来决定。默认情况下，组策略将每 90 分钟更新一次，并有 0~30 分钟的随机偏移量。可以指定 0~64 800 分钟（45 天）的更新频率。如果选择 0 分钟，计算机将每隔 7 秒试着更新一次组策略。但是，由于更新可能会干扰用户工作并增加网络通信，因此对于大多数安装程序来说，更新间隔太短不合适。

双击"计算机组策略刷新间隔"项，切换到"设置"选项卡，选中"已启用"单选按钮，使用下拉列表选择刷新时间间隔及随机的偏移量，然后单击"确定"按钮。最后双击"关闭组策略的后台刷新"图标，选中"已禁用"选项以禁用该策略，单击"确定"按钮。也可使用"用户组策略更新间隔"策略为用户的组策略设置更新频率。

3.6 习题

简答题

（1）什么是目录服务？目录服务有哪些特点？

（2）什么是 Active Directory？什么是域？

（3）简述 Active Directory 结构。

（4）工作组网络与域网络有何不同？

（5）简述 Active Directory 规划的基本原则。

（6）组织单位与组有什么区别？

（7）组策略对象链接有什么作用？

（8）简述组策略应用的顺序。

（9）组策略何时应用到计算机和用户？如何刷新组策略？

实验题

（1）在 Windows Server 2008 R2 服务器上安装 Active Directory 域服务以建立域。

（2）将 Windows 计算机添加到域，再尝试退出域。

（3）创建一个 Active Directory 域用户账户。

（4）配置组策略以修改域成员计算机的账户密码策略。

第 4 章
名称解析服务
——DNS 与 WINS

【学习目标】

　　本章将向读者详细介绍 DNS 和 WINS 的基本原理与解决方案，让读者掌握 DNS 规划、DNS 服务器安装与管理、DNS 区域配置、DNS 资源记录配置、泛域名解析配置、DNS 客户端配置管理、DNS 动态更新设置、WINS 规划、WINS 服务器部署、WINS 客户端配置管理等方法和技能。

【学习导航】

　　第 3 章讲解了微软网络的基础结构 Active Directory（活动目录），DNS 集成到 Active Directory 设计和实施中并与 Active Directory 共享相同的名称空间结构。DNS 和 WINS 是主要的名称解析服务，本章在介绍相关背景知识的基础上，重点以 Windows Server 2008 R2 服务器为例讲解 DNS 服务器和 WINS 服务器的配置和管理。

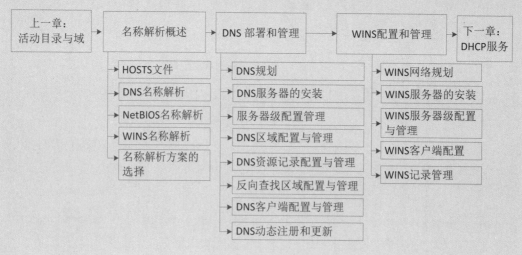

4.1 名称解析概述

用数字表示 IP 地址难以记忆，而且不够形象、直观，于是就产生了域名方案，即为联网计算机赋予有意义的名称。Windows 网络主要有两类计算机名称解析方案，一类是主机名解析，可用的机制是 HOSTS 文件和域名服务；另一类是 NetBIOS 名称解析，可用的机制是网络广播、WINS 以及 LMHOSTS 文件。不管采用哪种机制，目的都是要将计算机名称和 IP 地址等同起来。

4.1.1 HOSTS 文件

现在的域名系统是由 HOSTS 文件发展而来的。早期的 TCP/IP 网络用一个名为 hosts 的文本文件对网内的所有主机提供名称解析。该文件是一个纯文本文件，又称主机表，可用文本编辑器来处理，这个文件以静态映射的方式提供 IP 地址与主机名的对照表，例如：

```
127.0.0.1 localhost
192.168.1.2          srv2008a      dns.abc.com
```

主机名既可以是完整的域名，也可以是短格式的主机名，还可以包括若干别名，使用起来非常灵活。不过，每台主机都需要配置相应的 HOSTS 文件（位于 Windows 计算机的 \%systemroot%\system32\drivers\etc 文件夹）并及时更新，管理起来很不方便。这种方案目前仍在使用，仅适用于规模较小的 TCP/IP 网络，或者一些网络测试场合。

4.1.2 DNS 域名解析

随着网络规模的扩大，HOSTS 文件无法满足主机名解析需要了，于是产生了一种基于分布式数据库的域名系统 DNS（Domain Name System），用于实现域名与 IP 地址之间的相互转换。DNS 域名解析可靠性高，即使单个节点出了故障，也不会妨碍整个系统的正常运行。

1. DNS 结构与域名空间

如图 4-1 所示，DNS 结构如同一棵倒过来的树，层次结构非常清楚，根域位于最顶部，紧接着在根的下面是几个顶级域，每个顶级域又进一步划分为不同的二级域，二级下面再划分子域，子域下面可以有主机，也可以再分子域，直到最后是主机。

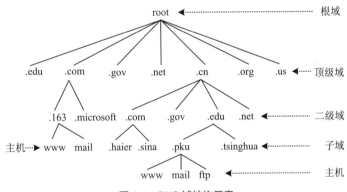

图 4-1 DNS 域结构示意

将这个树状结构称为域名空间（Domain Name Space），DNS 树中每个节点代表一个域，通过这些节点对整个域名空间进行划分，形成一个层次结构，最大深度不得超过 127 层。

域名空间的每个域的名字通过域名进行表示。与文件系统的结构类似，每个域都可以用相对或绝对的名称来标识。相对于父域（上一级域）来表示一个域，可以用相对域名；绝对域名指完整的域名，称为 FQDN（可译为"全称域名"或"完全规范域名"），采用从节点到 DNS 树根的完整标识方式，并将每个节点用符号"."分隔。要在整个 Internet 范围内来识别特定的主机，必须用 FQDN，例如 google.com。

FQDN 有严格的命名限制，长度不能超过 256 字节，只允许使用字符 a~z，0~9，A~Z 和减号"-"。点号"."只允许在域名标识符之间或者 FQDN 的结尾使用。域名不区分大小。

Internet 上每个网络都必须向 InterNIC（国际互联网络信息中心）注册自己的域名，这个域名对应于自己的网络，是网络域名。拥有注册域名后，即可在网络内为特定主机或主机的特定应用程序或服务自行指定主机名或别名，如 www、ftp。对于内网环境，可不必申请域名，完全按自己的需要建立自己的域名体系。

2. 域名系统的组成

DNS 采用客户/服务器机制，实现域名与 IP 地址转换。域名系统包括以下 4 个组成部分。

- 名称空间。指定用于组织名称的域的层次结构。
- 资源记录。将域名映射到特定类型的资源信息，注册或解析名称时使用。
- DNS 服务器。存储资源记录并提供名称查询服务的程序。
- DNS 客户端。也称解析程序，用来查询服务器获取名称解析信息。

3. 区域及其授权管辖

域是名称空间的一个分支，除了最末端的主机节点之外，DNS 树中的每个节点都是一个域，包括子域（Subdomain）。域空间庞大，这就需要划分区域进行管理，以减轻网络管理负担。区域（Zone）通常表示管理界限的划分，是 DNS 名称空间的一个连续部分，它开始于一个顶级域，一直到一个子域或是其他域的开始。区域管辖特定的域名空间，它也是 DNS 树状结构上的一个节点，包含该节点下的所有域名，但不包括由其他区域管辖的域名。

这里举例说明区域与域之间的关系。如图 4-2 所示，abc.com 是一个域，用户可以将它划分为两个区域分别管辖：abc.com 和 sales.abc.com。区域 abc.com 管辖 abc.com 域的子域 rd.abc.com 和 office.abc.com，而 abc.com 域的子域 sales.abc.com 及其下级子域则由区域 sales.abc.com 单独管辖。一个区域可以管辖多个域（子域），一个域也可以分成多个部分交由多个区域管辖，这取决于用户如何组织名称空间。

一台 DNS 服务器可以管理一个或多个区域，使用区域文件（或数据库）来存储域名解析数据。在 DNS 服务器中必须先建立区域，然后再根据需要在区域中建立子域，最后在子域中建立资源记录。由区域、域和资源记录组成的域名体系如图 4-3 所示。

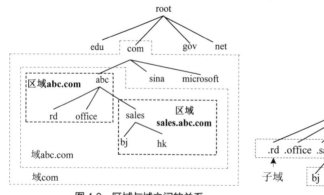

图 4-2 区域与域之间的关系

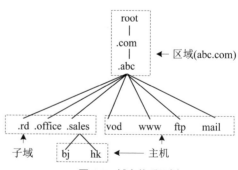

图 4-3 域名体系示例

区域是授权管辖的,区域在授权服务器上定义,负责管理一个区域的 DNS 服务器就是该区域的授权服务器(又称权威服务器)。如图 4-4 所示,例中企业 abc 有两个分支机构 corp 和 branch,它们又各有下属部门,abc 作为一个区域管辖,分支机构 branch 单独作为一个区域管辖。一台 DNS 服务器可以是多个区域的授权服务器。整个 Internet 的 DNS 系统是按照域名层次组织的,每台 DNS 服务器只对域名体系中的一部分进行管辖。不同的 DNS 服务器有不同的管辖范围。

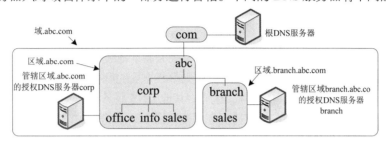

图 4-4　DNS 区域授权管辖示例

根 DNS 服务器通常用来管辖顶级域(如.com),当本地 DNS 服务器不能解析时,它便以 DNS 客户端身份向某一根 DNS 服务器查询。根 DNS 服务器并不直接解析顶级域所属的所有域名,但是它一定能够联系到所有二级域名的 DNS 服务器。

每个需要域名的主机都必须在授权 DNS 服务器上注册,授权 DNS 服务器负责对其所管辖的区域内的主机进行解析。通常授权 DNS 服务器就是本地 DNS 服务器。

4. DNS 查询结果

DNS 解析分为以下正向查询和反向查询两种类型,前者指根据计算机的 DNS 域名解析出相应的 IP 地址,后者指根据计算机的 IP 地址解析其 DNS 名称。

DNS 查询结果可分为以下几种类型。

● 权威性应答。返回至客户端的肯定应答,是从直接授权机构的服务器获取的。

● 肯定应答。返回与查询的 DNS 域名和查询消息中指定的记录类型相符的资源记录。

● 参考性应答。包括查询中名称或类型未指定的其他资源记录,若不支持递归过程,则这类应答返回至客户端。

● 否定应答。表明在 DNS 名称空间中没有查询的名称,或者查询的名称存在,但该名称不存在指定类型的记录。

对于权威性应答、肯定或否定应答,域名解析程序都将其缓存起来。

5. 域名解析过程

DNS 域名解析过程如图 4-5 所示,具体步骤说明如下。

(1)使用客户端本地 DNS 解析程序缓存进行解析,如果解析成功,返回相应的 IP 地址,查询完成。否则继续尝试下面的解析。

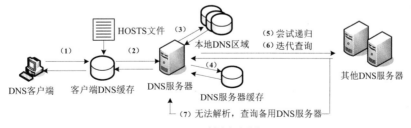

图 4-5　DNS 域名解析过程

本地解析程序的域名信息缓存有以下两个来源。

● 如果本地配置有 HOST 文件，则来自该文件的任何主机名称到地址的映射，在 DNS 客户服务启动时将其映射记录预先加载到缓存中。HOST 文件比 DNS 先响应。

● 从以前 DNS 查询应答的响应中获取的资源记录，将被添加至缓存并保留一段时间。

（2）客户端将名称查询提交给所设定的首选（主）DNS 服务器。

（3）DNS 服务器接到查询请求，搜索本地 DNS 区域数据文件（存储域名解析数据），如果查到匹配信息，则作出权威性应答，返回相应的 IP 地址，查询完成。否则继续解析过程。

（4）如果本地区域数据库中没有，就查 DNS 服务器本地缓存，如果查到匹配信息，则做出肯定应答，返回相应的 IP 地址，查询完成。否则继续下面的解析过程。

（5）使用递归查询来完全解析名称，这需要其他 DNS 服务器的支持。

递归查询要求 DNS 服务器在任何情况下都要返回所请求的资源记录信息。例如，要使用递归过程来定位名称 host.abc.com，首先使用根提示文件查找根服务器，确定对顶级域 com 具有权威性控制的 DNS 服务器的位置；随后对顶级域名 com 使用迭代查询，以便获取 abc.com 服务器的参考性应答；最后与 abc.com 服务器联系上，并向发起递归查询的源 DNS 服务器做出权威性的应答。当源 DNS 服务器接收到权威性应答时，将其转发给发起请求的客户端，从而完成递归查询。

（6）如果不能使用递归查询（例如 DNS 服务器禁用递归查询），则使用迭代查询。

迭代查询允许 DNS 服务器告诉 DNS 客户端另外一台 DNS 服务器的 IP 地址，然后由 DNS 客户端自动向新的 DNS 服务器查询，以此类推，直到找到所需数据为止；如果最后一台 DNS 服务器中也没有所需数据，则宣告查询失败。

（7）如果还不能解析该名称，则客户端按照所配置的 DNS 服务器列表，依次查询其中所列的备用 DNS 服务器。

提示　采用递归或迭代来处理客户端查询时，将所获得的大量有关 DNS 名称空间的重要信息交由 DNS 服务器缓存，既加速 DNS 解析的后续查询，又减少网络上与 DNS 相关的查询通信量。

4.1.3　NetBIOS 名称解析

NetBIOS 是 Windows 传统的名称解析方案，主要目的是向下兼容低版本 Windows 系统。启用 NetBIOS 时，每一台计算机都由操作系统分配一个 NetBIOS 名称。NetBIOS 早就该被 DNS 域名取代，但是因为还有一些 Windows 服务仍然在使用它，所以它仍然是 Windows 网络的一个完整部分。

1．NetBIOS 名称

Windows 的网络组件使用 NetBIOS 名称作为计算机名称，它由一个 15 字节的名字和 1 个字节的服务标识符组成。如果名字少于 15 个字符，则在后面插入空格，将其填充为 15 个字符。NetBIOS 命名没有任何层次，不管是在域中，还是在工作组中，同一网段内不能重名。第 16 字节服务标识符指示一个服务，如工作站服务为 00，主浏览器为 1D、文件服务器服务为 20。例如，在计算机名为"Win001"的 Windows 计算机上启用 Microsoft 网络的文件和打印机共享服务，启动计算机时，该服务将根据计算机名称注册一个唯一的 NetBIOS 名称"Win001 [20]"。在 TCP/IP 网络中建立文件和打印共享连接之前，必须先创建 TCP 连接。要建立 TCP 连接，还必须将该 NetBIOS 名称解析成 IP 地址。

NetBIOS 名称分为两种：唯一（Unique）名称和组（Group）名称。当 NetBIOS 进程与特定计算机上的特定进程通信时使用前者；与多台计算机上的多个进程通信时使用后者。

2. NetBIOS 的节点类型

Windows 计算机可以通过多种方式在网络上将 NetBIOS 名称注册并解析到 IP 地址。系统通过节点类型（Node Type）指定计算机应该使用哪些方式，以及按照什么顺序使用这些方式。共有以下 4 种节点类型。

● B 节点（B-node）。客户端使用网络广播来注册和解析 NetBIOS 名称。

● P 节点（P-node）。客户端定向单播（点对点）通信到 NetBIOS 名称服务器（简称 NBNS）注册和解析 NetBIOS 名称。

● M 节点（M-node）。B 节点和 P 节点的混合方式。名称注册客户端使用广播。名称解析客户端先使用广播（相当于 B 节点），不成功则定向单播通信到 NBNS（相当于 P 节点）。

● H 节点（H-node）。 P 节点和 B 节点的混合方式。名称注册和解析客户端都先定向单播通信到 NBNS（相当于 P 节点）；如果不可用，再使用广播方式（相当于 B 节点）继续。

Windows 计算机默认采用 B 节点，将其配置为 WINS 客户端时则变成 H 节点。WINS（Windows Internet Name Server）是 NetBIOS 名称注册和解析的企业网络解决方案，用来提供与 DNS 相似的 NetBIOS 名称服务。WINS 服务器是典型的 NetBIOS 名称服务器（NBNS）。

3. NetBIOS 名称注册

运行低版本 Windows 系统的计算机无论何时登录到网络，都要求注册（登记）自己的 NetBIOS 名称，以确保没有其他系统正在使用相同名称和 IP 地址。计算机移动到其他子网上，并且手工地改变其 IP 地址，则注册过程能够确保其他系统和 WINS 服务器都知道这个变化。计算机使用的名称注册方法依赖于其节点类型。B 节点和 M 节点使用广播来注册 NetBIOS 名称，而 H 节点和 P 节点直接向 WINS 服务器发送单播消息。

4. NetBIOS 名称解析

系统解析一个 NetBIOS 名称时，总是最先查询 NetBIOS 名称高速缓存。如果在高速缓存中找不到这个名称，就会根据系统节点类型决定后续的解析方式。非 WINS 客户端 NetBIOS 名称解析顺序：名称高速缓存→广播→LMHOSTS 文件。WINS 客户端可使用所有可用的 NetBIOS 名称解析方式，具体顺序：名称高速缓存→WINS 服务器→广播→LMHOSTS 文件。每一步如果解析不成功将转向下一步，否则结束名称解析。

（1）NetBIOS 名称缓存。在每个网络会话过程中，系统在内存高速缓存中存储所有成功解析的 NetBIOS 名称，便于重新使用，这是效率最高的解析方式。NetBIOS 名称缓存是所有类型节点最先访问的资源。

（2）广播解析。将名称解析请求广播到本地子网上的所有系统，每个接收到该消息的系统必须检查要请求其 IP 地址的 NetBIOS 名称。广播方式是系统内置的，不需配置，能保证同一网段中计算机名称唯一性。但是只局限于同一网段，无法跨路由器查询不同网段的计算机。

（3）LMHOST 文件解析。LMHOSTS 文件提供静态的 NETBIOS 名称与 IP 地址对照表，一般作为 WINS 和广播的替补方式。这种方式的查询速度相对较慢，但可以跨网段解析名称。对于非 WINS 客户端来说，这是对其他网段上的计算机唯一可用的 NetBIOS 名称解析方式。

（4）WINS 解析。WINS 是 Microsoft 推荐的 NetBIOS 名称解析方案。不同于广播方式，WINS 只使用单播传输，大大减少了 NetBIOS 名称解析产生的流量，而且不用考虑网段之间的边界。

5. 禁用 NetBIOS 名称解析

支持 NetBIOS 的唯一目的是兼容历史遗留的系统和应用程序。要在 Windows 网络环境里使用纯粹的 TCP/IP 实现方案，就应当放弃 NetBIOS 名称解析，完全使用 DNS 系统。停用 NetBIOS 需要首先升级所有低版本 Windows 操作系统，同时检查是否运行有依靠 NetBIOS 的应用程序。然后在所有 Windows 系统上禁用 NetBIOS。可在网络连接的高级 TCP/IP 协议设置对话框中的"WINS"选项卡上选中"禁用 TCP/IP 上的 NetBIOS"选项。

4.1.4　WINS 名称解析

对于 NetBIOS 名称解析，广播方式只能解析本网段的 NetBIOS 名称，LMHOST 可跨网段解析 NetBIOS 名称解析，但需要建立静态的 NetBIOS 名称和 IP 地址对照表，而 WINS 服务则可克服这两种方式的不足，并且部署简单、方便。WINS 运行机制如图 4-6 所示。WINS 将 IP 地址动态地映射到 NetBIOS 名称，保持 NetBIOS 名称和 IP 地址映射的数据库，WINS 客户端用它来注册自己的 NetBIOS 名称，并查询运行在其他 WINS 客户端名称的 IP 地址。

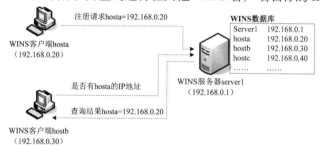

图 4-6　WINS 运行机制

1. WINS 组件

● WINS 服务器。受理来自 WINS 客户端的名称注册请求，注册其名称和 IP 地址，响应客户提交的 NetBIOS 名称查询。

● WINS 客户端。查询 WINS 服务器以根据需要解析远程 NetBIOS 名称。

● WINS 代理。为其他不能直接使用 WINS 的计算机代理 WINS 服务的一种 WINS 客户端。WINS 代理仅对于只包括 NetBIOS 广播（或 B 节点）客户端的网络有用，大多数网络部署的都是启用 WINS 的客户端，不需要 WINS 代理。

● WINS 数据库。存储和复制 NetBIOS 名称到 IP 地址的映射记录。

2. WINS 系统工作原理

NetBIOS 名称存储在 WINS 服务器上的数据库中，WINS 服务器基于该数据库响应相应项的名称与 IP 地址解析请求。为使名称解析生效，客户端必须可以动态添加、删除或更新 WINS 中的名称。WINS 系统包括以下几个工作环节。

● 注册名称。所有的名称都通过 WINS 服务器注册。

● 更新名称。WINS 客户端需要通过 WINS 服务器定期更新其 NetBIOS 名称注册。

● 释放名称。当 WINS 客户端完成使用特定的名称并正常关机时，会释放其注册名称。

● 解析名称。为网络中所有 NetBIOS 客户端解析 NetBIOS 名称查询。

WINS 服务采用 TCP/UDP 42 端口进行通信，其中 UDP 42 端口用于应答客户端的名称解析请求，而 TCP 42 端口用于 WINS 数据库复制。WINS 客户端在系统启动或连接网络时会将自己的 NetBIOS 名称与 IP 地址发送给 WINS 服务器。与其他计算机通信时，会向 WINS 服务器发送 NetBIOS 名，询问 IP 地址。这就要使用 UDP 137 端口。

3. WINS 名称解析过程

一旦使用 net use 命令或类似的基于 NetBIOS 的应用程序进行名称查询时，WINS 客户端依次执行以下步骤来解析名称（如果查到结束当前步骤，否则继续下一步骤）。

（1）确定名称是否多于 15 个字符，或者是否包含小数点"."，如果是，则直接向 DNS 查询名称。

（2）检查本地 NetBIOS 名称缓存，如果匹配，返回相应的 IP 地址。

（3）将 NetBIOS 查询转发到指定的主 WINS 服务器中。如果主 WINS 服务器应答查询失败（因为该主 WINS 服务器不可用，或因为它没有名称项），则将按照列出和配置的顺序尝试与其他已配置的 WINS 服务器联系。

（4）将 NetBIOS 查询广播到本地子网。

（5）如果客户端启用 LMHOSTS 查询，则继续检查匹配的 LMHOSTS 文件。

（6）尝试查询 Hosts 文件。

（7）尝试联系 DNS 服务器进行查询。

4.1.5　名称解析方案的选择

每一个完善的 TCP/IP 网络都应提供 DNS 服务。考虑到兼容性和功能，名称解析应采用 DNS 系统，如面向 Internet 或较大规模的 Intranet 提供的名称解析服务，或者在采用 Windows、Unix 等多种操作系统的混合网络中部署 DNS 系统。在 Windows 网络中，DNS 是一种重要的基础组件，Active Directory 域和 Kerberos 认证系统等基础架构都必须依赖它。

Windows 服务器支持动态 DNS，动态 DNS 提供与 WINS 类似的服务，能够让客户端在 DNS 中自动建立主机记录，并使用 DNS 查找其他动态注册的主机名称，不需要 DNS 管理人员的参与。与 WINS 相比，动态 DNS 更先进，可以建立层次名称体系，而且是一个通用于各种平台的开放性标准。

对于一些规模较大、包括多种 Windows 版本的网络，部署 WINS 系统还是必要的。WINS 服务可以使计算机名称与 IP 地址的对照表自动生成和更新，与 DHCP 能很好地集成，大大减轻管理工作负担。另外，即使网络中所有计算机都运行新的 Windows 版本，遇到 DNS 故障时，WINS 服务还可以临时解析 NetBIOS 名称。

只有 Windows 2000 及以上版本的计算机能够动态注册 DNS 域名，因此在默认情况下，WINS 客户端被配置为先使用 DNS 解析长度超过 15 个字符或包含句点"."的名称。对于少于 15 个字符并且不包含句点的名称，如果将客户端配置为使用 DNS 服务器，则可以在 WINS 查询失败之后再次将 DNS 用作最终选项。

4.2　DNS 配置和管理

一般网络操作系统都内置 DNS 服务器软件，Windows Server 2008 R2 的 DNS 服务器是一个标准的 DNS 服务器，符合 DNS RFC 规范，可与其他 DNS 服务器实现系统之间的互操作，而且具备很多增强特性。这里以该平台的 DNS 服务器为例来讲解 DNS 服务器的配置与应用。除 DNS 标准命名协定外，该 DNS 服务器的域名还支持使用扩展 ASCII 和下划线字符，不过这种增强字符支持只能用于运行 Windows 的纯 Windows 网络。

4.2.1　DNS 规划

部署 DNS 服务器之前首先要进行规划，主要包括域名空间规划和 DNS 服务器规划两个方面。

1. 域名空间规划

域名空间规划主要是 DNS 命名，选择或注册一个可用于维护 Intranet 或者 Internet 上的唯一父 DNS 域名，通常是二级域名，如 microsoft.com，然后根据用户组织机构设置和网络服务建立分层的域名体系。根据域名使用的网络环境，域名规划有以下 3 种情形。

● 仅在内网上使用内部 DNS 名称空间。可以按自己的需要设置域名体系，设计内部专用 DNS 名称空间，形成一个自身包含 DNS 域树的结构和层次。这里给出一个简单例子，如图 4-7 所示。

● 仅在 Internet（公网）上使用外部 DNS 名称空间。Internet 上的每个网络都必须有自己的域名，用户必须注册自己的二级域名或三级域名。拥有注册域名（属于自己的网络域名）后，即可在网络内为特定主机或主机的特定网络服务，自行指定主机名或别名，如 info、www。

● 在与 Internet 相连的内网中引用外部 DNS 名称空间。这种情形涉及到对 Internet 上 DNS 服务器的引用或转发，通常采用兼容于外部域名空间的内部域名空间方案，将用户的内部 DNS 名称空间规划为外部 DNS 名称空间的子域，如图 4-8 所示，例中 Internet 名称空间是 abc.com，内部名称空间是 corp.abc.com。还有一种方案是内部域名空间和外部域名空间各成体系，内部 DNS 名称空间使用自己的体系，外部 DNS 名称空间要使用注册的 Internet 域名。

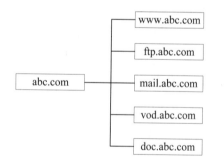

图 4-7　内部专用域名体系

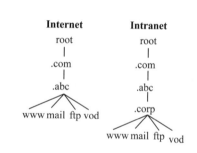

图 4-8　内外网域名空间兼容

2. DNS 服务器规划

DNS 服务器规划决定网络中需要的 DNS 服务器的数量及其角色，DNS 服务器角色是指是首选服务器（或主服务器），还是备份（或辅助）服务器。

如果仅在内网中提供 DNS 服务器，需要部署内部 DNS 服务器，该服务器为根域和顶级域主持区域，可以选择任何 DNS 命名标准配置 DNS 服务器，作为网络 DNS 分布式设计的有效根服务器。内网多为高速局域网，可减少 DNS 服务器部署的数量，即使对于较大的、有多重子网的网络区域，往往也只需部署一台 DNS 服务器。为提供备份和故障转移，可再配置一台备份 DNS 服务器。对于拥有大量客户端节点的网络，至少要对每个 DNS 区域上使用两台服务器计算机。

如果只需要在 Internet 上使用 DNS，一般用户不需要部署 DNS 服务器，只需要使用 ISP 提供的 DNS 服务器即可。

对于接入 Internet 的内网，通常有两种方案。一种方案是在内外网分别部署 DNS 服务器，如图 4-9 所示，在内网部署内部 DNS 服务器，主持内部 DNS 名称空间，负责内部域名解析；在防火墙前面的公网上部署外部 DNS 服务器(多数直接使用公共的 DNS 服务器)，负责 Internet 名称解析。通常在内部 DNS 服务器上设置 DNS 向外转发功能，便于内网主机查询 Internet 名称。另一种方案是在内网部署可对外服务的 DNS 服务器，通过设置防火墙的端口映射功能，将内部 DNS 服务器对 Internet 开放，让外部主机使用内部 DNS 服务器也可进行名称解析，如图 4-10 所示。

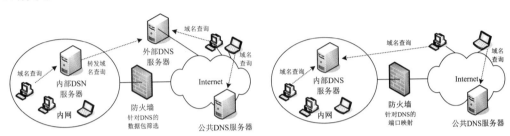

图 4-9　内外网分别部署 DNS 服务器　　　　图 4-10　内网部署对外服务的 DNS 服务器

3. DNS 规划与 Active Directory

DNS 服务器已集成到 Active Directory 的设计和实施中。一方面，部署 Active Directory 需要以 DNS 为基础，定位 Windows Server 2008 R2 域控制器需要 DNS 服务器；另一方面，Windows Server 2008 R2 DNS 服务器可使用 Active Directory 来存储和复制区域。安装 Active Directory 时，在域控制器上运行的 DNS 服务器使用 Active Directory 数据库的目录集成区域存储区。

如果准备使用 Active Directory，则需要首先规划 DNS 名称空间。可从 Active Directory 设计着手并用适当的 DNS 名称空间支持它。对于仅使用单个域或小型多域的中小型网络来说，域名一般仅用于企业内部，可直接进行规划，不要考虑 Internet 域名。对于大中型网络来说，往往要结合 Internet 域名，选择 DNS 名称用于 Active Directory 域时，以在 Internet 上注册的 DNS 域名后缀开始(如 microsoft.com)，并将该名称与用户的地理信息或组织机构设置结合起来，组成 Active Directory 域的全名。例如，某企业将其销售部的域命名为 sales.abc.com。

4.2.2　DNS 服务器的安装

在 Windows Server 2008 R2 上安装 DNS 服务器非常简单，只是要注意该服务器本身的 IP 地址应是固定的，不能是动态分配的。

1. 安装 DNS 服务器

在安装 Active Directory 域控制器时，可以选择同时安装 DNS 服务器，请参见上一章有关介绍。如果单独安装 DNS 服务器，则要在服务器管理器中运行添加角色向导，出现"选择服务器角色"对话框时，选中"DNS 服务器"，根据提示完成即可。安装完毕即可运行 DNS 服务器，不必重新启动系统。

2. DNS 控制台

管理员通过 DNS 控制台对 DNS 服务器进行配置和管理。从"管理工具"菜单选择"DNS"命令可打开 DNS 控制台。也可以在服务器管理器中展开"角色"＞"DNS 服务器"＞"DNS"节点，选择服务器节点并进一步展开，在类似 DNS 控制台的界面中执行配置管理任务。

DNS 服务器是以区域而不是以域为单位来管理域名服务的。DNS 数据库的主要内容是区域文件。一个域可以分成多个区域，每个区域可以包含子域，子域可以有自己的子域或主机。

DNS 控制台主界面如图 4-11 所示，可见 DNS 是典型的树状层次结构。在 DNS 控制台可以管理多个 DNS 服务器，一个 DNS 服务器可以管理多个区域，每个区域可再管理域（子域），域（子域）再管理主机，基本上就是"服务器→区域→域→子域→主机（资源记录）"的层次结构。

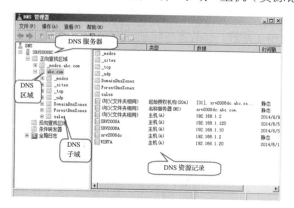

图 4-11　DNS 控制台

4.2.3　DNS 服务器级配置与管理

在 DNS 服务器级主要是执行服务器级管理任务和设置 DNS 服务器属性。

1. DNS 服务器级管理

如图 4-12 所示，在 DNS 控制台中右键单击要配置的 DNS 服务器，从快捷菜单中选择相应的命令，可对 DNS 服务器进行管理，如停止服务，清除缓存等。

安装 DNS 服务器后，系统自动将本机默认的 DNS 服务器添加到 DNS 控制台的目录树中。如果要管理其他基于 Windows 的 DNS 服务器，在 DNS 控制台树中右键单击"DNS"节点，从快捷菜单中选择"连接到 DNS 服务器"命令，打开相应对话框，设置要管理的 DNS 服务器即可。

2. 设置 DNS 服务器属性

在 DNS 控制台中右键单击要配置的 DNS 服务器，从快捷菜单中选择"属性"命令打开如图 4-13 所示的属性对话框，可通过设置各种属性来配置 DNS 服务器。默认在"接口"选项卡设置 DNS 服务监听接口。属性设置的内容比较多，这里重点介绍一下转发器和根提示文件。

图 4-12　执行 DNS 服务器级配置管理命令

图 4-13　设置 DNS 服务器属性

3. 设置 DNS 转发器

当本地 DNS 服务器解决不了查询时，可将 DNS 客户端发送的域名解析请求转发到外部

DNS 服务器。此时本地 DNS 服务器可称为转发服务器，而上游 DNS 服务器称为转发器。如图 4-14 所示，转发过程涉及一个 DNS 服务器与其他 DNS 服务器直接通信的问题。配置使用转发器的 DNS 服务器，实质上也是作为其转发器的 DNS 客户端。一般在位于 Intranet 与 Internet 之间的网关、路由器或防火墙中使用 DNS 转发器。

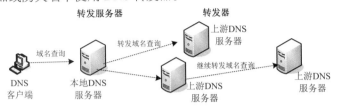

图 4-14　DNS 转发器示意

打开 DNS 服务器属性对话框，如图 4-15 所示，切换到"转发器"选项卡，默认没有设置任何转发器，单击"编辑"按钮弹出相应的对话框，可根据需要设置多个转发器的 IP 地址。

Windows Server 2008 R2 支持条件转发器功能，可为不同的域指定不同的转发器。具体方法是在 DNS 控制台中展开 DNS 服务器节点，右键单击"条件转发器"节点，选择"新建条件转发器"命令弹出图 4-16 所示的对话框，在"DNS 域"文本框中设置要进行转发的域名，在"主服务器的 IP 地址"区域添加用于转发相应域名请求的转发器的 IP 地址（可添加多个）。另外根据需要可以在"条件转发器"节点下面添加多个转发器。

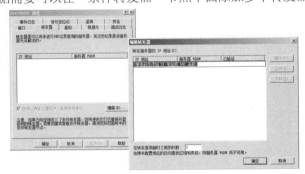

图 4-15　添加 DNS 转发器

图 4-16　新建条件转发器

4. 更新根提示文件

根提示文件用于在网络中搜寻其他 DNS 服务器。使用 DNS 控制台首次添加和连接 Windows Server 2008 R2 DNS 服务器时，根提示文件 Cache.dns 会自动生成，此文件通常包含 Internet 根服务器的名称服务器（NS）和主机（A）资源记录。

对于 Internet 上的 DNS 服务器，应当注意更新，通过使用匿名 FTP 连接到站点 ftp://rs.internic.net/domain/named.root 即可获取其副本。如果在企业内网使用 DNS 服务，如独立的 Intranet，可以用指向内部根 DNS 服务器的类似记录编辑或替换此文件。打开 DNS 服务器属性对话框，切换到"根提示"选项卡，在列表框中进行编辑和修改。

4.2.4　DNS 区域配置与管理

安装 DNS 服务器之后，首要的任务就是建立域的树状结构，以提供域名解析服务。区域实际上是一个数据库，用来链接 DNS 名称和相关数据，如 IP 地址和主机，在 Internet 中一般用二级域名来命名，如 microsoft.com。域名体系的建立涉及区域、域和资源记录，通常是首先建立区域，然后在区域中建立 DNS 域，如有必要，在域中还可再建立子域，最后在域或子域中建立资源记录。

1. 区域类型

按照解析方向，DNS 区域分为以下两种类型。

● 正向查找区域。即名称到 IP 地址的数据库，用于提供将名称转换为 IP 地址服务。

● 反向查找区域。即 IP 地址到名称的数据库，用于提供将 IP 地址转换为名称的服务。反向解析是 DNS 标准实现的可选部分，因而建立反向查找区域并不是必需的。

按照区域记录的来源，DNS 区域又可分为以下类型。

● 主要区域。安装在主 DNS 服务器上，提供可写的区域数据库。最少有两个记录，一个起始授权机构（SOA）记录和一个名称服务器（NS）记录。

● 辅助区域。来源于主要区域，是只读的主要区域副本，部署在辅助 DNS 服务器上。

● 存根区域（stub zone）。来源于主要区域，但仅包含 SOA、NS 与 A 等部分记录，目的是据此查找授权服务器。

2. 建立 DNS 区域

安装 Active Directory 时，如果选择在域控制器上安装 DNS 服务器，将基于给定的 DNS 全名自动建立一个 DNS 正向区域。例中已经创建一个名为 abc.com 的区域。这里示范一下通过新建区域向导创建正向区域的步骤。

（1）打开 DNS 控制台，展开要配置的 DNS 服务器节点。

（2）右键单击"正向搜索区域"节点，选择"新建区域"命令，启动新建区域向导。

（3）单击"下一步"按钮，出现图 4-17 所示的对话框，选择区域类型。有 3 种区域类型，这里选中"主要区域"单选按钮。

只有该 DNS 服务器充当域控制器时，"在 Active Directory 中存储区域"复选框才可选用。

（4）单击"下一步"按钮，出现图 4-18 所示的对话框，选择区域数据复制范围。这里保留默认设置。

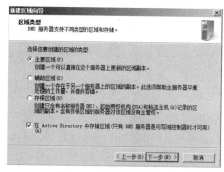

图 4-17　选择区域类型

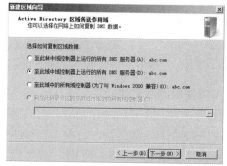

图 4-18　选择 AD 区域复制范围

（5）单击"下一步"按钮，出现图 4-19 所示的对话框，在"区域名称"文本框中输入区域名称。如果用于 Internet 上，这里的名称一般是申请的二级域名；对于用于内网的内部域名，则可以自行定义，甚至可启用顶级域名。

（6）单击"下一步"按钮，出现图 4-20 所示的对话框，设置动态更新选项，这里选择默认的"只允许安全的动态更新"单选按钮。

（7）单击"下一步"按钮，显示新建区域的基本信息，单击"完成"按钮完成区域的创建。

这里建立的区域类型为 Active Directory 集成主要区域，域名记录保存在 Active Directory 中。在选择区域类型时，如果未选中"在 Active Directory 中存储区域"复选框，将要求定义区域文件，DNS 域名记录将保存在该文件中。

图 4-19　设置区域名称

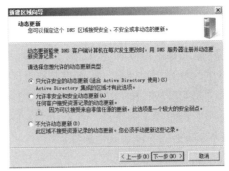
图 4-20　设置动态更新选项

3．建立域（子域）

根据需要在区域中再建立不同层次的域或子域。在 DNS 控制台中，右键单击要创建子域的区域，选择"新建域"命令打开"新建 DNS 域"对话框，在文本框中输入域名。这里的域名是相对域名，如 office，这样建立了一个绝对域名为 office.abc.com.的域。

> **提示**　与文件系统结构类似，每个域都可用相对的或绝对的名称来标识。相对于父域来表示一个域，可用相对域名；绝对域名指完整的域名，主机名指为每台主机指定的主机名称。带有域名的主机名是全称域名。要在整个 Internet 范围内识别特定的主机，必须用全称域名，如 sohu.com。

4．区域的配置管理

建立区域后还有一个管理和配置的问题。展开 DNS 控制台目录树，右键单击要配置的区域，选择"属性"命令，打开区域属性设置对话框，可设置区域的各种属性和选项。

可以删除区域中的域（子域），一旦删除，域中的所有资源记录也将随之删除，所以应慎重。

4.2.5　DNS 资源记录配置与管理

资源记录供 DNS 客户端在名称空间中注册或解析名称时使用，它是域名解析的具体条目。

1．资源记录的类型

区域记录的内容就是资源记录。DNS 通过资源记录来识别 DNS 信息。区域信息的记录是由名称、类型和数据 3 个项目组成的。类型决定着该记录的功能，常见的记录类型如表 4-1 所示。

表 4-1　常见的 DNS 资源记录类型

类　型	名　称	说　明
SOA	Start of Authority（起始授权机构）	记录区域主要名称服务器（保存该区域数据正本的 DNS 服务器）
NS	Name Server（名称服务器）	记录管辖区域的名称服务器（包括主要名称服务器和辅助名称服务器）
A	Address（主机）	定义主机名到 IP 地址的映射
CNAME	Canonical Name（别名）	为主机名定义别名
MX	Mail Exchanger（邮件交换器）	指定某个主机负责邮件交换
PTR	Pointer（指针）	定义反向的 IP 地址到主机名的映射
SRV	Service（服务）	记录提供特殊服务的服务器的相关数据

2. 设置起始授权机构与名称服务器

DNS 服务器加载区域时，使用起始授权机构（SOA）和名称服务器（NS）两种资源记录来确定区域的授权属性，它们在区域配置中具有特殊作用，它们是任何区域都需要的记录。在默认情况下，新建区域向导会自动创建这些记录。可以双击区域中的 SOA 或 NS 资源记录条目打开相应的区域设置对话框，或者直接打开区域属性设置对话框，来设置这两条重要记录。

在"起始授权机构"选项卡（见图 4-21）中设置起始授权机构（SOA）。该资源记录在任何标准区域中都是第 1 条记录，用来设置该 DNS 服务是当前区域的主服务器（保存该区域数据正本的 DNS 服务器）以及其他属性。

在"名称服务器"选项卡（见图 4-22）中编辑名称服务器列表。名称服务器是该区域的授权服务器，负责维护和管理所管辖区域中的数据，它被其他 DNS 服务器或客户端当作权威的来源。可设置多条 NS 记录。

图 4-21　设置 SOA

图 4-22　设置 NS

3. 建立主机记录

在多数情况下，DNS 客户端要查询的是主机信息。可以为文件服务器、邮件服务器和 Web 服务器等建立主机记录。用户可在区域、域或子域中建立主机记录，常见的各种网络服务，如 www、ftp 等，都可用主机名来指示。这里以建立 www.abc.com 主机记录为例示范具体操作步骤。

（1）在 DNS 控制台展开目录树，右键单击要在其中创建主机记录的区域或域（子域）节点，例中为 abc.com 区域，选择"新建主机"命令，打开图 4-23 所示的对话框。

（2）在"名称"文本框中输入主机名称，例中为"www"。这里应输入相对名称。

（3）在"IP 地址"框中输入与主机对应的 IP 地址。

（4）如果 IP 地址与 DNS 服务器位于同一子网内，且建立了反向查找区域，则可选择"创建相关的指针（PTR）记录"复选框，这样反向查找区域中将自动添加一个对应的记录。

（5）单击"添加主机"按钮，完成该主机记录的创建。

这样主机记录就添加到域中，可以通过 www.abc.com 域名来访问 IP 地址为 192.168.1.10 的 Web 网站了。

网络中并非所有计算机都需要主机资源记录，但是以域名来提供网络服务的计算机需要提供主机记录。一般为具有静态 IP 地址的服务器创建主机记录，也可为分配静态 IP 地址的客户端创建主机记录。还可以将多个主机名解析到同一 IP 地址。

4. 建立别名记录

别名记录又被称为规范名称，往往用来将多个域名映射到同一台计算机。总的来说，别名记录有以下两种用途。

● 标识同一主机的不同用途。例如，一台服务器拥有一个主机记录 srv.abc.com，要同时提供 Web 服务和邮件服务，可以为这些服务分别设置别名 www 和 mail，实际上都指向 srv.abc.com。

● 方便更改域名所映射的 IP 地址。当有多个域名需要指向同一服务器的 IP 地址，此时可将一个域名作为主机（A）记录指向该 IP，然后将其他的域名作为别名指向该主机记录。这样一来，当服务器 IP 地址变更时，就不必为每个域名更改指向的 IP 地址，只需要更改那个主机记录即可。

在新建别名记录之前，要有一个对应的主机记录。展开 DNS 控制台的目录树，右键单击要创建别名记录的区域或域（子域）节点，选择"新建别名"命令，打开相应的对话框，如图 4-24 所示，分别在"别名"和"目标主机的完全合格的名称"文本框中输入别名名称和对应主机的全称域名，单击"确定"按钮完成别名记录的创建。

图 4-23　添加主机记录

图 4-24　添加别名记录

5. 建立邮件交换器记录

邮件交换器（MX）资源记录为电子邮件服务专用，指向一个邮件服务器，用于电子邮件系统发送邮件时根据收信人的邮箱地址后缀（域名）来定位邮件服务器。

例如，某用户要发一封信给 user@domain.com 时，该用户的邮件系统（SMTP 服务器）通过 DNS 服务器查找 domain.com 域名的 MX 记录，如果 MX 记录存在，则将邮件发送到 MX 记录所指定的邮件服务器上。如果一个邮件域名有多个邮件交换器记录，则按照从最低值（最高优先级）到最高值（最低优先级）的优先级顺序尝试与相应的邮件服务器联系。

MX 记录的工作机制如图 4-25 所示。对于 Internet 上邮件系统而言，必须拥有 MX 记录。企业内部邮件服务器涉及外发和外来邮件时，也需要 MX 记录。

在建立 MX 记录之前，需要为邮件服务器创建相应的主机记录。展开 DNS 控制台的目录树，右键单击要创建 MX 记录的区域或域（子域）节点，选择"新建邮件交换器"命令，打开相应的对话框，如图 4-26 所示，在"主机或子域"文本框中输入此 MX 记录负责的域名，这里的名称是相对于父域的名称，例中为空，表示父域为此邮件交换器所负责的域名；在"邮件服务器的完全限定的域名"文本框中输入负责处理上述域邮件的邮件服务器的全称域名；在"邮件服务器优先级"文本框中设置优先级是，当一个区域或域中有多个邮件交换器记录时，邮件优先送到优先级值小的邮件服务器；单击"确定"按钮向该区域添加新的 MX 记录。

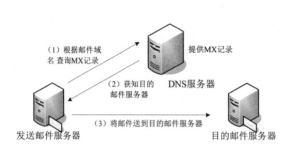

（1）根据邮件域名查询MX记录

提供MX记录

（2）获知目的邮件服务器

DNS服务器

（3）将邮件送到目的邮件服务器

发送邮件服务器

目的邮件服务器

图 4-25　邮件交换记录工作机制　　　　　　图 4-26　新建邮件交换记录

按照例中设置，发往 abc.com 邮件域的邮件将交由邮件服务器 mail.abc.com 投递。

6. 创建其他资源记录

至于其他类型的资源记录，用户可以根据需要添加。右键单击要添加记录的区域或域（子域），选择"其他新记录"命令，打开图 4-27 所示的对话框，从中选择所要建立的资源记录类型，然后单击"创建记录"按钮，根据提示操作即可。

7. 创建泛域名记录

泛域名解析是一种特殊的域名解析服务，将某 DNS 域中所有未明确列出的主机记录都指向一个默认的 IP 地址，泛域名用通配符"*"来表示。例如，设置泛域名*.abc.com 指向某 IP 地址，则域名 abc.com 之下所有未明确定义 DNS 记录的任何子域名、任何主机，如 sails.abc.com、dev.abc.com 均可解析到该 IP 地址，当然已经明确定义 DNS 记录的除外。

泛域名主要用于子域名的自动解析，应用非常广泛。例如，企业网站采用虚拟主机技术在同一个服务器上架设多个网站，部门使用二级域名访问这些站点，采用泛域名就不用逐一维护二级域名，以节省工作量。

Windows Server 2008 R2 的 DNS 服务器允许直接使用"*"字符作为主机名称。展开 DNS 控制台的目录树，右键单击要创建泛域名的区域或域（子域）节点（例中为 sales.abc.com），选择"新建主机"命令，打开相应的对话框，如图 4-28 所示，在"名称"文本框中输入"*"，在"IP 地址"框中输入该泛域名对应的 IP 地址，单击"添加主机"按钮完成泛域名记录的创建。

图 4-27　新建其他资源记录　　　　　　图 4-28　新建泛域名记录

4.2.6　反向查找区域配置与管理

多数情况下执行 DNS 正向查询，将 IP 地址作为应答的资源记录。DNS 也提供反向查询过程，允许客户端在名称查询期间根据已知的 IP 地址查找计算机名。

DNS 定义了特殊域 in-addr.arpa，并将其保留在 DNS 名称空间中以提供可靠的方式来执行反向查询。为了创建反向名称空间，in-addr.arpa 域中的子域是通过 IP 地址带句点的十进制编号的相反顺序形式的。与 DNS 名称不同，当 IP 地址从左向右读时，它们是以相反的方式解释的，因此对于每个 8 位字节值需要使用域的反序。从左向右读 IP 地址时，是从地址中第 1 部分的最一般信息（IP 网络地址）到最后 8 位字节中包含的更具体信息（IP 主机地址）。建立 in-addr.arpa 域树时，IP 地址 8 位字节的顺序必须倒置。

建立反向查找区域的步骤与正向查找区域一样，只是设置界面有所不同。使用新建区域向导创建反向查找区域，当出现选择是为 IPv4 还是 IPv6 创建反向查找区域的界面时，这里选择 IPv4；当出现图 4-29 所示的界面时，设置反向查找区域的网络 ID 或区域名称。

在 DNS 中建立的 in-addr.arpa 域树要求定义其他资源记录类型，如指针资源记录。这种资源记录用于在反向查找区域中创建映射，该反向查找区域一般对应于其正向查找区域中主机的 DNS 计算机名的主机记录。除了在正向查找区域中新建主机记录时添加指针记录外，还可直接向反向查找区域中添加指针记录、别名记录以及其他记录。反向查找区域及其记录如图 4-30 所示。

 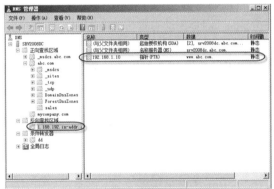

图 4-29　设置反向区域的网络 ID　　　　图 4-30　反向查找区域及其记录

4.2.7　DNS 客户端配置与管理

网络中的计算机如果要使用 DNS 服务器的域名解析服务，则必须进行设置，使其成为 DNS 客户端。操作系统都内置 DNS 客户端，配置管理方便。

1. 为配置静态 IP 地址的客户端配置 DNS

最简单的客户端设置就是直接设置 DNS 服务器地址。打网络连接属性对话框，从组件列表中选择"Internet 协议版本（TCP/IPv4）"项，单击"属性"按钮打开相应的对话框，可分别设置首选 DNS 服务器地址和备用 DNS 服务器地址。在大多数情况下，客户端使用列在首位的首选 DNS 服务器。当首选服务器不能用时，再尝试使用备用 DNS 服务器。

如果要设置更多的 DNS 选项，单击"高级"按钮，打开相应的高级 TCP/IP 设置对话框，切换到"DNS"选项卡，根据需要设置选项。如果要查询两个以上的 DNS 服务器，在"DNS 服务器地址"列表中添加和修改要查询的 DNS 服务器地址。这样，客户端按优先级排列的 DNS 名称服务器列表查询相应的 DNS 服务器，直到获得所需的 IP 地址。对于不合格域名的解析，可设置相应选项来提供扩展查询。

2. 为启用 DHCP 的客户端启用 DNS

可让 DHCP 服务器为 DHCP 客户端进行自动配置 DNS，此时应在"Internet 协议版本

（TCP/IPv4）属性"对话框中选中"自动获得 DNS 服务器地址"复选框。要使用由 DHCP 服务器提供的动态配置 IP 地址为客户端配置 DNS，一般只需在 DHCP 服务器端设置两个基本的 DHCP 作用域选项：006（DNS 服务器）和 015（DNS 域名）。006 选项定义供 DHCP 客户端使用的 DNS 服务器列表，015 选项为 DHCP 客户端提供在搜索中附加和使用的 DNS 后缀。如果要配置其他 DNS 后缀，需要在客户端为 DNS 手动配置 TCP/IP 协议。这种自动配置方式能大大简化了 DNS 客户端的统一配置。

3. 使用 ipconfig 命令管理客户端 DNS 缓存

客户端的 DNS 查询首先响应客户端的 DNS 缓存。由于 DNS 缓存支持未解析或无效 DNS 名称的负缓存，再次查询可能会引起查询性能方面的问题，因此遇到 DNS 问题时，可清除缓存。使用命令 ipconfig /displaydns 可显示和查看客户端解析程序缓存；使用 ipconfig /flushdns 命令可刷新和重置客户端解析程序缓存。

4.2.8　DNS 动态注册和更新

以前的 DNS 被设计为区域数据库，只能静态改变，添加、删除或修改资源记录仅能通过手工方式完成。而 DNS 动态更新允许 DNS 客户端在域名或 IP 地址发生更改的任何时候，使用 DNS 服务器动态地注册和更新其资源记录，从而减少手动管理工作。这对于频繁移动或改变位置并使用 DHCP 获得 IP 地址的客户端特别有用。

1. 理解 DNS 动态更新

DNS 动态更新允许 DNS 客户端变动时自动更新 DNS 服务器上的主机资源记录。默认情况下 Windows 客户端动态地更新 DNS 服务器中的主机资源记录。如果允许动态更新，也就允许来自非信任源的 DNS 更新，显然对网络安全不利。为安全起见，应在 Active Directory 环境中实现 DNS 动态更新。一旦部署 DNS 动态更新，遇到以下任何一种情形，都可导致 DNS 动态更新。

- 在 TCP/IP 配置中为任何一个已安装好的网络连接添加、删除或修改 IP 地址。
- 通过 DHCP 更改或续订 IP 地址租约，如启动计算机，或执行 ipconfig /renew 命令。
- 执行 ipconfig /registerdns 命令，手动执行 DNS 中客户端名称注册的刷新。
- 启动计算机。
- 将成员服务器升级为域控制器。

有两种实现方案，一种是直接在 DNS 客户端和服务器之间实现 DNS 动态更新，另一种是通过 DHCP 服务器来代理 DHCP 客户端向支持动态更新的 DNS 服务器进行 DNS 记录更新。这里介绍第一种方案，第二种方案将在第 5 章讲解 DHCP 服务器时介绍。要实现动态更新功能，必须同时在 DNS 服务器端和客户端启用 DNS 动态更新功能。

2. 在 DNS 服务器端启用动态更新

为确保 DNS 动态更新的安全，应当使用 Active Directory 集成区域。这里以 Active Directory 环境为例，确认 DNS 区域已经启动动态更新（区域属性设置对话框"常规"选项卡）。

3. 在 DNS 客户端设置计算机名称和主 DNS 后缀

默认情况下所有计算机都在其全称域名（FQDN）的基础上注册 DNS 记录，而全称域名是基于计算机名的主 DNS 后缀，在将计算机加入域的过程中将自动设定主 DNS 后缀。当然前提是将客户端的 DNS 服务器设置为域控制器。

以 Windows 7 客户端为例，打开"系统属性"对话框，切换到"计算机名"选项卡，单击"更改"按钮打开相应的对话框（可更改计算机名称），单击"其他"按钮弹出相应的对话框（可设置该计算机的主 DNS 后缀），如图 4-31 所示。

在将计算机加入域时，只需保持默认设置，加入到域后会自动添加 DNS 后缀，并自动注册到域控制器上的 DNS 区域中。注册的域名第 1 个句点之前的部分是计算机名，第 1 个句点之后的名称即为主 DNS 后缀。可以做一下实验，尝试变更 IP 地址，然后在 DOS 命名行中执行 ipconfig /registerdns 命名，稍后在 DNS 控制台上查看自动更新的域名，自动注册的域名记录类型将成为主机记录，如图 4-32 所示。

图 4-31 设置计算机名称和主 DNS 后缀　　　　图 4-32 自动注册或自动更新的域名

4. 在 DNS 客户端设置 DNS 动态注册选项

要确保 DNS 动态注册成功，还要正确设置 DNS 注册选项。打开网络连接的"高级 TCP/IP 设置"对话框，切换到"DNS"选项卡，确认已经选中"在 DNS 中注册此连接的地址"复选框（默认选中），以自动将该计算机的名称和 IP 地址注册到 DNS 服务器。另外，此处也可设置 DNS 注册的主 DNS 后缀，需要选中"在 DNS 注册中使用此连接的 DNS 后缀"复选框，并在"此连接的 DNS 后缀"文本框中指定后缀。如果在计算机名称设置时也定义了主 DNS 后缀，则以该主 DNS 后缀为准。

5. 资源记录的老化和清理

通过 DNS 动态更新，当计算机在网络上启动时资源记录被自动添加到区域中。但是，在某些情况下当计算机离开网络时，它们并不会自动删除。如果网络中有移动式用户和计算机，则该情况可能经常发生。Windows Server 2008 R2 DNS 服务器支持老化和清理功能，可以解决这些问题。

可在 DNS 区域中启用清理功能。打开区域的属性设置对话框，单击"老化"按钮，打开相应的对话框，设置资源记录的清理和老化属性。

也可在 DNS 服务器属性对话框中切换到"高级"选项卡，选中"启用过时资源记录自动清理"复选框，并设置合适的清理周期，以按期自动清理。另外，在 DNS 控制台树中右键单击相应的 DNS 服务器，选择"清理过时资源记录"命令，立即执行清理。

4.3 WINS 配置和管理

WINS 提供了将 NetBIOS 名称解析为 IP 地址的能力，这和 DNS 提供的主机名到 IP 地址的解析相同。Windows Server 2008 R2 包括 WINS 服务器组件，并且还将 DNS 和 WINS 集成到一起来提供额外的能力。WINS 不是最佳的解决方法，但对于 NetBIOS 名称的解析颇具优势。在建立 WINS 服务之前，进行相关的规划很有必要。

4.3.1　WINS 网络规划

部署 WINS 系统应遵循以下原则。

● 对于仅有一个网段的独立局域网，没有必要部署 WINS 服务。

● 不要在每一个网段中都部署 WINS 服务器，只需在关键位置安装 WINS 服务器并通过广域网连结进行路由注册和查询。因为 WINS 复制能够非常容易进行，而 WINS 客户端可通过中间路由器访问名称服务器。

● 合理计划要使用的 WINS 服务器数量。一台 WINS 服务器可为多达 10 000 个客户端提供 NetBIOS 名称解析服务。一个基本原则是按照每 10 000 台计算机安装一台主 WINS 服务器和一台辅助服务器，辅助 WINS 服务器提供额外的容错能力。

● 在为大型路由网络规划 WINS 通信时考虑网络拓扑结构因素，如名称查询、注册和子网之间路由的通信响应的影响。

接下来的例子部署环境为小型局域网，而实际部署大多涉及较大规模的路由网络。

4.3.2　WINS 服务器的安装

与 DNS 相似，安装 WINS 服务器非常简单，只是要注意该服务器本身的 IP 地址应是固定的，不能是动态分配的。另外要注意，WINS 服务需要 NetBT（NetBIOS）协议，对于运行 WINS 服务的 Windows Server 2008 R2 服务器，必须在至少一个专用网络连接上启用 NetBIOS 名称解析。在网络连接的高级 TCP/IP 协议设置对话框中的 "WINS" 选项卡上选中 "禁用 TCP/IP 上的 NetBIOS" 复选框。

在服务器管理器中运行添加功能向导，当出现图 4-33 所示的界面时，选中 "WINS 服务器"，根据提示完成即可。安装完毕即可运行 WINS 服务器，不必重新启动系统。

管理员通过 WINS 控制台对 WINS 服务器进行配置和管理。从 "管理工具" 菜单选择 "WINS" 命令可打开 WINS 控制台，其界面如图 4-34 所示。也可以在服务器管理器中展开 "功能">"WINS" 节点，在类似 WINS 控制台的界面中执行配置管理任务。

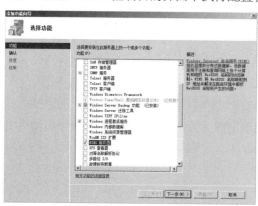

图 4-33　安装 WINS 服务器

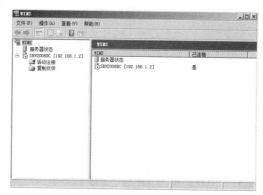

图 4-34　WINS 控制台

4.3.3　WINS 服务器级配置与管理

WINS 服务器级的配置管理比较简单，如图 4-35 所示，在 WINS 控制台中右键单击要配置的 WINS 服务器，从快捷菜单中选择相应的命令，可对其进行管理，如 WINS 数据库的备份与还原、WINS 服务的启动与停止等。还可将网上的其他 WINS 服务器添加到控制台中进行管理，具体方法是：右键单击 "WINS" 节点，选择 "添加服务器" 命令，从弹出的对话框中选择要加入的 WINS 服务器即可。

WINS 服务器属性设置比较重要。在 WINS 控制台树中右键单击要设置的 WINS 服务器，选择 "属性" 命令打开图 4-36 所示的对话框，共有以下 4 个选项卡用来设置不同的选项。

- "常规"。设置自动更新统计信息间隔、数据库备份选项。
- "间隔"。设置记录被更新或删除以及验证的频率。
- "数据库验证"。设置数据库验证间隔和验证根据等选项。
- "高级"。设置 Windows 事件日志、数据库文件路径以及是否启用爆发处理等选项。

WINS 通过这些选项来决定如何在 WINS 数据库中管理 NetBIOS 名称记录。一般情况下可保持这些默认设置。如果更改主机名，或重新对网络编号使用另外一组 IP 地址时，则需要修改它们。

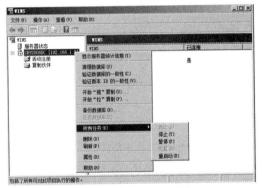

图 4-35　管理 WINS 服务器

图 4-36　WINS 服务器属性设置

4.3.4　WINS 客户端配置

大多数 WINS 客户端通常有多个 NetBIOS 名称，这些 NetBIOS 名称必须注册才能在网络上使用。这些名称用来发布各种网络服务，如 "信使" 或 "工作站" 服务，每台计算机都能以各种方式使用这些服务与网络上其他的计算机进行通信。

可以将任何 Windows 计算机配置为使用 WINS 服务器的 WINS 客户端。对于启用 DHCP 的客户端，不必在客户端配置，而应配置 DHCP 服务器以指派与 WINS 相关的选项。对于静态分配 IP 地址的客户端，则需手动配置。

1. 在 DHCP 服务器上配置 WINS 选项

在大多数情况下，对于启用 DHCP 的 WINS 客户端，至少需要在 DHCP 服务器端设置两个基本的 DHCP 选项：044（WINS/NBNS 服务器）和 046（WINS/NBT 节点类型），可以是服务器选项，也可以是作用域选项，第 5 章将专门介绍。

这里给出的示例是服务器选项。如图 4-37 所示，044 选项定义供 DHCP 客户端使用的主要和辅助 WINS 服务器的 IP 地址。如图 4-38 所示，046 选项用于定义供 DHCP 客户端使用的首选 NetBIOS 名称解析方法，由节点类型决定：值 0x1 表示 B 节点、0x2 表示 P 节点、0x4 表示 M 节点、0x8 表示 H 节点。一般选择用于点对点和广播混合模式的 H 节点。

图 4-37　为 DHCP 客户端配置 WINS 服务器　　　　图 4-38　为 DHCP 客户端配置 WINS 节点类型

同时部署 DHCP 与 WINS 两种服务时，可对比 WINS 的更新间隔来指派 DHCP 的租用期限。默认情况下，DHCP 租期为 8 天，WINS 更新间隔为 6 天。如果 DHCP 租期和 WINS 更新间隔差别很大，对网络的影响是租期管理通信增大，并可能导致 WINS 注册两种服务。如果缩短或延长客户的 DHCP 租期，也应修改 WINS 更新间隔。

2.　手动配置 WINS 客户端

对于没有启用 DHCP 的网络客户，必须在网络连接的 TCP/IP 设置中手动添加 WINS 服务器。打开高级 TCP/IP 设置对话框，切换到 WINS 选项卡，如图 4-39 所示，根据需要添加 WINS 服务器的 IP 地址。

要启用 LMHOST 文件解析远程 NetBIOS 名称，选中"启用 LMHOSTS 查询"复选框（默认启用），单击"导入 LMHOSTS"按钮可指定要导入的 LMHOST 文件。

至于 NetBIOS 设置，默认选中"默认"选项，由 DHCP 服务器决定是启用还是禁用 TCP/IP 上的 NetBIOS，如果使用静态 IP 地址或者 DHCP 服务器不提供 NetBIOS 设置，则启用 TCP/IP 上的 NetBIOS。

3.　验证客户端 NetBIOS 名称的 WINS 注册

WINS 客户端在启动或加入网络时，将尝试使用 WINS 服务器注册其名称。此后，客户端将查询 WINS 服务器来根据需要解析远程名称。在 WINS 客户端计算机上执行命令 nbtstat -n，系统将列出 WINS 客户端的本地 NetBIOS 名称列表，检验每个在"Status"列标记为"Registered"的名称。对于"Status"列标记为"Registered"或"Registering"的名称，可执行命令 nbtstat -RR 来释放并刷新本地 NetBIOS 名称注册信息。

4.3.5　WINS 记录管理

每个名称在数据库中都有一项。该项属于它用来注册的 WINS 服务器所有，并且是所有其他 WINS 服务器上的副本。每个项都有一个与之相关的状态，此状态可以是活动、释放或消失（也称为逻辑删除）状态。WINS 还允许静态名称注册，让管理员为那些运行无法进行动态名称注册的操作系统的服务器注册名称。

1.　查找和查看 WINS 记录

WINS 控制台提供了许多用于筛选和显示 WINS 数据库记录的方法。

打开 WINS 控制台，展开控制台树，单击"活动注册"节点，右键单击"活动注册"节点，选择"显示记录"命令打开相应的对话框，单击"立即查找"按钮，整个 WINS 数据库将出现在详细信息窗格中，如图 4-40 所示。在详细信息窗格中，右键单击要查看的记录，选择"属性"

命令弹出相应的对话框，从中可查看该条记录的详细信息。

图 4-39　手动配置 WINS 客户

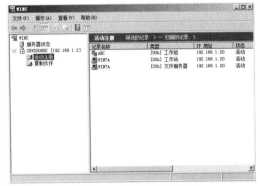

图 4-40　查看 WINS 记录

在"显示记录"对话框中可根据条件来查找 WINS 记录，可以 NetBIOS 名称、IP 地址、记录所有者（WINS 服务器）、记录类型（NetBIOS 名称后缀记录类型）来查找或筛选记录。

2．维护 WINS 数据库

在 WINS 控制台中可执行 WINS 服务器数据库的维护工作。例如，可使用 WINS 控制台备份和还原 WINS 服务器数据库文件。像其他计划的用于保存服务器计算机上的文件的备份操作方式一样，WINS 服务器数据库备份也应定期执行。与任何数据库一样，映射地址的 WINS 服务器数据库也需要定期清理和备份。检查 WINS 数据库的一致性有助于在大型网络中的 WINS 服务器间维护数据库的完整性。

3．使用静态映射

WINS 的客户端直接联系 WINS 服务器来注册、释放或更新服务器数据库中的 NetBIOS 名称，这是一个动态的过程，相应的记录项也是动态的。管理员可根据需要使用 WINS 控制台或命令行工具来添加或删除 WINS 服务器数据库中的静态映射项。与动态映射会老化并可自动从 WINS 删除不同，静态映射能在 WINS 无限期保存，除非采取管理措施。

只有在需要向服务器数据库添加不直接使用 WINS 的计算机的名称到地址映射时，静态项才有用。例如，某些网络中运行其他操作系统的服务器不能直接由 WINS 服务器注册 NetBIOS 名称。虽然这些名称可能从 Lmhosts 文件或通过查询 DNS 服务器来添加和解析，但是可考虑使用静态 WINS 映射来代替。

要添加静态映射项，在 WINS 控制台树中右键单击"活动注册"节点，选择"新建静态映射"命令，打开相应的对话框，完成静态映射的创建。

4.4　习题

简答题

（1）如何选择计算机名称解析方案?

（2）简述区域授权管辖。

（3）简述递归查询与迭代查询。

（4）简述 DNS 域名解析过程。

（5）简述 WINS 名称解析过程。

（6）如何规划 DNS？

（7）常见的 DNS 资源记录类型有哪些？SOA 与 NS 记录各有什么作用？

（8）什么是泛域名解析？

（9）什么是 DNS 动态更新？

实验题

（1）在 Windows Server 2008 R2 服务器上安装 DNS 服务器，分别建立一个 DNS 正向查找区域和反向查找区域。

（2）为邮件服务器建立一个 MX 记录（完全域名为 mail.abc.com）。

（3）在 Windows Server 2008 R2 服务器上安装 WINS 服务器，配置相应的客户端，然后查看 WINS 记录。

【学习目标】

本章将向读者详细介绍 DHCP 服务的基本原理与解决方案,让读者掌握 DHCP 规划、DHCP 服务器部署、DHCP 作用域管理、DHCP 选项配置、DHCP 客户端配置管理、DHCP 与 DNS 集成配置等方法和技能。

【学习导航】

前一章讲解的 DNS 是一项基本 TCP/IP 网络服务,本章要讲解的 DHCP 是另一项基本的 TCP/IP 网络服务,除了自动分配 IP 地址之外,还可用来简化客户端 TCP/IP 设置、提高网络管理效率。在介绍相关背景知识的基础上,重点以 Windows Server 2008 R2 服务器为例讲解 DHCP 服务的配置与管理。

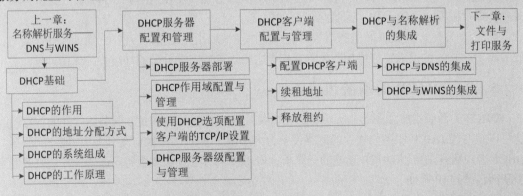

5.1 DHCP 基础

动态主机配置协议（Dynamic Host Configuration Protocol，DHCP）是一种简化主机 IP 配置管理的 TCP/IP 标准。除了自动分配 IP 地址之外，DHCP 还可用来简化客户端 TCP/IP 设置工作，减轻网络管理负担。

5.1.1 DHCP 的作用

在 TCP/IP 网络中每台计算机都必须拥有唯一的 IP 地址。设置 IP 地址可以采用两种方式：一种是手工设置，即分配静态的 IP 地址，这种方式容易出错，易造成地址冲突，适用于规模较小的网络；另一种是由 DHCP 服务器自动分配 IP 地址，适用于规模较大的网络，或者是经常变动的网络，这种方式要用到 DHCP 服务。使用 DHCP 具有以下好处。

● 实现安全、可靠的 IP 地址分配，避免因手工分配引起的配置错误，还能防止 IP 地址冲突。

● 减轻配置管理负担，使用 DHCP 选项在指派地址租约时提供其他 TCP/IP 配置（包括 IP 地址。默认网管、DNS 服务器地址等），大大降低配置和重新配置计算机的时间。

● 便于对经常变动的网络计算机进行 TCP/IP 配置，如移动设备、便携式计算机。

● 有助于解决 IP 地址不够用的问题。

5.1.2 DHCP 的 IP 地址分配方式

DHCP 分配 IP 地址有以下 3 种方式。

● 自动分配。DHCP 客户端一旦从 DHCP 服务器租用到 IP 地址后，这个地址就永久地给该客户端使用。这种方式也称为永久租用，适于 IP 地址较为充足的网络。

● 动态分配。DHCP 客户端第一次从 DHCP 服务器租用到 IP 地址后，这个地址归该客户端暂时使用，一旦租约到期，IP 地址归还给 DHCP 服务器，可提供给其他客户端使用。这种方式也称限定租期，适用于 IP 地址比较紧张的网络。

● 手动分配。在 DHCP 服务器根据客户端物理地址预先配置对应的 IP 地址和其他设置，应 DHCP 客户端的请求传递给相匹配的客户端主机。这种方式分配的地址称为保留地址。

5.1.3 DHCP 的系统组成

DHCP 的系统组成如图 5-1 所示。DHCP 服务器可以是安装 DHCP 服务器软件的计算机，也可以是内置 DHCP 服务器软件的网络设备，为 DHCP 客户端提供自动分配 IP 地址的服务。DHCP 客户端就是启用 DHCP 功能的计算机，启动时自动与 DHCP 服务器通信，并从服务器那里获得自己的 IP 地址。

通过在网络上安装和配置 DHCP 服务器，DHCP 客户端可在每次启动并加入网络时，动态地获得其 IP 地址和相关配置参数。DHCP 可为同一网段的客户端分配地址，也可为其他网段的客户端分配地址（应使用 DHCP 中继代理服务）。只有启用 DHCP 功能的客户端才能享用 DHCP 服务。

DHCP 服务器要用到 DHCP 数据库，该库主要包含以下 DHCP 配置信息。

● 网络上所有客户端的有效配置参数。

- 为客户端定义的地址池中维护的有效 IP 地址,以及用于手动分配的保留地址。
- 服务器提供的租约持续时间。

> **注释** 租约定义从 DHCP 服务器分配的 IP 地址可使用的时间期限。当服务器将 IP 地址租用给客户端时,租约生效。租约过期之前客户端一般需要通过服务器更新租约。当租约期满或在服务器上被删除时,租约将自动失效。租约期限决定租约何时期满以及客户端需要用服务器更新的频率。

5.1.4 DHCP 的工作原理

DHCP 基于客户/服务器模式,服务器端使用 UDP 67 端口,客户端使用 UDP 68 端口。DHCP 客户端每次启动时,都要与 DHCP 服务器通信,以获取 IP 地址及有关的 TCP/IP 配置信息。有两种情况,一种是 DHCP 客户端向 DHCP 服务器申请新的 IP 地址,另一种是已经获得 IP 地址的 DHCP 客户端,要求更新租约,继续租用该地址。

1. 申请租用 IP 地址

只要符合下列情形之一,DHCP 客户端就要向 DHCP 服务器申请新的 IP 地址。
- 首次以 DHCP 客户端身份启动。从静态 IP 地址配置转向使用 DHCP 也属于这种情形。
- DHCP 客户端租用的 IP 地址已被 DHCP 服务器收回,并提供给其他客户端使用。
- DHCP 客户端自行释放已租用的 IP 地址,要求使用一个新地址。

DHCP 客户端从开始申请到最终获取 IP 地址的过程如图 5-2 所示,下面具体讲解。

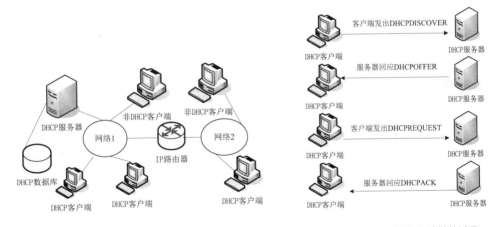

图 5-1　DHCP 的系统组成　　　　图 5-2　DHCP 分配 IP 地址的过程

(1) DHCP 客户端以广播方式发出 DHCPDISCOVER (探测) 信息,查找网络中的 DHCP 服务器。

(2) 网络中的 DHCP 服务器收到来自客户端的 DHCPDISCOVER 信息之后,从 IP 地址池中选取一个未租出的 IP 地址作为 DHCPOFFER (提供) 信息,以广播方式发送给网络中的客户端。

此时客户端没有自己的 IP 地址,所以只能用广播方式。服务器准备租出的 IP 地址将临时保留起来,以免同时分配给其他客户端。

(3) DHCP 客户端收到 DHCPOFFER 信息之后,再以广播方式向网络中的 DHCP 服务器发送 DHCPREQUEST (请求) 信息,申请分配 IP 地址。

如果网络中有多个 DHCP 服务器都接收到客户端的 DHCPDISCOVER 信息，并且都向客户端发送 DHCPOFFER 信息，DHCP 客户端只会选择第一个收到的 DHCPOFFER 信息。客户端之所以采用广播方式发送 DHCPREQUEST 信息，是因为除了通知已被选择的 DHCP 服务器，还要通知其他未被选择的 DHCP 服务器，使它们能及时释放原本准备分配给该 DHCP 客户端的 IP 地址，供其他客户端使用。

（4）DHCP 服务器收到 DHCP 客户端的 DHCPREQUEST 信息之后，以广播方式向客户端发送 DHCPACK（确认）信息。除 IP 地址外，DHCPACK 信息还包括 TCP/IP 配置数据，如默认网关、DNS 服务器等。

（5）DHCP 客户端收到 DHCPACK 信息之后，随即获得了所需的 IP 地址及相关的配置信息。

2. 续租 IP 地址

如果 DHCP 客户端要延长现有 IP 地址的使用期限，则必须更新租约。当遇到以下两种情况时，需要续租 IP 地址。

● 不管租约是否到期，已经获取 IP 地址的 DHCP 客户端每次启动时都将以广播方式向 DHCP 服务器发送 DHCPREQUEST 信息，请求继续租用原来的 IP 地址。即使 DHCP 服务器没有发送确认信息，只要租期未满，DHCP 客户端仍然能使用原来的 IP 地址。

● 租约期限超过一半时 DHCP 客户端自动以非广播方式向 DHCP 服务器发出续租 IP 请求。

如果续租成功，DHCP 服务器将给该客户端发回 DHCPACK 信息，予以确认。如果续租不成功，DHCP 服务器将给该客户端发回 DHCPNACK 信息，说明目前该 IP 地址不能分配给该客户端。

5.2　DHCP 服务器配置与管理

Windows Server 2008 R2 内置的 DHCP 服务器功能强大，具备一些高级特性，如超级作用域、DHCP 与 DNS 集成、多播作用域、筛选器、Active Directory 支持、客户端自动配置 IP 地址等。下面以 Windows Server 2008 R2 平台为例讲解 DHCP 服务器的配置与管理。

5.2.1　DHCP 服务器部署

在安装 DHCP 服务器之前，首先要进行规划，主要是确定 DHCP 服务器的数目和部署位置。

1. DHCP 规划

可根据网络的规模，在网络中安装一台或多台 DHCP 服务器。具体要根据网络拓扑结构和服务器硬件等因素综合考虑，主要有以下几种情况。

● 在单一的子网环境中仅需一台 DHCP 服务器。

● 非常重要的网络在部署主要 DHCP 服务器的基础上，再部署一台或多台辅助（或备份）DHCP 服务器，如图 5-3 所示。这样做有两大好处，一是提供容错，二是在网络中平衡 DHCP 服务器使用。通常使用 80/20 规则划分两个 DHCP 服务器之间的作用域地址。如果将服务器 1 配置成可使用大多数地址（约 80%），则服务器 2 可以配置成让客户机使用其他地址（约 20%），使用排除地址的方法来分割地址范围。

● 在路由网络中部署 DHCP 服务器。DHCP 依赖于广播信息，一般情况下 DHCP 客户端和 DHCP 服务器应该位于同一个网段之内。对于有多个网段的路由网络，最简单的办法是在每一个网段中安装一台 DHCP 服务器，但是这样不仅成本高，而且不便于管理。更为理想的办法是在一两个网段中部署一到两台 DHCP 服务器，而在其他网段使用 DHCP 中继代理。如图 5-4 所示，如果 DHCP 服务器与 DHCP 客户端位于不同的网段，则需要配置 DHCP 中继代理，使 DHCP 请求能够从一个网段传递到另一个网段，这必须遵循以下要求：一是在路由网络中，一个 DHCP 服务器必须至少位于一个网段中；二是必须使用路由器或计算机作为 DHCP 和 BOOTP 中继代理服务器以支持网段之间 DHCP 通信的转发。

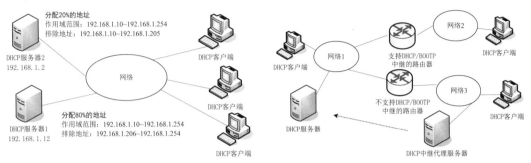

图 5-3　配置两台 DHCP 服务器　　　　图 5-4　多宿主 DHCP 服务器

提示

　　DHCP 中继代理有两种解决方案。一是直接通过路由器实现，要求路由器必须支持 DHCP/BOOTP 中继代理功能（符合 RFC 1542 规范），能够中转 DHCP 和 BOOTP 通信，现在多数路由器或三层交换机都支持 DHCP 中继代理。二是在路由器不支持 DHCP/BOOTP 中继代理功能的情况下，使用 DHCP 中继代理组件，例如可在一台运行 Windows Server 2008 的计算机上安装 DHCP 中继代理组件，注意不能在 DHCP 服务器上配置 DHCP 中继代理。

2．DHCP 服务器的安装

　　在 Windows Server 2008 R2 上安装 DHCP 服务器并不复杂，只是要注意 DHCP 服务器本身的 IP 地址应是固定的，不能是动态分配的，具体步骤如下。

　　（1）在服务器管理器中运行添加角色向导，根据提示进行操作，当出现"选择服务器角色"对话框时，选中"DHCP 服务器"。

　　（2）单击"下一步"按钮，安装程序自动检测并显示服务器上具有静态 IP 地址的网络连接，如图 5-5 所示，选择要提供 DHCP 服务的网络连接，例中只有一个。

　　（3）单击"下一步"按钮，出现图 5-6 所示的界面，设置关于 DNS 的服务器选项（DHCP 选项请参见第 5.2.3 节）。DHCP 服务器除了向客户端租出 IP 地址外，还为客户端指派 DNS 等其他选项。

　　（4）单击"下一步"按钮，出现"指定 IPv4 WINS 服务器设置"界面，与第（3）步类似，设置关于 WINS 的服务器选项。这里保持默认设置，未设置 WINS 服务器。

　　（5）单击"下一步"按钮，出现"添加或编辑 DHCP 作用域"界面，添加 DHCP 作用域。考虑到后面专门介绍 DHCP 作用域的管理，这里暂不添加作用域。

　　（6）单击"下一步"按钮，出现图 5-7 所示的界面，配置 DHCPv6 无状态模式。考虑到本章不涉及 DHCPv6，这里保持默认设置。

> **注释** IPv6 主机除了自动设置自己的 IPv6 地址外，还会通过路由器获得另外的 IPv6 地址。
> DHCPv6 客户端会在网络上搜寻路由器，然后通过路由器所返回的设置来决定是否向 DHCP 服
> 务器请求更多的 IPv6 地址和 DHCP 选项设置。Windows Server 2008 R2 的 DHCPv6 支持两种模
> 式来与路由器匹配。一种是 DHCPv6 无状态模式，DHCPv6 客户端仅向 DHCP 服务器请求 DHCP
> 选项设置，而不会请求 IPv6 地址。另一种是 DHCPv6 有状态模式，DHCPv6 客户端向 DHCP
> 服务器同时请求 IPv6 地址和 DHCP 选项设置。

（7）单击"下一步"按钮，出现"指定 IPv6 DNS 服务器设置"界面，为 DHCPv6 客户端
设置关于 DNS 的服务器选项。这里保持默认设置。

（8）单击"下一步"按钮，出现图 5-8 所示的界面，配置授权 DHCP 服务器的凭据。这里
选择使用当前凭据，只有 Enterprise Admins 组的成员才有权执行授权任务。

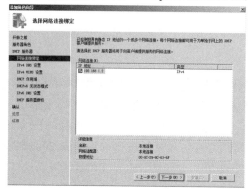

图 5-5　选择要提供 DHCP 服务的网络连接

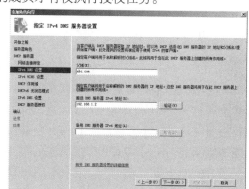

图 5-6　指定关于 DNS 的服务器选项

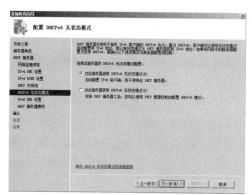

图 5-7　配置 DHCPv6 无状态模式

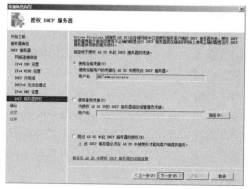

图 5-8　授权 DHCP 服务器

如果部署了 Active Directory，必须对 DHCP 服务器进行授权，才能为客户端提供 DHCP 服
务，这主要是避免未经授权的 DHCP 服务器分配 IP 地址，以防止恶意 DHCP 服务器联机侵入。
当然，域中的 DHCP 服务器必须是域控制器或域成员服务器才能获得授权。

安装完毕即可运行 DHCP 服务器，不必重新启动系统。

3. DHCP 控制台

管理员通过 DHCP 控制台对 DHCP 服务器进行配置和管理。从"管理工具"菜单选择 DHCP
命令可打开该控制台。也可以在服务器管理器中展开"角色" > "DHCP 服务器"节点，选择服

务器节点并进一步展开，在相应的集成界面中执行配置管理任务。

DHCP 是按层次结构进行管理的，控制台主界面如图 5-9 所示。在 DHCP 控制台中可以管理多个 DHCP 服务器，一个 DHCP 服务器可以管理多个作用域。由于支持 DHCPv6，为每一台 DHCP 服务器增加了 IPv4 和 IPv6 两个子节点。基本管理层次为 DHCP→DHCP 服务器→IPv4/IPv6→作用域→IP 地址范围。

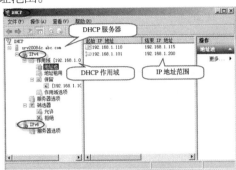

图 5-9 DHCP 控制台

5.2.2 DHCP 作用域配置与管理

DHCP 服务器以作用域为基本管理单位向客户端提供 IP 地址分配服务。作用域也称为领域，是对使用 DHCP 服务的子网进行的计算机管理性分组，是一个可分配 IP 地址的范围。一个 IP 子网只能对应一个作用域。

1. 创建作用域

在创建作用域的过程中，根据向导提示，可以很方便地设置作用域的主要属性，包括 IP 地址的范围、子网掩码和租约期限等，还可定义作用域选项。下面示范操作步骤。

（1）展开 DHCP 控制台目录树，右键单击"IPv4"节点，选择"新建作用域"命令，启动新建作用域向导。

（2）单击"下一步"按钮，出现"作用域名称"对话框，设置作用域的名称和说明信息。

（3）单击"下一步"按钮，出现图 5-10 所示的对话框，设置要分配的 IP 地址范围，其中"长度"和"子网掩码"用于解析 IP 地址的网络和主机部分，一般用默认值即可。

（4）单击"下一步"按钮，出现图 5-11 所示的对话框。可根据需要从 IP 地址范围中选择一段或多段要排除的 IP 地址，排除的地址不能对外出租。如果要排除单个 IP 地址，只需在"起始 IP 地址"文本框中输入地址即可。

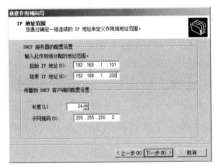

图 5-10 设置 IP 地址范围

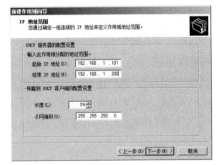

图 5-11 设置要排除的 IP 地址范围

（5）单击"下一步"按钮，出现图 5-12 所示的对话框，定义客户端从作用域租用 IP 地址的时间期限。默认为 8 天，对于经常变动的网络，租期应短一些。

（6）单击"下一步"按钮，出现 "配置 DHCP 选项"对话框，从中选择是否为此作用域配置 DHCP 选项。这里选择"是"选项，否则将跳到第（10）步。

（7）单击"下一步"按钮，出现图 5-13 所示的对话框。设置此作用域发送给 DHCP 客户端使用的路由器（默认网关）的 IP 地址。

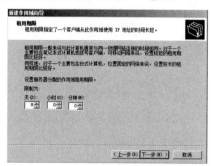

图 5-12　设置租约期限

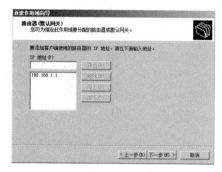

图 5-13　设置路由器（默认网关）选项

（8）单击"下一步"按钮，出现图 5-14 所示的对话框。这里主要是在"IP 地址"列表中添加发送给 DHCP 客户端使用的 DNS 服务器地址。"父域"文本框输入用来为客户端解析不完整的域名时所提供的默认父域名，例如，父域名为 abc.com，如果 DHCP 客户端名为 myhost，则其全称域名为 myhost.abc.com。

（9）单击"下一步"按钮，出现图 5-15 所示的对话框，设置客户端使用的 WINS 服务器。

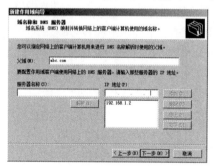

图 5-14　设置域名称和 DNS 服务器选项

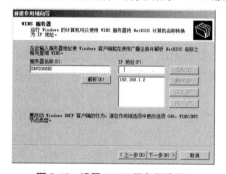

图 5-15　设置 WINS 服务器选项

（10）单击"下一步"按钮，出现对话框提示是否激活该作用域，这里选择激活，该作用域就可提供 DHCP 服务了。

（11）单击"下一步"按钮，单击"完成"按钮完成作用域的创建。

2. 管理作用域

管理员也可根据需要对作用域进行配置和调整。如图 5-16 所示，在 DHCP 控制台中右键单击要处理的作用域，从弹出菜单中选择"属性"、"停用"、"协调"、"删除"选项可完成修改 IP 范围、停用、协调与删除等作用域管理操作。作用域属性设置对话框如图 5-17 所示。

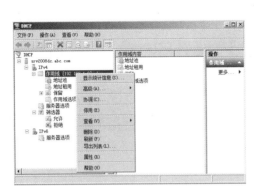

图 5-16 管理 DHCP 作用域

图 5-17 设置作用域属性

3. 设定客户端保留地址

排除的地址不允许服务器分配给客户端，而保留地址则将特定的 IP 地址留给特定的 DHCP 客户端，供其"永久使用"。这在实际应用中很有用处，一方面可以避免用户随意更改 IP 地址；另一方面用户也无需设置自己的 IP 地址、网关地址、DNS 服务器等信息，可以通过此功能逐一为用户设置固定的 IP 地址，即所谓"IP-MAC"绑定，减少维护工作量。

可以为网络上的指定计算机或设备的永久租约指定保留某些 IP 地址，一般仅为因特定目的而保留的 DHCP 客户端或设备（如打印服务器）建立保留地址。

要创建保留区，在 DHCP 控制台展开相应的作用域，右键单击其中的"保留"节点，选择"新建保留"命令，打开图 5-18 所示的对话框，在"保留名称"文本框中指定保留的标识名称，在"IP 地址"框中输入要为客户端保留的 IP 地址；在"MAC 地址"框中输入客户端网卡的 MAC 编号（物理地址），选择所支持的客户端类型，然后单击"添加"按钮，将保留的 IP 地址添加到 DHCP 数据库中。

提示 可以利用网卡所附软件来查询网卡 MAC 地址。在安装 TCP/IP 协议的 Windows 平台上，使用 DOS 命令 ipconfig /all 查看本机的物理地址。

4. 管理地址租约

DHCP 服务器为其客户端提供租用 IP 地址，每份租约都有期限，到期后如果客户端要继续使用该地址，则客户端必须续订。租约到期后，将在服务器数据库中保留大约 1 天的时间，以确保在客户端和服务器处于不同的时区、单独的计算机时钟没有同步、在租约过期时客户端从网络上断开等情况下，能够维持客户租约。过期租约包含在活动租约列表中，用变灰的图标来区分。

在 DHCP 控制台展开某作用域，单击其中的"地址租约"节点，可查看当前的地址租约，如图 5-19 所示。管理员可以通过删除租约来强制中止租约。删除租约与客户租约过期有相同的效果，下一次客户端启动时，必须进入初始化状态并从 DHCP 服务器获得新的 TCP/IP 配置信息。

> **注意**　一般只有在已经租出的 IP 地址与要设置的排除 IP 地址或客户端保留地址相冲突时，才删除租约。因为删除的地址将指派给新的活动客户，所以删除活动客户端将导致在网络上出现重复的 IP 地址。删除客户端租约，一般在客户端上使用 DOS 命令 ipconfig /release 以强制客户端释放其 IP 地址。

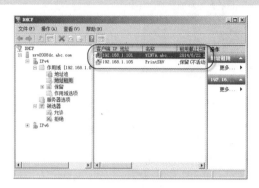

图 5-18　设置保留地址　　　　　图 5-19　查看和管理地址租约

5.2.3　使用 DHCP 选项配置客户端的 TCP/IP 设置

除了为 DHCP 客户端动态分配 IP 地址外，还可通过 DHCP 选项设置，使 DHCP 客户端在启动或更新租约时，自动配置 TCP/IP 设置，如默认网关、WINS 服务器和 DNS 服务器，既简化客户端的 TCP/IP 设置，也便于整个网络的统一管理。

1．DHCP 选项级别

根据 DHCP 选项的作用范围，可以设置 4 个不同级别的 DHCP 选项。

● 服务器选项。应用于该 DHCP 服务器所有作用域的所有客户端。

● 作用域选项。应用于 DHCP 服务器上的某特定作用域的所有客户端。

● 类别选项。在类别级配置的选项，只对向 DHCP 服务器标明自己属于特定类别的客户端使用。这些选项仅应用于标明为获得租约时指定的用户或供应商成员的客户端。

● 保留选项。仅应用于特定的保留客户端。

不同级别的选项存在着继承和覆盖关系，层次从高到低的顺序为"服务器选项→作用域选项→类别选项→保留选项"。

下层选项自动继承上层选项，下层选项覆盖上层选项。例如，保留客户端自动拥有服务器和作用域选项，如果它配置的选项与上层冲突，将自动覆盖上层选项。在多数网络中，通常首选作用域选项。这里以此为例来讲解其设置。

2．DHCP 选项设置

（1）展开 DHCP 控制台，单击要设置的作用域节点下面的"作用域选项"节点，详细窗格中列出当前已定义的作用域选项，如图 5-20 所示。

（2）双击列表中要设置的作用域选项，或者右键单击"作用域选项"节点并选择"配置选项"命令，打开图 5-21 所示的对话框，可从中修改现有选项或添加新的选项。

（3）从"可用选项"列表中选择要设置的选项，定义相关的参数。例如，要设置 DNS，可在下面的数据输入区域显示、添加和修改 DNS 服务器的 IP 地址，可以同时设置多个 DNS 服务器，DHCP 客户端自动将 DNS 信息配置到该机 TCP/IP 设置中。

Windows 计算机作为 DHCP 客户端支持的 DHCP 选项比较有限,常见选项有:003 路由器、006 DNS 服务器、015 DNS 域名、044 WINS/NBNS 服务器、046 WINS/NBT 节点类型、047 NetBIOS 作用域表示。使用新建作用域向导创建作用域时,可直接设置 DNS 域名、DNS 服务器、路由器和 WINS 等选项。

（4）单击"确定"按钮完成作用域选项配置。

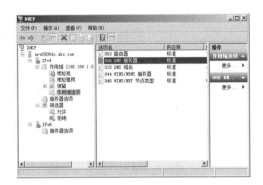

图 5-20　作用域选项列表

图 5-21　作用域选项设置

5.2.4　DHCP 服务器级配置与管理

DHCP 服务器的配置与管理比较简单,具体如下。

1. DHCP 服务器两级管理

在 Windows Server 2008 R2 中可对 DHCP 服务器进行两个级别的配置管理。

一级是 DHCP 服务器本身的配置管理,如图 5-22 所示,在 DHCP 控制台中右键单击要配置的 DHCP 服务器,从快捷菜单中选择相应的命令,可对 DHCP 服务器进行管理,如授权删除、DHCP 数据库的备份与还原、DHCP 服务的启动与停止等。安装 DHCP 服务器后,系统自动将本机默认的 DHCP 服务器添加到 DHCP 控制台的目录树中。当然还可将网上的其他基于 Windows 平台的 DHCP 服务器添加到控制台中进行管理。在 DHCP 控制台中右键单击"DHCP"节点,选择"添加服务器"命令,从弹出的对话框中选择要加入的 DHCP 服务器即可。

二级是对 IPv4/IPv6 节点的配置管理。以 IPv4 节点为例,其属性设置对话框如图 5-23 所示。实际工作主要用到 IPv4 属性设置,下面讲解比较重要的设置项。

图 5-22　管理 DHCP 服务器

图 5-23　IPv4 属性设置

2. 设置冲突检测

设置冲突检测是一项 DHCP 服务器的重要功能。如果启用这项功能,DHCP 服务器在提供给客户端的 DHCP 租约时，可用 Ping 程序来测试可用作用域的 IP 地址。如果 Ping 探测到某个 IP 地址正在网络上使用，DHCP 服务器就不会将该地址租用给客户。

在 IPv4 属性设置对话框中切换到图 5-24 所示的"高级"选项卡，在"冲突检测次数"框中输入大于 0 的数字，然后单击"确定"按钮。这里的数字决定将其租用给客户端之前 DHCP 服务器测试 IP 地址的次数，建议用不大于 2 的数值进行 Ping 尝试，默认为 0。

3. 设置筛选器

Windows Server 2008 R2 DHCP 服务器提供筛选器，基于 MAC 地址允许或拒绝客户端使用 DHCP 服务。在 IPv4 属性设置对话框中切换到图 5-25 所示的"筛选器"选项卡，默认没有启用筛选器，可根据需要启用允许列表或拒绝列表。一旦启用筛选器，只有符合条件的客户端才能使用 DHCP 服务。当然，还要在 DHCP 作用域下面的"筛选器"节点的"允许"或"拒绝"列表中添加相应的 MAC 地址。

 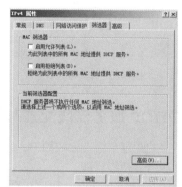

图 5-24 设置冲突检测功能　　　　图 5-25 设置 MAC 筛选器

5.3 DHCP 客户端配置与管理

DHCP 客户端软件由操作系统内置，而用于服务器端的 DHCP 软件主要由网络操作系统内置，如 Linux、Windows，它们的功能很强，可支持非常复杂的网络。

DHCP 客户端使用两种不同的过程来与 DHCP 服务器通信并获得配置信息。当客户计算机首先启动并尝试加入网络时，执行初始化过程；在客户端拥有租约之后将执行续订过程，但是需要使用服务器续订该租约。当 DHCP 客户端关闭并在相同的子网上重新启动时，它一般能获得和它关机之前的 IP 地址相同的租约。

5.3.1 配置 DHCP 客户端

DHCP 客户端的安装和配置非常简单。在 Windows 操作系统中安装 TCP/IP 时，就已安装了 DHCP 客户程序，要配置 DHCP 客户端，通过网络连接的"TCP/IP 属性"对话框，切换到"IP 地址"选项卡，选中"自动获取 IP 地址"单选按钮即可。只有启用 DHCP 的客户端才能从 DHCP 服务器租用 IP 地址，否则必须手工设定 IP 地址。

VMWare 虚拟机默认组网模式为 NAT，内置有 DHCP 服务，在测试 DHCP 时注意关闭该服务。

5.3.2 DHCP 客户端续租地址和释放租约

在 DHCP 客户端可要求强制更新和释放租约。当然，DHCP 客户端也可不释放，不更新（续租），等待租约过期而释放占用的 IP 地址资源。一般使用命令行工具 ipconfig 来实现此功能。

执行命令 ipconfig /renew 可更新所有网络适配器的 DHCP 租约。

执行命令 ipconfig /renew adapter 可更新指定网络适配器的 DHCP 租约。其中参数 adapter 用网络适配器名称表示，且支持通配符表示的名称。

一旦服务器返回不能续租的信息，DHCP 客户端就只能在租约到达时放弃原有的 IP 地址，重新申请一个新地址。为避免发生问题，续租在租期达到一半时就将启动，如果没有成功将不断启动续租请求过程。

DHCP 客户端可以主动释放自己的 IP 地址请求。

执行命令 ipconfig /release 可释放所有网络适配器的 DHCP 租约。

执行命令 ipconfig /renew adapter 可释放指定网络适配器的 DHCP 租约。

5.4　DHCP 与名称解析的集成

Windows Server 2008 R2 支持 DHCP 与 DNS 和 WINS 集成，为动态分配的 IP 地址解决名称解析问题。

5.4.1　DHCP 与 DNS 的集成

Windows Server 2008 R2 支持 DHCP 与 DNS 集成。当 DHCP 客户端通过 DHCP 服务器取得 IP 地址后，DHCP 服务器自动抄写一份资料给 DNS 服务器。安装 DHCP 服务时，可以配置 DHCP 服务器，使之能代表其 DHCP 客户端对任何支持动态更新的 DNS 服务器进行更新。如果由于 DHCP 的原因而使 IP 地址信息发生变化，则会在 DNS 服务器中进行相应的更新，对该计算机的名称到地址的映射进行同步。DHCP 服务器可为不支持动态更新的传统客户端执行代理注册和 DNS 记录更新。

要使 DHCP 服务器代理客户端实现 DNS 动态更新，可在相应的 DHCP 服务器和 DHCP 作用域上设置 DNS 选项。具体方法是展开 DHCP 控制台，右键单击 IPv4 节点或作用域，选择"属性"命令打开属性对话框，切换到 DNS 选项卡（见图 5-26），设置相应选项即可。默认情况下，始终会对新安装的 Windows Server 2008 R2 DHCP 服务器，以及为它们创建的任何新作用域执行更新操作。可以设置以下 3 种模式。

● 按需动态更新。即 DHCP 服务器根据 DHCP 客户端请求进行注册和更新。这是默认配置，选中"根据下面的设置启用 DNS 动态更新"复选框和"只有在 DHCP 客户端请求时才动态更新 DNS A 和 PTR 记录"单选按钮。

● 总是动态更新。即 DHCP 服务器始终注册和更新 DNS 中的客户端信息。选中"根据下面的设置启用 DNS 动态更新"复选框和"总是动态更新 DNS A 和 PTR 记录"单选按钮即可。采用这种模式，不论客户端是否请求执行它自身的更新，DHCP 服务器都会执行该客户端的全称域名（FQDN）、租用的 IP 地址信息以及其主机和指针资源记录的更新。

● 不允许动态更新。即 DHCP 服务器从不注册和更新 DNS 中的客户端信息。清除"根据下面的设置启用 DNS 动态更新"复选框即可。禁用该功能后，在 DNS 中不会为 DHCP 客户端更新任何客户端主机或指针资源记录。

以上 3 种模式都是针对基于 Windows 的 DHCP 服务器和 DHCP 客户端的设置。还可将 DHCP 服务器设置为代理其他不支持 DNS 动态更新的 DHCP 客户端，此时应选中"为不请求更新的

DHCP 客户端"复选框。

另外，Windows Server 2008 R2 DHCP 服务器支持名称保护，以防止覆盖已注册的名称。在 DNS 选项卡中单击"名称保护"区域的"配置"按钮可打开图 5-27 所示的对话框，其中默认没有启用名称保护功能，可根据需要启用。

图 5-26 设置 DNS 动态更新

图 5-27 设置名称保护

5.4.2 DHCP 与 WINS 的集成

通过解决 IP 地址管理的问题，DHCP 也相应地解决 NetBIOS 名称解析问题。当 IP 地址被自动或动态分配给网络客户时，管理员要记录不断改变的地址的分配几乎是不可能。鉴于此，WINS 与 DHCP 一起工作来提供自动的 NetBIOS 名称服务器，在 DHCP 分配新的 IP 地址的任何时候，WINS 服务器都会更新。可在客户端手动设置 WINS 服务器，最好通过 DHCP 选项为客户端自动配置 WINS 服务器。当然，只有在需要 NetBIOS 的环境中，WINS 才是必需的。

5.5 习题

简答题

（1）简述 DHCP 的作用。

（2）简述 DHCP 申请租用 IP 地址的过程。

（3）何时需要续租 IP 地址？

（4）如何规划 DHCP？

（5）保留地址与排除地址有什么区别？

（6）DHCP 选项有什么作用？DHCP 选项级别之间有什么关系？

（7）简述 DHCP 与 DNS 的集成。

实验题

（1）在 Windows Server 2008 R2 服务器上安装 DHCP 服务器，建立一个作用域，为客户端动态分配 IP 地址。。

（2）设置一个指定路由器、DNS 服务器和 DNS 域名的 DHCP 作用域选项。

第6章
文件与打印服务

【学习目标】

本章将向读者详细介绍文件服务器和打印服务器的基本原理与解决方案，让读者掌握文件服务器部署、共享文件夹配置管理、文件服务器资源管理、客户端访问共享文件夹、分布式文件系统管理、打印服务器部署、共享打印机管理、网络打印客户端配置等方法和技能。

【学习导航】

前面讲解名称解析和 DHCP 等基本网络服务，从本章开始将讲解具体的网络应用。计算机网络的基本功能是在计算机间实现信息和资源共享，文件和打印机共享可以说是最基本、最普遍的一种网络应用。Windows Server 2008 R2 文件服务器还提供配额管理、文件屏蔽、存储报告等增强功能，并支持分布式文件系统。本章在介绍相关背景知识的基础上，重点以 Windows Server 2008 R2 平台为例讲解文件服务器和打印服务器的配置与管理。在 TCP/IP 网络中还可通过 FTP（文件传输协议）和 WebDAV 来实现文件资源共享，这两种方式将在第 7 章具体介绍。

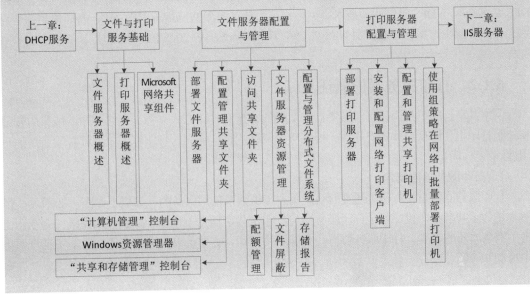

6.1 文件与打印服务基础

本章介绍文件服务与打印服务，以共享文件与打印机为主。采用这种方式，客户端要与服务器建立长期连接，客户端可以像访问本地资源一样访问服务器上的资源。可以将服务器上共享出来的文件夹（或文件系统）当成本地硬盘，将共享出来的打印机当作本地打印机来使用，这是通过网络文件系统来实现的。

6.1.1 文件服务器概述

文件共享服务由文件服务器提供，网络操作系统提供的文件服务器能满足多数文件共享需求。

1. 文件服务器概念

文件服务器负责共享资源的管理和传送接收，管理存储设备（硬盘、光盘、磁带）中的文件，为网络用户提供文件共享服务，又称文件共享服务器。如图 6-1 所示，当用户需要使用文件时，可访问文件服务器上的文件，而不必在各自独立的计算机之间传送文件。除了文件管理功能之外，文件服务器还要提供配套的磁盘缓存、访问控制、容错等功能。

2. 文件服务器解决方案

文件服务器的部署主要考虑存取速度、存储容量和安全措施等因素。主要有两类解决方案，一类是专用文件服务器，另一类是通用文件服务器。

专用文件服务器是设计成文件服务器的专用计算机，以前主要是运行操作系统、提供网络文件系统的大型机、小型机，现在则主要是指具有文件服务器功能的网络存储系统，如 NAS。

通用文件服务器由操作系统来实现。一般用户可通过网络操作系统来实现文件共享，UNIX、Linux、Novell、Windows 等操作系统都可提供文件共享服务。Windows 系统由于操作管理简单、功能强大，在中小用户群的普及率非常高，使用 PC 服务器或 PC 机就可快速建立文件服务器。

Windows Server 2008 R2 文件服务器提供许多增强功能，除了传统的文件共享之外，重点加强了文件服务器资源管理，如文件夹配额管理、文件屏蔽管理、存储报告管理等。它改进了分布式文件系统（DFS），提供简化的具有容错能力的文件访问和 WAN 友好复制功能，包含两项 DFS 命名空间与 DFS 复制两项技术。另外，还为具有混合 Windows 和 UNIX 的环境的企业提供文件共享解决方案，可以使用 NFS 协议在 Windows Server 2008 R2 与 UNIX 计算机之间共享文件。

6.1.2 打印服务器的概述

网络共享打印机是通过打印服务器来实现的，这种打印方式又称为网络打印，能集中管理和控制打印机，降低总体拥有成本，提高整个网络的打印能力、打印管理效率和打印系统的可用性。

1. 打印服务器的概念

打印服务器就是将打印机通过网络向用户提供共享使用服务的计算机，如图 6-2 所示。虽然都是为了共享打印机，但是打印服务器与打印机共享器（一种用于扩展打印机接口的专用设备）有着本质的差别，打印服务器旨在实现网络打印，需要计算机网络支持，还能实现打印集中控制和管理。

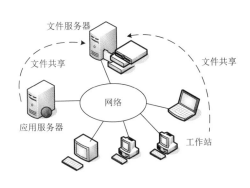

图6-1 文件服务器

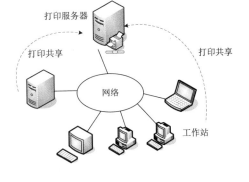

图6-2 打印服务器

2. 打印服务器解决方案

主要有两类解决方案，一类是硬件打印服务器，另一类是软件打印服务器。

硬件打印服务器相当于一台独立的专用计算机，拥有独立的网络地址。硬件打印服务器配置容易、功能强大、打印速度快、效率高，能支持大量用户的打印共享，一般与网络打印管理软件相配合，便于管理用户和打印机。高端的打印服务器适合大中型企业和集团用户。硬件打印服务器又可分为外置打印服务器和内置打印服务器。

软件打印服务器是通过软件实现的，将普通打印机连接到计算机上，利用操作系统来实现打印共享。通常与文件服务器结合在一起，打印机共享类似于文件共享。软件打印服务器成本低廉，但是效率较低，打印共享依赖于服务器计算机。这种方案适用于打印作业量不多、用户相对集中、要求不高的场合，如小型企业、工作组或部门。

UNIX、Linux、Novell、Windows 等操作系统都可提供打印共享服务。Windows 系统将文件和打印机共享作为最基本的网络服务之一，Windows 计算机将所连接的打印机共享出来，就可成为软件打印服务器。虽然 Windows 7 等桌面操作系统也提供打印服务，但是要提供较好的打印服务，一般应使用 Windows 服务器操作系统。Windows Server 2008 R2 提供了"打印管理"控制台，可以用于查看和管理组织中的打印机和打印服务器，管理 Windows Server 2008 或 Windows Server 2008 R2 打印服务器上的所有网络打印机。

6.1.3　Microsoft 网络共享组件

Microsoft 网络共享采用典型的客户端/服务器工作模式，"Microsoft 网络的文件和打印机共享"是一个服务器组件，与"Microsoft 网络客户端"一起实现网络资源共享。无需安装文件服务器与打印服务器，它们之间就可以通过 SMB/CIFS 协议来实现文件与打印机共享。

1. 共享协议

Windows 计算机使用 NetBIOS 和直接主机（Direct Hosting）来提供任何网络操作系统所必需的核心文件共享服务。Windows 系统都是 SMB/CIFS 协议的客户端和服务器，Windows 计算机之间使用 SMB/CIFS 协议进行网络文件与打印共享。运行其他操作系统的计算机安装支持 SMB/CIFS 协议的软件后，也可与 Windows 系统实现文件与打印共享。

SMB 全称 Server Message Block，用于规范共享网络资源（如目录、文件、打印机以及串行端口）的结构。Microsoft 将该协议用于 Windows 网络的文件与打印共享。早期 Windows 版本主要使用 NetBIOS 进行通信，SMB 也是在 NetBIOS 协议上运行的，而 NetBIOS 本身则运行在 NetBEUI、IPX/SPX 或 TCP/IP 协议上。在 TCP/IP 网络中，SMB 的工作方式为 NetBIOS Over

TCP/IP（简称 NetBT）。客户端需要解析 NetBIOS 名称来获得服务器的 IP 地址。最典型的应用就是 Windows 用户能够从"网上邻居"中找到网络中的其他主机并访问其中的共享文件夹。

后来 Microsoft 将 SMB 改造为可以直接运行在 TCP/IP 之上的协议，也就是直接主机方式，直接跳过 NetBIOS 接口，不需要进行 NetBIOS 名称解析。为与传统的 SMB 协议区分，Microsoft 将其命名为 CIFS（Common Internet File System，通用 Internet 文件系统），试图使其成为企业内网和 Internet 共享文件的标准。Windows Server 2008 R2 支持 SMB 2.0，以更好地管理大容量的媒体文件。

2．Microsoft 网络的文件和打印机共享

Windows 系统的文件和打印机共享服务由"Microsoft 网络的文件和打印机共享"组件提供。默认情况下，在安装 Windows 系统时将自动安装并启用该网络组件，允许提供文件和打印机共享服务。该组件在 Windows 系统中对应"Server"服务（从管理工具菜单中选择"服务"命令打开服务管理单元来查看和配置），用于支持计算机之间通过网络实现文件、打印及命名管道共享。在 Windows Server 2008 R2 服务器上可通过网络连接属性对话框安装或卸载该组件，如图 6-3 所示。

3．Microsoft 网络客户端

"Microsoft 网络客户端"是让计算机访问 Microsoft 网络资源（如文件和打印服务）的软件组件。在 Windows 系统中安装网络组件（网络接口设备的硬件和驱动程序）时，将自动安装该组件，如图 6-4 所示（此处以 Windows 7 为例）。该组件在目前的 Windows 系统中对应于 Workstation（工作站）服务和 Computer Browser（计算机浏览器）服务（可使用"服务"管理单元查看和配置）。

图 6-3　Microsoft 网络的文件和打印机共享

图 6-4　Microsoft 网络客户端

6.2　文件服务器配置与管理

这里以 Windows Server 2008 R2 为例介绍文件服务器的配置和管理。

6.2.1　部署文件服务器

充当文件服务器的计算机可以是独立服务器，也可是域成员服务器，甚至是域控制器。如果希望验证客户端的身份，或者将共享文件夹发布到 Active Directory，文件服务器就必须加入域中。这里以在域环境中部署 Windows Server 2008 R2 文件服务器为例进行介绍。

1. 安装文件服务器

在部署文件服务器之前，应当做好以下准备工作。

● 划出专门的硬盘分区（卷）用于提供文件共享服务，而且要保证足够的存储空间，必要时使用磁盘阵列。

● 对于 Windows 系统来说，磁盘分区（卷）使用 NTFS 文件系统。

● 确定是否要启用磁盘配额，以限制用户使用的磁盘存储空间。

● 确定是否要使用索引服务，以提供更快速、更便捷的搜索服务。

默认情况下，在安装 Windows Server 2008 R2 系统时，将自动安装"Microsoft 网络的文件和打印共享"网络组件。如果没有安装该组件，请通过网络连接属性对话框安装。确认安装该网络组件后，只要将服务器上的某个文件夹共享出来，就能实现简单的文件共享。

作为功能完整的文件服务器，还需要通过添加角色向导来安装文件服务器，具体步骤如下。

（1）打开服务器管理器，在主窗口"角色摘要"区域（或者在"角色"窗格）中单击"添加角色"按钮，启动添加角色向导。

（2）单击"下一步"按钮，出现"选择服务器角色"界面，选择要安装的角色"文件服务"。

（3）单击"下一步"按钮，显示该角色的基本信息。

（4）单击"下一步"按钮，出现图 6-5 所示的界面，选择要为文件服务安装的角色服务。这里选中"文件服务器"、"分布式文件系统"与"文件服务器资源管理器"等角色服务。

（5）单击"下一步"按钮出现图 6-6 所示的界面，从中创建 DFS 命名空间。这里选择以后创建。

（6）单击"下一步"按钮出现"配置存储使用情况监视"界面，这里暂不配置。

（7）单击"下一步"按钮出现"确认安装选择"界面，单击"安装"按钮开始安装，根据向导提示完成其余的操作步骤。

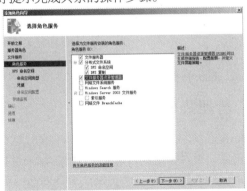

图 6-5 为文件服务选择角色服务

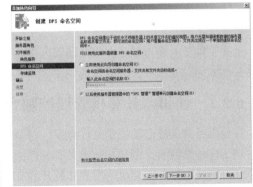

图 6-6 创建 DFS 命名空间

2. 文件服务器配置管理工具

Windows Server 2008 R2 提供了用于文件服务器配置管理的多种工具。根据安装的角色服务，系统提供的管理工具有所不同。

● "共享和存储管理"控制台。从管理工具菜单中选择"共享和存储管理"命令来打开该控制台，界面如图 6-7 所示。该工具包括两方面的功能，一是创建和管理文件共享，二是磁盘存储管理。

● 文件服务器资源管理器。从管理工具菜单中选择"文件服务器资源管理器"命令来打开该控制台，界面如图 6-8 所示。该工具提供配额管理、文件屏蔽管理和存储报告管理等功能。

图 6-7 "共享和存储管理"控制台

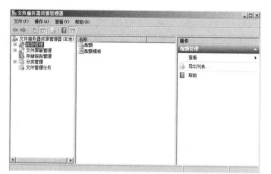

图 6-8 文件服务器资源管理器

● "计算机管理"控制台。从管理工具菜单中选择"计算机管理"命令打开相应的控制台，展开"共享文件夹"节点，如图 6-9 所示。它与"共享和存储管理"控制台中"共享"部分的功能基本相同。

● "DFS 管理"控制台。从管理工具菜单中选择 DFS Management 命令打开相应的控制台，可以管理 DFS 命名空间和 DFS 复制。

图 6-9 计算机管理

图 6-10 DFS 管理

上述管理工具还可以在在服务器管理中打开。另外，还可通过 Windows 资源管理器直接将文件夹配置为共享文件夹，或者使用命令行工具 net share 来配置共享文件夹。

6.2.2 使用"计算机管理控制台"管理共享文件夹

文件服务器的核心功能是文件共享，在 Windows 系统中是通过共享文件夹实现的。这些配置管理工作包括查看、创建和配置共享文件夹；创建、查看和设置共享资源权限，以及查看和管理通过网络连接到计算机的用户和打开的文件。只有 Administrators 或 Server Operators 组成员才能够配置管理共享文件夹。计算机管理控制台是一个比较通用的共享文件夹管理工具。

1．查看共享文件夹

在计算机管理控制台中展开"共享文件夹"节点，单击"共享"节点，列出当前共享资源。如图 6-9 所示，其中，"共享名"是指供用户访问的资源名称，"文件夹路径"列指示用于共享的文件夹实际路径，"类型"列指示网络连接类型，"客户端连接"列指示连接到共享资源的用户数。

共享资源可以是共享文件夹（目录）、命名管道、共享打印机或者其他不可识别类型的资源。系统根据计算机的当前配置自动创建特殊共享资源，具体说明如表 6-1 所示。由于配置不同，一般服务器上只有一部分特殊共享资源。特殊共享资源主要由管理和系统本身所使用，可通过"共享文件夹"管理工具查看（在资源管理器中不可见），建议不要删除或修改特殊共享资源。

表 6-1　特殊共享资源

共 享 名	说　明
ADMIN$	用于计算机远程管理所使用的资源，共享文件夹为系统根目录路径（如 C:\Windows）
Drive Letter$	驱动器（不含可移动磁盘）根目录下的共享资源，Drive Letter 为驱动器号
IPC$	共享命名管道的资源，用于计算机的远程管理和查看计算机共享资源，不能删除
NETLOGON 和 SYSVOL	域控制器上需使用的资源。删除其中任一共享资源，将导致域控制器所服务的所有客户机的功能丢失
PRINT$	远程管理打印机过程中使用的资源
FAX$	传真服务器为传真客户提供共享服务的共享文件夹，用于临时缓存文件及访问服务器上封面页

2.　创建共享文件夹

可通过共享文件夹向导来创建共享文件夹，具体步骤如下。

（1）在"计算机管理"控制台展开"共享文件夹"节点，右键单击"共享"节点，从快捷菜单中选择"新建共享"命令，启动共享文件夹向导。

（2）单击"下一步"按钮，出现图 6-11 所示的对话框，设置要共享的文件夹的路径。

（3）单击"下一步"按钮，出现图 6-12 所示的对话框，设置共享名。

（4）单击"下一步"按钮，出现图 6-13 所示的对话框，设置共享权限。

（5）单击"完成"按钮，出现"共享成功"对话框，提示共享成功，再单击"关闭"按钮。

完成共享文件夹创建之后，可以通过共享文件夹的属性设置进一步配置。在"共享文件夹"列表中，右键单击要配置的共享资源项，从快捷菜单中选择"属性"命令打开相应的属性设置对话框。如图 6-14 所示，从中设置常规属性，如设置描述信息、用户限制和脱机情况。

图 6-11　设置共享文件夹路径

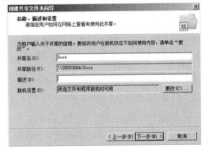

图 6-12　设置共享名

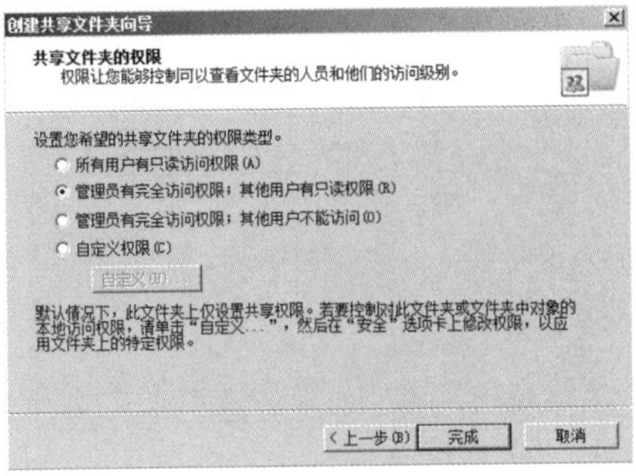

图 6-13　设置共享权限

图 6-14　设置常规属性

3. 设置共享文件夹的共享权限

共享权限用于控制网络用户对共享资源的访问，仅仅适用于通过网络访问资源的用户，共享权限不会应用到在本机登录的用户（包括登录到终端服务器的用户）。有以下 3 种共享权限。

● "读取"。查看文件名和子文件夹名、查看文件数据、运行程序文件。

● "更改"。除具备"读取"权限外，还具有添加文件和子文件夹、更改文件中的数据、删除子文件夹和文件等权限。

● "完全控制"。最高权限。

在共享文件夹属性设置对话框中切换到"共享权限"选项卡，可查看当前的共享权限配置。在 Windows Server 2008 R2 中默认仅为 Everyone 组授予"读取"权限。如果要为其他用户或组指派共享资源的权限，单击"添加"按钮弹出"选择用户、计算机或组"对话框，指定用户或组，然后单击"确定"按钮返回"共享权限"对话框，再从权限列表中选中"允许"或"拒绝"复选框设置权限。通常先给组指派权限，然后往组中添加用户，这样比给单个用户指派相同权限更容易一些。

4. 设置共享文件夹的 NTFS 权限

使用 NTFS 文件系统的文件和文件夹还可设置访问权限，一般将其称为 NTFS 权限或安全权限。共享文件夹如果位于 FAT 文件系统，则只能受到共享权限的保护，如果位于 NTFS 分区上，便同时具有 NTFS 权限与共享权限，获得双重控制和保护，在设置权限时注意以下几个方面。

● 当两种权限设置不同或有冲突时，以两者中较为严格的为准。

● 无论哪种权限，"拒绝"比"允许"优先。

● 权限具有累加性，当用户隶属多个组时，其权限是所有组权限的总和。

常用的权限设置方法是先赋予较大的共享权限，然后再通过 NTFS 权限进一步详细地控制。如果要设置 NTFS 权限以加强共享文件夹安全，在共享文件夹属性设置对话框中切换到"安全"选项卡，如图 6-15 所示，查看和编辑 NTFS 权限。除了 6 种基本权限外，还可设置特殊权限（特别的权限），进行更为细腻的访问控制。单击"高级"按钮可设置高级安全选项。

5. 在 Active Directory 中发布共享文件夹

在 Windows 域环境中，要便于用户搜索和使用共享文件夹，还需在 Active Directory 中发布共享文件夹。对于域成员计算机上的共享文件夹，具有共享文件夹设置权限的用户可以直接在本机上完成在 Active Directory 发布。在共享文件夹属性设置对话框中切换到"发布"选项卡，如图 6-16 所示，选中"将这个共享在 Active Directory 中发布"复选框，单击"确定"按钮。

图 6-15　设置安全选项（NTFS 权限）

图 6-16　在 AD 中发布共享文件夹

6．停止共享文件夹

根据需要可以停止共享文件夹，使其不再为网络用户所用。在计算机管理控制台树中展开"共享文件夹">"共享"节点，右键单击要停止共享的共享文件夹，选择"停止共享"命令即可。

7．查看和管理正在共享的网络用户

展开文件服务器管理或计算机管理控制台中的"共享文件夹">"会话"节点，列出当前连接到（正在访问）服务器共享文件夹的网络用户的基本信息，如图6-17所示。在服务器端要强制断开其中的某个用户，右键单击该用户名，然后选择"关闭会话"命令即可。

8．查看和管理正在共享的文件或资源

展开文件服务器管理或计算机管理控制台中的"共享文件夹">"打开文件"节点，列出服务器共享文件夹中由网络用户打开（正在使用）的资源的基本信息，如图6-18所示。在服务器端要强制关闭其中某个文件或资源，右键单击该文件或资源名，选择"将打开的文件关闭"命令即可。

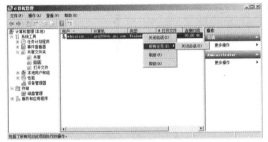

图 6-17　管理用户会话　　　　　　　　　　　图 6-18　管理打开的文件

6.2.3　使用 Windows 资源管理器管理共享文件夹

许多用户习惯使用 Windows 资源管理器来配置和管理共享文件夹，这是一种较为传统的共享管理方法。这种方法可创建共享文件夹、设置权限、更改共享名、停止共享，但是不方便查看共享资源，也不能管理共享会话。

1．创建共享文件夹

（1）打开 Windows 资源管理器或"计算机"，如图6-19所示，右键单击要共享的文件夹或驱动器，选择"共享">"特定用户"命令。

（2）出现图6-20所示的对话框，从中选择要访问此共享的用户，并设置访问权限。

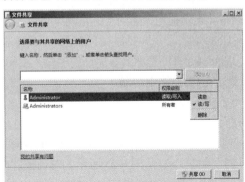

图 6-19　执行共享命令　　　　　　　　　　　图 6-20　选择共享用户

（3）单击"共享"按钮，出现文件夹已共享的提示界面，完成共享创建。

2. 设置共享文件夹

打开 Windows 资源管理器或"计算机"，右键单击要共享的文件夹或驱动器，选择"属性"命令打开对话框，切换到"共享"选项卡，如图 6-21 所示，单击"共享"按钮将弹出"文件共享"对话框（见图 6-20），选择要访问此共享的用户，并设置访问权限；单击"高级共享"按钮将弹出图 6-22 所示的对话框，选择是否共享该文件夹（此处也可用来创建共享），设置共享名（可通过添加或删除共享名来更改共享名，或设置多个共享名），此处"权限"按钮用来设置共享权限。

提示 若要对用户隐藏共享资源，可在共享名的后面加上字符"$"，这样该共享资源在 Windows 资源管理器或"计算机"中将不可见。

图 6-21　设置共享

图 6-22　设置高级共享

3. 停止共享文件夹

打开 Windows 资源管理器或"计算机"，如图 6-19 所示，右键单击要停止共享的文件夹或驱动器，选择"共享" > "不共享"命令。也可以在"高级共享"对话框（见图 6-22）中清除"共享此文件夹"复选框来停止共享。

6.2.4　访问共享文件夹

用户访问服务器端共享文件夹的方法有多种，下面逐一介绍。

1. 直接使用 UNC 名称

UNC 表示通用命名约定，是网络资源的全称，采用"\\服务器名\共享名"格式。目录或文件的 UNC 名称还可包括路径，采用"\\服务器名\共享名\目录名\文件名"格式。可直接在浏览器、Windows 资源管理器等地址栏中输入 UNC 名称来访问共享文件夹，如\\srv2008a\soft。

2. 映射网络驱动器

通过映射网络驱动器，为共享文件夹在客户端指派一个驱动器号，客户端像访问本地驱动器一样访问共享文件夹。以 Windows 7 为例，打开 Windows 资源管理器或"计算机"文件夹，按 Alt 键，选择菜单"工具" > "映射网络驱动器"（或者右键单击"计算机"，选择"映射网络驱动器"命令），打开图 6-23 所示的对话框，在"驱动器"框中选择要分配的驱动器号，在"文件夹"中输入服务器名和文件夹共享名称，即 UNC 名称，其中服务器名也可用 IP 地址代替。如果当前用户账户没有权限连接到该共享文件夹，将提示输入网络密码。

图 6-23　映射网络驱动器

单击其中的"浏览"按钮可直接查找要共享的计算机或文件夹，实际使用的网络发现功能，请参见下面的有关介绍。

要断开网络驱动器，则需要执行相应的"断开网络驱动器"命令即可。

3.　使用 Net Use 命令

可直接使用命令行工具 Net Use 执行映射网络驱动器任务。例如，执行如下命令实现映射网络驱动器。

```
net use Y: \\Srv2008a\test
```

其中，Y 为网络驱动器号，\\Srv2008a\test 为共享文件夹的 UNC 名称。

执行如下命令则断开网络驱动器。

```
net use Y: \\Srv2008a\test /delete
```

图 6-24　通过网络发现使用共享文件夹

4.　通过网络发现和访问共享文件夹

网络发现用于设置计算机是否可以找到网络上的其他计算机和设备，以及网络上的其他计算机是否可以找到自己的计算机，可通过可视化操作来连接盒访问共享文件夹，相当于以前 Windows 版本的"网上邻居"。

打开 Windows 资源管理器或"计算机"文件夹，单击"网络"节点，可列出当前网络上可以共享的计算机，单击其中的计算机可发现该计算机提供的共享资源，如图 6-24 所示。

如果提示"网络发现和文件共享已关闭，看不到网络计算机和设备，单击已更改"，依照提示进行操作，选择"启用网络发现和文件共享"命令即可。可以从控制面板的"网络和共享中心"中打开"高级共享设置"来启用或关闭网络发现,如图 6-25 所示。连接到网络时,必须选择一个网络位置。有 4 个网络位置:家庭、工作、公用和域。根据选择的网络位置,Windows 为网络分配一个网络发现状态,并为该状态打开合适的 Windows 防火墙端口。

网络发现需要启动 DNS 客户端、功能发现资源发布、SSDP 发现和 UPnP 设备主机服务,从而允许网络发现通过 Windows 防火墙进行通信,并且其他防火墙不会干扰网络发现。

图 6-25　高级共享设置

5. 从 Active Directory 中搜索共享文件夹

对于已发布到 Active Directory 的共享文件夹,还可直接在域成员计算机上通过"网上邻居"来搜索 AD 中的共享文件夹。具体方法是打开 Windows 资源管理器或"计算机"文件夹,"搜索 Active Directory"链接,打开图 6-26 所示的对话框,从"查找"下拉列表中选择"共享文件夹"项,单击"开始查找"按钮即可找到该在 Active Directory 目录中已经发布的共享文件夹,用户可以直接使用。

图 6-26　查找在 Active Directory 中的共享文件夹

6.2.5　文件服务器资源管理

文件服务器资源管理器是管理员用于了解、控制和管理服务器上存储的数据的数量和类型的一套工具。通过使用文件服务器资源管理器,管理员可以为文件夹和卷设置配额,主动屏蔽文件,并生成全面的存储报告。这套高级工具不仅可以帮助管理员有效地监视现有的存储资源,而且可以帮助规划和实现以后的策略更改。

1．文件夹配额管理

配额管理的主要作用是限制是用户的存储空间，只有 NTFS 文件系统才支持配额。早期的 Windows 版本仅支持基于卷（磁盘分区）的用户配额管理，而 Windows Server 2008 R2 支持基于文件夹的配额管理。使用文件服务器资源管理器通过创建配额来限制允许卷或文件夹使用的空间，并在接近或达到配额限制时生成通知。例如，可以为服务器上每个用户的个人文件夹设置 500MB 的限制，并在达到 450MB 存储空间时通知用户。

配额可以通过模板创建，也可以分别创建。模板便于集中管理配额，简化存储策略更改。

（1）从"管理工具"菜单中打开文件服务器资源管理器，展开"配额管理"节点，右键单击"配额"节点，选择"创建配额"命令。

（2）弹出图 6-27 所示的对话框，在"配额路径"文本框中指定要应用配额的文件夹，可单击"浏览"按钮来浏览查找配额路径。

（3）如果要使用配额模板，选择"从此配额模板派生属性"单选按钮，然后从下拉列表中选择模板，在"配额属性摘要"区域可查看相应模板的属性。

如果不使用模板，选择"定义自定义配额属性"单选按钮，然后单击"自定义属性"按钮弹出图 6-28 所示的对话框，从中设置所需的配额选项，单击"确定"按钮。

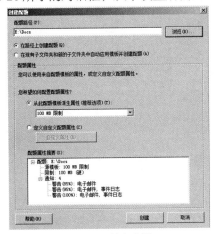

图 6-27 创建配额

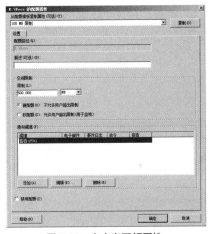

图 6-28 自定义配额属性

（4）单击"创建"按钮，完成配额创建，结果如图 6-29 所示。可根据要调整现有配额的设置。

默认情况下，系统提供了 6 种配额模板，如图 6-30 所示。可根据需要添加新的模板，或者编辑修改甚至删除现有模板。模板的编辑请参见图 6-28。

图 6-29 已创建的配额

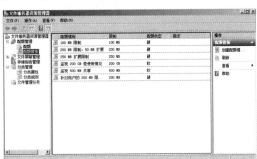

图 6-30 配额模板

2. 文件屏蔽管理

文件屏蔽管理的主要作用是在指定的存储路径（文件夹或卷）中限制特定的文件类型存储，阻止大容量文件（如 AVI）、可执行文件或其他可能威胁安全的文件类型。

文件屏蔽管理任务主要是创建和管理文件屏蔽规则，屏蔽规则可以通过模板创建，也可以自定义。模板便于集中管理屏蔽规则，简化存储策略更改。屏蔽规则创建与上述配额操作相似。

（1）打开文件服务器资源管理器，展开"文件屏蔽管理"节点。

（2）右键单击"文件屏蔽"节点，选择"创建文件屏蔽"命令，打开图 6-31 所示的对话框，在"文件屏蔽路径"框中指定要屏蔽规则的文件夹或卷，可单击"浏览"按钮来浏览查找路径。

（3）如果要使用配额模板，选择"从此文件屏蔽模板派生属性"单选按钮，然后从下拉列表中选择模板，在"文件屏蔽属性摘要"区域可查看相应模板的属性。

如果不使用模板，选择"定义自定义文件屏蔽属性"单选按钮，然后单击"自定义属性"按钮弹出相应的对话框，从中设置所需的文件屏蔽选项，单击"确定"按钮。

（4）单击"创建"按钮，完成文件屏蔽规则的创建。

默认情况下，系统提供了 5 种文件屏蔽模板，可根据需要添加新的模板，或者编辑修改甚至删除现有模板。模板的编辑如图 6-32 所示，涉及屏蔽类型、电子邮件通知、事件日志记录、违规时运行的命令、报告生成等选项设置。

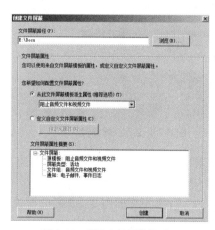

图 6-31　创建文件屏蔽规则

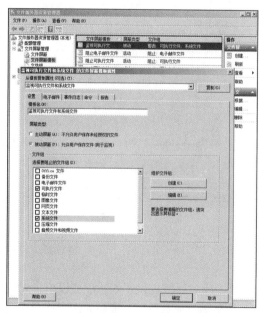

图 6-32　编辑文件屏蔽模板

3. 存储报告管理

存储报告管理的主要作用是生成与文件系统和文件服务器相关的存储报告，用于监视磁盘使用情况，标记重复的文件和休眠的文件，跟踪配额的使用情况，以及审核文件屏蔽。

存储报告管理任务主要是创建存储报告任务。打开文件服务器资源管理器，右键单击"存储报告管理"节点，选择"计划新报告任务"命令，打开图 6-33 所示的对话框，在"作用域"区域添加要生成报告的文件夹或卷，可添加多个；在"报告数据"区域选择报告类型；在"报告格式"区域设置报告的格式。切换到"发送"选项卡指定报告发送的电子邮件地址；切换到"计划"选项卡定制报告生成任务的调度计划。也可立即生成存储报告，右键单击"存储报告管理"节点，选择"立即生成报告"命令打开相应的对话框，进行设置。图 6-34 就是一份简单的存储报告。

图 6-33　创建存储报告任务　　　　　　　　　图 6-34　存储报告示例

6.2.6　配置和管理分布式文件系统

当用户通过网上邻居或 UNC 名称访问共享文件夹时，必须知道目标文件夹的实体位置在哪一台计算机上。如果共享资源分布在多台计算机上，就会给网络用户的查找定位带来不便。使用分布式文件系统（DFS），就可使分布在多台服务器上的文件像同一台服务器上的文件一样提供给用户，用户在访问文件时无需知道和指定它们的实际物理位置，这样能方便地访问和管理物理上分布在网络中的文件，如图 6-35 所示。DFS 还可用来为文件共享提供负载平衡和容错功能。

图 6-35　DFS 示意

1．分布式文件系统结构

DFS 旨在为用户所需网络资源提供统一和透明的访问途径。DFS 更像一类名称解析系统，使用简化单一的命名空间来映射复杂多变的网络共享资源。Windows Server 2008 R2 的 DFS 通过 DFS 命名空间与 DFS 复制两项技术来实现。DFS 中的各个组件介绍如下。

● DFS 命名空间：让用户能够将位于不同服务器内的共享文件夹集中在一起，并以一个虚拟文件夹的树状结构呈现给用户。Windows Server 2008 R2 的 DFS 命名空间分为两种，一种是基于域的命名空间，它将命名空间的设置数据储存到命名空间服务器与 Active Directory 中，支持多台命名空间服务器，并具备命名空间的容错功能；另一种是独立命名空间，它将命名空间的设置数据储存到命名空间服务器内，只能够有一台命名空间服务器。这两种命名空间类型决定了分布式文件系统的类型：域分布式文件系统与独立的根目录分布式文件系统。

● 命名空间服务器：这是命名空间的宿主服务器，对于基于域的命名空间，可以是成员服务器或域控制器，且可设置多台命名空间服务器；对于独立命名空间，可以是独立服务器。

● 命名空间根目录：这是命名空间的起始点，对应到命名空间服务器内的一个共享文件夹，而且此文件夹必须位于 NTFS 卷。对于基于域的命名空间，其名称以域名开头；对于独立命名空间，则名称会以计算机名称开头。

● DFS 文件夹：相当于 DFS 命名空间的子目录，它是一个指向网络文件夹的指针，同一根目录下的每个文件夹必须拥有唯一的名称，但是不能在 DFS 文件夹下再建立文件夹。

● 文件夹目标：这是 DFS 文件夹实际指向的文件夹位置，即目标文件夹。目标可以是本机或网络中的共享文件夹，也可是另一个 DFS 文件夹。一个 DFS 文件夹可以对应多个目标，以实现容错功能。

● DFS 复制（DFS Replication）：一个 DFS 文件夹可以对应多个目标，多个目标所对应的共享文件夹提供给客户端的文件必须一样，也就是保持同步，这是由 DFS 复制服务来自动实现的。在 Windows Server 2008 R2 中，该服务提供一个称为远程差异压缩（RDC）的功能，能够有效地在服务器之间复制文件，这对带宽有限的 WAN 联机非常有利。

总之，分布式文件系统由 DFS 命名空间、DFS 文件夹和文件夹目标组成。通过 DFS 来访问网络共享资源，只需提供 DFS 命名空间和 DFS 文件夹即可。建立分布式文件系统的主要工作就是建立 DFS 结构。

2. 安装 DFS

安装 DFS 组件并启用 DFS 服务，然后建立 DFS 结构。在 Windows Server 2008 R2 服务器上安装文件服务器时可选择安装分布式文件系统组件。还要检查确认服务器上的"DFS Namespace"（用于 DFS 命名空间）与"DFS Replication"（用于 DFS 复制）服务已经启动。

3. 在服务器端建立命名空间

（1）从"管理工具"菜单中选择 DFS Management 命令打开"DFS 管理"控制台。

（2）展开"DFS 管理"节点，右键单击"命名空间"节点，选择"新建命名空间"命令启动新建命名空间向导，设置命名空间服务器。一般选择本机，也可选择其他服务器（需要管理权限）。

（3）单击"下一步"按钮，出现图 6-36 所示的对话框，设置命名空间的名称。

系统默认会在命名空间服务器的%SystemDrive%\DFSRoots 文件夹创建一个以该命名空间名称为名的文件夹作为命名空间根目录（例中为 C:\DFSRoots\DocShare），普通用户具有只读权限。如果要对此进行更改，单击"编辑设置"按钮打开相应的对话框进行设置。

（4）单击"下一步"按钮，出现图 6-37 所示的对话框，从中选择命名空间类型。这里选中"基于域的命名空间"单选按钮。

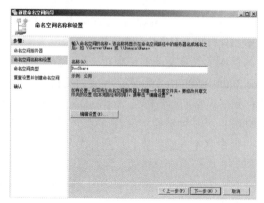

图 6-36　设置命名空间名称

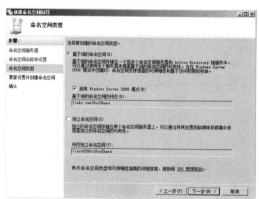

图 6-37　选择命名空间类型

（5）单击"下一步"按钮，出现"复查设置并创建命名空间"对话框，检查命名空间设置信息，确认后单击"创建"按钮完成命名空间的创建。

在"DFS 管理"控制台中可查看新创建的命名空间，如图 6-38 所示。

4. 创建文件夹

在"DFS 管理"控制台中展开"DFS 管理"节点，右键单击命名空间，选择"新建文件夹"命令，打开图 6-39 所示的对话框，设置文件夹名称和文件夹目标路径。文件夹名称不受目标名称或位置的限制，可创建对用户具有意义的名称。单击"添加"按钮弹出"添加文件夹目标"对话框，可从中直接输入目标路径，目标路径必须是现有的共享文件夹，用 UNC 名称表示。也可单击"浏览"按钮弹出"浏览共享文件夹"对话框，从可用的共享文件夹列表中选择。

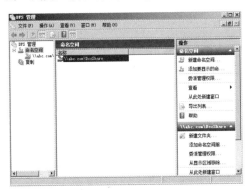
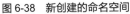

图 6-38 新创建的命名空间

图 6-39 新建 DFS 文件夹

在"DFS 管理"控制台中可查看命名空间下新创建的文件夹及其目标，如图 6-40 所示。

5. 客户端通过 DFS 访问共享文件夹

DFS 客户端组件可在许多不同的 Windows 平台上运行。默认情况下，Windows 2000 及更高版本都支持 DFS 客户端。

在客户端计算机上像访问网络共享文件夹一样访问分布式文件系统，只是 UNC 名称是基于 DFS 结构的，格式为\\命名空间服务器\命名空间根目录\DFS 文件夹。服务器也可用域代替，例如\\abc.com\DocShare\Documents。还可直接打开命名空间根目录，展开文件夹来访问所需的资源。

不管用哪种方式，访问 DFS 名称空间的用户看到的是根目录下作为文件夹而列出的链接名，而不是目标的实际名称和物理位置。

6. 管理 DFS 目标

每个 DFS 文件夹都可对应多个目标（共享文件夹），形成目标集。例如，让同一个 DFS 文件夹对应多个存储相同文件的共享文件夹，这样可提高可用性，还可用于平衡服务器负载，当用户打开 DFS 资源时，系统自动选择其中的一个目标。这就需要为 DFS 文件夹再添加其他 DFS 目标，同一个文件夹对应多个目标会涉及到 DFS 复制。右键单击 DFS 文件夹，选择"添加文件夹目标"命令，打开图 6-41 所示的对话框，在"文件夹目标的路径"框中设置可用的共享文件夹。

7. 删除 DFS 系统

DFS 命名空间根目录、DFS 文件夹还是文件夹目标，都可以被删除。方法是右键单击该项目，选择相应的删除命令即可。无论是删除那个 DFS 项，都仅仅是中断 DFS 系统与共享文件夹之间的关联，而不会影响到存储在文件夹中的文件。

图 6-40 新创建的 DFS 文件夹及其目标　　　　　　　　图 6-41 新建文件夹目标

6.2.7 使用"共享和存储管理"控制台管理共享文件夹

参见图 6-7，使用"共享和存储管理"控制台的"共享"选项卡查看和管理共享资源。"设置共享"用来创建共享文件夹，还提供管理会话、管理打开的文件等功能。

单击"设置共享"链接启动图 6-42 所示的设置共享文件夹向导，首先设置共享文件夹的位置，单击"下一步"按钮根据提示完成其余选项的设置，直至完成共享文件夹的创建。

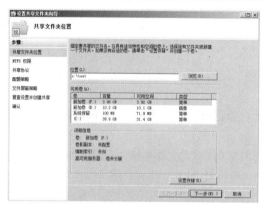

图 6-42 设置共享文件夹位置　　　　　　　　　　图 6-43 选择共享协议

除了与前面介绍的"计算机管理"控制台和 Windows 资源管理器创建共享文件夹相似的 NTFS 权限、共享权限（SMB 权限）等选项外，该向导还涉及更多的选项设置，如共享协议选择（见图 6-43）、文件夹配额配置、文件屏蔽策略指定（控制文件夹所包含的内容）、DFS 空间发布等。鉴于多数内容前面介绍过，此处不再详细说明。

6.3　打印服务器配置与管理

办公自动化的发展对打印的效率和管理则提出了更高的要求。打印机也是一种广为使用的网络共享资源。这里主要以 Windows Server 2008 R2 为例，介绍打印机网络共享的配置和管理。

6.3.1　部署打印服务器

充当打印服务器的计算机可以是独立服务器，也可以是域成员服务器，甚至是域控制器。

这里以在域环境中部署 Windows Server 2008 R2 打印服务器为例进行介绍。

默认情况下，在安装 Windows Server 2008 R2 系统时，将自动安装"Microsoft 网络的文件和打印共享"网络组件。如果没有安装该组件，请通过网络连接属性对话框安装。直接将服务器连接的打印机共享出来，就可以对客户端提供打印共享服务。为了集中管理网络上的打印机，还需要通过服务器管理器来添加打印服务器角色。

1. 在服务器端安装打印机并设置共享

（1）将打印机连接到服务器计算机上，在服务器上安装打印机和打印机驱动程序，这与在普通 Windows 计算机上安装一样。

一般从控制面板中打开"设备和打印机"窗口，通过添加打印机向导进行安装，即插即用的打印机（如 USB 接口）可参照相应的说明进行安装。

（2）设置打印机共享。在"设备和打印机"窗口中右键单击要共享的打印机，选择"打印机属性"命令，打开相应的属性设置对话框，切换到"共享"选项卡，选中"共享这台打印机"复选框，并设置共享名即可，如图 6-44 所示。

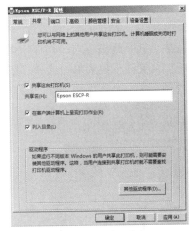

图 6-44　共享打印机

提示　在 Windows 系统中，"打印机"指的是逻辑设备而不是物理设备，而实际的打印机称为打印设备。本地打印指的是通过计算机直接的打印机进行打印，远程打印是指通过网络中的打印服务器来进行打印。

2. 添加打印服务器角色

（1）打开服务器管理器，在主窗口"角色摘要"区域（或者在"角色"窗格）中单击"添加角色"按钮，启动添加角色向导。

（2）单击"下一步"按钮，出现"选择服务器角色"界面，选择要安装的角色"打印和文件服务"。

（3）单击"下一步"按钮，显示该角色的基本信息。

（4）单击"下一步"按钮，出现图 6-45 所示的界面，从中选择要为文件服务安装的角色服务。这里选中"打印服务器"角色服务。

图 6-45　选择打印服务器角色

（5）单击"下一步"按钮，根据向导提示完成余下的安装过程。

注意删除文件服务器角色并不影响打印机共享。

3. 打印管理工具

在 Windows 操作系统中提供"打印机和传真"窗口或者"设备和打印机"窗口进行打印管理工作，如图 6-46 所示，对于要共享的打印机来说，可以像普通打印机一样进行配置和管理。

在 Windows Server 2008 R2 服务器上添加打印机服务器角色之后，就可以使用"打印管理"控制台集中、高效地配置和管理网络中的打印服务器和打印机，例如，可以管理服务器上的驱动程序、纸张规格、端口和打印机的相关属性；还可以通过组策略向计算机或用户部署网络打印机。从管理工具菜单中选择"打印管理"命令可打开该控制台，如图 6-47 所示。可以执行下列任务。

图 6-46 "设备和打印机"窗口

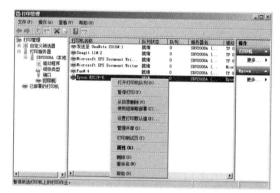

图 6-47 打印管理控制台

- 自动将打印机添加到本地打印服务器。
- 添加和删除打印服务器。
- 创建新的打印机筛选器。
- 执行打印机管理任务。
- 查看打印机的扩展功能。
- 使用组策略部署打印机。

4. 在 Active Directory 中发布打印机

在 Windows 域环境中，要便于用户搜索和使用打印服务器，还需在 Active Directory 中发布共享打印机，有以下两种发布方法。

对于域成员计算机上的共享打印机，具有共享打印机设置权限的用户可以直接在本机上完成 AD 发布。打开"设备和传真"窗口，右键单击要发布到 Active Directory 的共享打印机，选择"属性"命令，切换到"共享"选项卡，参见图 6-44，选中"列入目录"复选框，单击"确定"按钮即可。也可以在"打印管理"控制台中右键单击要发布的共享打印机，选择"在目录中列出"命令即可。

对于非域成员计算机上的共享打印机，可以由域管理员来发布到 Active Directory。在联网计算机上设置共享打印机之后，在域控制器或域成员计算机上使用"Active Directory 用户和计算机"控制台新建打印机，设置共享打印机的网络路径（UNC 名称）。

域成员计算机可以通过网络发现或搜索 Active Directory 来定位 Active Directory 目录中已经发布的打印机，直接使用。

6.3.2　安装和配置网络打印客户端

打印服务器的主要功能是为打印客户端提供到网络打印机和打印机驱动程序的访问。对于客户端来说，打印服务器共享出来的打印机就是网络打印机。客户端要共享网络打印机，还需安装打印机驱动程序。为方便不同平台和操作系统的客户端安装，可在服务器端添加相应的客户端打印机驱动程序，供客户端在安装或更新时自动下载，而不需要原始光盘或磁盘。

1．在打印服务器上添加其他平台打印机驱动程序

Windows Server 2008 R2 为 64 位平台，默认安装的是 64 位打印机驱动程序，如果打印客户端为 32 位系统，还要在打印服务器上为客户端安装 32 位打印驱动程序。这样，运行 32 位 Windows 版本的用户才可以连接到网络打印机，而不会被提示安装所需的打印机驱动程序。

可直接在打印服务器上添加其他驱动程序。打开"设备和打印机"窗口，右键单击要为其安装其他驱动程序的打印机，选择"打印机属性"命令，切换到"共享"选项卡（见图 6-44），单击"其他驱动程序"按钮，打开图 6-48 所示的对话框，选中需要的处理器版本（x86 代表 32 位版本），然后单击"确定"按钮，根据提示安装好驱动程序。

2．将网络客户端连接到网络打印机

客户端要使用共享的网络打印机，只需简单安装网络打印机即可。以 Windows 7 客户端为例，具体步骤如下。

（1）打开"设备和打印机"窗口，单击"添加打印机"按钮以启动添加打印机向导。

（2）如图 6-49 所示，单击"添加网络、无线或 Bluetooth 打印机"链接。

（3）出现图 6-50 所示的对话框，对于已发布到 Active Directory 的共享打印机，将直接列出，单击"下一步"按钮，根据提示完成余下的安装步骤。

如果要连接的打印机未列处，单击"我需要的打印机不在列表中"链接，打开图 6-51 所示的对话框。有以下 3 种选择。

● 选中"根据位置或功能在目录中查找一个打印机"单选按钮，从 Active Directory 目录中查找要共享的打印机。

● 选中"按名称选择共享打印机"单选按钮，直接输入共享打印机的 UNC 名称，格式为\\打印服务器\打印机共享名；或者输入共享打印机的 URL 地址，格式为"http://打印服务器/printers/共享打印机/.printer"。

● 选中"使用 TCP/IP 地址或主机名添加打印机"单选按钮，根据共享打印机的 IP 地址或主机名以及端口名称来连接。

做出上述选择之后，再根据相应的提示完成其他设置直至打印机安装成功。

用户还可以使用网络发现像访问共享文件夹一样来连接共享打印机。

图 6-48　添加其他版本打印机驱动程序

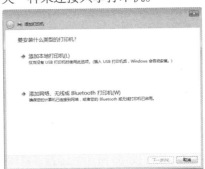

图 6-49　选择打印机安装类型

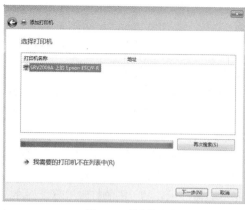

图 6-50　选择打印机　　　　　　　图 6-51　设置网络打印机

6.3.3　配置和管理共享打印机

对于打印服务器来说，配置和管理共享打印机是管理员最主要的任务。

1. 添加和删除打印服务器

将运行 Windows 的打印服务器添加到"打印管理"控制台中，可使用该控制台管理打印服务器上运行的打印机。右键单击"打印管理"节点，选择"添加/删除服务器"命令，打开相应的对话框，如图 6-52 所示，在"添加服务器"框中输入要添加的打印机服务器名称（或者单击"浏览"按钮来查找），然后单击"添加到列表"按钮，根据需要添加多个打印服务器，再单击"确定"按钮，结果如图 6-53 所示，至此可以对多个打印服务器进行统一管理。

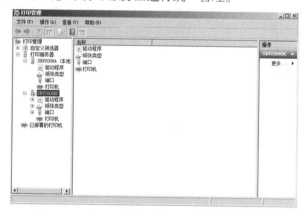

图 6-52　添加打印服务器　　　　　　图 6-53　管理多台打印服务器

2. 执行打印机批量管理任务

使用打印管理组件可管理企业内的所有打印机，可以使用相同的界面执行批量操作。如图 6-54 所示，可以在特定服务器上的所有打印机，或通过打印机筛选器筛选出的所有打印机上执行批量操作，包括暂停打印、继续打印、取消所有作业、在目录中列出或删除等；还可以获取实时信息，包括队列状态、打印机名称、驱动程序名称和服务器名称。

3. 设置打印服务器属性

可在"打印管理"控制台中设置打印服务器。右键单击"打印服务器"节点下面的服务器，选择"属性"命令，如图 6-55 所示，设置该打印服务器的各项属性，包括驱动程序、纸张规格、端口，以及其他高级属性。

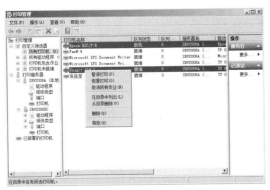

图 6-54　批量管理打印机　　　　　　　　　图 6-55　设置打印服务器属性

4. 设置和管理打印机

可以分别对每台打印机进行设置管理。展开"打印管理"控制台，单击某打印服务器节点下面的"打印机"节点，右侧窗格显示该服务器上的打印机，可对其进行属性设置和管理。

6.3.4　使用组策略在网络中批量部署打印机

可以结合使用"打印管理"控制台和组策略来自动为用户或计算机部署打印机连接，并安装正确的打印机驱动程序。一些实验室、教室或分支机构等小型网络，往往需要访问同一台打印机，一些大中型机构往往按部门共享打印机，采用组策略在指定范围内部署打印机共享，免去为每台计算机逐一安装网络打印机的繁琐工作。使用组策略部署打印机连接必须满足下列要求。

● Active Directory 域服务架构必须使用 Windows Server 2008 或 Windows Server 2008 R2 架构版本。

● 未运行 Windows 7 或 Windows Server 2008 R2 的客户端计算机必须在启动脚本（对于每台计算机的连接）或登录脚本（对于每位用户的连接）中使用 PushPrinterConnections.exe 工具。

1. 通过使用组策略将打印机指派给 Active Directory 用户或计算机

首先通过"打印管理"控制台将某台打印机连接设置添加到 Active Directory 中某个现有组策略对象（GPO）。这样客户端计算机在处理组策略时，会将打印机连接设置应用到与该组策略对象相关联的用户或计算机。

（1）打开"打印管理"控制台，展开某打印服务器下的"打印机"节点，右键单击要部署的共享打印机，选择"使用组策略部署"命令打开相应的对话框。

（2）单击"浏览"按钮，弹出"浏览组策略对象"对话框，从中选择一个组策略对象并单击"确定"按钮。这里选择通用的 Default Domain Policy。

（3）如图 6-56 所示，确定打印机连接设置应用到与该组策略对象相关联的用户还是计算机。如果是按用户设置，选中"应用此 GPO 的用户（每位用户）"复选框；如果按计算机设置，选中"应用此 GPO 的计算机（每台计算机）"复选框。

（4）单击"添加"按钮，打印机连接设置添加到该组策略对象，如图 6-57 所示。

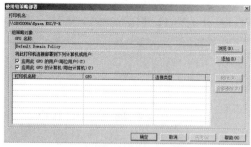

图 6-56　设置打印机连接部署对象

图 6-57　将打印机连接设置添加到组策略对象

根据需要重复上述步骤，将打印机连接设置添加到其他组策略对象。

（5）单击"确定"按钮，弹出"打印管理"对话框，其中提示打印机部署或删除操作成功完成，再单击"确定"按钮。

使用此方法部署的打印机将显示在打印管理控制台的"已部署的打印机"节点中，并显示其基本信息，如图 6-58 所示。

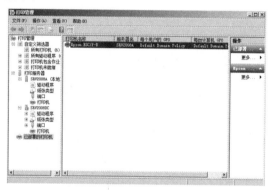

图 6-58　列出已部署的打印机

2. 客户端自动添加打印机连接

运行 Windows 7 或 Windows Server 2008 R2 的域成员计算机重新启动或域用户重新登录，或者在该计算机手动运行 Gpudate /force 命令，就可以在"设备和打印机"窗口中看到通过组策略部署的共享打印机，如图 6-59 所示。

对于运行其他 Windows 版本的客户端计算机（如 Window Vista、Windows Server 2008）要自动添加打印机连接，必须使用一个名为 PushPrinterConnections.exe 的实用程序。该程序通常位于 C:\Windows\System32 文件夹中。

接下来通过编辑组策略对象（详细操作请参见第 3 章的有关讲解），将 PushPrinterConnections.exe 实用程序添加到某个计算机启动脚本（对于按计算机连接）或添加到某个用户登录脚本（对于按用户连接）。该实用程序会读取在组策略对象中所做的打印机连接设置并添加打印机连接。

（1）以系统管理员身份登录到域控制器，打开"组策略管理"控制台，展开要更改组策略对象的域节点（例中为 abc.com）。

（2）右键单击名为"Default Domain Policy"的默认组策略对象，选择"编辑"命令打开组策略管理编辑器，对组策略对象进行编辑。

（3）如果按计算机进行部署，展开"计算机配置">"策略">"Windows 设置">"脚本(启动/关机)"节点；如果按用户进行部署，展开"计算机配置">策略">"Windows 设置">"脚本(登录/注销)"节点。

（4）右键单击"启动"或"登录"节点，选择"属性"命令打开相应的属性设置对话框。

（5）单击"显示文件"按钮，弹出"Startup"窗口，将 PushPrinterConnections.exe 文件（域控制器上如果未安装打印服务器，可从其他 Windows 7 计算机获取）复制到该文件夹，然后关闭该窗口。该文件夹（例中\\abc.com\sysvol\abc.com\Policies\{31B2F340-016D-11D2-945F-00C04FB984F9}\Machine\Scripts\Startup，可在域内共享）存储的是用于启动的文件。

（6）如图 6-60 所示，单击"添加"按钮弹出"添加脚本"对话框，在"脚本名"文本框中输入"PushPrinterConnections.exe"，如果要启用日志记录，在"脚本参数"文本框中输入"-log"，然后单击"确定"按钮。

图 6-59 已部署的打印机

图 6-60 添加脚本

（7）继续单击"确定"按钮直到退出组策略编辑器。

对于按计算机设置连接，在客户端计算机重新启动时添加打印机连接。对于按用户设置连接，在用户登录时添加打印机连接。

如果从组策略对象中删除打印机连接设置，则 PushPrinterConnections.exe 将在下次重新启动或用户登录时从客户端计算机删除相应的打印机。

6.4 习题

简答题

（1）什么是文件服务器？什么是打印服务器？

（2）共享权限与 NTFS 权限有何区别？

（3）客户端访问共享文件夹主要有哪些方式？

（4）文件夹配额管理与磁盘管理有何区别？

（5）客户端要共享网络打印机是否还要安装打印机驱动程序？

实验题

（1）在 Windows Server 2008 R2 服务器上安装文件服务器，并设置共享文件夹，然后在客户端计算机上尝试访问该共享文件夹。

（2）在 Windows Server 2008 R2 服务器上安装安装打印服务器，并设置共享打印机，然后在客户端计算机上尝试使用该共享打印机。

PART 7

第 7 章
IIS 服务器

【学习目标】

本章将向读者介绍 Web 与 FTP 的基础知识,让读者掌握 IIS 服务器部署、Web 网站架设、虚拟主机配置、应用程序部署、虚拟目录部署、HTTP 设置、Web 请求处理配置、Web 安全配置、Web 应用程序开发设置、WebDAV 配置、FTP 服务器部署、FTP 站点管理等方法和技能。

【学习导航】

前一章介绍了如何配置文件与打印服务器实现网络资源共享,本章介绍最重要的 Internet 服务 Web,各类网站都是通过 Web 服务实现的。在介绍 Web 服务背景知识的基础上,以 IIS 7.5 为例重点讲解 Web 服务器与 FTP 服务器的部署、配置和管理。

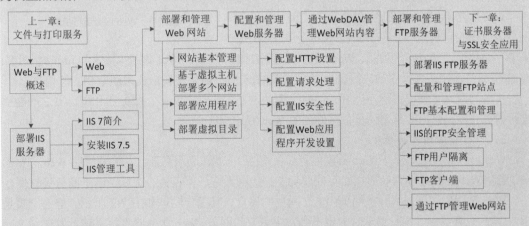

7.1 Web 与 FTP 概述

WWW 服务也称 Web 服务或 HTTP 服务，是由 Web 服务器来实现的。随着 Internet 技术的发展，B/S（浏览器/服务器）结构日益受到用户青睐，其他形式的 Internet 服务，如电子邮件、远程管理等都广泛采用 Web 技术。FTP 就是文件传输控制协议，可将文件从网络上的计算机传送到另一台计算机，其突出的优点就是可在不同类型的计算机之间传输和交换文件。

7.1.1 Web 概述

Web 是最重要的 Internet 服务，Web 服务器是实现信息发布的基本平台，更是网络服务与应用的基石。

1. Web 服务运行机制

Web 服务基于客户机/服务器模型。客户端运行 Web 浏览器程序，提供统一、友好的用户界面，解释并显示 Web 页面，将请求发送到 Web 服务器。服务器端运行 Web 服务程序，侦听并响应客户端请求，将请求处理结果（页面或文档）传送给 Web 浏览器，浏览器获得 Web 页面。Web 浏览器与 Web 服务器交互的过程如图 7-1 所示。可以说 Web 浏览就是一个从服务器下载页面的过程。

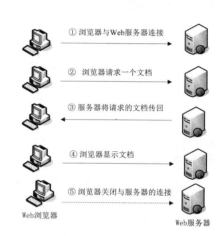

图 7-1 Web 服务运行机制

Web 浏览器和服务器通过 HTTP 协议来建立连接、传输信息和终止连接，Web 服务器也称为 HTTP 服务器。HTTP 即超文本传输协议，是一种通用的、无状态的、与传输数据无关的应用层协议。

Web 服务器以网站的形式提供服务，网站是一组网页或应用的有机集合。在 Web 服务器上建立网站，集中存储和管理要发布的信息，Web 浏览器通过 HTTP 协议以 URL 地址（格式为 http://主机名:端口号/文件路径，当采用默认端口 80 时可省略）向服务器发出请求，来获取相应的信息。

传统的网站主要提供静态内容，目前主流的网站都是动态网站，服务器和浏览器之间能够进行数据交互，这需要部署用于数据处理的 Web 应用程序。

2. Web 应用程序简介

Web 应用程序就是基于 Web 开发的程序，一般采用浏览器/服务器结构，要借助 Web 浏览器来运行。Web 应用程序具有数据交互处理功能，如聊天室、留言板、论坛、电子商务等软件。

Web 应用程序是一组静态网页和动态网页的集合，其工作原理如图 7-2 所示。静态网页是指当 Web 服务器接到用户请求时内容不会发生更改的网页，Web 服务器直接将该页发送到 Web 浏览器，而不对其做任何处理。当 Web 服务器接收到对动态网页的请求时，将该网页传递给一个负责处理网页的特殊软件——应用程序服务器，由应用程序服务器读取网页上的代码，并解释执行这些代码，将处理结果重新生成一个静态网页，再传回 Web 服务器，最后 Web 服务器将该网页发送到请求浏览器。Web 应用程序大多涉及数据库访问，动态网页可以指示应用程序服务器从数据库中提取数据并将其插入网页中。

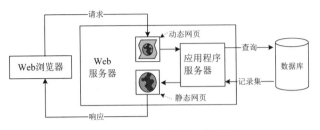

图 7-2　Web 应用程序工作原理

目前最新的 Web 应用程序基于 Web 服务平台，服务器端不再是解释程序，而是编译程序，如微软的.NET 和 SUN、IBM 等支持的 J2EE。Web 服务器与 Web 应用程序服务器之间的界限越来越模糊，往往集成在一起。

3. Web 服务器解决方案

Web 服务是最主要的网络应用，除了考虑服务器硬件和网络环境外，重点是选择合适的 Web 服务器软件。Web 服务器软件选择应遵照下述原则。

● 考虑网站规模和用途。大型公共网站，访问量大，需要强大的多线程支持；企业网站对安全功能要求高；小型网站则要求资源开销少，用轻量级的 Web 服务器软件即可。

● 是否选择商业软件。商业的 Web 服务器软件的安装和管理比较方便，能提供比较可靠、增强的安全机制，有良好的用户支持，可节省维护成本。有的免费软件功能很强大，某些方面甚至优于商业软件，但是用户友好性要差一些。

● 考虑操作系统平台。UNIX 家族相互之间兼容性差，需要考虑 Web 服务器是否支持所使用的版本。Windows 平台主要选择内置的 IIS 软件。原来运行于 UNIX 系统的 Web 服务器移植到 Windows 平台后，性能可能会受影响。

● 考虑对 Web 应用程序的支持。许多 Web 服务器都提供对 Web 应用程序的支持。选择 Web 服务器时，要考虑其对所需应用程序的支持能力，如 ASP 应用程序应当选择 IIS 服务器。

微软 IIS 与 Windows 操作系统集成得最密切，最能体现 Windows 平台的优秀性能，具有低风险、低成本，易于安装、配置和维护的特点，是超值的 Web 服务器软件。IIS 服务器是一个综合性的 Internet 信息服务器，除了可用来建立 Web 网站之外，还可用来建立 FTP 网站。

7.1.2　FTP 概述

FTP 就是文件传输协议，其突出的优点是可在不同类型的计算机之间传输和交换文件。Internet 最重要的功能之一就是能让用户共享资源，包括各种软件和文档资料，这方面 FTP 最为擅长。FTP 服务器以站点（Site）的形式提供服务，一台 FTP 服务器可支持多个站点。FTP 管理简单，且具备双向传输功能，在服务器端许可的前提下可非常方便地将文件从本地传送到远程系统。

1. FTP 的工作过程

FTP 采用客户/服务器模式运行。FTP 工作的过程就是一个建立 FTP 会话并传输文件的过程，如图 7-3 所示。与一般的网络应用不同，一个 FTP 会话中需要两个独立的网络连接，FTP 服务器需要监听两个端口。一个端口作为控制端口（默认 TCP 21），用来发送和接收 FTP 的控制信息，一旦建立 FTP 会话，该端口在整个会话期间始终保持打开状态；另一个端口作为数据端口（默认 TCP 20），用来发送和接收 FTP 数据，只有在传输数据时才打开，一旦传输结束就断开。FTP 客户端动态分配自己的端口。

FTP 控制连接建立之后，再通过数据连接传输文件。FTP 服务器所使用的数据端口取决于 FTP 连接模式。FTP 数据连接可分为主动模式（Active Mode）和被动模式（Passive Mode）。FTP 服务器端或 FTP 客户端都可设置这两种模式。究竟采用何种模式，最终取决于客户端的设置。

2．主动模式与被动模式

主动模式又称标准模式，一般情况下都使用这种模式，参见图 7-3。

（1）FTP 客户端打开一个动态选择的端口（1024 以上）向 FTP 服务器的控制端口（默认 TCP 21）发起连接，经过 TCP 的 3 次握手之后，建立控制连接。

（2）客户端接着在控制连接上发出 PORT 指令向服务器通知自己所用的临时数据端口。

（3）服务器接到该指令后，使用固定的数据端口（默认 TCP 20）与客户端的数据端口建立数据连接，并开始传输数据。在这个过程中，由 FTP 服务器发起到 FTP 客户端的数据连接，所以称其为主动模式。由于客户端使用 PORT 指令联系服务器，又称为 PORT 模式。

被动模式的工作过程如图 7-4 所示。

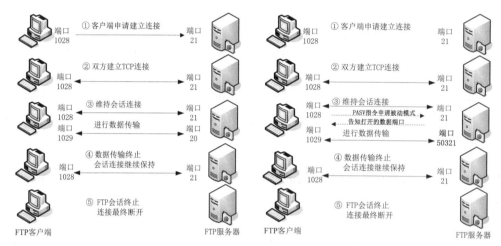

图 7-3　FTP 工作过程（主动模式）　　　　图 7-4　FTP 连接被动模式

（1）采用与主动模式相同的方式建立控制连接。

（2）FTP 客户端在控制连接上向 FTP 服务器发出 PASV 指令请求进入被动模式。

（3）服务器接到该指令后，打开一个空闲的端口（1024 以上）监听数据连接，并进行应答，将该端口通知给客户端，然后等待客户端与其建立连接。

（4）当客户端发出数据连接命令后，FTP 服务器立即使用该端口连接客户端并传输数据。在这个过程中，由 FTP 客户端发起到 FTP 服务器的数据连接，所以称其为被动模式。由于客户端使用 PASV 指令联系服务器，又称为 PASV 模式。

提示　采用被动模式，FTP 服务器每次用于数据连接的端口都不同，是动态分配的。采用主动模式，FTP 服务器每次用于数据连接的端口相同，是固定的。如果在 FTP 客户端与服务器之间部署有防火墙，采用不同的 FTP 连接模式，防火墙的配置也不一样。客户端从外网访问内网 FTP 服务器时，一般采用被动模式。

3．匿名 FTP 和用户 FTP

用户对 FTP 服务的访问有两种形式：匿名 FTP 和用户 FTP。

匿名 FTP 允许任何用户访问 FTP 服务器。匿名 FTP 登录的用户账户通常是 anonymous 或 ftp，一般不需要密码，有的则是以电子邮件地址作为密码。在许多 FTP 站点上，都可以自动匿名登录，从而查看或下载文件。匿名用户的权限很小，这种 FTP 服务比较安全。Internet 上的一些 FTP 站点，通常只允许匿名访问。

用户 FTP 为已在 FTP 服务器上建立了特定账号的用户使用，必须以用户名和密码来登录。这种 FTP 应用存在一定的安全风险。当用户与 FTP 服务连接时，如果所用的密码以明文形式传输，接触系统的任何人都可以使用相应的程序获取该用户的账户和口令。通常使用 SSL 等安全连接来解决这个安全问题。客户端要上传或删除文件，应使用用户 FTP。

4．FTP 解决方案

FTP 软件工作效率很高，在文件传输的过程中不进行复杂的转换，因而传输速度很快，而且功能集中，简单易学。

目前有许多 FTP 服务器软件可供选择。Serv-U 是一种广泛使用的 FTP 服务器软件。许多综合性的 Web 服务器软件，如 IIS、Apache 和 Sambar 等，都集成了 FTP 功能。IIS 的 FTP 服务与 Windows 操作系统紧密集成，能充分利用 Windows 系统的特性，其配置和管理都类似于 Web 网站。

FTP 服务需要 FTP 客户软件来访问。用户可以使用任何 FTP 客户软件连接 FTP 服务器。FTP 客户软件非常容易得到，有很多免费的 FTP 客户软件。早期的 FTP 客户软件是以字符为基础的，与使用 DOS 命令行列出文件和复制文件相似。现在广泛使用的是基于图形用户界面的 FTP 客户软件，如 CuteFT，使用更加方便，功能也更强大。Web 浏览器也具有 FTP 客户端功能。

过去使用 FTP 不能在 FTP 站点之间直接移动文件，解决的办法是从 FTP 站点将文件移动到临时位置，再将它们上载到另一个 FTP 站点。现在一些 FTP 客户软件支持所谓的 FXP 功能，即 FTP 服务器之间直接进行文件传输，此类 FTP 软件比较有名的有 FlashFXP、FTP FXP 和 UltraFXP 等。

7.2　部署 IIS 服务器

除了选择服务器操作系统和 Web 服务器软件之外，在部署 Web 服务器之前应做好相关的准备工作，如进行网站规划，确定是采用自建服务器，还是租用虚拟主机，在 Internet 上建立 Web 服务器还需申请注册的 DNS 域名和 IP 地址。

7.2.1　IIS 7 简介

IIS 7 是一种集成了 IIS（Internet Information Services）、ASP.NET、Windows Communication Foundation 和 Windows SharePoint Services 的统一 Web 平台，是对现有 IIS Web 服务器的重大升级，在集成 Web 平台技术方面发挥着关键作用。它具有更高效的管理特性和更高安全性，支持成本更低。目前 IIS 7 有两个版本，Windows Server 2008 提供 IIS 7.0，Windows Server 2008 R2 提供 IIS 7.5。

1．IIS 7.0 的新特性

（1）完全模块化的 IIS。在以前的 IIS 版本中，所有功能都是内置式的。IIS 7.0 则由 40 多个独立的模块组成，像验证、缓存、静态页面处理和目录列表等功能全部被模块化。管理员可以根据需要选择安装或移除任何模块。借助新的体系结构，可以通过仅添加需要使用的功能对服务器进行自定义，以最大限度地减少 Web 服务器的安全问题和内存需求量；可以在一个位置配置以前在 IIS 和 ASP.NET 中重复出现的功能（如身份验证、授权和自定义错误）。

（2）增强的扩展性。在以前的版本中，对核心 Web 服务器内置功能进行扩展或替代会带来一些问题。而在 IIS 7.0 中，开发人员可以创建托管代码模块，使功能获得扩展。IIS 7.0 采用了新的应用编程接口用于建立核心服务器模块。模块既可以通过使用本机代码（C/C++）开发，也可以通过使用托管代码（.NET 框架的 C#语言等）开发。

（3）分布式配置。IIS 7.0 对配置数据的存储以及通过 IIS 的分布式配置读取配置数据的方式进行了较大改进，使管理员能够根据包含代码和内容的存储文件来了解详细的 IIS 配置信息。由于配置设置统一位于单个文件中，这种分布式配置使管理员能将某些 Web 网站或 Web 应用特性的权限加以下放，从而可以使用简单的 Xcopy 进行部署。Xcopy 易于在多个网络服务器之间进行应用复制，避免了高成本以及易错的复制，并免去了手动的同步化操作，以及额外的配置任务，因而降低部署成本。

（4）新的 IIS 管理器。IIS 7.0 提供了基于任务的全新 UI-IIS 管理器，并新增了功能强大的命令行工具。借助这些全新的管理工具，可以通过一种工具来管理 IIS 和 ASP.NET；查看运行状况和诊断信息，包括实时查看当前所执行的请求的能力；为站点和应用程序配置用户和角色权限；将站点和应用程序配置工作委派给非管理员。

（5）增强的安全性。IIS 和 ASP.NET 管理设置集成到单一管理工具里，便于管理员集中查看、设置认证和授权规则。.NET 应用程序直接通过 IIS 代码运行，而不再发送到 ISAPI（Internet 服务器 API）扩展上，减少可能存在的风险，并且提升了性能，同时管理工具内置对 ASP.NET 3.0 的成员和角色管理系统提供管理界面的支持。

（6）诊断与故障排除。利用内置的诊断与跟踪支持，IIS 7.0 简化 Web 服务器的故障排除工作，从而使管理员能了解 Web 服务器内部情况，获得详细的实时诊断信息。诊断与故障排除使开发人员或管理员能了解运行在服务器上的请求，这使得管理员可以过滤错误，并通过详细的跟踪日志自动捕捉错误信息。

2. IIS 7.5 的新增功能

IIS 7.5 在继承 IIS 7.0 体系和功能的基础上，进一步添加或增强了以下功能。

（1）集成扩展。以 IIS 7 所引入的可扩展和模块化体系结构为基础，IIS 7.5 在集成并增强现有扩展的同时，依然能够提供额外的扩展性和自定义功能，包括 WebDAV 和 FTP、请求筛选、管理包模块。

（2）管理增强。

● Windows PowerShell 的 IIS 模块。

● 配置日志记录和跟踪。

● 应用程序托管增强功能。

（3）服务强化。建立在可增强安全性与可靠性的 IIS 7 应用程序池隔离模型之上，每一种 IIS 7.5 应用程序池目前以一个权限更少的独特身份运行每一个进程，新增托管服务账户、可承载 Web 核心和跟踪 FastCGI 请求失败。

本章以 Windows Server 2008 R2 平台上运行的 IIS 7.5 为例来讲解 IIS 服务器的部署、配置与管理。通常将 IIS 7.5 与 IIS 7.0 统称为 IIS 7。

7.2.2 在 Windows Server 2008 R2 平台上安装 IIS 7.5

以前版本将 IIS 并入到应用程序服务器，Windows Server 2008 R2 则将 Web 服务器与应用程序服务器分为两个不同的角色。默认情况下，Windows Server 2008 R2 并不安装 IIS 7.5，可以使用服务器管理器中的"添加角色"向导来安装。

（1）打开服务器管理器，在主窗口"角色摘要"区域（或者在"角色"窗格）中单击"添加角色"按钮，启动添加角色向导。

（2）单击"下一步"按钮出现"选择服务器角色"界面，选择要安装的角色"Web 服务器（IIS）"。

（3）单击"下一步"按钮，显示该角色的基本信息。

（4）单击"下一步"按钮，出现图 7-5 所示的界面，从中选择要为 IIS 安装的角色服务。

IIS 7.5 是一个完全模块化的 Web 服务器，默认只会安装最少的一组角色服务，只能充当一个支持静态页面的基本 Web 服务器，如果需要更多的功能，如动态页面或 Web 应用程序，可选择更多的角色服务（模块），如"应用程序开发"、"健康诊断"、"安全性"等，选中与这些功能关联的复选框。

（5）单击"下一步"按钮出现"确认安装选择"界面，单击"安装"按钮开始安装，根据向导提示完成其余操作步骤。

在服务器管理器中单击"Web 服务器（IIS）"节点，右侧窗格显示当前 IIS 服务器的状态和摘要信息，如图 7-6 所示。可以在此查看事件，管理相关的系统服务，添加或删除角色服务。凡是通过服务器管理器安装的服务，都可以在服务器管理器中进行配置和管理。

图 7-5　选择 IIS 角色服务（模块）

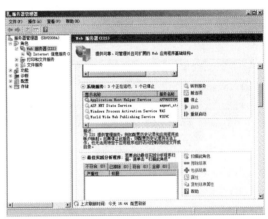

图 7-6　Web 服务器（IIS）信息

7.2.3　IIS 管理工具

IIS 7.5 提供了多种配置和管理 IIS 的工具，简单介绍如下。

1. IIS 管理器

IIS 管理器界面经过重新设计，采用了常见的三列式界面，可以同时管理 IIS 和 ASP.NET 相关的配置。

左侧是"连接"窗格，以树状结构呈现管理对象，可用于连接（导航）至 Web 服务器、站点和应用程序等管理对象。

中间窗格是工作区，有两种视图可供切换。"功能视图"用于配置站点或应用程序等对象的功能；"内容视图"用于查看树中所选对象的实际内容。

右侧是"操作"窗格，可以配置 IIS、ASP.NET 和 IIS 管理器设置。其显示的操作功能与左侧选定的当前对象有关。这些操作命令也可通过右键快捷菜单来选择。

从管理工具菜单选择"Internet 信息服务(IIS)管理器"命令打开 IIS 管理器，单击左侧"连接"窗格中的"起始页"节点，如图 7-7 所示，在右侧窗格中可连接到要管理的 IIS 7 服务器。

单击要设置的服务器节点，如图 7-8 所示，工作区（中间窗格）默认为"功能视图"，显示要配置的功能项，这与早期版本通过选项卡设置不同，单击要设置的功能项，右侧"操作"窗格显示相应的操作链接（按钮），单击链接打开相应的界面，执行具体的设置，如图 7-9 所示。

图 7-7　连接到服务器

图 7-8　工作区为功能视图

单击要设置的服务器节点，在中间窗格切换到"内容视图"，可查看该服务器或站点包括的内容，如图 7-10 所示，还可进一步设置。

图 7-9　工作区设置具体功能

图 7-10　工作区为内容视图

IIS 管理器具有层次结构，可对 Web 服务器进行分层管理，自上而下依次为服务器（所有服务）→站点→应用程序→目录（物理目录和虚拟目录）→文件（URL）。下级层次的设置继承上级层次，如果上下级层次的设置出现冲突，就以下级层次为准。

该管理工具不仅可以管理本地的站点，还可以管理远程的 IIS 7 服务器，前提是远程的 IIS 7 服务器安装、启用和设置了相关的服务。

2. 命令行工具 Appcmd.exe

Appcmd.exe 可以用来配置和查询 Web 服务器上的对象，并以文本或 XML 格式返回输出。它为常见的查询和配置任务提供了一致的命令，从而降低学习语法的复杂性，例如可以使用 list 命令来搜索有关对象的信息，使用 add 命令来创建对象。另外，还可以将命令组合在一起使用，以返回与 Web 服务器上对象相关的更为复杂的数据，或执行更为复杂的任务，如批量处理。

在 Windows Server 2008 R2 中 Appcmd.exe 位于%windir%\syswow64\inetsrv 目录中，首先在命令提示符处执行命令 cd %windir%\syswow64\inetsrv，然后再执行具体的 Appcmd 命令。例如，执行以下命令列出名为"Default Web Site"的站点的配置信息。

```
appcmd list site "Default Web Site" /config
```

又如，执行以下命令停止名为"Default Web Site"的站点运行。

```
appcmd stop site /site.name: contoso
```

3. 直接编辑配置文件

IIS 7.5 使用 XML 文件指定 Web 服务器、站点和应用程序配置设置，主要配置文件是 ApplicationHost.config，还对应用程序或目录使用 Web.config 文件。这些文件可以从一个 Web 服务器或网站复制到另一个 Web 服务器或网站，以便向多个对象应用相同的设置。大多数设置既可以在本地级别（Web.config）配置，又可以在全局级别（ApplicationHost.config）配置。

管理员可以直接编辑配置文件。IIS 配置存储在 ApplicationHost.config 文件中，同时可以在网站、应用程序和目录的 Web.config 文件之间进行分发。下级层次的设置继承上级层次，如果上下级层次的设置出现冲突，就以下级层次为准。这些配置保存在物理目录的服务器级配置文件或 Web.config 文件中。每个配置文件都映射到一个特定的网站、应用程序或虚拟目录。

服务器级配置存储的配置文件包括 Machine.config（位于%windir%\Microsoft.NET\Framework\framework_version\CONFIG）、.NET Framework 的根 Web.config（位于 %windir%\Microsoft.NET\Framework\framework_version\CONFIG ）和 ApplicationHost.config（位于 %windir%\system32\inetsrv\config）。

网站、应用程序以及虚拟和物理目录配置可以存储的位置包括服务器级配置文件、父级 Web.config 文件，以及网站、应用程序或目录的 Web.config 文件。

4. 编写 WMI 脚本

IIS 使用 Windows Management Instrumentation(WMI)构建用于 Web 管理的脚本。IIS 7 WMI 提供程序命名空间（WebAdministration）包含的类和方法，允许通过脚本管理网站、Web 应用程序及其关联的对象和属性。

5. Windows PowerShell 的 IIS 模块

Windows PowerShell 的 IIS 模块 WebAdministration 是一个 Windows PowerShell 管理单元，可执行 IIS 管理任务并管理 IIS 配置和运行时数据。此外，一个面向任务的 cmdlet 集合提供了一种管理网站、Web 应用程序和 Web 服务器的简单方法。

7.3 部署和管理 Web 网站

Web 服务器以网站的形式提供内容服务，网站是 IIS 服务器的核心。在 IIS 7.5 中，网站可以采用分层结构，进一步包括应用程序和虚拟目录等基本内容提供模块。一台服务器上可以建立多个 Web 网站，这就要用到虚拟主机技术。简而言之，一台服务器可以包含一个或多个网站，一个网站包含一个或多个应用程序，一个应用程序包含一个或多个虚拟目录，而虚拟目录则映射到 Web 服务器上的物理目录。

7.3.1 网站基本管理

首先以默认网站为例介绍网站的基本管理。

1．查看网站列表

打开 IIS 管理器，在"连接"窗格中单击树中的"网站"节点，工作区显示当前的网站（站点）列表。如图 7-11 所示，可以查看一些重要的信息，例如启动状态、绑定信息；从列表中选择一个网站，"操作"窗格中显示对应的操作命令，可以编辑更改该网站，重命名网站，修改物理路径、绑定，启动或停止网站运行等。

IIS 7.5 安装过程中将在 Web 服务器上的\Inetpub\Wwwroot 目录中创建默认网站配置，可以直接使用此默认目录发布 Web 内容，也可以为默认网站创建或选择其他目录来发布内容。

2．设置网站主目录

每个网站必须有一个主目录。主目录位于发布的网页的中央位置，包含主页或索引文件以及到所在网站其他网页的链接。主目录是网站的"根"目录，映射为网站的域名或服务器名。用户使用不带文件名的 URL 访问 Web 网站时，请求将指向主目录。例如，如果网站的域名是 www.abc.com，其主目录为 D:\Website，浏览器就会使用网址 http://www.abc.com 访问主目录中的文件。

在 IIS 管理器中选中要设置的网站，在右侧"操作"窗口中单击"基本设置"链接，打开如图 7-12 所示的对话框，根据需要在"物理路径"框中设置主目录所在的位置，可以输入目录路径，也可以单击"物理路径"框右侧的按钮打开"浏览文件夹"窗口来选择一个目录路径。

主目录可以是该服务器上的本地路径，需设置完整的目录路径，默认网站的物理路径是 %SystemDrive%\inetpub\wwwroot。

主目录也可以是远程计算机上的共享文件夹，直接输入完整的 UNC 路径（格式为"\\服务器\共享名"），或者打开"浏览文件夹"窗口展开"网络"节点来选择共享文件夹（前提是启用网络发现功能），如图 7-13 所示。注意网站必须提供访问共享文件夹的用户认证信息，单击"连接为"按钮弹出相应的对话框，默认选中"应用程序用户"，IIS 使用请求用户提供的凭据来访问物理路径。如图 7-14 所示，这里选中"特定用户"，单击"设置"按钮打开"设置凭据"对话框，从中输入具有物理路径访问权限的用户账户名和密码。完成设置后可以单击"测试连接"按钮来测试。

图 7-11　网站列表

图 7-12　编辑网站

图 7-13 浏览网络共享文件夹

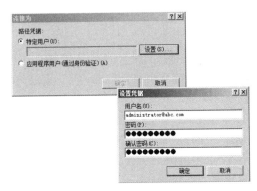

图 7-14 连接验证

3. 设置网站绑定

网站绑定（IIS 6.0 版本的相关界面上称为"网站标识"）用于支持多个网站，创建网站时需要设置绑定，现有网站也可以进一步添加、删除或修改绑定，包括协议类型（Web 服务有两种：HTTP 和 HTTPS）、IP 地址和 TCP 端口。完整的网站绑定由协议类型、IP 地址、TCP 端口以及主机名（可选）组成，它使名称与 IP 地址相关联从而支持多个网站，即后面要介绍的虚拟主机。

在 IIS 管理器中选中要设置的网站，在"操作"窗格中单击"绑定"链接，打开图 7-15 所示的界面，其中列出现有的绑定条目，可以添加新的绑定，删除或编辑修改已有的绑定。

例如，选中一个绑定，单击"添加"按钮打开图 7-16 所示的对话框，根据需要进行编辑。从"类型"列表中选择协议类型，可以是 http 或 https；从"IP 地址"列表中选择指派给 Web 网站的 IP 地址，如果不指定具体的 IP 地址，即"全部未分配"（将显示为"*"），则使用尚未指派给其他网站的所有 IP 地址，如服务器上分配了多个 IP 地址，可从中选择所需的 IP 地址；"端口"文本框用于设置该网站绑定的端口号。至于"主机名"，将在后面介绍虚拟主机时详细说明。

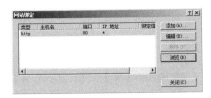

图 7-15 网站绑定列表

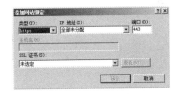

图 7-16 添加网站绑定

4. 启动、停止网站

默认情况下，网站将随 IIS 服务器启动而自动启动，停止网站不会影响该 IIS 服务器其他正在运行的服务、网站，启动网站将恢复网站的服务。在 IIS 管理器中，右键单击要启动、停止的网站，然后选择相应的命令即可。

7.3.2 基于虚拟主机部署多个网站

网站是 Web 应用程序的容器，可以通过一个或多个唯一绑定来访问网站。网站绑定可以实现多个网站，即虚拟主机技术。无论是作为 ISP 提供虚拟主机服务，还是要在企业内网中发布多个网站，都可通过 IIS 7.5 实现。

虚拟主机技术将一台服务器主机划分成若干台"虚拟"的主机，每一台虚拟主机都具有独立的域名（有的还有独立的 IP 地址），具备完整的网络服务器（WWW、FTP 和 E-mail 等）功能，虚拟主机之间完全独立，并可由用户自行管理。这种技术可节约硬件资源、节省空间、降低成本。

每个 Web 网站都具有唯一的、由 IP 地址、TCP 端口和主机名 3 个部分组成的网站绑定，用来接收和响应来自 Web 客户端的请求。通过更改其中的任何一个部分，就可在一台计算机上运行维护多个网站，从而实现虚拟主机。每一个组成部分的更改代表一种虚拟主机技术，共有 3 种。可见，虚拟主机的关键就在于为 Web 网站分配网站绑定。

1. 基于不同 IP 地址架设多个 Web 网站

这是传统的虚拟主机方案，又称为 IP 虚拟主机，使用多 IP 地址来实现，将每个网站绑定到不同的 IP 地址，以确保每个网站域名对应于独立的 IP 地址，如图 7-17 所示。用户只需在浏览器地址栏中键入相应的域名或 IP 即可访问 Web 网站。

这种技术的优点是可以在同一台服务器上支持多个 HTTPS（SSL 安全网站）服务，而且配置简单。每个网站都要有一个 IP 地址，这对于 Internet 网站来说造成 IP 地址浪费。在实际部署中，这种方案主要用于要求 SSL/TLS 服务的多个安全网站。下面示范使用不同 IP 地址架设 Web 网站的步骤。

（1）在服务器上添加并设置好 IP 地址，如果需要域名，还应为 IP 地址注册相应的域名。

可为每个 IP 地址附加一块网卡，也可为一块网卡分配多个 IP 地址。多网卡并不适合做虚拟主机，主要用于路由器和防火墙等需要多个网络接口的场合。一般为一块网卡分配多个 IP 地址。

（2）打开 IIS 管理器，在"连接"窗格中右键单击"网站"节点，然后选择"添加网站"命令打开"添加网站"对话框。如图 7-18 所示，设置各个选项。

（3）在"网站名称"框中为该网站命名。

（4）在"应用程序池"框中选择所需的应用程序池。

每一个应用程序池都拥有一个独立运行环境，系统会自动为每一个新建的网站创建一个名称与网站名称相同的应用程序池，让此网站运行更稳定，免受其他应用程序池内的网站影响。

如果要选择其他应用程序池，单击"选择"按钮现有的应用程序池列表中选择。

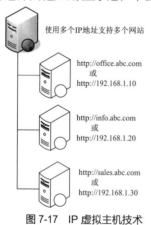

图 7-17　IP 虚拟主机技术

图 7-18　基于不同 IP 地址创建新网站

（5）在"物理路径"框中直接输入网站的文件夹的物理路径，或者单击右侧按钮弹出"浏览文件夹"对话框来选择。

物理路径可以是远程计算机上的共享文件夹，只是需要提供访问共享文件夹的用户认证信息。

（6）从"类型"列表中为网站选择协议，这里选择默认的 HTTP 协议。也可以选择 HTTPS 协议，下一章将专门介绍。

（7）在"IP 地址"框中指定要绑定的 IP 地址。

默认值为"全部未分配"，表示不指定具体的 IP 地址，使用尚未指派给其他网站的所有 IP 地址。这里为网站指定静态 IP 地址（服务器上的另一个 IP 地址）。

（8）在"端口"文本框中输入端口号。HTTP 协议的默认端口号为 80。

（9）如果无需对站点做任何更改，并且希望网站立即可用，选中"立即启动网站"复选框。

（10）单击"确定"按钮完成网站的创建。

2. 基于附加 TCP 端口号架设多个 Web 网站

读者可能遇到过使用格式为"http://域名:端口号"的网址来访问网站的情况。这实际上是利用 TCP 端口号在同一服务器上架设不同的 Web 网站。严格地说，这不是真正意义上的虚拟主机技术，因为一般意义上的虚拟主机应具备独立的域名。这种方式多用于同一个网站上的不同服务。

如图 7-19 所示，通过使用附加端口号，服务器只需一个 IP 地址即可维护多个网站。除了使用默认 TCP 端口号 80 的网站之外，用户访问网站时需在 IP 地址（或域名）后面附加端口号，如"http://192.168.1.10:8000"。

这种技术的优点是无需分配多个 IP 地址，只需一个 IP 就可创建多个网站，其不足之处有两点，一是输入非标准端口号才能访问网站，二是开放非标准端口容易导致被攻击。因此一般不推荐将这种技术用于正式的产品服务器，而主要用于网站开发和测试目的，以及网站管理。

打开 IIS 管理器，在"连接"窗格中右键单击"网站"节点，然后选择"添加网站"命令打开"添加网站"对话框。如图 7-20 所示，参照前面内容设置各个选项。"IP 地址"可以保持默认设置，这里关键是在"端口"框中设置该 Web 网站所用的 TCP 端口。默认情况下，Web 网站将 TCP 端口分配到端口 80。这里使用不同端口号来区别多个 Web 网站，应确保与已有网站端口号不同。使用非标准端口号，建议采用大于 1023 的端口号，本例为 8000。

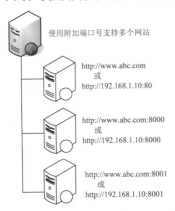

图 7-19 基于附加端口号的虚拟主机技术

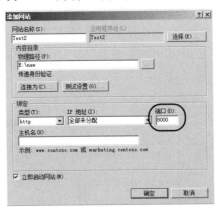

图 7-20 基于附加端口号创建新网站

3. 基于主机名架设多个 Web 网站

由于传统的 IP 虚拟主机浪费 IP 地址，实际应用中更倾向于采用非 IP 虚拟主机技术，即将多个域名绑定到同一 IP 地址。这是通过使用具有单个 IP 地址的主机名建立多个网站来实现的，如图 7-21 所示，前提条件是在域名设置中将多个域名映射到同一 IP 地址。一旦来自客户端的 Web 访问请求到达服务器，服务器将使用在 HTTP 主机头（Host Header）中传递的主机名来确定客户请求的是哪个网站。

这是首选的虚拟主机技术，经济实用，可以充分利用有限的 IP 地址资源来为更多的用户提供网站业务，适用于多数情况。这种方案唯一的不足是不能支持 SSL/TLS 安全服务时，因为使用 SSL 的 HTTP 请求有加密保护，主机名是加密请求的一部分，不能被解释和路由到正确的网站。

下面示范使用主机名架设多个 Web 网站的操作步骤，以一个公司的不同部门（信息中心、开发部）分别建立独立网站为例，两部门所用的独立域名分别为 info.abc.com 和 dev.abc.com，通过 IIS 提供虚拟主机服务。为不同公司创建不同网站可参照此方法。

首先要将网站的主机名（域名）添加到 DNS 解析系统，使这些域名指向同一个 IP 地址。Internet 网站多由服务商提供相关的域名服务，这里以使用 Windows Server 2008 R2 内置的 DNS 服务器自行管理域名为例。

（1）在 DNS 服务器上打开 DNS 控制台，展开目录树，右键单击"正向查找区域"下面要设置的一个区域（或域），选择"新建主机(A)"命令。

（2）打开"新建主机"对话框，分别设置主机名 info、deves 对应同一 IP 地址 192.168.1.10，单击"添加主机"按钮，最后单击"完成"按钮，结果如图 7-22 所示。

也可通过建立别名记录，来使主机名对应同一个 IP 地址。

接下来转到 IIS 服务器上创建不同主机名的网站。

（3）在 IIS 服务器上为不同建立文件夹，作为 Web 网站主目录，例中分别为 E:\website\info、E:\website\dev。

（4）打开 IIS 管理器，打开"添加网站"对话框，如图 7-23 所示，设置第一个部门网站，这里的关键是在"主机名"文本框中为网站设置主机名，例中为 info.abc.com，还要注意设置物理路径，例中设为 E:\website\info。

（5）参照步骤（4），设置第二个部门网站，如图 7-24 所示。

这样就创建了主机名为 info.abc.com 和 dev.abc.com 的网站，其网站主目录分别设置为 E:\website\info 和 E:\website\dev，从而实现基于不同的主机名建立不同的网站。

在测试网站时可能出现禁止访问提示。这种情况往往并不是因为安全配置出现问题，可能是在网站主目录中没有提供默认文档。对于已创建的网站，可以进一步配置管理。

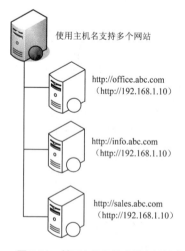

图 7-21 基于主机名的虚拟主机技术

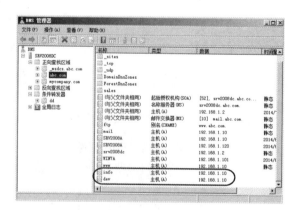

图 7-22 多个域名指向统一 IP 地址

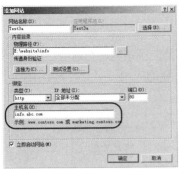
图 7-23　设置第一个部门网站

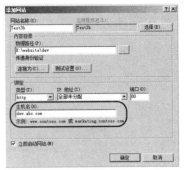
图 7-24　设置第二个部门网站

7.3.3　部署应用程序

应用程序是一种在应用程序池中运行并通过 HTTP 协议向用户提供 Web 内容的软件程序。创建应用程序时，应用程序的名称将成为用户可通过 Web 浏览器请求的 URL 的一部分。在 IIS 7.5 中，每个网站都必须拥有一个称为根应用程序（或默认应用程序）的应用程序。一个网站可以拥有多个应用程序，以实现不同的功能。应用程序除了属于网站之外，还属于某个应用程序池，应用程序池可将此应用程序与服务器上其他应用程序池中的应用程序分隔开来。

1. 添加应用程序

应用程序是网站根级别的一组内容，或网站根目录下某一单独文件夹中的一组内容。在 IIS 7.5 中添加应用程序时，需为该应用程序指定一个目录作为应用程序根目录（即开始位置），然后指定特定于该应用程序的属性，例如指定应用程序池以供该应用程序在其中运行。

（1）打开 IIS 管理器，在"连接"窗格中展开"网站"节点。

（2）右键单击要创建应用程序的网站，然后选择"添加应用程序"命令打开对话框。如图 7-25 所示，设置所需选项。

图 7-25　添加应用程序

（3）在"别名"文本框中为应用程序 URL 设置一个值，如 marketing。

该应用程序的 URL 路径由当前路径加此别名组成。

（4）如果要选择其他应用程序池，单击"选择"按钮从列表中选择一个应用程序池。

（5）在"物理路径"中设置应用程序所在文件夹的物理路径，或者单击右侧按钮通过在文件系统中导航来找到该文件夹。

当然还可以将物理路径设置为远程计算机上的共享文件夹。

（6）单击"确定"按钮完成应用程序的创建。

例中该应用程序可通过 http://www.abc.com/marketing 来访问。

2. 管理应用程序

在 IIS 管理器中选中要管理应用程序的网站，切换到"功能视图"，单击"操作"窗格中的"查看应用程序"链接，打开如图 7-26 所示的界面，给出了该网站当前的应用程序列表，可以查看一些重要的信息，如应用程序内容的物理路径，所属的应用程序池等。应用程序图标为 🌐。

图 7-26　应用程序列表

选中列表中的应用程序项，右侧"操作"窗格中给出相应的操作命令，可以编辑和管理应用程序。单击"基本设置"链接可打开"编辑应用程序"对话框（界面类似于图 7-25），可修改应用程序池、物理路径。

单击"高级设置"链接可打开"高级设置"对话框，可修改更多的设置选项。

单击"删除"链接将删除该应用程序。注意在 IIS 中删除应用程序并不会将相应的物理内容从文件系统中删除，只是删除了相应内容作为某一网站下的应用程序这种关系。

7.3.4　部署虚拟目录

Web 应用程序由目录和文件组成。目录分为两种类型：物理目录和虚拟目录。物理目录是位于计算机物理文件系统中的目录，它可以包含文件及其他目录。虚拟目录是在 IIS 中指定并映射到本地或远程服务器上的物理目录的目录名称，这个目录名称被称为"别名"。别名成为应用程序 URL 的一部分，用户可以通过在 Web 浏览器中请求该 URL 来访问物理目录的内容。如果同一 URL 路径中物理子目录名与虚拟目录别名相同，那么使用该目录名称访问时，虚拟目录名优先响应。

虚拟目录具有以下优点。

● 虚拟目录的别名通常比实际目录的路径名短，使用起来更方便。

● 更安全，使用不同于物理目录名称的别名，用户难以发现服务器上的实际物理文件结构。

● 可以更方便地移动和修改网站应用程序的目录结构。一旦要更改目录，只需更改别名与目录实际位置的映射即可。

在 IIS 7.5 中，每个应用程序都必须拥有一个名为根虚拟目录的虚拟目录（可以将其别名视为"/"），该虚拟目录可以将应用程序映射到包含其内容的物理目录。但是，一个应用程序可以拥有多个虚拟目录。

1. 创建虚拟目录

虚拟目录是在地址中使用的、与服务器上的物理目录对应的目录名称。可以添加将包括网站或应用程序中的目录内容的虚拟目录，而无需将这些内容实际移动到该网站或应用程序目录中。可以在网站或应用程序下面创建虚拟目录。

打开 IIS 管理器，在"连接"窗格中展开"网站"节点，右键单击要创建虚拟目录的网站（或应用程序），然后选择"添加虚拟目录"命令打开相应的对话框，如图 7-27 所示，给出了虚拟目录所在的当前路径，分别设置虚拟目录别名和对应的物理目录路径即可。

物理目录路径一般设在同一计算机上，如果位于其他计算机上，就应将物理目录路径设置为其他计算机上的共享文件夹（采用 UNC 格式），这与网站主目录是一样的。

可使用格式为"http://网站域名/虚拟目录别名"的 URL 地址来访问该虚拟目录（子网站）。

2. 管理虚拟目录

在 IIS 管理器中选中要管理虚拟目录的网站，切换到"功能视图"，单击"操作"窗格中的"查看虚拟目录"链接，打开图 7-28 所示的界面，给出了该网站当前的虚拟目录列表，可以查看一些重要的信息，如虚拟目录内容的物理路径。虚拟目录用图标来表示。

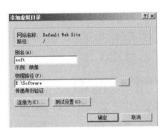

图 7-27 添加虚拟目录

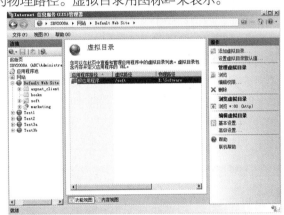

图 7-28 虚拟目录列表

选中列表中的虚拟目录，右侧"操作"窗格中给出相应的操作命令，可以编辑和管理虚拟目录。单击"基本设置"链接可打开"编辑虚拟目录"对话框（界面类似于图 7-27），可修改物理路径。

单击"高级设置"链接可打开相应的对话框，可修改更多的设置选项。

单击"删除"链接将删除该虚拟目录。注意删除虚拟目录并不删除相应的物理目录及其文件。

除了在网站下创建虚拟目录外，还可在网站物理目录或虚拟目录中创建下一层次的虚拟目录。当然也可在主目录或虚拟目录对应的物理目录下直接创建目录来管理内容。

可以将物理目录或虚拟目录转换为应用程序。

7.4 配置和管理 Web 服务器

上述 Web 网站、应用程序和虚拟目录，涉及的是 Web 内容部署和管理。下面要介绍的是 IIS 服务器的功能配置和管理。这些功能可以应用到不同的级别——网站、应用程序、目录和文件，级别较低的配置覆盖级别较高的配置。在配置过程中首先需要导航至相应的级别，再进行设置。

7.4.1 配置 HTTP

HTTP 功能是 Web 服务器一项重要的设置。HTTP 功能设置包括默认文档、目录浏览、HTTP 错误页、HTTP 重定向、HTTP 响应头和 MIME 类型等。下面讲解几项常用的功能设置。

1. 设置默认文档

在浏览器的地址栏中输入网站名称或目录，而不用输入具体的网页文件名也可访问网页，此时 Web 服务器将默认文档（默认网页）返回给浏览器。默认文档可以是目录的主页，也可以是包含网站文档目录列表的索引页。Internet 上比较通用的默认网页是 index.htm，IIS 中的默认网页为 default.htm，管理员可定义多个默认网页文件。

在 IIS 管理器中导航至要管理的级别，在"功能视图"中双击"默认文档"按钮，打开相应的界面。如图 7-29 所示，列出已定义的默认文档，根据需要添加和删除默认文档。可指定多个默认文档，IIS 按出现在列表中的名称顺序提供默认文档，服务器将返回所找到的第一个文档。要更改搜索顺序，应选择一个文档并单击"上移"或"下移"链接。默认已经启用默认文档功能，要禁用此功能只需单击"禁用"链接。

2. 设置目录浏览

目录浏览功能允许服务器收到未指定文档的请求时向客户端浏览器返回目录列表。在 IIS 管理器中导航至要管理的级别，在"功能视图"中双击"目录浏览"按钮，打开相应的界面。如图 7-30 所示，显示当前目录浏览设置。为安全起见，默认已禁用目录浏览。可以根据需要启用，然后在"功能视图"中设置要显示在目录中的文件属性项，如时间、大小等。

图 7-29　设置默认文档　　　　　　　　图 7-30　设置目录浏览

> **提示**　如果客户端在访问网站或 Web 应用程序时未指定文档名称，当默认文档和目录浏览都已禁用时，浏览器会收到 404（"找不到文件"）错误，这是因为 Web 服务器无法确定要提供哪个文件并且无法返回目录列表。但是，如果禁用了默认文档但启用了目录浏览，则浏览器将收到一个目录列表，而不是 404 错误。

3. HTTP 重定向

重定向是指将客户请求直接导向其他网络资源（文件、目录或 URL），Web 服务器向客户端发出重定向消息（如 HTTP 302）以指示客户端重新提交新位置请求。配置重定向规则可使最终用户的浏览器加载不同于最初请求的 URL。如果网站正在建设中或更改了标识，这种配置将十分有用。

要使用重定向功能，需要确认在 IIS 服务器角色中安装有"HTTP 重定向"角色服务（安装 IIS 服务器时默认没有选中该角色服务）。

在 IIS 管理器中导航至要管理的级别，在"功能视图"中双击"HTTP 重定向"按钮，打开相应的界面。如图 7-31 所示，从中设置重定向选项。选中"将请求重定向到此目标"复选框，在相应的框中输入要将用户重定向到的文件名、目录路径或 URL。

4. 设置 MIME 类型

MIME 最初用作原始 Internet 邮件协议的扩展，用于将非文本内容在纯文本的邮件中进行打包和编码传输，现在被用于 HTTP 传输。IIS 服务器仅为扩展名在 MIME 类型列表中注册过的文件提供服务。在 IIS 管理器中导航至要管理的级别，在"功能视图"中双击"MIME 类型"按钮，打开相应的界面。如图 7-32 所示，其中显示当前已定义的 MIME 类型列表，可根据需要添加、删除和修改 MIME 类型。

图 7-31 设置 HTTP 重定向

图 7-32 设置 MIME 类型

7.4.2 配置请求处理

IIS 的服务器组件是用于请求处理的构造块，它们包括应用程序池、模块、处理程序映射和 ISAPI（Internet 服务器应用程序编程接口）筛选器。利用这些组件，可以自定义 Web 服务器，以便在服务器上加载和运行所需的功能的代码。在 IIS 7.5 中，模块取代了 IIS 6 中 ISAPI 筛选器提供的功能。

1. 管理应用程序池

应用程序池是一个或一组 URL，它们由一个或一组工作进程提供服务。应用程序池为它们包含的应用程序设置了边界，通过进程边界将它们与其他应用程序池中的应用程序分隔开。这种隔离方法可以提高应用程序的安全性，降低一个应用程序访问另一个应用程序的资源的可能性，还可以阻止一个应用程序池中的应用程序影响同一 Web 服务器上其他应用程序池中的应用程序。

在 IIS 7.5 中应用程序池以集成模式或经典模式运行，运行模式会影响 Web 服务器处理托管代码请求的方式。如果应用程序在采用集成模式的应用程序池中运行，Web 服务器将使用 IIS 和 ASP.NET 的集成请求处理管道来处理请求；如果应用程序在采用 ISAPI 模式（经典模式）的应用程序池中运行，则 Web 服务器将继续通过 Aspnet_isapi.dll 路由托管代码请求。大多数托管应用程序应该都能在采用集成模式的应用程序池中成功运行，但为实现版本兼容，有时也需要以经典模式运行。应该先对集成模式下运行的应用程序进行测试，以确定是否真的需要采用经典模式。

创建网站时默认会创建新的应用程序池，也可以直接添加新的程序池。

打开 IIS 管理器，在"连接"窗格中单击树中的"应用程序池"节点，显示当前已有的应用程序池列表。如图 7-33 所示，可以查看一些重要的信息，如.NET Framework 特定版本、运行状态、托管模式等；选中列表中的某一应用程序池，右侧"操作"窗格中给出相应的操作命令，可以编辑和管理指定的应用程序池。

单击"基本设置"链接可打开图 7-34 所示的对话框，编辑应用程序池，如更改托管模式、.NET Framework 版本等。单击"添加应用程序池"链接打开相应的对话框（界面参见图 7-34），添加新的应用程序池。

图 7-33 应用程序池列表

图 7-34 编辑应用程序池

单击"高级设置"链接可打开"高级设置"对话框，编辑修改更多的设置选项。

还可以启动或停止某一应用程序池。

如果需要立即回收非正常状态的工作进程，单击"回收"链接即可。

单击"查看应用程序"链接可以列出与选定的应用程序池关联的应用程序。一个应用程序池可以分配多个应用程序。如果没有为某一应用程序池分配任何应用程序，则可以删除该应用程序池。但是，如果已经为应用程序池分配了应用程序，则必须先将这些应用程序分配给其他应用程序池，才能删除原来的应用程序池。应用程序必须与应用程序池关联起来才能运行。

2. 配置模块

模块通过处理请求的部分内容来提供所需的服务，如身份验证或压缩。通常情况下，模块不生成返回给客户端的响应，而是由处理程序来执行此操作，这是因为它们更适合处理针对特定资源的特定请求。IIS 7 包含以下两种类型的模块。

● 本机模块（本机.dll 文件）。也称"非托管模块"，是执行功能特定的工作以处理请求的本机代码 DLL。默认情况下，Web 服务器中包含的大多数功能都是作为本机模块实现的。初始化 Web 服务器工作进程时，将加载本机模块。这些模块可为网站或应用程序提供各种服务。

● 托管模块（由.NET 程序集创建的托管类型）。这些模块是使用 ASP.NET 模型创建的。

打开 IIS 管理器，在"连接"窗格的树中单击服务器节点，在"功能视图"中双击"模块"按钮，打开图 7-35 所示的界面，列出当前模块。

出于安全考虑，只有服务器管理员才能在 Web 服务器级别注册或注销本机模块。但是，可以在网站或应用程序级别启用或删除已注册的本机模块。单击"配置本机模块"按钮，打开相应的对话框，列出已注册但未启用的本机模块，如图 7-36 所示，要启用某模块，选中其左侧复选框。要删除已注册的本机模块，在模块列表中选择本机模块，在"操作"窗格中单击"删除"链接。

可以为每个网站或应用程序单独配置托管模块。只有在该网站或应用程序需要时，才会加载这些模块来处理数据。单击"添加托管模块"链接将打开相应的对话框，设置相关选项即可。

图 7-35　模块列表　　　　　　　　　　图 7-36　配置本机模块

3. 配置处理程序映射

在 IIS 7.5 中，处理程序对网站和应用程序发出的请求生成响应。与模块类似，处理程序也是作为本机代码或托管代码实现的。当网站或应用程序中存在特定类型的内容时，必须提供能处理对该类型内容的请求的处理程序，并且要将该处理程序映射到该内容类型。例如，有一个处理程序（Asp.dll）用来处理对 ASP 网页的请求，默认情况下会将该处理程序映射到对 ASP 文件的所有请求。

IIS 7.5 为网站和应用程序提供了一系列常用的从文件、文件扩展名和目录到处理程序的映射。例如，它不仅有处理文件（例如 HTML、ASP 或 ASP.NET 文件）请求的处理程序映射，还提供了处理未指定文件的请求（例如目录浏览或返回默认文档）的处理程序映射。默认情况下，如果客户端请求的文件的扩展名或目录未映射到处理程序，将由 StaticFile 处理程序或 Directory 处理程序来处理该请求。如果客户端请求的 URL 具有特定的文件，但其扩展名并未映射到处理程序，StaticFile 处理程序将尝试处理该请求。如果客户端在请求 URL 时未指定文件，Directory 处理程序将返回默认文档或目录清单，具体取决于是否为应用程序启用了这些选项。如果要使用 StaticFile 或 Directory 之外的处理程序来处理请求，可以创建新的处理程序映射。

IIS 7 中支持以下 4 种类型的处理程序映射来处理针对特定文件或文件扩展名的请求。

● 脚本映射：使用本机处理程序（脚本引擎）.exe 或.dll 文件响应特定请求。脚本映射提供与早期版本 IIS 的向下兼容性。

● 托管处理程序映射。使用托管处理程序（以托管代码编写）响应特定请求。

● 模块映射。使用本机模块响应特定请求。例如，IIS 会将所有对.exe 文件的请求映射到 CgiModule，这样当用户请求带有.exe 文件扩展名的文件时将调用该模块。

● 通配符脚本映射。将 ISAPI 扩展配置为在系统将请求发送至其映射处理程序之前截获每个请求。例如，可能拥有一个执行自定义身份验证的处理程序，这时便可以为该处理程序配置通配符脚本映射，以便截获发送至应用程序的所有请求，并确保在提供请求之前对用户进行身份验证。

打开 IIS 管理器，导航至要管理的节点，在"功能视图"中双击"处理程序映射"按钮打开图 7-37 所示的界面，列出当前配置的处理程序映射。选中列表中的某一处理程序映射，右侧"操作"窗格中给出相应的操作命令，可以编辑和管理指定的应用程序映射。

图 7-37　处理程序映射列表

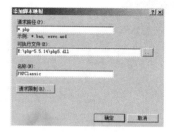

图 7-38　添加脚本映射

这里以添加 PHP 脚本映射为例（前提是安装有 PHP 软件包）。

（1）在"操作"窗格中单击"添加脚本映射"链接打开图 7-38 所示的对话框，

（2）在"请求路径"框中输入文件扩展名或带扩展名的文件名（这里为*.php）。

（3）在"可执行文件"框中设置将处理请求的本机处理程序的完整路径。

（4）在"名称"框中为处理程序映射命名。

（5）如果要让该处理程序仅处理针对特定资源类型或谓词的请求，单击"请求限制"按钮弹出图 7-39 所示的对话框，从中配置相应的限制。

如果希望处理程序仅响应针对特定资源类型的请求，在"映射"选项卡上选中"仅当请求映射至以下内容时才调用处理程序"复选框，这里选中"文件"单选按钮，表示仅在所请求的目标资源是文件时才做出响应。

如果要限制请求中发送的谓词（如 GET、HEAD、POST），切换到"谓词"选项卡（见图 7-40）中，这里选中"全部谓词"，处理程序均对含有任何为此的请求做出响应。

如果要限制访问策略，切换到"访问"选项卡（见图 7-41），这里选中"脚本"单选按钮，处理程序会在访问策略中启用了"脚本"的情况下运行。这是默认选项。

（6）完成上述设置后单击"确定"按钮，将弹出图 7-42 所示的对话框，这里单击"是"按钮将允许此 ISAPI 扩展。这是因为添加通配符脚本映射后，必须将可执行文件添加到 ISAPI 和 CGI 限制列表中才能启用要运行的映射。

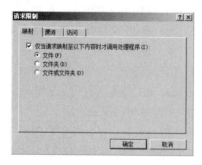

图 7-39　设置资源类型限制

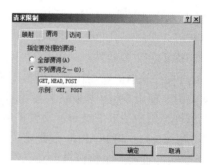

图 7-40　设置谓词限制

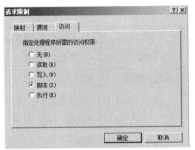

图 7-41 设置访问策略限制　　　　　　　　图 7-42 允许 ISAPI 扩展

7.4.3 配置 IIS 安全性

Web 服务器本身和 Web 应用程序已成为攻击者的重要目标。Web 服务所使用的 HTTP 协议本身是一种小型简单且又安全可靠的通信协议，它本身遭受非法入侵的可能性不大。Web 安全问题往往与 Web 服务器的整体环境有关，如系统配置不当、应用程序出现漏洞等。Web 服务器的功能越多，采用的技术越复杂，其潜在的危险性就越大。Web 安全涉及的因素多，必须从整体安全的角度来解决 Web 安全问题，实现物理级、系统级、网络级和应用级的安全。这里主要从 Web 服务器软件本身角度来讨论安全问题，解决访问控制问题，即哪些用户能够访问哪些资源管理。

IIS 7.5 继承并改进了 IIS 6 的应用级安全机制。为增强安全性，默认情况下 Windows Server 2008 R2 上未安装 IIS 7.5。安装 IIS 7.5 时，默认将 Web 服务器配置为只提供静态内容（包括 HTML 和图像文件）。在 IIS 7.5 中可以配置的安全功能包括身份验证、IPv4 地址和域名规则、URL 授权规则、服务器证书、ISAPI 和 CGI 限制、SSL（安全套接字层）、请求筛选器等。

默认安装 IIS 7.5 时提供的安全功能有限，为便于实验，这里要求安装与安全性相关的所有角色服务，如图 7-43 所示。

1. 配置身份验证

身份验证用于控制特定用户访问网站或应用程序。IIS 7.5 支持 7 种身份验证方法，具体说明如表 7-1 所示。默认情况下，IIS 7.5 仅启用匿名身份验证。一般在禁止匿名访问时，才使用其他验证方法。如果服务器端启用多种身份验证，客户端则按照一定顺序来选用，例如，常用的 4 种验证方法的优先顺序为匿名身份验证、Windows 验证、摘要式身份验证、基本身份验证。

表 7-1　IIS 7 身份验证方法的比较

身份验证方法	说　　明	安全性	对客户端的要求	能否跨代理服务器或防火墙	应用场合
匿名访问	允许任何用户访问任何公共内容，而不要求向客户端浏览器提供用户名和密码质询	无	任何浏览器	能	Internet 公共区域
基本	要求用户提供有效的用户名和密码才能访问内容	低	主流浏览器	能，但是明码传送密码存在安全隐患	内网或专用连接

身份验证方法	说　明	安全性	对客户端的要求	能否跨代理服务器或防火墙	应用场合
Forms（窗体）	使用客户端重定向将未经过身份验证的用户重定向至一个 HTML 表单，用户在该表单中输入凭据（通常是用户名和密码），确认凭据有效后重定向至最初请求网页	低	主流浏览器	能，但是以明文形式发送用户名和密码存在安全隐患	内网或专用连接
摘要式	使用 Windows 域控制器对请求访问 Web 服务器内容的用户进行身份验证	中等	支持 HTTP 1.1 协议	能	AD 域网络环境
Windows	客户端使用 NTLM 或 Kerberos 协议进行身份验证	高	IE	否	内网
ASP.NET 模拟	ASP.NET 应用程序将在通过 IIS 身份验证的用户的安全上下文中运行应用程序	高	IE	能	Internet 安全交易
客户端证书映射	自动使用客户端证书对登录的用户进行身份验证	高	IE 和 Netscape	能，使用 SSL 连接	Internet 安全交易

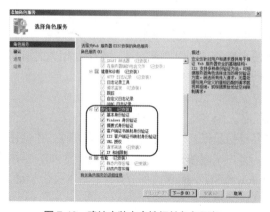

图 7-43　确认安装安全性相关角色服务

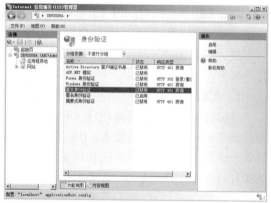

图 7-44　身份验证方法列表

打开 IIS 管理器，导航至要管理的节点，在“功能视图”中双击“身份验证”按钮打开图 7-44 所示的界面，显示当前的身份验证方法列表，可以查看一些重要的信息，如状态（启用还是禁用）、响应类型（未通过验证返回给浏览器端的错误页）；选中某一身份验证方法，右侧“操作”窗格中给出相应的操作命令，可以启用、禁用或编辑该方法。

匿名身份验证允许任何用户访问任何公共内容，而不要求向客户端浏览器提供用户名和密码质询。默认情况下，匿名身份验证处于启用状态。启用匿名身份验证后，可以更改 IIS 用于访问网站和应用程序的账户。选中“匿名身份验证”，单击“编辑”链接打开图 7-45 所示的对话框，默认情况下使用 IUSR 作为匿名访问的用户名,该用户名是在安装 IIS 时自动创建的，可根据需要改为其他指定用户。如果要让 IIS 进程使用当前在应用程序池属性页上指定的账户运行，选择“应用程序池标识”选项。如果某些内容只应由选定用户查看，则必须配置相应的 NTFS

权限以防止匿名用户访问这些内容。

如果希望只允许注册用户查看特定内容，应当配置一种要求提供用户名和密码的身份验证方法，如基本身份验证或摘要式身份验证。以使用摘要式身份验证为例，在身份验证方法列表中选中"摘要式身份验证"，单击"启用"链接，然后单击"编辑"链接打开图 7-46 所示的对话框，在"领域"文本框中输入 IIS 在对尝试访问受摘要式身份验证保护的资源的客户端进行身份验证时应使用的领域（输入用户/密码对话框时的提示内容）。如果要使用摘要式身份验证，必须禁用匿名身份验证。

图 7-45　设置匿名身份验证凭据　　　　图 7-46　设置摘要式身份验证

2. 配置 IPv4 地址和域名规则

当用户首次尝试访问 Web 网站的内容时，IIS 将检查每个来自客户端的接收报文的源 IP 地址，并将其与网站设置的 IP 地址比较，以决定是否允许该用户访问。配置 IPv4 地址和域名规则可以有效保护 Web 服务器上的内容，防止未授权用户进行查看或更改。

打开 IIS 管理器，导航至要管理的节点，在"功能视图"中双击"IPv4 地址和域限制"按钮打开相应的界面，显示当前的 IPv4 地址和域名限制规则列表，选中某一规则，右侧"操作"窗格中给出相应的操作命令，可以编辑或修改该规则。

要添加允许规则，在"操作"窗格中单击"添加允许条目"链接，打开图 7-47 所示的对话框，选中"特定 IP 地址"或"IP 地址范围"选项，接着添加 IPv4 地址、范围、掩码，然后单击"确定"按钮即可。例中由子网标志和子网掩码来定义一个 IP 地址范围。

可以启用域名限制，基于域名来确定客户端 IP 范围，不过这需要 DNS 反向查找 IP 地址，会增加系统开销。在"操作"窗格中单击"编辑功能设置"链接，然后在"编辑 IP 和域限制设置"对话框中选择"启用域名限制"选项。

可以添加拒绝规则，单击"添加拒绝条目"链接打开图 7-48 所示的对话框，除了"特定 IP 地址"、"IP 地址范围"选项，还可以使用"域名"选项（因为启用域名限制）。

图 7-47　添加允许规则　　　　图 7-48　添加拒绝规则

3. 配置 URL 授权规则

URL 授权规则用于向特定角色、组或用户授予对 Web 内容的访问权限，可以防止非指定用户访问受限内容。与 IPv4 地址和域名规则一样，URL 授权规则也包括允许规则和拒绝规则。

打开 IIS 管理器，导航至要管理的节点，在"功能视图"中双击"授权规则"按钮打开相应的界面，显示当前的授权规则列表，选中某一规则，右侧"操作"窗格中给出相应的操作命令，可以编辑或修改该规则。

这里示范添加一个允许授权规则。在"操作"窗格中单击"添加允许规则"链接打开图 7-49 所示的对话框，选择访问权限授予的用户类型，这里选中"所有用户"，表示不论是匿名用户还是已识别的用户都可以访问相应内容。如果要进一步规定允许访问相应内容的用户、角色或组只能使用特定 HTTP 谓词列表，还可以选中"将此规则应用于特定谓词"，并在对应的文本框中输入这些谓词。新创建的规则将显示在授权规则列表中，如图 7-50 所示。

图 7-49 添加允许授权规则

图 7-50 URL 授权规则列表

可参照上述方法添加拒绝授权规则。注意不能更改规则的模式。例如，要将拒绝规则更改为允许规则，必须先删除该拒绝规则，然后创建新的具有相同用户、角色和谓词的允许规则。此外，也不能编辑从父级节点继承的规则。

4. 管理 ISAPI 和 CGI 程序限制

ISAPI 和 CGI 限制决定是否允许在服务器上执行动态内容——ISAPI（.dll）或 CGI（.exe）程序的请求处理，相当于 IIS 6 中的配置 Web 服务扩展。

打开 IIS 管理器，导航至要管理的服务器节点，在"功能视图"中双击"ISAPI 和 CGI 限制"按钮打开图 7-51 所示的界面，从中可以查看已经定义的 ISAPI 和 CGI 限制的列表，"限制"列显示是否允许运行该特定程序，"路径"列显示 ISAPI 或 CGI 文件的实际路径。从列表中选中某一限制项，右侧"操作"窗格中给出相应的操作命令，可以管理或修改该规则。

单击"操作"窗格中的"编辑"按钮，打开图 7-52 所示的对话框，在"ISAPI 或 CGI 路径"框中设置要进行限制的执行程序，可直接输入路径，也可单击右侧的按钮弹出对话框选择文件；在"描述"框中输入说明文字；选中"允许执行扩展路径"复选框将允许执行上述执行文件。

可直接改变限制项的限制设置，单击"操作"窗格中的"允许"或"拒绝"按钮，以允许或禁止运行 ISAPI 或 CGI 路径指向的执行程序。

要添加新的 ISAPI 和 CGI 限制，单击"操作"窗格中的"添加"按钮，弹出"添加 ISAPI 或 CGI 限制"对话框，界面参见图 7-52。前面涉及的脚本映射，如果相关的脚本引擎执行文件没有添加到 ISAPI 和 CGI 限制列表中，是不能启用要运行的映射的。

默认情况下 IIS 只允许指定的文件扩展名在 Web 服务器上运行，如果不限制任何 ISAPI 和 CGI 程序，单击"编辑功能设置"按钮弹出"编辑 ISAPI 和 CGI 限制设置"对话框，选中"允许未指定的 CGI 模块"和"允许未指定的 ISAPI 模块"复选框，单击"确定"按钮。

图 7-51　ISAPI 和 CGI 限制列表　　　　　　　图 7-52　编辑 ISAPI 和 CGI 限制

5．配置请求筛选器

请求筛选器用于限制要处理的 HTTP 请求类型（协议和内容），防止具有潜在危害的请求到达 Web 服务器。

打开 IIS 管理器，导航至要管理的节点，在"功能视图"中双击"请求筛选"按钮打开图 7-53 所示的界面，可以查看已经定义的请求筛选器列表，IIS 可定义以下类型的筛选器（筛选规则），通过相应的选项卡来查看或管理。

● 文件扩展名。指定允许或拒绝对其进行访问的文件扩展名的列表。

● 规则。列出筛选规则和请求筛选服务应扫描的特定参数，这些参数包括标头、文件扩展名和拒绝字符串。

● 隐藏段。指定拒绝对其进行访问的隐藏段的列表，目录列表中将不显示这些段。

● URL（拒绝 URL 序列）。指定将拒绝对其进行访问的 URL 序列的列表。

● HTTP 谓词。指定将允许或拒绝对其进行访问的 HTTP 谓词的列表。

● 标头。指定将拒绝对其进行访问的标头及其大小限制。

● 查询字符串。指定将拒绝对其进行访问的查询字符串。

不同类型的请求筛选器定义和管理操作不尽相同，例如，文件扩展名可以设置允许或拒绝；URL 可以通过添加筛选规则来设置要拒绝的 URL，如图 7-54 所示。

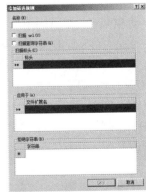

图 7-53　请求筛选器列表　　　　　　　　图 7-54　添加筛选规则

单击"操作"窗格中的"编辑功能设置"链接，打开图 7-55 所示的对话框，可以配置全局请求筛选选项。

6. 配置 Web 访问权限（功能权限）

Web 访问权限适用于所有的用户，而不管他们是否拥有特定的访问权限。如果禁用 Web 访问权限（如读取），将限制所有用户（包括拥有 NTFS 高级别权限的用户）访问 Web 内容。如果启用读取权限，则允许所有用户查看文件，除非通过 NTFS 权限设置来限制某些用户或组的访问权限。

在 IIS 7.5 中 Web 访问权限被称为功能权限，在"处理程序映射"模块中来配置 Web 访问权限，通过配置功能权限可以指定 Web 服务器、网站、应用程序、目录或文件级别的所有处理程序可以拥有的权限类型。打开 IIS 管理器，导航至要管理的节点，在"功能视图"中双击"处理程序映射"按钮打开相应的界面，单击"操作"窗格中"编辑功能权限"链接打开图 7-56 所示的对话框，共有"读取""脚本"和"执行"3 种权限，默认已经启用前两种权限。

可以在 Web 服务器级别启用"读取"和"脚本"权限，而决定对仅提供静态内容的特定网站禁用"脚本"权限。一般要禁用"执行"权限，因为启用"执行"权限允许运行执行程序。

图 7-55　编辑请求筛选设置

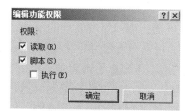

图 7-56　编辑功能权限

7. 配置 NTFS 权限

IIS 利用 NTFS 安全特性为特定用户设置 Web 服务器目录和文件的访问权限。例如，可将 Web 服务器的某个文件配置为允许某用户查看，而禁止其他用户访问该文件。当内网服务器已连接到 Internet 时，要防止 Internet 用户访问 Web 服务器，一种有效的方法是仅授予内网成员访问权限而明确拒绝外部用户访问。首先应了解 NTFS 权限和 Web 访问权限之间的差别。

● 前者只应用于拥有 Windows 账户的特定用户或组；而后者应用于所有访问 Web 网站的用户。

● 前者控制对服务器物理目录的访问，而后者控制对 Web 网站虚拟目录的访问。

● 如果两种权限之间出现冲突，则使用最严格的设置。

要使用 NTFS 权限保护目录或文件必须具备以下两个条件。

● 要设置权限的目录或文件必须位于 NTFS 分区中。对于 Web 服务器上的虚拟目录，其对应的物理目录应置于 NTFS 分区。

● 对于要授予权限的用户或用户组，应设立有效的 Windows 账户。

NTFS 权限可在资源管理器中设置，也可直接在 IIS 管理器中设置。在 IIS 管理器中导航至要管理的节点，单击"操作"窗格中"编辑权限"链接打开内容对应目录或文件的属性设置对话框，切换到"安全"选项卡即可根据需要进行设置。

应理解组权限和用户权限的关系。用户获得所在组的全部权限，如果用户又定义了其他权限，则将累计用户和组的权限。属于多个组的用户的权限就是各组权限与该用户权限的累加。

使用"拒绝"一定要谨慎。"拒绝"的优先级高于"允许"。对"Everyone"用户组应用"拒绝"可能导致任何人都无法访问资源，包括管理员。全部选择"拒绝"，则无法访问该目录或文件的任何内容。

7.4.4 配置 Web 应用程序开发设置

IIS 7.5 对 Web 应用程序开发提供充分支持,除 ASP.NET 之外,还提供与 ASP、CGI 和 ISAPI 等其他 Web 应用技术的兼容性。这里重点介绍 ASP 与 ASP .NET 应用程序的部署与配置。

1. 配置 ASP 应用程序

ASP 是传统的服务器端脚本环境,可用于创建动态和交互式网页并构建功能强大的 IIS 应用程序。与 IIS 6 相比,在 IIS 7.5 中 ASP 程序的配置操作有较大变化,具体介绍如下。

(1)确认 IIS 支持 ASP。在 Windows Server 2008 R2 上安装 IIS 7.5 时默认不安装 ASP,需要添加这个角色服务,在"Web 服务器"角色中添加角色服务时选中"应用程序开发"部分的"ASP"。

添加 ASP 角色服务之后,默认设置能保证 ASP 的基本运行。可以在网站、应用程序、虚拟目录或目录中发布 ASP 应用,建议在 IIS 7.5 的网站中针对 ASP 应用创建专门的应用程序。

在实际应用中,因为运行环境的改变,或者满足特定需要,往往还需要进一步配置。在 IIS 管理器中可以在服务器、网站、应用程序、虚拟目录以及目录级别配置 ASP。

(2)打开 IIS 管理器,导航至要配置 ASP 的节点,在"功能视图"中双击"ASP"按钮打开如图 7-57 所示的界面,配置 ASP 有关选项,具体包括编译、服务、行为 3 大类设置。

例如,默认情况下并未启用父路径以防止潜在的安全风险。启用父路径将允许 ASP 网页使用相对于当前目录的路径(使用"..\"表示法)。不过许多通用的 ASP 软件都需要启用父路径。又如,默认启用会话状态,服务器将为各个连接创建新的 Session(会话)对象,这样就可以访问会话状态,也可以保存会话;会话超时值默认为 20 分钟,即空闲 20 分钟后会话将自动断开。

(3)导航至服务器节点,在"功能视图"中双击"ISAPI 和 CGI 限制"按钮打开相应的界面,确认允许执行 ASP 相关的扩展路径(参见图 7-51)。

(4)导航至要配置 ASP 的节点,在"功能视图"中双击"处理程序映射"按钮打开相应的界面,检查确认处理程序映射配置已经配置 ASP 脚本映射并启用(见图 7-37)。还要单击"编辑功能权限"链接打开相应的对话框,确认启用"读取"和"脚本"Web 权限。

(5)导航至要配置 ASP 的节点,单击"操作"窗格中的"编辑权限"链接打开相应的界面,切换到"安全"选项卡,如图 7-58 所示,设置 NTFS 权限。

图 7-57　设置 ASP 选项

图 7-58　设置访问权限

一般采用匿名身份验证,应确认匿名身份验证账户(默认为 IIS_IUSRS)拥有"读取""读取和执行""列出文件夹内容"等权限,如果涉及上传、文件型数据库访问,还需要授予"修改""写入"权限。

（6）将要发布的 ASP 程序文件复制到网站相应目录中，根据需要配置数据库。

（7）如果需要使用特定的默认网页，还需要设置默认文档。

2. 配置 ASP .Net 应用程序

ASP.NET 是 Microsoft 主推的统一的 Web 应用程序平台，它提供了建立和部署企业级 Web 应用程序所必需的服务。ASP.NET 不仅仅是 ASP 的下一代升级产品，还是提供了全新编程模型的网络应用程序，能够创建更安全、更稳定、更强大的应用程序。在 IIS 7.5 中部署 ASP.NET 应用程序的具体步骤如下。

（1）确认 IIS 安装有 ASP .Net 角色服务。在 Windows Server 2008 R2 上安装 IIS 7.5 时默认不安装 ASP .Net，需要添加这个角色服务。具体是在"Web 服务器"角色中添加角色服务时选中"应用程序开发"部分的"ASP .NET"".NET 扩展""ISAPI 扩展"和"ISAPI 筛选器"。

添加上述角色服务之后，默认设置能保证 ASP .NET 的基本运行。可以在网站、应用程序、虚拟目录或目录中发布 ASP .NET 应用，建议在 IIS 7.5 的网站中创建专门的应用程序。

在实际应用中，因为运行环境的改变，或者满足特定需要，往往还需要进一步配置。在 IIS 管理器中可以在服务器、网站、应用程序、虚拟目录以及目录级别配置 ASP .NET。

（2）根据需要安装和配置.Net Framwork 运行环境。Windows Server 2008 R2 默认安装有.NET Framework 2.0。如果要发布 ASP .NET 4.0 应用，需要安装.NET Framework 4.0，然后更改应用程序池的.NET Framework 特定版本，如图 7-59 所示。

（3）在 IIS 管理器中导航至服务器节点，在"功能视图"中双击"ISAPI 和 CGI 限制"按钮打开相应的界面，确认允许执行 ASP .NET（可能有多个版本）相关的扩展路径（见图 7-51）。

（4）导航至要配置 ASP .NET 的节点，在"功能视图"中双击"处理程序映射"按钮打开相应的界面，检查确认处理程序映射配置已经配置 ASP .NET 脚本映射和托管程序并启用（见图 7-60）。再单击"编辑功能权限"链接打开相应对话框，确认启用"读取"和"脚本"Web 权限。

（5）导航至要配置 ASP .NET 的节点，单击"操作"窗格中的"编辑权限"链接打开相应的界面，切换到"安全"选项卡设置 NTFS 权限。

（6）将要发布的 ASP .NET 程序文件复制到网站相应目录中，根据需要配置数据库。

（7）如果需要使用特定的默认网页，还需要设置默认文档。

图 7-59　更改.NET Framework 版本

图 7-60　配置 ASP .NET 处理程序映射

7.5　通过 WebDAV 管理 Web 网站内容

WebDAV 是 Web 分布式创作和版本控制的简称。它扩展了 HTTP/1.1 协议，支持通过 Intranet 和 Internet 安全传输文件，允许客户端发布、锁定和管理 Web 上的资源。WebDAV 让用户通过

HTTP 连接来管理服务器上的文件，包括对文件和目录的建立、删改、属性设置等操作，就像在本地资源管理器中一样简单，可完全取代传统的 FTP 服务。WebDAV 可使用 SSL 安全连接，安全性高。基于 SSL 远程管理 Web 服务器时，WebDAV 将保护密码和所加密的数据。

WebDAV 采用客户 / 服务器模式。目前 IIS 都集成了 WebDAV 服务，支持工业标准 WebDAV 协议的客户端软件都可访问 WebDAV 发布目录。Windows 网上邻居、IE 浏览器和 Office 软件都支持 WebDAV 协议，可作为 WebDAV 客户端。

7.5.1 在服务器端创建和设置 WebDAV 发布

关键是在服务器端创建和设置 WebDAV 发布目录，供客户端访问和管理。服务器上需要管理的文件夹都可设置为 WebDAV 发布目录，便于远程管理其中的文件。另外，初次安装 IIS 6.0 时，WebDAV 发布功能没有启用。

（1）确认安装有"WebDAV"角色服务。在 Windows Server 2008 R2 上安装 IIS 7.5 时默认不安装 WebDAV，在"Web 服务器"角色中添加角色服务时选中"常见 HTTP 功能"部分的"WebDAV"即可安装该角色服务。

（2）打开 IIS 管理器，导航至要配置的网站节点，在"功能视图"中双击"WebDAV 创作规则"按钮打开相应界面，默认禁用 WebDAV，单击"启用 WebDAV"链接以启用。

（3）默认没有创建任何 WebDAV 创作规则，单击"添加 WebDAV 创作规则"链接弹出如图 7-60 所示的界面，设置所需的规则以控制内容访问权限。

在"允许访问"区域设置规则适用的访问内容，可以是全部内容，也可以是指定的内容，通常用文件扩展名来规则匹配的内容，如*.asp 表示应用于对 ASP 文件的所有 WebDAV 请求。

在"允许访问此内容"区域设置规则适用的访问用户，可以是所有用户，也可以是指定的用户，还可以是指定的角色或用户组（其所有成员都必须拥有有效的用户账户和密码）。

在"权限"区域设置规则适用的访问权限，除了"读取""写入"之外，还有一个"源"权限用于表示是否有权访问文件的源代码，例如，ASP.NET 的*.aspx 页要求用户或组拥有"源"访问权限才能使用 WebDAV 编辑。

（4）默认没有创建任何 WebDAV 创作规则，单击"添加 WebDAV 创作规则"链接弹出图 7-61 所示的界面，从中设置所需的规则以控制内容访问权限。

（5）确认规则设置后单击"确定"按钮，WebDAV 创作规则将添加到规则列表中。可根据需要添加多条规则，更改规则应用顺序，或者修改或删除某条规则。

（6）单击"WebDAV 设置"链接打开相应的界面，如图 7-62 所示，根据需要从中设置 WebDAV 选项，一般保持默认设置即可。

图 7-61　添加创作规则

图 7-62　WebDAV 设置

（7）在"连接"窗格中单击要设置的网站节点，双击"身份验证"按钮打开相应的界面，启用 Windows 身份验证（不必禁用匿名身份验证）。

出于安全需要，如果启用基本身份验证，则 WebDAV 客户端仅支持基于 SSL 连接的基本身份验证，即通过 HTTPS 访问 WebDAV 内容。

（8）在 IIS 管理器中导航至服务器节点，在"功能视图"中双击"ISAPI 和 CGI 限制"按钮打开相应的界面，检查确认允许执行 WebDAV，默认设置为允许。

（9）用于 WebDAV 发布目录的物理目录应具有的 NTFS 权限有："读取""读取和运行""列出文件夹目录""写入"和"修改"。可为"Everyone"组授予"读取"权限，为部分管理用户授予"写入"和"修改"权限。

7.5.2　WebDAV 客户端访问 WebDAV 发布目录

经过以上配置，只要使用支持 WebDAV 协议的客户端软件，就可访问 WebDAV 发布目录，就像访问本地文件夹一样。访问 WebDAV 发布目录最通用的方法是使用指向 WebDAV 发布路径的 URL 地址，格式为 http://服务器 IP 地址(或域名)/WebDAV 发布路径或 https:// 服务器 IP 地址(或域名)/WebDAV 发布路径（这需要支持 SSL 连接）。

WebDAV Redirector 作为客户端，它是一个基于 WebDAV 协议的远程文件系统，让 Windows 计算机像访问网络文件服务器一样来访问启用 WebDAV 的 Web 服务器上的文件。Windows XP、Windows Server 2003、Windows Vista 和 Windows 7 等系统安装时会自动安装 WebDAV Redirector，而 Windows Server 2008 和 Windows Server 2008 R2 默认并未安装，可通过服务器管理器添加"桌面体验"功能来安装它。正常使用 WebDAV Redirector 要求对应的 WebClient 服务必须启动。在 Windows 7 或 Windows Server 2008 R2 上访问 WebDAV 网站时会自动启动 WebClient 服务。

这里以 Windows 7 计算机作为客户端来介绍访问 WebDAV 的步骤。

（1）打开 Windows 资源管理器，右键单击"计算机"或"网络"节点，选择"映射网络驱动器"命令。

（2）弹出图 7-63 所示的对话框，在"驱动器"列表框中选择一个驱动器号，在"文件夹"框中输入 WebDAV 网站的 URL 地址，单击"完成"按钮将给出正在尝试连接的提示。

（3）稍后弹出"Windows 安全"对话框，输入用于验证的用户名和密码，单击"完成"按钮。

（4）连接成功后在 Windows 资源管理器中显示新设置的映射驱动器，正好是启用 WebDAV 的网站，如图 7-64 所示。可以根据需要操作其中的文件。

图 7-63　映射网络驱动器

图 7-64　　WebDAV 网站的内容

7.6 部署和管理 FTP 服务器

IIS 的 FTP 服务与 Windows 服务器操作系统紧密集成，能充分利用 Windows 系统的特性，其配置和管理都类似于 Web 网站，而且比 Web 网站要简单。Windows Server 2008 R2 平台上集成在 IIS 中的的 FTP 服务器版本是 IIS FTP 7.5，下面以此为例来讲解 FTP 的部署与管理。

7.6.1 部署 IIS FTP 服务器

Windows Server 2008 R2 提供的 FTP 服务器具有以下新特性。

● 与 Windows Server 2008 R2 的 IIS 7.5 充分集成，可以通过全新的 IIS 管理器来管理 FTP 服务器，支持将 FTP 服务添加到现有 Web 网站中，让一个站点可以同时提供 Web 服务与 FTP 服务。

● 支持新的 Internet 标准，如 FTPS（FTP over SSL）、IPv6、UTF 8 等。

● 支持虚拟主机名。

● 增强的用户隔离功能。

● 增强的日志记录功能。

1. 安装 FTP 服务器

在部署之前，根据需要为服务器注册 FTP 域名，例中为 ftp.abc.com。

默认情况下，Windows Server 2008 R2 安装 IIS 7.5 时不会安装 FTP，可以使用服务器管理器中的"添加角色服务"向导来安装"FTP 服务器"角色服务，如图 7-65 所示，确认选中"FTP Service"和"FTP 扩展"。

2. FTP 服务器管理工具

由于 FTP 集成到 IIS，与 Web 服务器一样，可使用 IIS 管理工具来进行配置管理。这些工具由 IIS 管理器、命令行工具 Appcmd.exe、配置文件、WMI 脚本等，具体参见 7.2.3 节的介绍。一般直接使用 IIS 管理器来配置和管理 IIS FTP。安装 FTP 服务器之后，IIS 管理器界面中会提供有关的管理功能项，如图 7-66 所示。

IIS FTP 的配置和管理可分为不同的级别或层次，其层次结构为服务器级设置→FTP 站点级设置→应用程序级设置→目录级设置→文件级设置。最高层的服务器级设置，相当于全局设置，对所有的 IIS FTP 站点都起作用；接下来是 FTP 站点级设置，对该站点起作用；最后可对站点中应用程序、目录和文件进行设置。

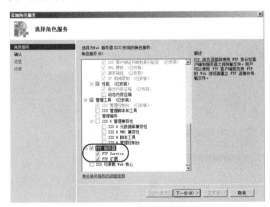

图 7-65 安装 IIS FTP 服务器

图 7-66 IIS FTP 管理界面

7.6.2　配置和管理 FTP 站点

FTP 服务器以站点的形式提供内容服务，站点是 IIS 服务器的核心。与 Web 网站一样，FTP 也采用站点、应用程序和虚拟目录的分层结构。FTP 服务器安装完毕，没有自动创建默认 FTP 站点，可根据需要创建若干站点、应用程序或虚拟目录来提供内容服务。

1. 创建 FTP 站点

可以直接创建一个新的 FTP 站点，下面进行示范。

（1）打开 IIS 管理器，在"连接"窗格中右键单击"网站"节点，选择"添加 FTP"命令。

（2）弹出图 7-67 所示的对话框，在"FTP 站点名称"框中为该站点命名，在"物理路径"框中指定站点主目录所在的文件夹。

（3）单击"下一步"按钮，出现图 7-68 所示的对话框，设置绑定，包括 IP 地址和端口。考虑到安全性，默认启用 SSL，由于暂时没有 SSL 证书，这里选择无 SSL。

图 7-67　设置 FTP 站点信息　　　　　　图 7-68　设置绑定和 SSL

（4）单击"下一步"按钮，出现图 7-69 所示的对话框，从中设置身份认证和授权信息。这里身份验证匿名和基本两种身份验证都选中，给所有用户授予读取权限。

（5）单击"完成"按钮，完成 FTP 站点的创建。

完成之后，可以进行测试。最简单的方法使用 Windows 内置的 FTP 客户软件来测试，进入 DOS 命令行，执行命令 "ftp ftp.abc.com"，连接正常将给出相应的提示。

还可以在现有 Web 网站上添加 FTP 发布，使得该网站同时作为 FTP 站点提供 FTP 服务。在 IIS 管理器的"连接"窗格中右键单击要设置的 Web 网站节点，选择"添加 FTP 发布"命令，弹出"添加 FTP 站点发布"对话框，设置绑定和 SSL，再单击"下一步"按钮，设置身份认证和授权信息，直至完成 FTP 站点发布。有关选项前面介绍过。采用这种方式创建的 FTP 站点的主目录与 Web 网站的主目录相同，绑定信息增加了 FTP 类型，如图 7-70 所示。可以执行"删除 FTP 发布"命令来取消给 Web 网站添加的 FTP 发布。

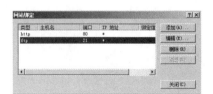

图 7-69　设置身份验证和授权信息　　　　　图 7-70　网站绑定 FTP

2. 在 FTP 站点上发布内容

将内容文件复制或移动到 FTP 发布目录中即可进行发布。用户即可使用 FTP 客户软件从中下载文件。

3. 管理 FTP 站点

打开 IIS 管理器，在"连接"窗格中单击树中的"网站"节点，工作区显示当前的网站（站点）列表，其中包括 FTP 站点。如图 7-71 所示，可以查看一些重要的信息，如启动状态、绑定信息；从列表中选择一个 FTP 站点（绑定 FTP 的站点），"操作"窗格中显示对应的操作命令，可以编辑更改该站点，重命名网站，修改物理路径、绑定，启动或停止站点运行等，与 Web 网站操作基本相同。例如，选中要设置的 FTP 站点，在右侧"操作"窗口中单击"基本设置"链接，打开图 7-72 所示的对话框，根据需要在"物理路径"框中设置主目录所在的位置。

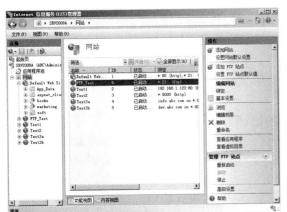

图 7-71　网站列表

图 7-72　编辑网站

4. 建立多个 FTP 站点

与建立 Web 网站一样，可在一台计算机上建立多个 FTP 站点，也就是常说的虚拟主机技术。与 IIS 6 不同，IIS 7.5 的 FTP 站点所使用的虚拟主机技术与 Web 网站一样，除了绑定不同的 IP 地址和端口外，还支持主机名。通过更改其中的任何一个标志，就可在一台计算机上维护多个站点。具体设置可参见关于是用虚拟主机技术创建多个 Web 网站的介绍。

在创建 FTP 站点时，可在绑定和 SSL 设置界面（见图 7-68）中选中"启用虚拟主机名"复选框，并设置主机名。对于已创建的 FTP 站点，则可以通过修改绑定信息来设置虚拟主机名，如图 7-73 所示。

5. 管理应用程序

与 Web 服务器一样，FTP 服务器也允许在 FTP 站点中创建应用程序。应用程序是站点根级别的一组内容，或站点根目录下某一单独文件夹中的一组内容。在 IIS 7.5 中添加应用程序时，需为该应用程序指定一个目录作为应用程序根目录（即开始位置），然后指定特定于该特定应用程序的属性，例如指定应用程序池以供该应用程序在其中运行。应用程序的名称将成为用户可通过客户端请求的 URL 的一部分。

打开 IIS 管理器，在"连接"窗格中展开"网站"节点，右键单击要创建应用程序的 FTP 站点，然后选择"添加应用程序"命令，打开图 7-74 所示的对话框，从中设置所需选项。该应用程序的 URL 路径由当前路径加此别名组成。

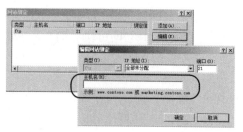

图 7-73　设置 FTP 站点主机名

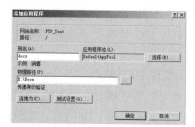

图 7-74　在 FTP 站点中添加应用程序

6. 管理物理目录

物理目录是直接在文件系统中创建的真实目录，它可对应不同的 FTP 站点主目录或虚拟目录。可直接在 Windows 系统中创建和删除物理目录，也可在 IIS 管理器中管理站点主目录或应用程序、虚拟目录对应的物理目录。右键单击 FTP 站点、应用程序或虚拟目录，选择"浏览"命令打开资源管理器，可创建、删除和修改物理目录。

在 IIS 管理器中还可通过"内容视图"来查看物理目录中的实际内容。当用户登录到 FTP 站点时，将显示该站点对应的物理目录及其内容。

7. 管理虚拟目录

创建虚拟目录是为了 FTP 站点的结构化管理。虚拟目录可根据需要映射到不同的物理目录，无论物理目录怎么变动，虚拟目录都能维持站点结构的稳定性。如果站点较复杂，或需要为站点不同部分指定不同 URL，则可根据需要添加虚拟目录。对于简单的 FTP 站点，不需要添加虚拟目录，只需将所有文件放在该站点主目录中即可。

打开 IIS 管理器，在"连接"窗格中展开"网站"节点，右键单击要创建应用程序的 FTP 站点，然后选择"添加虚拟目录"命令打开图 7-75 所示的对话框，设置所需选项。该虚拟目录的 URL 路径由当前路径加别名组成。

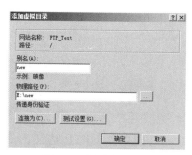

图 7-75　添加虚拟目录

提示　与 HTTP 不同，默认情况下虚拟目录不能显示在 FTP 目录列表中，对用户是不可见的。FTP 用户必须知道虚拟目录的别名，并将其加入到 FTP 应用程序或浏览器的 URL 地址中才能访问虚拟目录。不过 IIS 7 支持通过选项设置虚拟目录显示目录列表中。如果 FTP 站点同一目录中具有名称相同的物理子目录和虚拟目录，那么使用目录名称来访问站点时，虚拟目录名优先响应。

在 IIS 管理器中选中要管理虚拟目录的 FTP 站点，切换到"功能视图"，单击"操作"窗格中的"查看虚拟目录"链接，打开图 7-76 所示的界面，其中给出了该网站当前的虚拟目录列表，可以查看一些重要的信息，如虚拟目录内容的物理路径。

选中列表中的虚拟目录项，右侧"操作"窗格中给出相应操作命令，可以编辑和管理虚拟目录。单击"删除"链接将删除该虚拟目录。注意删除虚拟目录并不删除相应的物理目录及其文件。

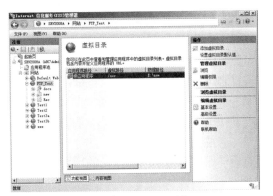

图 7-76　虚拟目录列表

7.6.3　FTP 基本配置和管理

FTP 站点配置主要是通过站点属性设置对话框来实现的。

1. 设置 FTP 消息

当用户登录到 FTP 站点时，可以发送消息，以便向用户提供关于此站点的提示信息。

打开 IIS 管理器，在"连接"窗格中导航至要配置的级别（可以在服务器级或站点级设置 FTP 消息），在"功能视图"的"FTP"部分双击"FTP 消息"按钮，出现图 7-77 所示的界面，从中设置 FTP 消息。默认情况下各项消息均无内容，可根据需要设置，"横幅"框中设置用户连接到 FTP 站点之前显示的消息；"欢迎使用"框中设置用户连接到 FTP 站点时显示的欢迎消息；"退出"框中设置用户断开 FTP 连接时显示的消息；"最大连接数"框中设置 FTP 连接数已到最大值时客户端仍要视图连接所显示的消息。

2. 设置 FTP 目录浏览

可以在服务器级或站点级设置 FTP 目录浏览格式，即 FTP 服务器响应 FTP 客户端发送列表请求时所使用的目录输出格式。

打开 IIS 管理器，在"连接"窗格中导航至要配置的级别，在"功能视图"的"FTP"部分双击"FTP 目录浏览"按钮，出现图 7-78 所示的界面，其中，默认目录输出格式是 MS-DOS。因为绝大多数客户软件接收 UNIX 格式，为保持较好的兼容性，应该将 FTP 列表的样式设置为 UNIX 格式，UNIX 格式显示得目录列表。另外，还可在"目录列表选项"区域设置目录列表选项，例如选中"虚拟目录"复选框将在目录列表中显示虚拟目录。

图 7-77　配置 FTP 消息

图 7-78　设置 FTP 目录浏览

3. 设置 FTP 日志

可以在服务器级或站点级设置 FTP 日志，记录 FTP 访问。打开 IIS 管理器，在"连接"窗格中导航至要配置的级别，在"功能视图"的"FTP"部分双击"FTP 日志"按钮，出现图 7-79 所示的界面，从中设置有关日志选项，例如，可以设置每台服务器或每个站点一个日志文件。

4. 管理 FTP 会话活动

管理员可以查看和管理 FTP 站点当前连接的用户。打开 IIS 管理器，在"连接"窗格中导航至要管理的 FTP 站点，在"功能视图"的"FTP"部分双击"FTP 当前会话"按钮，出现图 7-80 所示的界面，从中可查看、跟踪和控制当前连接的用户。用户注销或中断连接之前一直处于会话状态。

图 7-79　配置 FTP 日志

图 7-80　管理 FTP 用户会话

7.6.4　IIS 的 FTP 安全管理

使用 FTP 的一个基本原则，就是要在保证系统安全的情况下，使用 FTP 服务。FTP 的明文传输（未加密的用户名和密码）和上载功能是其重要的安全隐患，应该引起足够的重视。

IIS FTP 安全管理是以 Windows 操作系统和 NTFS 文件系统的安全性为基础的。FTP 的安全主要是解决访问控制问题，即让特定用户能够访问特定资源。当用户访问 FTP 服务器时，IIS 利用其本身和 Windows 系统的多层安全检查和控制来实现有效的访问控制。除了一些特殊的安全配置外，大部分 FTP 安全配置与 IIS Web 服务器类似。

1. 配置 IP 地址限制

IIS FTP 也具备控制特定 IP 地址的用户访问的功能，以加强安全性。可以在服务器、站点、应用程序、目录级别配置 IPv4 地址和域限制。打开 IIS 管理器，导航至要管理的节点，在"功能视图"的"FTP"部分双击"IPv4 地址和域限制"按钮打开相应的界面，查看和管理 IPv4 地址和域限制规则，具体参见第 7.4.3 小节的有关介绍。

2. 配置身份验证方法

身份验证用于控制特定用户访问 FTP 站点。IIS FTP 身份验证方法有两种类型：内置和自定义。内置身份验证方法是 FTP 服务器的组成部分，可以启用或禁用这些身份验证方法，但无法从 FTP 服务器中删除。自定义身份验证方法通过可安装的组件得以实现，除了启用或禁用外，还可以添加或删除这些方法。

可以在服务器级或站点级配置身份验证。打开 IIS 管理器，导航至要管理的节点，在"功能视图"的"FTP"部分双击"FTP 身份验证"按钮打开图 7-81 所示的界面，其中显示当前的身份验证方法列表，可以查看一些重要的信息，如状态（启用还是禁用）、类型（内置或自定义）；

选中某一身份验证方法，右侧"操作"窗格中给出相应的操作命令，可以启用、禁用或编辑该方法。

默认情况下，不启用任何身份验证方法，在服务器级就是这样设置的。如果要允许 FTP 用户访问，则必须启用某种身份验证方法。FTP 支持匿名登录和用户登录两种方式。IIS FTP 提供两种内置的身份验证方法来支持这两种方式。默认情况下 IIS 为所有的匿名登录创建名为 IUSR 的账户，可以自定义匿名登录用户名和密码。如果只启用基本身份验证，用户登录 FTP 服务器时需要提供用户名和密码。不过 FTP 用户验证的安全性很差，用户名和密码都是以明文形式传送的，存在严重的安全隐患，通常都是用 SSL 连接进行保护。如果只启用匿名身份验证，用户就不能使用用户名和密码登录，而只能匿名登录，这样具有很高的安全性，入侵者不能企图以管理员账户访问。

IIS FTP 支持自定义身份验证方法，在"操作"窗格中单击"自定义提供程序"链接弹出图 7-82 所示的对话框，可以从中添加(注册)自定义身份验证方法。目前提供两种，一种是 ASP.NET 身份验证（AspNetAuth），它要求用户提供有效的.NET 用户名和密码才能获取内容访问权限；另一种是 IIS 管理器身份验证（IisMangerAuth），它要求用户提供有效的 IIS 管理器用户名和密码才能获得内容访问权限。IIS 管理器身份验证要求安装 IIS 管理服务，并将其配置为同时使用 Windows 凭据和 IIS 管理器凭据。

图 7-81　设置 FTP 身份验证

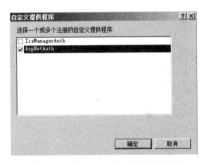

图 7-82　添加自定义身份验证方法

3. 配置 FTP 授权规则

可以在服务器、站点、应用程序、目录级别配置 FTP 授权规则，基于用户或角色来控制对内容的访问权限（读取或写入），这与 Web 服务器的 URL 授权规则类似。

打开 IIS 管理器，导航至要管理的节点，在"功能视图"的"FTP"部分双击"FTP 授权规则"按钮打开相应的界面，可以查看和管理 FTP 授权规则。这些规则显示在一个列表中，可以改变其顺序来对一些用户授予访问权限，同时对另一些用户拒绝访问权限。

4. 配置目录或文件的 NTFS 权限

IIS 利用 NTFS 文件系统的安全特性为特定用户设置 FTP 服务器目录和文件的访问权限，确保特定目录或文件不被未经授权的用户访问。NTFS 权限可在资源管理器中设置，也可直接在 IIS 管理器中设置。在 IIS 管理器中导航至要管理的节点，单击"操作"窗格中"编辑权限"链接打开内容对应目录或文件的属性设置对话框，切换到"安全"选项卡即可根据需要进行设置。

5. 配置其他 FTP 安全选项

还可以像 Web 服务器一样为 FTP 服务器配置其他安全选项。可以在服务器、站点、应用程序、目录级配置 FTP 请求筛选功能，定义 3 种类型的筛选器（筛选规则）：文件扩展名、隐藏段、拒绝的 URL 序列。还可以配置 SSL 连接，保护 FTP 客户端与服务器之间的通信，这将在第 8 章介绍。

6. 确保 FTP 服务安全的几项原则

- 最好将 FTP 的访问限制在一个 NTFS 分区，以免 FTP 用户的非法入侵。
- 不允许 FTP 用户对 Web 服务器 CGI 目录的访问。因为如果允许 FTP 上载文件到这个目录，也就允许用户将应用程序上载到服务器，并可运行，必然带来安全隐患。
- 充分利用 Windows 服务器系统的优点，限制 FTP 用户访问的时间。
- 如果 FTP 服务器只是用来进行文件发布，就应该设置只允许匿名登录。
- 尽可能使用安全通道（如 SSL）来保护 FTP 客户端与服务器之间的通信。

7.6.5　配置 FTP 用户主目录与 FTP 用户隔离

FTP 站点涉及物理目录和虚拟目录，以及特有的用户主目录。用户主目录是 FTP 的一个特色，用来设置 FTP 用户的默认目录。用户主目录可以是站点主目录中的物理目录，也可以是站点的虚拟目录，其目录名称与用户名相同，有点类似于 UNIX 系统或网络用户的用户工作目录。IIS 的 FTP 用户隔离相当于专业 FTP 服务器的用户主目录锁定功能，实际上是将用户限制在自己的目录中，防止用户查看或覆盖其他用户的内容。这个特性使得 IIS FTP 服务器更专业，为 ISP 提供了解决方案，便于为用户提供上载文件和 Web 内容的个人 FTP 站点（目录），让用户在其中创建、修改或删除文件和文件夹。

1. 创建用户主目录

如果启用用户主目录支持，用户以 FTP 用户名登录，则将相应的用户主目录作为其根目录。当用户登录到 FTP 站点时，FTP 服务器以用户登录名查找站点主目录下的用户主目录。对于匿名 FTP 登录，则查找主目录下名为"anonymous"的目录。如果这样的目录存在，用户将用它来启动 FTP 会话，并将其作为当前目录。如果未找到这样的目录，则以站点主目录作为当前目录。

但是，IIS FTP 本身不能创建和管理用户，因而需要借助于 Windows 系统手动建立用户主目录，具体步骤如下。

（1）设置相应的 Windows 用户账户来定义 FTP 用户。

IIS FTP 使用 Windows 用户账户来进行验证。如果 FTP 服务器是域成员，可考虑使用域用户账户。如果 FTP 服务器是独立服务器，则只能使用本地账户。使用域用户账户登录 FTP 站点时，应输入完整的域用户账户名，如 zhong@abc.com 或者 ABC\zhong。

（2）在 FTP 站点中建立相应的用户主目录。

管理员在 FTP 站点主目录中建立以用户名命名的物理目录，也可在 FTP 站点建立以用户名命名的虚拟目录。具体步骤不再详述。为便于站点管理，最好建立相应的虚拟目录。例如，建立与用户账户名"zhong"相同的目录，以用户名 zhong 登录到 FTP 站点，目录 zhong 将作为当前的用户主目录。

提示 可以为 FTP 匿名用户建立名为"anonymous"的特殊用户主目录，以进一步控制 FTP 站点的访问。如果用户使用匿名账号登录，则将该目录用作根目录。若要指定开始目录供匿名访问，请在 FTP 站点的根目录中创建一个名为 default 的物理或虚拟目录文件夹。

（3）根据需要设置目录访问权限。

除了设置虚拟目录的访问权限外，还可以对用户名对应的物理目录的访问权限进行限制，如利用 NTFS 的文件安全措施设置该目录只允许该用户访问。

（4）通过磁盘配额管理或文件服务器配额管理来限制用户主目录空间。

为进一步控制用户主目录，需要限制相应的磁盘空间，尤其是用户主目录允许用户上载文件时。IIS FTP 本身并不支持磁盘空间管理，需借助于 Windows 系统的磁盘配额管理或文件服务器配额管理功能来实现，只有 NTFS 文件系统才能支持配额管理。

如果使用磁盘配额管理，可以针对 FTP 主目录所在磁盘为所有用户设置相同的配额，或者针对个别用户（FTP 用户）设置不同配额。如果使用文件服务器资源管理，可以针对具体的 FTP 用户主目录来设置文件夹配额限制。具体方法请参见前面磁盘管理或文件服务器部分的有关介绍。

设置配额限制后，以用户名登录到 FTP 站点，将本地一些文件上传至 FTP 站点的用户主目录，当超出容量限制时，发出警告，提示超出配额。

2．配置 FTP 用户隔离

可以在服务器或站点级配置 FTP 用户隔离。打开 IIS 管理器，导航至要管理的节点，在"功能视图"的"FTP"部分双击"FTP 用户隔离"按钮打开图 7-83 所示的界面，从中可以查看和管理 FTP 用户隔离设置。

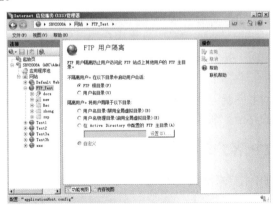

图 7-83　配置 FTP 用户隔离

默认情况下，IIS FTP 不隔离用户，并在 FTP 根目录中启动用户会话，即所有用户登录到 FTP 站点时都将进入同一个目录，即 FTP 站点的根目录，而不会转到自己的用户主目录。

要让用户登录后就进入自己的用户主目录，应选中"用户名目录"选项。这样所有 FTP 用户连接到站点后都将导向与当前登录用户同名的物理或虚拟目录中启动（前提是该文件夹存在）；否则，用户将进入 FTP 站点的根目录。

采用不隔离用户的模式，只要有足够的权限，任何 FTP 用户可能都可以切换到其他 FTP 用户的主目录，查看或修改其中的内容。

出于安全考虑，应采用隔离用户模式，根据需要选择以下选项。

（1）用户名目录（禁用全局虚拟目录）。将 FTP 用户会话隔离到与 FTP 用户账户同名的物理或虚拟目录中。用户只能看见其自身的 FTP 根位置（用户主目录），不能沿目录树向上导航。禁用全局虚拟目录，任何 FTP 用户都不能访问在 FTP 站点根级别配置的虚拟目录，所有虚拟目录都必须在用户的物理或虚拟主目录路径下进行显式定义。

要为每个用户创建主目录，首先必须在 FTP 站点的根目录下创建一个物理或虚拟目录，该目录以域命名，对于本地用户账户则命名为 LocalUser，然后再为每个 FTP 用户账户创建一个以用户名命名的物理或虚拟目录（匿名用户则统一命名为 Public）。表 7-2 列出了不同 FTP 用户账户类型所对应的用户主目录语法格式，其中%%FtpRoot%表示 FTP 站点根目录，%UserDomain%表示域名，%UserName%表示用户名。

表 7-2　FTP 用户账户对应的用户主目录

用户账户类型	用户主目录语法格式
匿名用户	%%FtpRoot%\LocalUser\Public
本地 Windows 用户账户（需基本身份验证）	%%FtpRoot%\LocalUser\%UserName%
Windows 域账户（需基本身份验证）	%%FtpRoot%\%UserDomain%\%UserName%
IIS 管理器或 ASP.NET 自定义身份验证用户账户	%%FtpRoot%\LocalUser\%UserName%

（2）用户名物理目录（启用全局虚拟目录）。将 FTP 用户会话隔离到与 FTP 用户账户同名的物理目录中。用户只能看见其自身的 FTP 根位置（用户主目录），不能沿目录树向上导航。启用全局虚拟目录，如果 FTP 用户有足够的权限，则可以访问在 FTP 站点根级别配置的所有虚拟目录(有可能包含其他 FTP 用户的内容)。这种选项需要创建的用户主目录如表 7-2 所示。

（3）Active Directory 中配置的 FTP 主目录。将 FTP 用户会话隔离到在 Active Directory 账户设置中为每个 FTP 用户配置的主目录中。当用户的对象位于 Active Directory 容器中时，将提取 FTPRoot 和 FTPDir 属性，以提供用户主目录的完整路径。如果 FTP 服务可以成功访问该路径，则将用户放置在其主目录(代表其 FTP 根位置)中。用户只能看见其自身的 FTP 根位置，无法沿目录树再向上导航。如果 FTPRoot 或 FTPDir 属性不存在，或这两个属性在一起无法组成有效且可访问的路径，则拒绝用户访问。

7.6.6　使用 FTP 客户端访问 FTP 站点

DOS 命令行工具 FTP 主要来测试 FTP 站点，实际应用一般使用浏览器或专门的 FTP 客户软件来访问 FTP 站点。

1．使用 IE 浏览器访问 FTP 站点

使用 IE 浏览器可访问 FTP 站点，不过 FTP 服务在 URL 地址中的协议名为"ftp"，例如在浏览器地址栏中输入"ftp://ftp.abc.com"，如果允许匿名连接，就会自动登录到 FTP 服务器，在浏览器中显示 FTP 站点主目录的文件夹和文件。现在的浏览器支持 FTP 上传功能，可以用来在FTP 站点中新建、删除、修改文件夹和文件。IE 的浏览、上载和下载方法与 Windows 资源管理器类似，只需在本地文件夹和 FTP 站点文件夹之间进行复制操作即可。

在浏览器中使用用户账户访问 FTP 站点有两种方法。一种方法是像匿名用户一样输入 URL 地址，弹出登录窗口，提供用户输入登录用户名和密码信息。另一种方法是在 URL 中包括用户

名和密码，URL 格式为 ftp://用户名:密码@站点及其目录。

2. 使用专门 FTP 客户软件访问 FTP 站点

专用 FTP 客户软件功能更为强大。这里以经典的 FTP 客户软件 CuteFTP 为例进行介绍，其增强版本 CuteFTP Pro 是一款全新的商业级 FTP 客户端程序，除了支持多站点同时连接外，还改进了数据传输安全措施，支持 SSL 或 SSH2 安全认证的客户机/服务器系统进行传输。

（1）安装并运行 CuteFTP 程序（例中版本为 CuteFTP 8 Professional），进入其主界面。

（2）选择菜单"文件">"FTP 站点"打开相应的对话框，设置要访问的 FTP 站点的属性。

（3）如图 7-84 所示，在"一般"选项卡中设置要登录站点的基本信息，其中登录方法选择"普通"单选按钮表示以用户账户登录，需要设置用户名和密码；默认选择"匿名"单选钮，以匿名方式登录；选择"交互式"单选钮表示两种方式均可。

（4）根据需要切换到其他选项卡设置其他选项。

（5）确认 FTP 站点设置正确，单击连接按钮，开始与所设站点建立连接。

（6）连接成功后，将显示出现图 7-85 所示的界面，中部有两个窗格，左侧显示的是本地磁盘的目录文件列表，右侧显示的是 FTP 站点主目录下的文件列表。

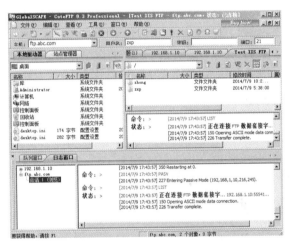

图 7-84　设置要访问的 FTP 站点

图 7-85　CuteFTP 站点访问界面

（7）根据需要执行文件传输等操作。

要下载文件，只需将右侧窗格的文件或目录拖放到左侧窗格相应的目录下即可；要上载文件，应将左侧窗格的文件或目录拖放到右侧窗格相应的目录下。要访问站点虚拟目录，可在右侧 FTP 站点窗格 📁 / 中的"/"后面输入虚拟目录名，即可切换到相应的虚拟目录。

（8）完成操作后，选择菜单"文件">"断开"，断开与 FTP 站点的连接。

新增的要访问的 FTP 站点保存在左侧窗格的站点管理器中，可根据需要进一步修改或删除。

7.6.7　通过 FTP 管理 Web 网站

FTP 非常适合管理 Internet 上的 Web 网站，最为通用，文件传输效率很高，但安全性较差。ISP 提供的虚拟主机或个人主页空间，大都让用户通过 FTP 来管理。充分利用 FTP 的目录配置管理，只需一个 FTP 站点就可解决这个问题，让用户通过 FTP 协议来管理 Web 虚拟主机。下面简单介绍一下服务器端的实现步骤。

（1）将不同用户的虚拟主机站点内容放在不同的目录中，每个站点使用一个独立的目录，将其设置为相应的 Web 站点主目录。

（2）针对每个虚拟主机主目录，在 FTP 站点上以虚拟目录的形式建立相应的用户主目录。

（3）为用户主目录分配适当的写入或上载权限。

（4）启用磁盘配额功能，并设置各个虚拟主机的磁盘容量限额。

（5）对于以虚拟目录来提供的主页空间管理，主要是对各虚拟目录对应的物理目录设置 FTP 用户主目录。

这样，管理员和开发人员只要使用 FTP 客户软件或支持 FTP 功能的网站工具就可以对远程网站进行内容维护和更新了。

7.7 习题

简答题

（1）简述 Web 浏览器与 Web 服务器交互的过程。

（2）简述 FTP 会话建立和传输文件的过程。

（3）FTP 服务器端口 21 和 20 的作用有什么不同？

（4）简述 IIS 7.5 服务器的层次结构。

（5）什么是应用程序？

（6）什么是虚拟目录？它有什么优点？

（7）简述 IIS 7.5 的安全功能。

（8）Web 访问权限与 NTFS 权限有什么不同？

（9）Web 虚拟主机有哪几种实现技术？各有什么优缺点？

实验题

（1）在 Windows Server 2008 R2 服务器上安装 IIS 7.5，基于附加 TCP 端口号架设两个 Web 网站。

（2）在 IIS 7.5 服务器上基于不同 IP 地址架设两个 Web 网站。

（3）在 IIS 7.5 服务器上基于主机名架设两个 Web 网站。

（4）在 IIS 7.5 服务器上配置 ASP 应用程序。

（5）在 IIS 7.5 服务器上架设一个 FTP 站点，并在客户端进行访问测试。

PART 8

第8章
证书服务器与SSL
网络安全应用

【学习目标】

本章将向读者介绍公钥基础机构（PKI）的基础知识，让读者掌握证书服务器部署、证书颁发机构管理、证书注册、证书管理、部署基于SSL的Web网站和FTP站点的方法与技能。

【学习导航】

公钥基础结构是一套基于公钥加密技术提供安全服务的技术和规范，其核心是证书颁发机构，主要目的是通过自动管理密钥和数字证书，建立起一个安全的网络运行环境。本章在介绍PKI背景知识的基础上，重点讲解两方面的内容，一是使用Windows Server 2008 R2证书服务器建立证书颁发机构，提供证书注册服务；二是基于证书的网络安全应用，主要是SSL安全实现，包括基于SSL的Web网站和FTP站点。

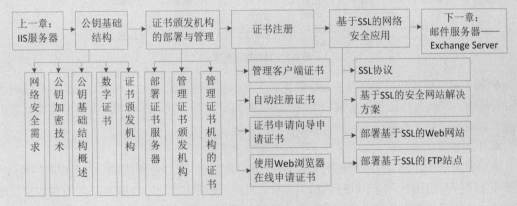

8.1 公钥基础结构

使用网络处理事务、交流信息和进行交易活动，都不可避免地涉及到网络安全问题，尤其是认证和加密问题。特别是在电子商务活动中，必须保证交易双方能够互相确认身份，安全地传输敏感信息，事后不能否认交易行为，同时还要防止第三方截获、篡改信息，或者假冒交易方。目前通行的解决方案是部署公钥基础结构（Public Key Infrastructure， PKI），提供数字证书签发、身份认证、数据加密和数字签名等安全服务。

8.1.1 网络安全需求

网络通信和电子交易的安全需求包括以下 4 个方面。

● 信息保密。信息传输的机密性，防止未授权用户访问，内容不会被未授权的第三方所知。例如，通常要防止敏感信息和数据在网络传输过程中被非法用户截取。

● 身份验证。确认对方的身份。例如，非法用户可能伪造、假冒合法实体（用户或系统）的用户身份，传统的用户名和口令认证方式的安全性很弱，需要强有力的身份验证措施。

● 抗否认。信息的不可抵赖性，确保发送方不能否认已发送的信息，要承担相应的责任。例如，交易合同电子文件一经数字签名，如果要否认，则已签名的记录可作为仲裁依据。

● 完整性控制。保证信息传输时不被修改、破坏，不能被未授权的第三方篡改或伪造。例如，敏感、机密信息和数据在传输过程中有可能被恶意篡改。破坏信息的完整性是影响信息安全的常用手段。

8.1.2 公钥加密技术

为综合解决这些安全问题，确保网络通信和电子交易安全，出现了一种采用非对称加密技术的公钥技术，可以用来为各类网络应用提供认证和加密等安全服务。

最初的加密技术是对称加密，又称单密钥加密或私钥加密。如图 8-1 所示，对信息的加密和解密都使用相同的密钥，双方必须共同保守密钥，防止密钥泄漏。这种技术实现简单，运行效率高，但存在以下两个方面的不足。

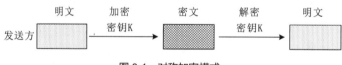

图 8-1　对称加密模式

● 用于网络传输数据加密存在安全隐患。在发送加密数据的同时，也需要将密钥通过网络通知接收者，第三方在截获加密数据的同时，只需再截取相应密钥即可将数据解密使用或非法篡改。如果密钥长度不够，采用暴力法即可将其破解。

● 不利于大规模部署。每对发送者与接收者之间都要使用一个密钥。

非对称加密正好克服对称加密的上述不足。非对称加密又称为公钥加密，它采用密钥对（一个用于加密的公钥和一个用于解密的私钥）对信息进行加密和解密，加密和解密所用的密钥是不同的。公钥通过非保密方式向他人公开，任何人都可获得公钥；私钥则由自己保存。一般组合使用双方的密钥，要求双方都申请自己的密钥对，并互换公钥，当发送方要向接收方发送信息时，利用接收方的公钥和自己的私钥对信息加密，接收方收到发送方传送的密文后，利用自己的私钥和发送方的公钥进行解密还原。

典型的非对称加密模式如图 8-2 所示。这种公钥加密技术既可以防止数据发送方的事后否认，又可以防止他人仿冒或者蓄意破坏，可实现保密、认证、抗否认和完整性控制等安全要求，而且对于大规模应用来说实现起来很容易。

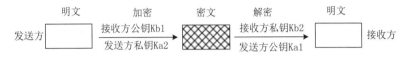

图 8-2　非对称加密模式

在实际应用中，通常将公钥加密和对称加密两种技术结合起来。例如，公钥加密技术经常用来交换对称加密的密钥，使得对称加密能继续用于数据加密。

8.1.3　公钥基础结构概述

公钥基础结构（以下简称 PKI）是一套基于公钥加密技术，为电子商务、电子政务等提供安全服务的技术和规范。作为一种基础设施，PKI 包括公钥技术、数字证书、证书颁发机构（简称 CA，也称认证机构）和关于公钥的安全策略等基本组成部分，用于保证网络通信和网上交易的安全。PKI 的主要目的是通过自动管理密钥和数字证书，为用户建立起一个安全的网络运行环境，使用户可以在多种应用环境下方便地使用加密和数字签名技术来实现安全应用。

PKI 具有非常广阔的市场应用前景，广泛应用于电子商务、网上金融业务、电子政务和企业网络安全等领域。从技术角度看，以 PKI 为基础的安全应用非常多，许多应用程序依赖于 PKI。下面列举几个比较典型的安全技术。

● 基于 SSL（安全套接字层）的网络安全服务。结合 SSL 协议和数字证书，在客户端和服务器之间进行加密通信和身份确认。

● 基于 SET 的电子交易系统。这是比 SSL 更为专业的电子商务安全技术。

● 基于 S/MIME 的安全电子邮件。

● 用于认证的智能卡。

● 软件的代码签名认证。

● 虚拟专用网的安全认证。例如，IPSec VPN 需要 PKI 对 VPN 路由器和客户机进行身份认证。

8.1.4　数字证书

数字证书也称为数字 ID，是 PKI 的一种密钥管理媒介。实际上，它是一种权威性的电子文档，由一对密钥（公钥和私钥）及用户信息等数据共同组成，在网络中充当一种身份证，用于证明某一实体（如组织机构、用户、服务器、设备和应用程序）的身份，公告该主体拥有的公钥的合法性。例如，服务器身份证书用于在网络中标识服务器的身份，确保与其他服务器或用户通信的安全性。可以这样说，数字证书类似于现实生活中的身份证或资格证书。

数字证书的格式一般采用 X.509 国际标准，便于纳入 X.500 目录检索服务体系。X.509 证书由用户公钥和用户标识符组成，还包括版本号、证书序列号、CA 标识符、签名算法标识、签发者名称和证书有效期等信息，如图 8-3 所示。

数字证书采用公钥密码机制，即利用一对互相匹配的密钥进行加密、解密。每个用户拥有一个仅为自己掌握的私钥，用它进行解密和签名；同时拥有一个可以对外公开的公钥，用于加密和验证签名。当发送一份保密文件时，发送方使用接收方的公钥对数据加密，而接收方则使用自己的私钥解密，这样信息就可以安全无误地到达目的地，即使被第三方截获，由于没有相应私钥，也无法进行解密。通过数字证书保证加密过程是一个不可逆过程，即只有用私有密钥才能解密。

数字证书是由权威公正的第三方机构即认证中心签发的，以数字证书为核心的加密技术可以对网络上传输的信息进行加密和解密、数字签名和签名验证，确保网上传递信息的机密性、完整性，以及交易实体身份的真实性，签名信息的不可否认性，从而保障网络应用的安全性。

数字证书主要应用于网络安全服务。常见的数字证书类型有 Web 服务器证书、服务器身份证书、计算机证书、个人证书、安全电子邮件证书、企业证书、代码签名证书等。

8.1.5 证书颁发机构

要使用数字证书，需要建立一个各方都信任的机构，专门负责数字证书的发放和管理，以保证数字证书的真实可靠，这个机构就是证书颁发机构，简称 CA。CA 在 PKI 中提供安全证书服务，因而 PKI 往往又被称为 PKI-CA 体系。作为 PKI 的核心，CA 主要用于证书颁发、证书更新、证书吊销、证书和证书吊销列表（CRL）的公布、证书状态的在线查询、证书认证等。

CA 提供受理证书申请，用户可以从 CA 获得自己的数字证书。证书的发放方式有两种，一种是在线发放，另一种是离线发放，由证书颁发机构制作好后，通过存储介质发放给用户。

在大型组织或安全网络体系内，CA 通常建立多个层次的证书颁发机构。分层证书颁发体系如图 8-4 所示。

图 8-3　数字证书

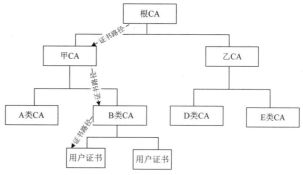

图 8-4　证书颁发体系

根 CA 是证书颁发体系中第一个证书颁发机构，是所有信任的起源。根 CA 给自己颁发由自己签署的证书，即创建自签名的证书。根 CA 可为下一级 CA（子 CA）颁发证书，也可直接为最终用户颁发证书。

根 CA 以下各层次 CA 统称为从属 CA。每个从属 CA 的证书都由其上一级 CA（父 CA）签发，下级 CA 不一定要与上级 CA 联机。从属 CA 为其下级 CA 颁发证书，也可直接为最终用户颁发证书。

CA 层次不要太多，最多 3 到 4 层。根 CA 最重要的角色是作为信任的根，是整个认证体系的中心，需要最根本的保护。在分层体系中，根 CA 主要用于向下级 CA 颁发证书，而从属 CA 为最终用户颁发特定目的的证书。

从最底层的用户证书到为其颁发证书的 CA 的身份证书，再到上级 CA 的身份证书，最后到根 CA 自身的证书，构成一个逐级认证的证书链。在证书链中，每个证书与为其颁发证书的

CA 的证书密切相关。在身份认证的过程中，如果遇到一份不足以信任的证书时，可通过证书链逐级地检查和确定该证书是否可以信任。与文件路径类似，证书路径就是从根 CA 证书到具体证书的路径。

8.2　证书颁发机构的部署和管理

许多网络安全业务需要 PKI 提供相关证书和认证体系，这就需要部署 PKI。PKI 的核心是证书颁发机构。企业的 PKI 解决方案不外乎 3 种选择：一是向第三方 CA 租用 PKI；二是部署自己的企业级 PKI；三是部署混合模式 PKI 体系，由第三方 CA 提供根 CA，自建第三方根 CA 的下级证书颁发机构。要建立证书颁发机构提供证书服务，就要选择合适的证书服务器软件。这里主要以 Windows Server 2008 R2 为例介绍如何组建证书服务器来部署证书颁发机构。

8.2.1　部署 Windows Server 2008 R2 证书服务器

在建立证书颁发机构之前，除选择证书服务器软件，还要规划证书颁发机构和公钥基础结构。

1. Windows Server 2008 R2 的证书服务简介

Windows Server 2008 R2 的证书服务由名为"Active Directory 证书服务"（ AD CS）的角色来提供，包括证书颁发机构、证书层次、密钥、证书和证书模板、证书吊销列表、公共密钥策略、加密服务提供者（CSP）、证书信任列表等组件。该角色可用来创建证书颁发机构以接收证书申请，验证申请中的信息和申请者的身份、颁发证书，吊销证书以及发布证书吊销列表（CRL）。

使用 Active Directory 证书服务，还可以安装 Web 注册、网络设备注册服务和联机响应程序服务，为用户、计算机、服务以及网络设备管理证书的注册和吊销，使用组策略分发和管理证书。

2. 规划证书颁发机构

首先要选择证书颁发机构类型。Active Directory 证书服务支持的证书颁发机构可分为企业 CA 和独立 CA。

企业 CA 基于证书模板颁发证书，具有下列特征。

- 需要访问 Active Directory 域服务。
- 使用组策略自动将 CA 证书传递给域中所有用户和计算机的受信任根 CA 证书存储区。
- 将用户证书和证书吊销列表（CRL）发布到 Active Directory。
- 可以为智能卡颁发登录到 Active Directory 域的证书。

企业 CA 使用基于证书模板的证书类型，可以实现以下功能。

- 注册证书时企业 CA 对用户（申请者）强制执行凭据检查（身份验证）。
- 证书使用者名称可以从 Active Directory 中的信息自动生成，或者由申请者明确提供。
- 策略模板将一个预定义的证书扩展列表添加到颁发的证书,该扩展是由证书模板定义的,可以减少证书申请者需要为证书及其预期用途提供的信息量。
- 可以使用自动注册功能颁发证书。

独立 CA 不使用证书模板，可以根据目的或用途（如数字签名）颁发证书，具有下列特征。

- 无需使用 Active Directory 域服务。
- 向独立 CA 提交证书申请时，证书申请者必须在证书申请中明确提供所有关于自己的身份信息以及证书申请所需的证书类型。

● 出于安全性考虑，默认情况下发送到独立 CA 的所有证书申请都被设置为挂起状态，由管理员手动审查颁发。当然也可根据需要改为自动颁发证书。

● 使用智能卡不能颁发用来登录到域的证书，但可以颁发其他类型的证书并存储在智能卡上。

● 管理员必须向域用户明确分发独立 CA 的证书，否则用户要自己执行该任务。

如果证书颁发机构面向企业内网（Intranet）的所有用户或计算机颁发证书，就应选择企业 CA，前提是要部署 Active Directory。如果面向企业外部用户或计算机颁发证书，也就是面向 Internet 时，就应选择独立 CA。企业内网如果没有部署 Active Directory，也可选择独立 CA。

选择好 CA 类型后，还要规划层次机构。结合企业 CA 和独立 CA，微软的证书颁发机构可分为 4 种类型：企业根 CA、企业从属 CA、独立根 CA 和独立从属 CA。虽然根 CA 可以直接向最终用户颁发证书，但是在实际应用中往往只用于向其他 CA（称为从属 CA）颁发证书。

3. 安装 Active Directory 证书服务

默认情况下 Windows Server 2008 R2 没有安装证书服务。在安装之前，应确认计算机名称和域成员身份，一旦证书服务运行后，更改计算机名称和域成员身份将导致由此 CA 颁发的证书无效。

这里以安装企业根 CA 为例讲解证书服务的安装过程。示例的实验环境中部署有 Active Directory，采用单域模式，域名为 abc.com，由一台 Windows Server 2008 R2 服务器充当域控制器，在域控制器上安装企业根 CA。

（1）以域管理员身份登录到要安装 CA 的服务器，打开服务器管理器，在主窗口"角色摘要"区域（或者在"角色"窗格）中单击"添加角色"按钮，启动添加角色向导。

（2）单击"下一步"按钮，出现"选择服务器角色"界面，选择要安装的角色"Active Directory 证书服务"。

（3）单击"下一步"按钮，显示该角色的基本信息。

（4）单击"下一步"按钮，出现图 8-5 所示的界面，从中选择要安装的角色服务。

这里选择最核心的角色服务"证书颁发机构"和较为实用的角色服务"证书颁发机构 Web 注册"（选择该项有可能弹出对话框提示安装 Web 注册所需的 Web 服务器的部分角色服务）。

（5）单击"下一步"按钮，出现"指定安装类型"界面，这里选择"企业"。

（6）单击"下一步"按钮，出现"指定 CA 类型"界面，这里选择"根"。

（7）单击"下一步"按钮，出现图 8-6 所示的界面，在这里设置私钥。

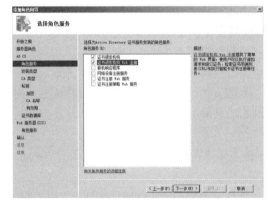
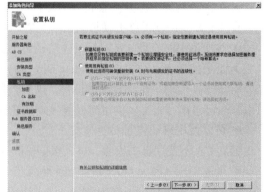

图 8-5　选择证书服务角色服务　　　　　　图 8-6　设置私钥

CA 必须拥有私钥才能颁发证书给客户端。这里选择新建私钥。如果重新安装 CA，可选择使用现有私钥，使用上一次安装时所创建的私钥。

（8）单击"下一步"按钮，出现图 8-7 所示的界面，从中为 CA 配置加密选项，包括加密服务提供程序、密钥长度和算法。这里保持默认值。虽然密钥越长越安全，但是系统开销会更大。

（9）单击"下一步"按钮，出现图 8-8 所示的界面，从中设置 CA 名称，用于标记该证书颁发机构。CA 名称的长度不得超过 64 个字符。

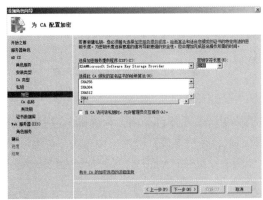

图 8-7　为 CA 配置加密选项

图 8-8　设置 CA 名称

（10）单击"下一步"按钮，出现"设置有效期"界面，设置 CA 的有效期限。对于根证书颁发机构，有效期限应当长一些。这里保持默认值 5 年。

（11）单击"下一步"按钮，出现"配置证书数据库"界面，设置证书数据库及其日志的存储位置。这里保持默认值。

（12）单击"下一步"按钮，如果所需 Web 服务器的角色服务没有安装，将出现"Web 服务器（IIS）"界面，显示该角色的基本信息。单击"下一步"按钮，出现"选择角色服务"界面，选择 Web 服务器要安装的角色服务（主要用于 Web 注册的配套）。

（13）单击"下一步"按钮，出现"确认安装选择"界面，确认安装选项配置无误后，单击"安装"按钮开始安装，根据向导提示完成其余操作步骤。

安装完毕，证书服务将自动启动，重新启动，该计算机成为证书服务器。

独立根 CA 的安装步骤与企业根 CA 相差不大，安装类型应选择"独立"。每个 CA 本身也需要确认自己身份的证书，该证书由另一个受信任的 CA 颁发，如果是根 CA，则由自己颁发。从属 CA 必须从另一 CA 获取其 CA 证书，也就是要向父 CA 提交证书申请。企业从属 CA 的父 CA 可以是企业 CA，也可是独立 CA。

8.2.2　管理证书颁发机构

主要通过证书颁发机构控制台对证书颁发机构进行配置管理。从"管理工具"菜单中选择"证书颁发机构"命令，即可打开图 8-9 所示的证书颁发机构控制台界面，通过该控制台对证书颁发机构进行配置管理。另外，还可以在服务器管理器中打开证书颁发机构管理工具。

1. 启动或停止证书服务

在证书颁发机构控制台树中，右键单击证书颁发机构的名称，如图 8-10 所示，从"所有任务"菜单中选择"启动服务"或"停止服务"命令。

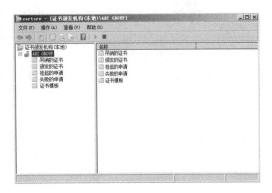

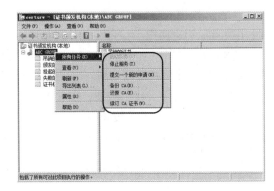

图 8-9   证书颁发机构控制台

图 8-10   证书颁发机构管理任务

2. 查看证书颁发机构证书

证书颁发机构本身需要证书。在证书颁发机构控制台中展开目录树，右键单击证书颁发机构机构的名称，选择"属性"命令打开属性设置对话框，在"常规"选项卡中单击"查看证书"按钮，可查看 CA 自己的证书。如图 8-11 所示，该证书为根 CA 证书，是自己颁发给自己的证书。

3. 设置 CA 管理和使用安全权限

在属性设置对话框中切换到"安全"选项卡，设置组或用户的证书访问权限。如图 8-12 所示，主要有以下 4 种证书访问安全权限。

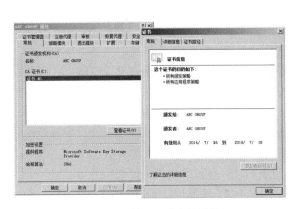

图 8-11   查看 CA 本身的证书

图 8-12   设置证书访问权限

- "管理 CA"。最高级别的权限，用于配置和维护 CA，具备指派所有其他 CA 角色和续订 CA 证书的能力。具备此权限的用户就是 CA 管理员，默认情况下由系统管理员充任。
- "颁发和管理证书"。可批准证书注册和吊销申请。具备此权限的用户就是证书管理员。
- "读取"。可读取和查看 CA 中的证书。
- "申请证书"。被授权从 CA 申请证书的客户，即注册用户。

默认情况下，系统管理员拥有"管理 CA"和"颁发和管理证书"的权限；而域用户只具有"申请证书"的权限。可根据需要添加要具备相应证书访问权限的用户或组。

4. 配置策略模块（处理证书申请的方式）

策略模块确定证书申请是应该自动颁发、拒绝，还是标记为挂起。在属性设置对话框中切换到"策略模块"选项卡，设置如何处理证书申请。如图 8-13 所示，默认情况下只有一个名为"Windows 默认"策略模块，如果有多个策略模块，可单击"选择"按钮从中选择一个作为默认策略模块；单击"属性"按钮打开相应的对话框，可查看和设置该策略模块的内容，企业 CA 默认设置根据证书模板设置处理证书申请，否则自动颁发证书。更改设置后，必须重新启动证书服务才能生效。

5. 设置获取证书吊销列表和证书的位置

在属性设置对话框中切换到"扩展"选项卡，可以添加或删除用户获取证书吊销列表和证书的 URL 地址。证书服务提供基于 Web 的服务项目，如图 8-14 所示，从"选择扩展"列表中选择要设置的项，"CRL 分发点"定义用户获取证书吊销列表的地址，"颁发机构信息访问"定义用户获取证书的地址；下面的列表框中列出相应的地址，这些 URL 地址可以是 HTTP、LDAP 或文件地址，其中"ServerDNSName"表示证书服务器的域名，"CAName"表示证书名称，可根据需要修改。

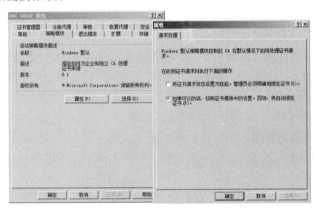

图 8-13　配置证书申请处理方式　　　　　　　图 8-14　"扩展"选项卡

6. 备份和还原证书颁发机构

由于证书颁发机构保存着重要的证书及相关服务信息，所以应确保其自身的安全性。备份和还原操作的目的是保护证书颁发机构及其可操作数据，以免因硬件或存储媒体出现故障而导致数据丢失。通过使用证书颁发机构控制台可以备份和还原以公钥、私钥和 CA 证书以及证书数据库。

证书颁发机构控制台提供了备份向导和还原向导，右键单击相应的证书颁发机构名称，从"所有任务"菜单中（见图 8-10）选择"备份 CA"或"还原 CA"命令即可启动向导。

为安全起见，应使用专用备份程序和还原程序来备份和程序还原整个证书服务器。

7. 续订 CA 证书

由证书颁发机构所颁发的每一份证书都具有有效期限。证书服务强行实施一条规则，即 CA 永远不会颁发超出自己证书到期时间的证书。因此，当 CA 自身的证书达到其有效期时，它颁发的所有证书也将到期。这样，如果 CA 因为某种目的没有续订并且 CA 的生存时间已到，则管理员确认当前到期的 CA 发出的所有证书不再用作有效的安全凭据。

这里举例说明。某个单位安装了带 5 年证书有效期的根 CA，使用该根 CA 向下级 CA 颁发有效期为 2 年的证书。前 3 年，由根 CA 颁发给下级 CA 的每一份证书仍有 2 年的有效期。3 年以后，如果根 CA 证书所剩的有效期不到两年，那么证书服务开始缩减由根 CA 颁发的证书的有效期，使它们不会超出 CA 证书的到期时间。这样，4 年后 CA 会向下级 CA 颁发有效期为 1 年的证书。一旦满 5 年，根 CA 就不能再颁发下级 CA 证书。

在证书颁发机构控制台中右键单击相应的证书颁发机构名称，选择"所有任务" > "续订

CA 证书"命令可启动续订向导。续订时，可以选择为 CA 的证书产生新的公钥和密钥对。

8.2.3 管理证书颁发机构的证书

证书颁发机构（服务器端）的证书管理是通过证书颁发机构控制台（参见图 8-9）来实施的，包括受理证书申请、审查颁发证书、查看证书、吊销证书等。

1. 查看已颁发的证书

在证书颁发机构控制台中展开"颁发的证书"文件夹，右侧详细信息窗格中显示已颁发的证书，可进一步查看特定证书的基本信息、详细信息和证书路径。

2. 审查颁发证书

证书颁发机构收到客户端提交的申请后，经审查批准后生成证书，最后向客户端颁发证书。企业 CA 使用证书模板来颁发证书，默认自动颁发证书。独立 CA 一般不自动颁发证书，由管理员负责审查证书申请者的身份，然后决定是否颁发。

展开"挂起的申请"文件夹，右侧详细信息窗格中显示待批准的证书申请，可通过记录申请者名称、申请者电子邮件地址和颁发证书要考虑的其他重要信息来检查证书申请。被拒绝的证书申请将列入到"失败的申请"文件夹。

3. 吊销证书

通过证书吊销将还未过期的证书强制作废。例如，证书的受领人离开单位，或者私钥已泄露，或发生其他安全事件，就必须吊销该证书。被 CA 吊销的证书列入该 CA 的证书吊销列表（CRL）中。在证书颁发机构控制台中展开"颁发的证书"文件夹，右键单击要吊销的证书，选择"所有任务"＞"吊销证书"命令打开"证书吊销"对话框，如图 8-15 所示，从列表中选择吊销的原因，单击"是"按钮，将该证书标记为已吊销并被移动到"吊销的证书"文件夹。

4. 管理证书模板

对于企业 CA 来说，还要涉及证书模板管理。每一种证书模板代表一种用于特定目的的证书类型，证书申请者只能根据其访问权限从企业 CA 提供的证书模板中进行选择。

在证书颁发机构控制台中展开"证书模板"文件夹，右侧详细信息窗格中可颁发的证书模板，如图 8-16 所示，默认情况下只启用了 10 种证书模板。

实际上系统预置的证书模板有 30 多种，需要使用证书模板管理单元管理。注意，打开证书模板管理单元需要管理员权限。在证书颁发机构控制台中右键单击"证书模板"节点，选择"管理"命令可打开图 8-17 所示的证书模板管理单元，其中列出了已有的证书模板，双击其中某一证书模板打开相应的属性对话框，可以查看和修改该模板的详细设置，如图 8-18 所示。也可执行命令 certtmpl.msc 打开证书模板管理单元。

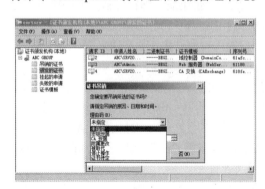

图 8-15 证书吊销

图 8-16 CA 可颁发的证书模板

图 8-17　证书模板管理单元

图 8-18　查看和修改证书模板

　　预置的证书模板如果不能满足需要，可创建新的证书模板，并根据不同用途对其自定义。必须通过复制现有模板来创建新的证书模板。打开证书模板管理单元，右键单击要复制的模板，选择"复制模板"命令，为该证书模板设置新名称，进行必要的更改即可生成新的证书模板。

　　当然，要使证书颁发机构能够基于某一证书模板，还需要启用该模板，即将该模板添加到证书颁发机构，具体方法是在证书颁发机构控制台中右键单击"证书模板"节点，选择"新建" > "要颁发的证书模板"命令打开相应的对话框，从列表中选择证书模板。

8.3　证书注册

　　建立证书颁发机构之后，就要为用户提供证书注册服务，向用户颁发证书。客户端要向证书颁发机构申请证书，获取证书后再进行安装。证书注册是请求、接收和安装证书的过程。无论是用户、计算机还是服务，要想利用证书，必须首先从证书颁发机构获得有效的数字证书。

　　从独立 CA 申请证书，Web 在线申请几乎是唯一的申请途径，只有在能够生成证书申请文件的前提下，才能手动脱机申请。而从企业 CA 获取证书有 3 种方式：自动注册证书、使用证书申请向导、通过 Web 浏览器获得证书。这里以向企业 CA 申请注册证书为例来讲解。

　　证书注册主要是由客户端发起的，首先要了解客户端证书的管理。

8.3.1　管理客户端的证书

　　客户端的证书管理，主要包括申请和安装证书，以及从证书存储区查找、查看、导入和导出证书。导入和导出证书也是常用的客户证书还原和备份手段。

1．证书管理单元

　　Windows 计算机提供了基于 MMC 的证书管理单元，用于管理用户、计算机或服务的证书。在使用证书管理单元之前，必须将其添加到 MMC 控制台。以 Windows 7 计算机为例，从开始菜单中选择"运行"命令打开相应窗口，执行命令 mmc 打开 MMC 控制台，如图 8-19 所示，从菜单中选择"控制台" > "添加/删除管理单元"，单击"添加"按钮，从"可用的独立管理单元"列表中选择"证书"项，然后选择账户类型，加载证书管理单元，可根据需要添加多个证书管理单元，如图 8-20 所示。可将将该控制台另存为 MSC 文件，供下次直接调用。

图 8-19　添加证书管理单元

图 8-20　证书管理单元

每一个实体（证书应用对象）都必须加载单独的证书。证书管理账户类型有 3 种："我的用户账户"用于管理用户账户自己的证书；"计算机账户"用于管理计算机本身的证书；"服务账户"用于管理本地服务（系统服务或应用服务）的证书。只有计算机管理员才能管理以上 3 种账户类型的证书，一般用户账户只能管理自身用户账户的证书。

2. 查验证书的有效性

使用证书管理单元可以执行多种证书管理任务，不过大多数情况下，用户并不需要亲自管理证书和证书存储区，比较常用的是查验证书的有效性，从以下两个方面进行检查。

（1）检查个人证书。个人证书可以是用户证书，也可以是计算机证书，必须获得与证书上的公钥对应的私钥。在证书管理单元中展开"个人"＞"证书"文件夹，双击要检查的证书打开相应的属性设置对话框。对于一个有效的证书，必须确认"常规"选项卡中包含"您有一个与该证书对应的私钥"的提示，如图 8-21 所示。如果提示"您没有与该证书对应的私钥"，那么表示注册失败，该证书无效。

（2）检查受信任的根证书颁发机构。客户端必须能够信任颁发某证书的 CA，才能证明该证书的有效性并接受它。例如，收到一封使用某 CA 所颁发的证书签名的电子邮件时，接收方计算机应该信任由该 CA 所颁发的证书，否则将不认可该邮件。要信任颁发某证书的 CA，就需要将该 CA 自身的证书安装到计算机中，该 CA 证书将被作为受信任的根证书颁发机构。

在证书管理单元中展开"受信任的根证书颁发机构"＞"证书"文件夹，如图 8-22 所示，查找带有颁发者（CA）名称的证书，然后检查该证书是否有效，该证书不能过期，也不能没有生效。Windows 系统默认已自动信任一些知名的商业 CA。例中增加的"ABC GROUP"为自建的企业根 CA。

图 8-21　检查个人证书

图 8-22　检查根证书颁发机构的证书

3. 浏览器的证书管理功能

主流的浏览器一般提供简单的证书查看、导入与导出功能。以 IE 浏览器为例，打开"Internet 选项"对话框，切换到"内容"选项卡，单击"证书"区域的"证书"按钮可打开相应的对话框，查看和管理证书。

8.3.2 自动注册证书

证书自动注册是一个允许客户端自动向证书颁发机构提交证书申请，并允许检索和存储颁发的证书的过程。该过程由管理员控制，客户端定期检查可能需要的任何自动注册任务并执行这些任务。这是通过证书模板和 Active Directory 组策略来实现的。应用组策略可以为用户和计算机自动注册证书，只有域成员计算机能够自动注册证书。下面示范创建一个"用户"证书模板的副本，并将其用于自动注册的操作步骤。

1. 设置用于自动注册的证书模板

（1）以域管理员身份登录到证书服务器，打开证书颁发机构控制台，右键单击"证书模板"节点，选择"管理"命令打开证书模板管理单元。

（2）右键单击其中的"用户"模板，选择"复制模板"命令弹出相应的对话框，选择证书模板所支持的最低 Windows 服务器版本，这里保持默认设置，即 Windows Server 2003。

（3）单击"确定"按钮打开相应的新模板属性设置对话框，在"常规"选项卡"模板显示名称"框中输入"自动注册的用户"（作为新模板名），确认选中下面两个复选框，如图 8-23 所示。

（4）切换到"安全"选项卡，如图 8-24 所示，在"组或用户名称"框选中 Doamin Users，在下面的权限列表中选中"注册"和"自动注册"复选框，然后单击"确定"按钮。这样就为所有的域用户授予使用该证书模板自动注册的权限。

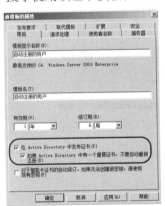

图 8-23　设置证书模板的常规选项

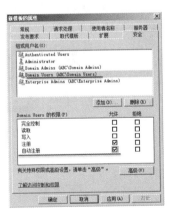

图 8-24　设置自动注册权限

（5）将自动注册证书模板添加到证书颁发机构。在证书颁发机构控制台中右键单击"证书模板"节点，从快捷菜单中选择"新建">"要颁发的证书模板"命令弹出 "启用证书模板"对话框，从列表中选择用于自动注册的新证书模板，单击"确定"按钮即可。

如果要更改已经添加到证书颁发机构的自动注册证书模板，可以先删除它，然后在证书模板管理单元中修改相应的模板，最后再将其重新添加到证书颁发机构。

2. 设置用于自动注册证书的 Active Directory 组策略

（1）以域管理员身份登录到域控制器，打开组策略管理控制台，展开目录树。

（2）右键单击"Default Domain Policy"（默认域策略）条目，单击"编辑"按钮打开组策略编辑器。可根据实际需要选择组策略对象进行编辑。

（3）依次展开"用户配置" > "策略" > "Windows 设置" > "安全设置" > "公钥策略"节点，在右侧详细信息窗格中双击"证书服务客户端——自动注册"项弹出相应的设置对话框，从"配置型号"列表中选中"已启用"，并选中下面两个复选框，如图 8-25 所示。

图 8-25　设置自动注册组策略

（4）单击"确定"按钮完成组策略设置。

完成上述配置之后，刷新组策略时域用户将自动注册用户证书。如果要立即刷新组策略，则可以重新启动客户端计算机，或者在命令提示符下运行 gpupdate 命令。

这样，用户（用户账户一定要设置有电子邮件账号，否则将被策略模块拒绝注册申请）在登录时就可应用该组策略来自动项证书服务器注册证书，可以在证书服务器上查看是否自动注册用户证书，如图 8-26 所示。

图 8-26　用户自动注册成功

8.3.3　使用证书申请向导申请证书

可采用证书申请向导来选择证书模板，更有针对性地申请各类证书。不过，只有客户端计算机作为域成员才能使用这种方式。这种方式使用证书管理单元，能够直接从企业 CA 获取证书。

（1）打开证书管理单元并展开，右键单击"证书-当前用户" > "个人"节点，选择"所有任务" > "申请新证书"命令，启动证书申请向导并给出有关提示信息。

（2）单击"下一步"按钮，出现图 8-27 所示的窗口，从中选择证书注册策略，这里保持默认设置，即由管理员配置的 Active Directory 注册策略。

（3）单击"下一步"按钮，出现图 8-28 所示的窗口，从中选择要申请的证书类别（证书模板），这里选择"用户"。

图 8-27　选择证书注册策略

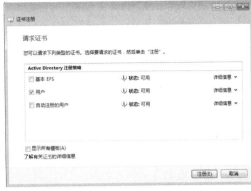

图 8-28　选择证书类别

（4）单击"注册"按钮提交注册申请，如果注册成功将出现"证书安装结果"界面，提示证书已安装在计算机上，单击"完成"按钮。

如果要申请计算机证书，右键单击"证书（本地计算机）"＞"个人"节点，选择"所有任务"＞"申请新证书"命令，启动证书申请向导即可。只有管理员才能资格申请计算机证书。

8.3.4　使用 Web 浏览器在线申请证书

使用 Web 浏览器申请证书是一种更通用，定制功能更强的方法。以下情况需要使用这种方式。

● 非域成员客户端，如运行非 Windows 操作系统的计算机，没有加入域的 Windows 计算机。

● 需要通过 NAT 服务器来访问证书颁发机构的客户端计算机。

● 为多个不同用户申请证书。自动注册或证书申请向导只能为当前登录的用户注册证书。

● 需要特殊的定制功能，如将密钥标记为可导出、设置密钥长度、选择散列算法，或将申请保存到 PKCS #10 文件等。

在使用浏览器向企业 CA 申请证书时，输入用户凭据很重要。用户名、密码和域除了用于验证申请者身份外，对于用户证书，用户名还表示证书申请者，证书被颁发给该用户。由于企业证书颁发机构对使用 Web 浏览器的证书申请者进行身份验证，如果没有设置身份验证，则通过 Web 页面申请将不能生成证书，即使生成了证书，也无法使用。

这里先对证书服务器上的 IIS 默认网站下的 CertSrv 应用程序启用 Windows 身份验证（见图 8-29），然后通过 Web 浏览器在线申请证书。

（1）通过浏览器访问 URL 地址 http://servername/certsrv（servername 是主持 CA 的服务器名称或域名，也可使用 IP 地址），弹出登录验证对话框，如图 8-30 所示，从中输入用户名和密码。

Web 注册时直接注册用户证书，或者选择创建证书申请，都要求使用 https 协议访问 CA 应用程序，这就需要在网站中绑定 HTTP 协议，好在安装证书服务时已经安装了服务器证书，只需在基本绑定中进行有关设置即可，具体方法参见第 8.4 节的讲解。

图 8-29　设置证书应用程序的身份验证　　　　　图 8-30　网站登录验证

（2）登录成功后打开欢迎界面（证书申请首页），如图 8-31 所示，从中选择一项任务，这里选择"申请证书"。

（3）出现图 8-32 所示的界面，从中选择证书申请类型。

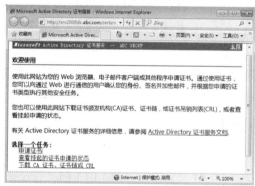
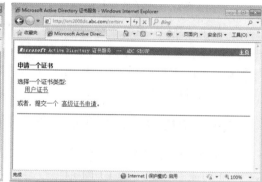

图 8-31　Web 注册首页　　　　　图 8-32　选择证书申请类型

（4）如果选择"用户证书"，将出现"用户证书-识别信息"界面，设置识别信息。这里向企业 CA 证书，不需进一步设置识别信息，可直接单击"提交"链接。可以单击"更多选项"链接以设置加密程序和申请格式，如图 8-33 所示。注意使用的是 https 协议。

如果选择"高级证书申请"，将出现图 8-34 所示的界面，需要从中选择申请高级证书的方式，有两种选择，第一种是创建证书申请，需要填写证书申请信息（这也需要使用 HTTPS 身份验证）；第二种直接利用已经生成的证书申请文件提交申请。

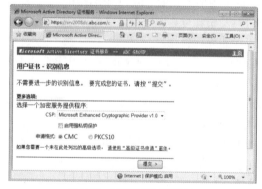
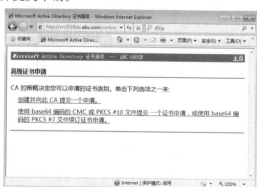

图 8-33　设置证书识别信息　　　　　图 8-34　高级证书申请

（5）根据不同的选择，将出现不同的界面，根据提示继续操作。企业 CA 自动颁发证书，默认会直接提供已经颁发给用户的证书。当出现"证书已颁发"界面时，单击"安装此证书"链接，根据提示完成证书安装。

如果 CA 设置为不能自动颁发，证书申请被挂起，需要等待证书申请审查和证书颁发，还要回到证书服务首页，选择查看挂起的证书的状态。如果管理员已经颁发证书，可选择下载证书或证书链，然后在客户端进行安装。

8.4 基于 SSL 的网络安全应用

SSL 是以 PKI 为基础的网络安全解决方案，应用非常广泛。SSL 安全协议工作在网络传输层，适用于 Web 服务、FTP 服务和邮件服务等，不过 SSL 最广泛的应用还是 Web 安全访问，如网上交易、政府办公等网站的安全访问。

8.4.1 SSL 简介

SSL 是一种建立在网络传输层协议 TCP 之上的安全协议标准，用来在客户端和服务器之间建立安全的 TCP 连接，向基于协议 TCP/IP 的客户／服务器应用程序提供客户端和服务器的验证、数据完整性及信息保密性等安全措施。

SSL 采用 TCP 作为传输协议提供数据的可靠传送和接收。如图 8-35 所示，SSL 工作在 Socket 层上，因此独立于更高层的应用，可为更高层协议，如 HTTP、Telnet、FTP 提供安全服务。

图 8-35 SSL 工作层次

SSL 采用公钥和私钥两种加密体制对服务器和客户端的通信提供保密性、数据完整性和认证。在建立连接过程中采用公钥，在会话过程中使用私钥。建立 SSL 安全连接后，数据在传送出去之前就自动被加密了，并在接收端被解密。对没有解密密钥的人来说，其中的数据是无法阅读的。

SSL 协议主要解决 3 个关键问题。

● 客户端对服务器的身份确认。

● 服务器对客户的身份确认。

● 在服务器和客户之间建立安全的数据通道。

目前，SSL 已在浏览器和服务器的验证、信息的完整性和保密性中广泛使用，成为一种事实上的工业标准。除了 Web 应用外，SSL 还被用于 FTP、SMTP、POP3 等网络服务。

在 SSL 中使用的证书有两种类型，每一种都有自己的格式和用途。客户证书包含关于请求访问站点的客户的个人信息，可在允许其访问站点之前由服务器加以识别。服务器证书包含关于服务器的信息，服务器允许客户在共享敏感信息之前对其加以识别。

对于 SSL 安全来说，客户端认证是可选的，即不强制进行客户端验证。这样虽然背离了安全原则，但是有利于 SSL 的广泛使用。如果要强制客户端验证，就要求每个客户端都有自己的公钥，并且服务器要对每个客户端进行认证，仅为每个用户分发公钥和数字证书，对于客户基数大的应用来说负担就很重。在实际应用中，服务器的认证更为重要，因为确保用户知道自己正在和哪个商家进行连接，比商家知道自己在和哪个用户进行连接更重要。而且服务器比客户数量要少得多，为服务器配备公钥和站点证书易于实现。当然，现在对客户端认证的支持也越来越广泛。

8.4.2 基于 SSL 的安全网站解决方案

基于 SSL 的 Web 网站可以实现以下安全目标。
● 用户（浏览器端）确认 Web 服务器（网站）的身份，防止假冒网站。
● 在 Web 服务器和用户（浏览器端）之间建立安全的数据通道，防止数据被第三方非法获取。
● 如有必要，可以让 Web 服务器（网站）确认用户的身份，防止假冒用户。

基于 SSL 的 Web 安全涉及 Web 服务器和浏览器对 SSL 的支持，而关键是服务器端。目前大多数 Web 服务器都支持 SSL，如微软的 IIS、Apache、Sambar 等；大多数 Web 浏览器也都支持 SSL。

架设 SSL 安全网站，关键要具备以下几个条件。
● 需要从可信的证书颁发机构（CA）获取 Web 服务器证书。
● 必须在 Web 服务器上安装服务器证书。
● 必须在 Web 服务器上启用 SSL 功能。
● 如果要求对客户端（浏览器端）进行身份验证，客户端需要申请和安装用户证书。如果不要求对客户端进行身份验证，客户端必须与 Web 服务器信任同一证书认证机构，需要安装 CA 证书。

Internet 上有许多知名的第三方证书颁发机构，大都能够签发主流 Web 服务器的证书，当然签发用户证书都没问题。自建的 Windows Server 2008 R2 证书颁发机构就能颁发所需的证书。

对于广泛使用 Windows 网络的用户来说，利用 IIS 服务器可轻松架设 SSL 安全网站。IIS 7.5 进一步优化了 SSL 安全网站配置，下面以此为例讲解 SSL 安全网站部署步骤。

8.4.3 在 IIS 7.5 中部署基于 SSL 的 Web 网站

为便于实验，例中通过自建的 Windows Server 2008 R2 证书颁发机构来提供证书。

1. 注册并安装服务器证书

配置 Web 服务器证书的通用流程为生成服务器证书请求文件→向 CA 提交证书申请文件→CA 审查并颁发 Web 服务器→获取 Web 服务器证书→安装 Web 服务器证书。

在 IIS 7.5 中，获得、配置和更新服务器证书都可以由 Web 服务器证书向导完成，向导自动检测是否已经安装服务器证书以及证书是否有效。例中直接向企业 CA 注册证书，步骤更为简单。

（1）打开 IIS 管理器，单击要部署 SSL 安全网站的服务器节点，在"功能视图"中双击"服务器证书"按钮出现图 8-36 所示的界面，其中，中间工作区列出当前的服务器证书列表（例中暂时没有），右侧"操作"窗格中列出相关的操作命令。

IIS 获得服务器证书的方式有导入服务器证书、创建证书申请、创建域证书、创建自签名证书。这里示范创建域证书，因为网络中部署有企业 CA，这里选择"立即将证书请求发送到联机证书机构"单选按钮，这种方式仅适合企业 CA。其他方式将在后面介绍。

（2）单击"操作"区域的"创建域证书"链接弹出相应的对话框，设置要创建的服务器证书的必要信息，包括通用名称、组织单位和地理信息，如图 8-37 所示。

提示 通用名称非常重要，可选用 Web 服务器的 DNS 域名（多用于 Internet）、计算机名（用于内网）或 IP 地址，浏览器与 Web 服务器建立 SSL 连接时，需要使用该名称来识别 Web 服务器。例如，通用名称使用域名 www.abc.com，在浏览器端使用 IP 地址来连接基于 SSL 的安全站点时，将出现安全证书与站点名称不符的警告。一个证书只能与一个通用名称绑定。

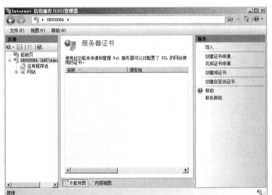

图 8-36　服务器证书管理

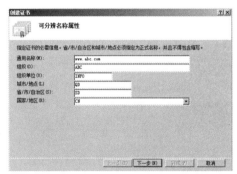

图 8-37　服务器证书信息设置

（3）单击"下一步"按钮，出现"联机证书颁发机构"对话框，单击"选择"按钮弹出"选择证书颁发机构"对话框，从列表中选择要使用的证书颁发机构，单击"确定"按钮，然后在"好记名称"框中为该证书命名，如图 8-38 所示。

（4）单击"完成"按钮，注册成功的服务器证书将自动安装，并出现服务器证书列表中，可选中它来查看证书的信息，如图 8-39 所示。

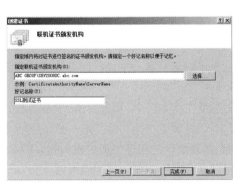

图 8-38　指定联机证书颁发机构

图 8-39　查看安装好的服务器证书

2. 在 Web 网站上启用并配置 SSL

安装了服务器证书之后，还要对网站进一步配置，才能建立 SSL 安全连接。

先启用 SSL。展开 IIS 管理器，单击要设置 SSL 安全的网站，在"操作"窗格中单击"绑定"链接打开"网站绑定"对话框，如图 8-40 所示，单击"添加"按钮弹出"添加网站绑定"对话框，从"类型"列表中选择"https"，从"SSL 证书"列表中选择要用的证书（前面申请的服务器证书），默认端口号是 443，单击"确定"按钮完成 https 协议绑定。

至此，Web 网站就具备了 SSL 安全通信功能，可使用 HTTPS 协议访问。默认情况下，HTTP 和 HTTPS 两种通信连接都支持，也就是说 SSL 安全通信是可选的。如果使用 HTTP 协议访问，将不建立 SSL 安全连接。如果要强制客户端使用 HTTPS 协议，只允许以"https://"打头的 URL 与 Web 网站建立 SSL 连接，还需进一步设置 Web 服务器的 SSL 选项。具体步骤如下。

（1）在 IIS 管理器中单击要设置 SSL 安全的网站，在"功能视图"中单击"SSL 设置"按钮打开图 8-41 所示的界面。

图 8-40 网站绑定 HTTPS 协议

图 8-41 SSL 设置

（2）如果选中"要求 SSL"复选框，将强制浏览器与 Web 网站建立 SSL 加密通信连接。

（3）在"客户证书"区域设置客户证书选项。默认选中"忽略"单选按钮，允许没有客户证书的用户访问该 Web 资源，因为现实中的大部分 Web 访问都是匿名的。

选中"接受"单选按钮，系统会提示用户出具客户证书，实际上有没有客户证书都可使用 SSL 连接。选中"必需"单选按钮，只有具有有效客户证书的用户才能使用 SSL 连接，没有有效客户证书的用户将被拒绝访问，这是最严格的安全选项。选中这两者中任一选项，使用浏览器访问安全站点时，将要求客户端提供客户证书。

3. 在客户端安装 CA 证书

仅有以上服务器端的设置还不能确保 SSL 连接的顺利建立。在浏览器与 Web 服务器之间进行 SSL 连接之前，客户端必须能够信任颁发服务器证书的 CA，只有服务器和浏览器两端都信任同一 CA，彼此之间才能协商建立 SSL 连接。如果不要求对客户端进行证书验证，只需安装根 CA 证书，让客户端计算机信任该证书颁发机构即可。

Windows 系统预安装了国际上比较知名的证书颁发机构的证书，可通过 IE 浏览器或证书管理单元来查看受信任的根证书颁发机构列表。自建的证书颁发机构，客户端一开始当然不会信任，还应在客户端安装根 CA 证书，将该 CA 添加到其受信任的根证书颁发机构列表中。否则，使用以"https://"打头的 URL 访问 SSL 网站时将提示客户端不信任当前为服务器颁发安全证书的 CA。

提示 如果向某 CA 申请了客户证书或其他证书，在客户端安装该证书时，如果以前未曾安装该机构的根 CA 证书，系统将其添加到根证书存储区（成为受信任的根证书颁发机构）。

如果部署有企业根 CA，Active Directory 会通过组策略让域内所有成员计算机自动信任该企业根 CA，自动将企业根 CA 的证书安装到客户端计算机，而不必使用组策略机制来颁发根 CA 证书。此处示例就是这种情况。

未加入域的计算机默认不会信任企业 CA，无论是域成员计算机，还是非域成员计算机，默认都不会独立根 CA，这就要考虑手动安装根 CA 证书。这里以在 Windows 7 计算机上通过 IE 浏览器访问证书颁发网站来下载安装该证书颁发机构的 CA 证书或 CA 证书链为例进行示范。

（1）打开 IE 浏览器，在地址栏中输入证书颁发机构的 URL 地址，当出现"欢迎"界面（见图 8-31）时，单击"下载一个 CA 证书，证书链或 CRL"链接。

（2）出现如图 8-42 所示的界面，单击"下载 CA 证书链"链接。

也可单击"下载 CA 证书"链接，只是获得的证书格式有所不同。CA 证书链使用.p7b 文件格式；CA 证书使用.cer 文件格式。

（3）弹出"文件下载"对话框，单击"保存"按钮。

（4）打开证书管理单元（参见 8.3.1 节），右键单击"受信任的根证书颁发机构"，选择"所有任务">"导入"命令，启动证书导入向导。

（5）单击"下一步"按钮出现"要导入的文件"界面，选择前面已下载的 CA 证书链文件。

（6）单击"下一步"按钮出现图 8-43 所示的界面，在"证书存储"列表中一定要选择"受信任的根证书颁发机构"。

（7）单击"下一步"按钮，根据提示完成其余步骤。

可以到"受信任的根证书颁发机构"列表中查看该证书。

使用 IE 浏览器通过"证书"对话框也可导入根 CA 证书。

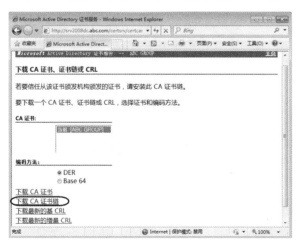

图 8-42 下载 CA 证书链

图 8-43 选择证书存储区域

4. 测试基于 SSL 连接的 Web 访问

完成上述设置后，即可进行测试。以"https://"打头的 URL 访问 SSL 安全网站，可以正常访问，如图 8-44 所示,IE 浏览器地址栏右侧将出现一个小锁图标，表示通道已加密。

图 8-44　通过 SSL 安全通道访问网站

5. 通过创建证书申请注册并配置 Web 服务器证书

创建域证书仅适合企业 CA，考虑到通用性，这里再示范一下通过创建证书申请来注册 Web 服务器的过程。

（1）生成服务器证书请求文件

① 打开 IIS 管理器，单击要部署 SSL 安全网站的服务器节点，在"功能视图"中双击"服务器证书"按钮出现相应的界面。企业 CA 必须用户登录。

② 单击"操作"区域的"创建证书申请"链接弹出"可分辨名称属性"对话框，设置要创建的服务器证书的必要信息，包括通用名称、组织单位和地理信息（见图 8-37）。此处示范所用的通用名称为 info.abc.com。

③ 单击"下一步"按钮出现图 8-45 所示的对话框，从中选择加密服务提供程序和算法位长。

④ 单击"下一步"按钮出现图 8-46 所示的对话框，从中指定生成的证书申请文件及其路径。

⑤ 单击"完成"按钮完成证书申请文件的创建。

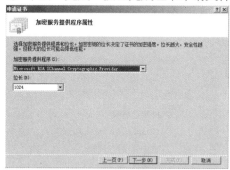

图 8-45　选择加密服务提供程序和算法位长

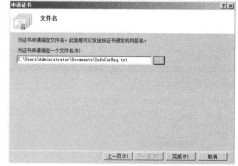

图 8-46　选择证书存储区域

（2）申请服务器证书

接下来就是向证书颁发机构提交服务器证书请求文件，申请服务器证书。

① 通过浏览器访问 CA 网站。

② 根据提示进行操作，选择"高级证书申请"，并选择第二种直接利用已经生成的证书申请文件提交申请（见图 8-34）。

③ 出现图 8-47 所示的界面时，填写证书申请表单。这里使用文件编辑器打开刚生成的证书请求文件，将其全部文本内容复制到"保存的申请"表单中。

对于企业 CA，还需要选择证书模板（这里为 Web 服务器）。独立 CA 则不需要。

④ 单击"提交"按钮，例中是企业 CA 自动颁发证书，将出现"证书已颁发"界面，如图 8-48 所示，单击"下载证书"链接，弹出相应的对话框，再单击"保存"按钮将证书下载到本地。

如果 CA 设置为不能自动颁发，证书申请被挂起，需要等待证书申请审查和证书颁发，还要回到证书服务首页，选择查看挂起的证书的状态。

图 8-47　提交证书申请

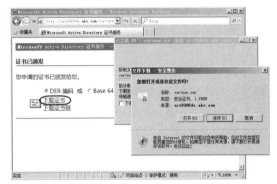

图 8-48　下载证书

（3）安装服务器证书

① 重新回到 IIS 管理器的"服务器证书"管理界面，单击"操作"区域的"完成证书申请"链接弹出图 8-49 所示的对话框，选择前面下载的服务器证书文件，并为该证书给出一个名称。

② 单击"确定"按钮，完成服务器证书安装，该证书出现服务器证书列表中，可选中它来查看证书的信息，如图 8-50 所示。

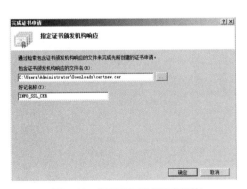

图 8-49　指定联机证书颁发机构

图 8-50　查看安装好的服务器证书

8.4.4　在 IIS 7.5 中部署基于 SSL 的 FTP 站点

由于 FTP 用户登录密码以明文形式传输，应尽可能使用安全通道（如 SSL）来保护 FTP 客户端与服务器之间的通信，而 IIS 7 开始支持 FTPS（FTP over SSL），可以基于 SSL 对 FTP 服务器与客户端之间的控制通道和数据通道传输进行加密。这里介绍具体的实现方法。

1. 配置FTP服务器证书

首先安装服务器证书。可以向第三方或自建的证书颁发机构申请证书，具体方法前面介绍过。也可以直接使用自颁发证书，这种方法最简单，IIS 7.5支持此功能，下面以此为例进行介绍。

（1）在IIS管理器中打开"服务器证书"管理界面，单击"操作"区域的"创建自签名证书"链接弹出相应的对话框，为该证书给出一个名称（例中为FTP_SSL_CER）。

（2）单击"确定"按钮完成自签名证书的创建，该证书自动安装，可在"服务器证书"列表中查看该证书，如图8-51所示。

2. 设置FTP SSL

（1）在IIS管理器中单击要设置SSL的FTP站点，单击"功能视图"中的"FTP SSL设置"按钮打开图8-52所示的界面，从"SSL证书"列表中选择用于FTP通信加密的证书（这里选择刚安装的自签名证书，当然还可以使用其他服务器证书）。

（2）在"SSL策略"区域设置对控制通道和数据通道进行数据加密的策略。选择"需要SSL连接"将只允许SSL通信；默认选择"允许SSL连接"，则SSL通信是可选的，客户端也可以使用非加密通信。

如果要更精细地控制SSL加密，则可以选择"自定义"，单击"高级"按钮弹出图8-53所示的对话框进行定制，例如，对于控制通道选择"只有凭据才需要"则表示仅当传输用户凭据（账户和密码）时，才必须对控制通道进行数据加密。

（3）根据需要选中"将128位加密用于SSL连接"复选框以使用更强大的加密算法，不过这将要求更多处理器时间，并会减慢数据传输的速度，而默认的是40位加密。

（4）完成上述SSL设置后，单击"操作"窗格中的"应用"链接使设置生效。

图8-51　自签名证书

图8-52　FTP SSL设置

3. 测试基于SSL连接的FTP访问

这里以CuteFTP Pro客户端为例进行测试。

（1）设置要使用SSL协议访问FTP站点。如图8-54所示，在站点属性对话框中切换到"类型"选项卡，协议类型选择"AUTH SSL-显式"。

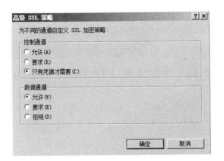

图 8-53　高级 SSL 策略

图 8-54　FTP 客户端选择 SSL 协议

（2）执行连接命令，首次使用 SSL 连接时弹出图 8-55 所示的对话框，这是因为客户端一开始并不信任该自签名证书，单击"接受"按钮即可认可该证书。

（3）SSL 连接成功后，将显示相应的信息，如图 8-56 所示。

图 8-55　接受证书

图 8-56　建立 FTP SSL 安全通信

8.5　习题

简答题

（1）简述网络通信和电子交易的安全需求。

（2）对称加密与非对称加密有何区别？

（3）PKI 的主要目的是什么？

（4）什么是数字证书？什么是证书颁发机构？

（5）简述分层证书颁发体系。

（6）企业 CA 与独立 CA 之间有什么不同？

（7）为什么要续订 CA 证书？

（8）SSL 主要解决哪几个关键问题？

（9）简述部署 SSL 安全网站的前提条件。

实验题

（1）在 Windows Server 2008 R2 服务器上安装企业 CA，并在客户端使用证书申请向导申请一个用户证书。

（2）在 IIS 7.5 服务器通过创建证书申请向导申请、注册和安装服务器证书。

（3）在 IIS 7.5 服务器上配置服务器证书，配置基于 SSL 的 Web 网站，使用浏览器进行测试。

（4）在 IIS 7.5 服务器上颁发自签名证书，配置基于 SSL 的 FTP 站点，并进行测试。

PART 9

第 9 章
邮件服务器——
Exchange Server

【学习目标】

本章将向读者介绍电子邮件服务的基础知识，让读者掌握 Exchange 服务器和客户端访问部署的方法和技能。

【学习导航】

本章介绍一种重要的 Internet 服务——电子邮件服务，在介绍邮件服务背景知识的基础上，以功能强大的 Exchange Server 2010 为例讲解邮件服务器的安装部署、邮箱的配置管理、客户端访问的部署和外部邮件收发的配置。

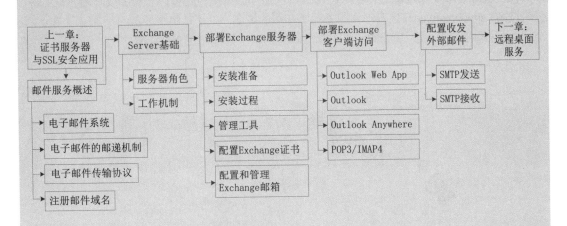

9.1 邮件服务概述

电子邮件用于网上信息传递和交流，是最重要的 Internet 服务之一。对企业来说，电子邮件系统是内外信息交流的必备工具。

9.1.1 什么是电子邮件系统

电子邮件服务通过电子邮件系统来实现。与传统的邮政信件服务类似，电子邮件系统由电子邮局系统和电子邮件发送与接收系统组成。电子邮件发送与接收系统像遍及千家万户的传统邮箱，发送者和接收者通过它发送和接收邮件，实际上是运行在计算机上的邮件客户端程序。电子邮局与传统邮局类似，在发送者和接收者之间起着一个桥梁作用，实际是运行在服务器上的邮件服务器程序。电子邮件的一般处理流程与传统邮件有相似之处，如图 9-1 所示。

图 9-1 电子邮件系统示意

9.1.2 电子邮件的邮递机制

电子邮件的发送者和接收者都必须拥有自己的电子邮件地址，Internet 上的电子邮件地址全球唯一。一个完整的邮件地址由账户名和域名两个部分组成，如 xxx@mydomain.com。中间的符号 @（读作 "at"）将地址分为左右两部分。左边部分是用户的邮件账户名或邮箱名；右边部分为域名，mydomain.com 代表邮件服务器所在域的域名。域是邮件服务器的基本管理单位，每个邮件服务器都是以域为基础的。电子邮件邮递的整个过程如图 9-2 所示。

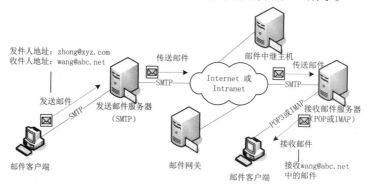

图 9-2 电子邮件邮递过程示意

（1）用户使用邮件客户端程序撰写新邮件，设置收件人地址、主题、附件等，然后发送。

（2）邮件客户端根据 SMTP 协议的要求将邮件打包并加注邮件头，然后通过 SMTP 协议提交给用户设置的发件服务器（SMTP Server）。

（3）发件服务器根据它的邮件中继（Relay SMTP Server）设置和收件人地址来寻找收件服

务器，有以下两种处理方式。

● 如果该邮件符合中继传递条件，就将邮件传递到下一个邮件中继服务器，该邮件中继服务器也是发件服务器，可将邮件继续往下传递，直到该邮件不需要中继传递为止。

● 如果该邮件无需中继传递，发件服务器将根据 DNS 设置，查找收件人邮件地址中域名对应的 MX（邮件交换器）记录，从中找出收件服务器，将该邮件直接传送到该收件服务器。

（4）电子邮件最终被送到收件人地址（邮箱）所在的收件服务器上，保存于服务器上的用户电子邮件邮箱中。

（5）收件人通过邮件客户端连接到收件服务器，从自己的邮箱中接收已送到信箱的邮件。

无论邮件的传送和接收都有延迟，即使收件人不上网，只要其设置的收件服务器运行服务，邮件就会发到他的邮箱里。当然，一般邮件服务器都是昼夜不停地运转的。

9.1.3　电子邮件传输协议

通用的电子邮件服务主要涉及以下 3 种网络协议。

1. SMTP 协议

SMTP 是简单邮件传输协议（Simple Mail Transfer Protocol）的缩写。两个邮件服务器之间使用该协议传送邮件，邮件客户端使用该协议将邮件发送到发件服务器。SMTP 是一个"单向"传送的协议，不能用来从其他邮件服务器收取邮件。SMTP 协议的标准 TCP 端口为 25。

2. POP3 协议

POP 是邮局协议（Post Office Protocol）的缩写。邮件客户端通过 POP 协议连接到邮件服务器的用户收件箱，以读取或下载用户在收件箱中的邮件。目前 POP 协议的版本为 POP3。POP3 协议的标准 TCP 端口号为 110。

3. IMAP4 协议

IMAP 是 Internet 信息访问协议（Internet Message Access Protocol）的缩写，也是让邮件客户端从邮件服务器收取邮件。目前 IMAP 版本为 IMAP4。IMAP 协议的标准 TCP 端口号为 143。

POP 和 IMAP 之间的最主要的区别就是它们检索邮件的方式不同。使用 POP 时，邮件驻留在服务器中，一旦接收邮件，邮件都从服务器上下载到用户计算机上。相反，IMAP 则能够让用户了解到服务器上存储邮件的情况，已下载的邮件仍滞留在服务器之中，便于实现邮件归档和共享。

> **提示**　通常一台提供收发邮件服务的邮件服务器至少需要两个邮件协议，一个是 SMTP，用于发送邮件；另一个是 POP 或 IMAP，用于接收邮件。相应地，将邮件服务器分为发件服务器（SMTP 服务器）和收件服务器，收件服务器又可分为 POP 服务器和 IMAP 服务器。

9.1.4　组建邮件服务器的基础工作

在组建邮件服务器之前，应做好相关的基础工作。

1. 准备硬件设备和网络环境

邮件服务器硬件对 CPU、内存、硬盘要求较高。例如，对于拥有 100 用户账户，日处理 4 000 个邮件的邮件系统，CPU 应当采用双核，内存 2G，硬盘 20G 以上。企业通常将自建邮件服务器部署于 DMZ（非军事区）网络或者内网，使用端口映射对外发布邮件服务。

如果面向 Internet 服务，需要提供 Internet 连接线路，尽量不要选择拨号连接。

2. 注册邮件域名和 IP 地址

邮件服务以域为基础，每个邮箱对应一个用户，用户是邮件域的成员。邮件域名必须是已注册的域名，并与 MX（邮件交换器）记录相匹配。每个邮件服务器都应提供一个唯一 IP 地址，应尽可能选用静态 IP 地址。

邮件系统与 DNS 域名联系紧密。通常使用的是 A 记录（主机记录），将域名直接解析为 IP 地址。而 MX 记录指向该域名的邮件服务器主机记录，为邮件服务专用。当邮件服务器要发送邮件到某个域时，将首先查询该域的 MX 记录进行连接，而不是 A 记录。如果没有 MX 记录，才会使用该域名的 A 记录来确定邮件服务器。

在本章邮件系统实验环境中，邮件域为 abc.com，邮件服务器为 mail.abc.com。规范的做法是为 abc.com 创建一个指向 mail.abc.com 的 MX 记录。发送到 someone@abc.com 的邮件将被路由到 mail.abc.com，用户连接到该服务器检索电子邮件。

以 Windows Server 2008 R2 DNS 服务器操作作为例（详细内容参见本书第 4 章），邮件服务器主机记录如图 9-3 所示，邮件服务器 MX 记录如图 9-4 所示，其中"主机或域"指 MX 记录负责的邮件域名，这是相对于主域（父域）的名称，为空表示主域为此邮件交换器所负责的域名；"邮件服务器的完全合格的名称"是指 MX 记录所指向的目标主机名，发送或交换到 MX 记录所负责的域中的邮件将被路由到该邮件服务器处理；多个 MX 记录之间用优先级确定优先顺序，优先级数越小越优先。

图 9-3　邮件服务器主机记录

图 9-4　邮件服务器 MX 记录

对于 Internet 邮件服务器，可以联系 ISP 来注册域名和获取 IP 地址。

9.2　Exchange Server 基础

Windows Server 2008 R2 仅提供了简单的 SMTP 组件，而没有提供内置的 POP3 组件，微软建议使用 Exchange Server 来部署企业邮件系统。作为一个集成的消息和协作环境，Exchange Server 基于 Active Directory 目录架构，在电子邮件路由、维护和管理方面具有优势，提供了广泛的客户端支持。它本身功能非常强大，配置比较复杂，但是其界面易于使用和管理，本章以 Exchange Server 2010 SP2 版本为例，主要讲解它作为邮件服务器的部署、配置和管理。

9.2.1　Exchange 服务器角色

Exchange Server 2007 开始引入了服务器角色的概念，Exchange Server 2010 进一步丰富或扩

展了这一概念。它通过服务器角色将执行特定功能所需的功能和组件进行逻辑分组，每个服务器角色作为一个分组单位，由一组特定功能组成。这样增强了可伸缩性，提高了安全性，简化了部署和管理过程。下面简单介绍一下 Exchange Server 2010 所包括的服务器角色。

1．邮箱服务器角色

它在 Exchange 组织中处于核心位置，唯一目的就是承载邮箱和公用文件夹，也就是提供安装邮箱数据库和公用文件夹数据库的位置。安装该角色的服务器称为邮箱服务器。

2．客户端访问服务器角色

该角色提供访问邮箱的所有可用协议，相当于前端服务器。所有客户端均连接到客户端访问服务器，通过身份验证之后，请求会通过代理转到相应的邮箱服务器。客户端与客户端访问服务器之间的通信协议可以是 HTTP、IMAP4、POP3 和 MAPI，而客户端访问服务器与邮箱服务器之间通过 RPC（远程过程调用）来完成通信。

> **提示** MAPI 是 Messaging Application Programming Interface（邮件处理应用程序编程接口）的缩写，是由微软提供的一系列供用户开发电子邮件、日历、公告等程序的编程接口。Outlook 作为客户端通过 MAPI 与客户端访问服务器进行通信，又称 MAPI 客户端。

必须在每个 Exchange 组织中，或者每个安装有邮箱服务器角色的 Active Directory 站点中安装客户端访问服务器角色。

3．集线器传输服务器角色

客户端访问服务器并不提供 SMTP 服务，所有 SMTP 服务都是由集线器传输服务器处理。集线器传输服务器又称中心传输服务器，部署在 Active Directory 林内部，用于处理组织内的所有邮件流、应用传输规则、应用日记策略，以及向收件人的邮箱传递邮件。

集线器传输服务器角色不仅负责传送 Internet 与 Exchange 基础结构之间的邮件，而且负责传送 Exchange 服务器之间的邮件。即使源邮箱和目标邮箱位于同一服务器上，或者位于同一邮箱数据库中，也都通过该角色来传送邮件。集线器传输服务器按以下方式传送邮件。

（1）用户将邮件发送到集线器传输服务器。

（2）如果收件人与发件人位于同一服务器上，将发回该邮件。

（3）当收件人在另一台邮箱服务器上时，该邮件将传送到相应的集线器传输服务器。

（4）目的集线器传输服务器将该邮件传递到收件人的邮箱服务器。

4．边缘传输服务器角色

该角色部署在组织的外围网络中，可以看成 SMTP 网关，处理所有面向 Internet 的邮件流，可以提供 SMTP 中继和智能主机（Smart Hosting）服务。边缘传输服务器运行一系列代理，以提供更多的邮件保护层和安全层，这些代理支持的功能可提供病毒和垃圾邮件防范措施，以及应用传输规则来控制邮件流。外部邮件首先传递到边缘传输服务器角色，经过代理处理之后，再转发到内部网络中的集线器传输服务器。

安装边缘传输服务器角色的计算机不能访问 Active Directory。所有配置和收件人信息都存储在 Active Directory 目录服务中。如果要执行收件人查找任务，边缘传输服务器需要驻留在 Active Directory 中的数据，此数据需要使用 EdgeSync 同步到边缘传输服务器。

可以在外围网络中安装多个边缘传输服务器，为入站邮件流提供冗余和故障转移功能。如果不部署边缘传输服务器，则可以将集线器传输服务器配置为直接中继 Internet 邮件，或者利用第三方智能主机。

5. 统一消息服务器角色

该角色将邮箱数据库、语音邮件和电子邮件合并到一个存储区中，用户可以使用电话或计算机访问邮箱中的所有邮件。统一消息服务与 Exchange 语音引擎服务紧密协作。该角色主要功能包括电话应答（可用作留言机）、订阅者访问（Outlook Voice Access）、自动助理（使用语音提示在统一消息系统中创建自定义菜单）。

应将统一消息服务器角色与集线器传输服务器一起安装在 Active Directory 站点中。集线器传输服务器负责将邮件传送到邮箱服务器。邮箱服务器角色应尽可能靠近统一消息服务器角色，最好将它们安装在同一站点上并确保网络连接流畅。

9.2.2　Exchange 工作机制

Exchange 的工作机制如图 9-5 所示，这里以 Exchange 中各服务器角色交互过程和邮件传送过程为例来说明，主要交互过程如下。

（1）邮箱服务器通过 LDAP 协议从 Active Directory 中访问收件人、服务器和组织配置信息。

收件人、服务器和组织配置等信息集中存储在 Active Directory 中，Exchange 各服务器角色通过 LDAP 协议与域控制器交互，访问 Active Directory 中的相关信息。

（2）集线器传输服务器上的存储驱动将传输管道中的邮件放置到邮箱服务器上的相应邮箱中，也将邮箱服务器上发件人的发件箱中的邮件添加到传输管道中。两者之间使用 RPC（MAPI Over RPC）进行交互。

（3）客户端访问服务器将来自客户端的请求发送到邮箱服务器，并将邮箱服务器中的数据返回到客户端。

客户端访问服务器与邮箱服务器之间使用 MAPI Over RPC 协议进行交互，传送的数据包括邮件、忙/闲信息、客户端配置文件设置。客户端访问服务器还可通过 NetBIOS 文件共享访问邮箱服务器上的 OAB（脱机地址簿）文件。

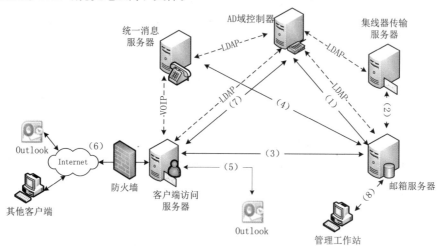

图 9-5　Exchange 的工作机制

（4）统一消息服务器从 Outlook Voice Access 的邮箱服务器中检索电子邮件、语音邮件和日历信息，以及存储配额信息。它们之间也使用 MAPI Over RPC 协议进行交互。

（5）内部 Outlook 客户端通过 MAPI Over RPC 或 MAPI RPC over HTTPS 协议访问客户端访问服务器以发送和检索邮件。

（6）外部 Outlook 客户端可通过使用 Outlook Anywhere 通过 MAPI RPC over HTTPS 协议访问客户端访问服务器。

内外网客户端还可以通过 POP3/IMAP4 和 SMTP 协议访问客户端访问服务器。

（7）客户端访问服务器使用 LDAP 或名称服务提供程序接口（Name Service Provider Interface，NSPI）与 Active Directory 域控制器通信，以及检索用户的 Active Directory 信息。

（8）管理工作站从 Microsoft Exchange Active Directory 拓扑服务中检索 Active Directory 拓扑信息，以及电子邮件地址策略信息和地址列表信息。

9.3　部署 Exchange 服务器

在正式部署 Exchange 服务器之前，必须做好相关规划，包括 Exchange 组织规划、Active Directory 规划、名称解析规划、服务器角色规划、Exchange 客户端规划。

可以在同一台计算机或不同计算机上安装邮箱服务器角色、集线器传输服务器角色、客户端访问服务器角色和统一消息服务器角色。前 3 种角色是一个完整的邮件服务器所必需的，而统一消息服务器角色是可选的。边缘传输服务器角色无法在同一台计算机上与任何其他 Exchange 服务器角色共存，必须在外围网络中和 Active Directory 林外部部署边缘传输服务器角色，中小规模的应用基本用不上。

出于安全和性能考虑，建议仅在域成员服务器上安装 Exchange Server 2010，而不要在 Active Directory 域控制器上安装。在服务器上安装 Exchange 2010 之后，不得更改服务器名称。

这里利用虚拟机软件搭建一个简单的 Exchange 部署环境，如图 9-6 所示。在域控制器上部署证书服务器；邮件服务器选择典型安装，安装 Exchange Server 2010 基本的服务器角色(如果服务器没有加入域，应当将其加入域)；邮件客户端运行 Windows 7，安装 Outloook 2010 软件。

图 9-6　Exchange Server 2010 部署实验环境

9.3.1　Exchange Server 2010 的安装准备

不同的操作系统平台安装 Exchange Server 2010 SP2 需要的软件准备工作不同。Windows Server 2008 R2 需要依次进行以下准备工作。

1. 安装 .NET Framework

首先需要安装.NET Framework 3.5.1，一定不要使用从网上下载的.NET Framework 程序包，而应使用 Windows Server 2008 R2 服务器管理器添加功能向导，或直接运行命令 ServerManagerCmd -i NET-Framework。

2. 安装 Microsoft Filter Pack（筛选包）

如果服务器要充当集线器传输服务器角色或邮箱服务器角色，应当安装 Microsoft Filter

Pack。从 http://www.microsoft.com/downloads/details.aspx?FamilyID=60c92a39-719c-4079-b5c6-cac34f4227cc&DisplayLang=zh-cn 下载 64-bit 版的 FilterPack，文件名为"FilterPackx64.exe"，下载完毕后，双击运行安装完毕即可。

3. 通过 Windows Powershell 安装所需其他软件

所需软件需通过 Windows PowerShell 安装。打开 Windows PowerShell 控制台运行以下命令。

```
Import-Module ServerManager
```

使用 Add-WindowsFeature cmdlet 安装必要的操作系统组件。这里针对将执行客户端访问、集线器传输和邮箱服务器角色的典型安装的服务器，执行以下命令。

```
Add-WindowsFeature
NET-Framework,RSAT-ADDS,Web-Server,Web-Basic-Auth,Web-Windows-Auth,Web-Metabase,Web-Net-Ext,Web-Lgcy-Mgmt-Console,WAS-Process-Model,RSAT-Web-Server,Web-ISAPI-Ext,Web-Digest-Auth,Web-Dyn-Compression,NET-HTTP-Activation,Web-Asp-Net,Web-Client-Auth,Web-Dir-Browsing,Web-Http-Errors,Web-Http-Logging,Web-Http-Redirect,Web-Http-Tracing,Web-ISAPI-Filter,Web-Request-Monitor,Web-Static-Content,Web-WMI,RPC-Over-HTTP-Proxy-Restart
```

9.3.2 Exchange Server 2010 的安装过程

先下载 Exchange Server 2010 SP2 软件包（可以试用 120 天），然后执行安装步骤。

（1）以域管理员身份登录到服务器，运行 Exchange Server 2010 安装文件。

（2）出现图 9-7 所示的界面，确保已完成"步骤 1"至"步骤 3"。如果尚未安装这些步骤中所述的组件，安装程序会链接到可下载这些组件的相应站点。

（3）单击"步骤 4"出现"简介"界面开始将 Exchange 安装到组织中的过程。

（4）单击"下一步"按钮，在"许可协议"界面选中"我接受许可协议中的条款"选项。

（5）单击"下一步"按钮，在"错误报告"界面选择是否启用 Exchange 错误报告功能，这里选中"否"选项。

（6）单击"下一步"按钮，出现图 9-8 所示的界面，从中选择安装类型。这里选择 Exchange Server 典型安装，将安装集线器传输、客户端访问以及邮箱服务器角色和 Exchange 管理工具，但是不能安装统一消息服务器角色或边缘传输服务器角色。可单击"浏览"以更改指定的安装路径。

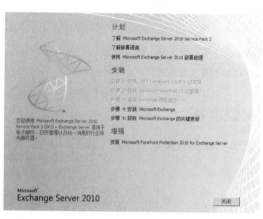

图 9-7 开始界面

图 9-8 选择安装类型

（7）单击"下一步"按钮，出现图 9-9 所示的界面，从中设置 Exchange 组织名称。

（8）单击"下一步"按钮，出现"客户端设置"界面，设置组织中运行 Microsoft Office Outlook

的客户端计算机的选项。这里选中"否"，表示不支持 Outlook 2003 或更早版本的客户端计算机。Exchange 2010 将不在邮箱服务器上创建公用文件夹数据库。可以稍后再添加公用文件夹数据库。

如果选择"是"，Exchange 2010 将在邮箱服务器上创建一个公用文件夹数据库。如果所有的客户端计算机都在运行 Outlook 2010，则在 Exchange 2010 中公用文件夹是可选的。

（9）单击"下一步"按钮，出现图 9-10 所示的界面，从中配置客户端访问服务器外部域。这里暂不配置域名，客户端访问服务器不面向 Internet。

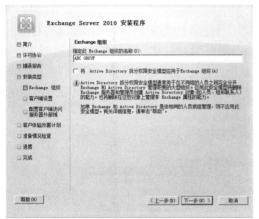
图 9-9　设置 Exchange 组织名称

图 9-10　配置客户端访问服务器外部域

（10）单击"下一步"按钮，出现"客户体验改善"界面，保持默认选择。

（11）单击"下一步"按钮，出现图 9-11 所示的界面，系统开始检查准备情况，给出组织和服务器角色先决条件是否已成功完成的报告。

如果未成功完成操作，则必须解决所有报告的错误，然后才能安装 Exchange Server。解决某些先决条件错误时，不需要退出安装程序。解决问题后单击"重试"按钮重新运行条件检查。

（12）如果已成功完成所有准备情况检查，单击"安装"按钮正式开始安装 Exchange 2010。

（13）安装完毕，出现图 9-12 所示的界面，单击"完成"按钮，并根据提示重新启动系统。

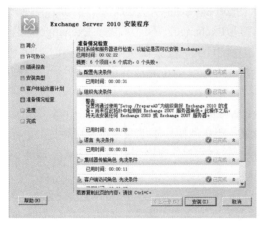

图 9-11　准备情况检查

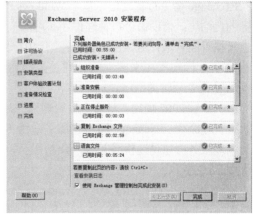
图 9-12　完成 Exchange 安装

9.3.3　Exchange 管理工具

Exchange Server 2010 比较复杂，在投入使用之前应进行必要的配置，这需要用到 Exchange

管理控制台和命令行管理程序两个管理工具。

1. Exchange 管理控制台

从"所有程序"菜单中选择 Microsoft Exchange Server 2010，再单击 Exchange Management Console 打开 Exchange 管理控制台。该控制台界面结构如图 9-13 所示，一般包括 4 个窗格。

● 控制台树。控制台树位于控制台的左侧，基于已安装的服务器角色的节点进行组织。

● 结果窗格。结果窗格位于控制台的中心位置，基于控制台树中的所选节点显示相应的对象。管理员可以过滤结果窗格中的信息。

● 工作窗格。工作窗格位于结果窗格的底端，基于选择的服务器角色显示相应的对象。只有选择了"服务器配置"节点下的对象（如"邮箱"或"客户端访问"）后，工作窗格才可用。

● 操作窗格。操作窗格位于控制台的右侧，基于在控制台树、结果窗格或工作窗格中选择的对象列出相应的操作。操作窗格是快捷菜单的扩展（快捷菜单是在右键单击某项时出现的菜单），但是快捷菜单仍然可用。

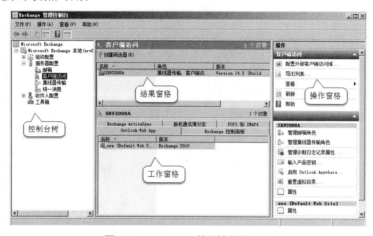

图 9-13　Exchange 管理控制台界面

2. Exchange 命令行管理程序

Exchange 命令行管理程序基于 Windows PowerShell 提供功能强大的命令行界面，实现管理任务的自动化。借助命令行管理程序，可以全面管理 Exchange，不但可执行 Exchange 管理控制台可执行的各项任务，还可执行控制台中无法执行的任务。在控制台中执行任务时实际上是使用命令行管理程序来实现的，通过控制台启动的向导很多在完成界面中会指示已完成的 Exchange 命令行管理程序。

Exchange 2007 使用本地命令行管理程序，即在 Windows PowerShell 中创建一个本地会话用于执行管理命令。Exchange 2010 中除了边缘传输服务器角色使用本地命令行管理程序外，无论管理本地服务器还是远程服务器，都使用远程命令行管理程序，连接到远程 Exchange 服务器上的远程会话执行命令。

使用远程命令行管理程序时，Windows PowerShell 将使用一个名为 Windows 远程管理 2.0 的组件连接到 Exchange 服务器，执行身份验证，然后创建远程会话，供管理员执行命令，如图 9-14 所示。远程命令行管理程序的一个优点是无需在管理用计算机上安装特定于 Exchange 的工具。

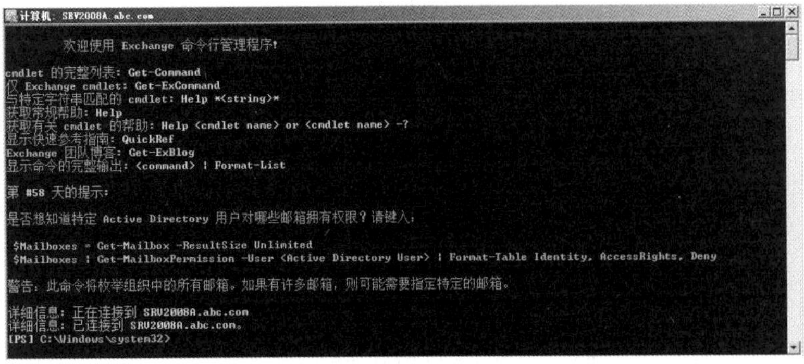

图 9-14　Exchange 命令行管理程序界面

9.3.4　配置 Exchange 证书

为保证数据传输的安全性，客户端对 Exchange Server 2010 的各种方式访问都通过证书加密完成。很多 Exchange 服务都需要证书的支持，需要在 Exchange 服务器上申请证书，并为证书分配相应的服务。可以说配置证书是部署 Exchange 服务器的一项基础性工作。可以向第三方商业 CA 申请证书，也可自建证书颁发机构来发放证书。考虑到便捷性，这里以向自建企业 CA 申请证书为例讲解，第 8 章已经详细介绍过证书颁发机构的部署和管理。

Exchange Server 2010 需要使用多域名的服务器身份证书，以满足不同的客户端访问需求。例如，当 Outlook 或 OWA 访问时，可能需要服务器出示一个 mail.abc.com 的证书；当 POP3 客户端访问时，可能需要服务器出示一个 pop.abc.com 的证书；当使用自动发现功能时，需要服务器出示一个 autodiscover.abc.com 的证书等，这就需要一个证书同时满足多个命名需求。如果每个证书的域名后缀都相同，可以考虑直接使用通配符证书（如*.abc.com）来简化配置。实际应用中，内外网域名往往不一致，那就需要配置含有不同域名的多域名证书，这里示范多域名证书的申请。

1. 创建 Exchange 证书申请文件

申请 Exchange 证书的第一步是创建相应的证书申请文件，该文件提供申请证书的各项参数，为此 Exchange 提供了相应的向导。

（1）在 Exchange 服务器上打开 Exchange 管理控制台并展开控制台树，单击"服务器配置"节点，右侧窗格中列出已有的 Exchange 证书列表，如图 9-15 所示。

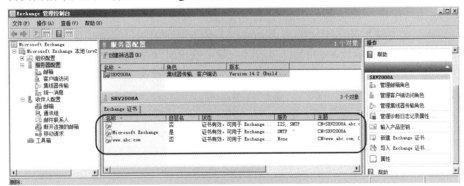

图 9-15　Exchange 证书列表

Exchange Server 2010 在安装过程中自动将服务器中现有的服务器身份证书作为 Exchange 证书，而且创建一个名为 "Microsoft Exchange" 的自签名证书。自签名证书是 Exchange 服务器自己颁发给自己的，客户端及其他服务器都不信任证书，仅用于测试。因此，需要为 Exchange 服务器申请专用证书以替换默认的自签名证书。

（2）右键单击 Exchange 证书列表，选择 "新建 Exchange 证书" 命令启动 Exchange 证书向导，输入证书的友好名称（仅仅用于标识证书，根据需要自行设定），例中为 "ABC Exchange"。

（3）单击 "下一步" 按钮出现 "域范围" 界面，这里不选中 "启用通配符证书" 选项。

（4）单击 "下一步" 按钮出现 "Exchange 配置" 界面，展开相应的项，为 Exchange 证书配置不同的域名，如图 9-16 所示。

通常证书的域名要包括 Exchange 服务器的计算机名（例中用于内部访问 Outlook Web App 的域名是 SRV2008A.abc.com）、邮件服务器域名（例中用于 Internet 访问 Outlook Web App 的是 mail.abc.com）、Outlook 自动发现的保留计算机名（例中必须是 autodiscover.abc.com），以及其他专门用途的域名（例中为 POP3 服务器配置的是 pop.mial.abc）。可进一步展开其他服务器证书配置选项，为集线器传输服务器、旧版本 Exchange 服务器或统一消息服务器等设置相应的证书。

（5）单击 "下一步" 按钮出现 "证书域" 界面，列出已经添加的域名，如图 9-17 所示。可以在此继续添加证书要包含的域名（上一步可以少选一些域名，直接在这里添加。列表中的域名都是同等有效的，并不限于上一步指定的用途），这里将 mail.bac.com 设置为公用名称。

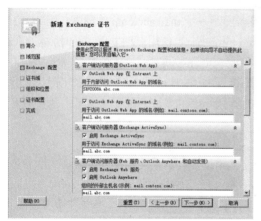

图 9-16　Exchange 配置

图 9-17　证书域名

（6）单击 "下一步" 按钮出现图 9-18 所示的界面，从中填写证书的组织和地理信息，一定要设置证书申请文件的路径和文件名，单击 "浏览" 按钮打开相应的对话框进行设置即可。

（7）单击 "下一步" 按钮出现相应的界面，显示证书摘要信息，确认后单击 "新建" 按钮开始生成证书申请文件。

（8）单击 "下一步" 按钮出现图 9-19 所示的界面，同时提示还要进行的后续步骤，单击 "完成" 按钮结束证书申请文件的创建。

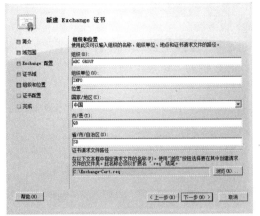

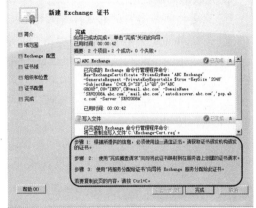

图 9-18　证书组织和位置信息　　　　　图 9-19　证书申请文件创建完成

2. 申请 Exchange 证书

证书申请文件的创建完成后需要将申请文件发送给证书颁发机构，以申请证书。这里通过浏览器访问自建 CA 所提供的 Web 注册服务来完成证书的注册。

（1）通过浏览器访问证书服务器的 URL 地址（例中为 http://srv2008dc.abc.com/certsrv），弹出登录验证对话框，输入用户名（应使用管理员账户）和密码。

（2）登录成功后打开欢迎界面（证书申请首页），选择一项任务，这里选择"申请证书"。

（3）出现相应的界面，选择证书申请类型，这里选择"高级证书申请"。

（4）出现相应界面，选择申请高级证书的方式。这里选择第二种"使用 base64 编码的 CMC 或 PKCS #10 文件提交一个证书申请，或使用 base64 编码的 PKCS #7 文件续订证书申请"，利用已经生成的证书申请文件提交申请。

（5）出现图 9-20 所示的界面，在其中填写申请信息。将之前创建的证书申请文件用记事本打开该文件，将其内容全部复制到"保存的申请"文本框中，从"证书模板"列表中选择"Web 服务器"，单击"提交"按钮。

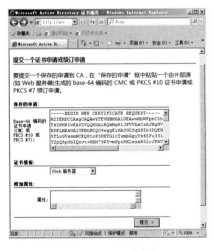

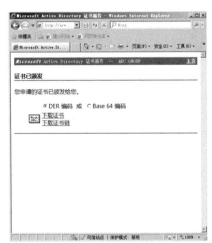

图 9-20　提交证书申请　　　　　　　图 9-21　下载已颁发的证书

（6）企业 CA 会自动颁发证书，当出现图 9-21 所示的界面时，单击"下载证书"，根据系统提示将证书保存到指定的文件（证书文件 certnew.cer）中，完成证书申请。

3. 完成证书搁置请求

接下来要将所获得的证书文件导入到 Exchange 服务器。

（1）在 Exchange 管理控制台中单击"服务器配置"节点打开 Exchange 证书列表，如图 9-22 所示，右键单击刚创建的 ABC Exchange 证书（状态显示为"这是个搁置的证书签名请求"），选择"完成搁置请求"命令启动完成搁置请求向导。

（2）在"简介"界面中，单击"浏览"按钮选择此前获得的证书文件（例中为 certnew.cer），单击"完成"按钮。

（3）操作成功后出现"完成"界面，单击"完成"按钮。

可以查看 Exchange 证书列表，发现该证书已经有效，如图 9-23 所示。

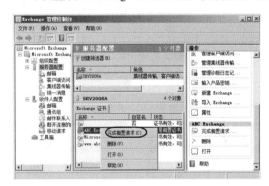
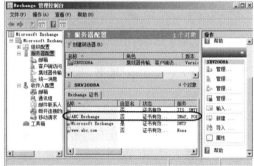

图 9-22　启动完成搁置请求向导　　　　图 9-23　成功导入的证书

4. 为证书分配服务

安装的 Exchange 证书必须与各种 Exchange 服务关联起来，才能发挥作用。为此需要为证书分配相应的服务。通常证书会用于 Web、SMTP，POP3 或 IMAP 等服务。

（1）在 Exchange 管理控制台中打开 Exchange 证书列表，右键单击要分配服务的 ABC Exchange 证书，选择"将服务分配给证书"命令启动相应的向导。

（2）在图 9-24 所示的界面中，选择已具有该证书的服务器，这里已经添加了服务器 SRV2008A。

（3）单击"下一步"按钮，出现图 9-25 所示的界面，从中选择要分配的服务，这里选中前 4 种服务。

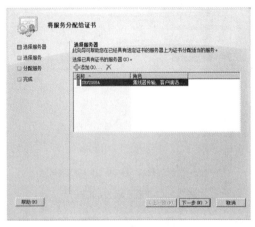

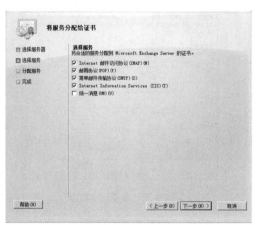

图 9-24　选择服务器　　　　图 9-25　选择服务

（4）单击"下一步"按钮，出现"分配服务"界面，单击"分配"按钮，在弹出对话框提示是否覆盖默认的证书，单击"是"按钮，如图9-26所示。

（5）出现图9-27所示的界面，单击"完成"按钮完成服务的证书分配。

图9-26 开始分配服务

图9-27 分配服务成功

9.3.5 配置和管理 Exchange 邮箱

接收和发送邮件的人员和资源是任何邮件和协作系统的核心，这在 Exchange 中被称为收件人。收件人是 Active Directory 中启用邮件的对象。邮箱是 Exchange 组织中最常用的收件人类型。用户可以使用邮箱发送和接收邮件，并可以存储邮件、约会、任务、便笺和文档。要使用 Exchange 服务，就要配置管理好邮箱。

1．Exchange 邮箱简介

每个邮箱都与一个 Active Directory 用户账户相关联，由 Active Directory 用户和存储在 Exchange 邮箱数据库中的邮箱数据组成。邮箱的所有配置数据都存储在 Exchange 用户对象的 Active Directory 属性中。邮箱数据库包含与用户账户关联的邮箱中的实际数据。

为新用户或现有用户创建邮箱时，将邮箱所需的 Exchange 属性添加到 Active Directory 中的用户对象，直到邮箱收到邮件或用户登录邮箱，才会创建关联的邮箱数据。如果删除邮箱，则存储在 Exchange 邮箱数据库中的邮箱数据将被标记为删除，而且关联的用户账户也将从 Active Directory 中删除。如果要保留用户账户，仅删除邮箱数据，则必须禁用邮箱。

可以创建以下 4 种类型的邮箱。

● 用户邮箱。分配给 Exchange 单个用户的邮箱。用户邮箱通常包含邮件、日历项目、联系人、任务、文档以及其他重要的业务数据。

● 会议室邮箱。分配给会议地点（如会议室、培训室）的资源邮箱。

● 设备邮箱。分配给非特定于位置的资源（如便携式计算机投影仪、公司汽车）的资源邮箱。

● 链接邮箱。分配给独立的受信任林中单个用户的邮箱。组织选择在资源林中部署 Exchange 时可能需要使用此类邮箱。

2．创建与管理邮箱

这里为新用户创建邮箱为例进行示范。

（1）在 Exchange 服务器上打开 Exchange 管理控制台并展开控制台树，单击"收件配置"节点下的"邮箱"节点，右侧窗格中列出已有的邮箱列表，如图9-28所示。默认基于 Administrator

账户创建了邮箱。

（2）右键单击"邮箱"节点，选择"新建邮箱"命令启动相应的向导，如图9-29所示，选择邮箱类型。这里选择"用户邮箱"。

图 9-28　邮箱列表

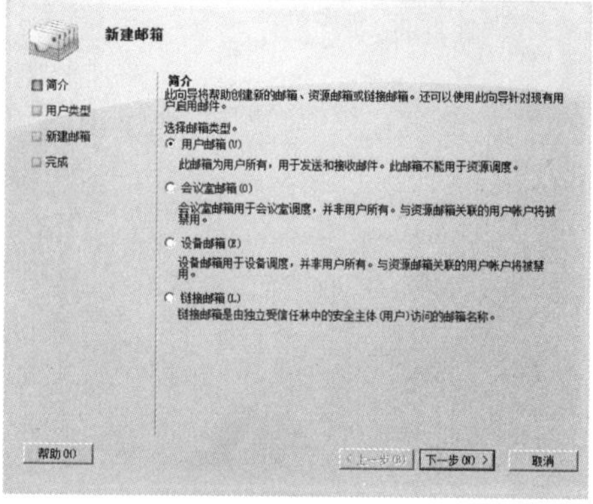

图 9-29　选择邮箱类型

（3）单击"下一步"按钮，选择用户类型，如图9-30所示。这里选择"新建用户"。
（4）单击"下一步"按钮，输入用户信息，如图9-31所示。

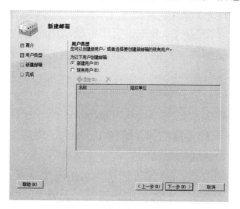

图 9-30　选择用户类型

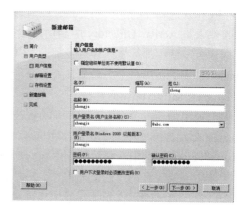

图 9-31　输入用户信息

（5）单击"下一步"按钮，设置邮箱别名，设置邮箱位置和策略，如图9-32所示。
（6）单击"下一步"按钮，配置存档设置，如图9-33所示。

图 9-32　配置邮箱设置

图 9-33　配置存档设置

（7）单击"下一步"按钮，显示配置摘要信息，确认后单击"新建"按钮开始创建邮箱。

（8）成功创建邮箱后，单击"完成"按钮关闭向导。

如果选择现有用户创建邮箱，可以同时为多个用户分别创建邮箱，如图9-34所示。对邮箱可以执行多种管理操作，右键单击该邮箱，从快捷菜单中选择相应的操作命令，如图9-35所示。

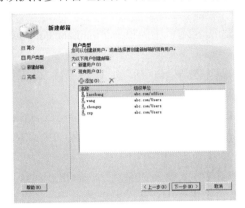

图9-34　为现有Active Directory用户创建邮箱

图9-35　邮箱管理操作

9.4　部署 Exchange 客户端访问

完成 Exchange 服务器的基本部署之后，就可以部署各类客户端访问了，这涉及客户端访问服务器角色的配置和 Exchange 客户端部署两个方面。Exchange Server 2010 客户端访问服务器支持的客户端访问类型包括 Outlook Web App、Outlook/Outlook Anywhere、ActiveSync（适用于移动应用）、POP3 和 IMAP4，以及可用性服务、自动发现和 Exchange Web 服务等。这里讲解最主要的客户端类型。

9.4.1　部署 Outlook Web App 客户端访问

Outlook Web App 简称 OWA，在以前的 Exchange 版本中称为 Outlook Web Access，是一个基于 Web 浏览器的邮件客户端，通过它可以从几乎任何 Web 浏览器访问包括电子邮件、日历信息、共享的应用程序以及公用信息存储中的所有内容。Exchange 2010 重新设计了 Outlook Web Access，提供聊天、短信服务、移动电话集成和会话视图等功能以增强用户体验。OWA 基于 HTTP 协议，适合内外网环境，可以说是最便捷的 Exchange 客户端。

1. 通过 Outlook Web App 访问

默认情况下，在 Exchange 2010 服务器上安装客户端访问服务器角色时，将创建名为 owa 的默认虚拟目录，并启用 Outlook Web App。Outlook Web App 默认的 URL 地址是 https://服务器/owa，可以通过浏览器直接访问。

出于安全性考虑，默认要求使用 SSL 安全连接。为此需要首先在客户端安装颁发 Exchange 服务器身份证书的 CA 的证书，然后再访问 Exchange。这里以 Windows 7 计算机为例进行示范。如果已经安装有所需的 CA 证书，则可以跳过前 4 步。

（1）打开 IE 浏览器，访问证书服务器的 URL 地址（本例中为 http://srv2008dc.abc.com/certsrv），弹出登录验证对话框，输入用户名和密码。

（2）登录成功后打开欢迎界面（证书申请首页），选择一项任务，这里单击"下载 CA 证书、证书链或 CRL"链接。

（3）出现相应的界面，单击"下载 CA 证书"链接，下载并保存证书文件。

（4）双击该证书文件开始安装证书，将证书安装到受信任的根证书颁发机构。

完成上述操作，CA 即被导入到客户端计算机的受信任的根证书颁发机构存储区，这样客户端就能够正常访问 Exchange 服务器。

（5）在浏览器地址栏输入 Outlook Web App 的 URL 地址（本例中为 https://mail.abc.com/owa），准备登录 Exchange 服务器的 OWA 页面。

其中服务器域名可以是 Exchange 证书中包括的任一域名，如 https://SRV2008A.abc.com/owa，前提是能够正确地解析。

（6）在浏览器地址栏输入 Outlook Web App 的 URL 地址（本例中为 https://mail.abc.com/owa），准备登录 Exchange 服务器的 OWA 页面，如图 9-36 所示，输入邮箱用户名和密码，单击"登录"按钮。

如果在公用计算机上使用 Outlook Web App，应选中"此计算机是公用计算机或共享计算机"，Outlook Web App 使用完毕应该注销并关闭所有窗口来结束登录。如果选中"此计算机是私人计算机"，服务器在注销用户前会允许较长的闲置时间。

还可以选择使用 Outlook Web App Light，它是 OWA 的精简版，提供的功能较少，适合低速连接，或者要求严格的浏览器安全设置时使用。

（7）首次登录将出现语言和时区选择界面，一般保持默认设置即可，单击"确定"按钮。

（8）登录成功后将出现图 9-37 所示的 Outlook Web App 主界面，用户可以从中收发邮件，或者进行其他操作。

图 9-36　Outlook Web App 登录

图 9-37　Outlook Web App 主界面

2. 简化 Outlook Web App 的 URl

Outlook Web App 默认的 URL 是 https://服务器/owa，通常需要简化为 http://服务器，这可以通过 HTTP 重定向实现，具体实现步骤如下。

（1）启动 IIS 管理器，依次展开服务器节点下的"网站"＞"Default Web Site"节点。

（2）切换到"功能视图"，双击"HTTP 重定向"按钮打开相应的界面。如图 9-38 所示，选中"将请求重定向到此目标"复选框，输入/owa 虚拟目录的绝对路径（如 https://mail.abc.com/owa），在"重定向行为"区域选中"仅将请求重定向到确切的目标（而不是相对于目标）"复选框，在"状态代码"列表中选择"已找到 (302)"，然后在"操作"窗格中单击"应用"按钮。

（3）单击"Default Web Site"节点，双击"SSL 设置"按钮打开相应的界面，清除"要求 SSL"复选框，如图 9-39 所示。

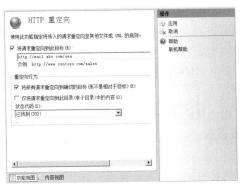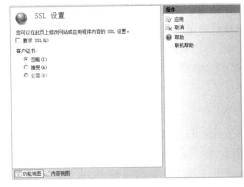

图 9-38　设置 HTTP 重定向　　　　　　图 9-39　SSL 设置

如果不清除"要求 SSL"，则用户在输入不安全的 URL 时不会进行重定向，而是会收到拒绝访问错误。

（4）要使新设置生效，执行命令 iisreset /noforce 以重新启动 IIS。

3. 配置 Outlook Web App 虚拟目录

服务器端通过 Outlook Web App 虚拟目录来提供服务。可以使用 Exchange 管理控制台查看或配置 Outlook Web App 虚拟目录的属性。

（1）打开 Exchange 管理控制台，依次展开"服务器配置">"客户端访问"节点，再选择发布 Outlook Web App 虚拟目录的服务器，然后切换到"Outlook Web App"选项卡。

（2）在工作窗格中列出已有的虚拟目录。默认的虚拟目录是 owa（Default Web Site），右键单击该虚拟目录，然后选择"属性"命令弹出相应的属性设置对话框。

（3）如图 9-40 所示，在"常规"选项卡上可以查看 Outlook Web App 默认网站的属性（服务器、网站、版本以及修改时间），并指定外部 URL 和内部 URL。

内部 URL 指定用于通过内网访问此网站的 URL，在 Exchange 2010 安装过程中将自动配置内部 URL 为 https://<计算机名称>/owa。外部 URL 指定用于通过 Internet 访问此网站的 URL。

（4）切换到"身份验证"选项卡，如图 9-41 所示，从中选择所需的身份验证方法。

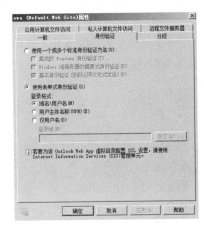

图 9-40　设置 OWA 虚拟目录属性　　　　图 9-41　设置 OWA 身份验证

默认选中"使用基于表单的身份验证",登录格式为"域名\用户名"。可以更改登录格式为用户主体名称(如 zxp@abc.com),或直接将登录格式改为用户名,并设置相应的登录域。

如果选中"一个或多个标准身份验证方法",可以选择其中的集成 Windows 身份验证、摘要式身份验证和基本身份验证。如果配置多种身份验证方法,IIS 从限制最为严格的验证方法开始搜索,直到找到客户端和服务器支持的身份验证方法。

(5)切换"分段"选项卡,指定要在虚拟目录上对 Outlook Web App 用户启用或禁用的功能。

(6)如果用户登录到 Outlook Web App 选择"此计算机是公共计算机",则可以在"公共计算机文件访问"选项卡上配置可用的文件访问和查看选项。文件访问使用户可以打开或查看附加到电子邮件的文件的内容。

(7)如果用户登录到 Outlook Web App 选择"此计算机是私人计算机",则可以在"私人计算机文件访问"选项卡上配置可用的文件访问和查看选项。

(8)要是上述任何更改生效,必须使用命令 iisreset /noforce 重新启动 IIS。

9.4.2 部署 Outlook 与 Outlook Anywhere 客户端访问

Outlook 可以说是 Exchange Server 的最佳搭档,其他通用的邮件客户端软件,如 Outlook Express、Foxmail 只能使用 Exchange 部分邮件功能。Outlook 2010 与 Exchange Server 2010 的结合非常紧密,可以在 Outlook 2010 中使用到 Exchange Server 2010 的全部功能。

用户在内部网络访问 Exchange 使用的是 MAPI 客户端 Microsoft Outlook。它采用 RPC(远程过程调用)协议与 Exchange 直接连接,而连接端口在 1024 之上随机选择,这给外部用户使用 Outlook 带了不便。为此,需要为 Exchange 配置 Outlook Anywhere 功能,让 Outlook 能够采用 HTTPS 协议连接到 Exchange。Outlook Anywhere 功能以前称为 RPC over HTTP,将 RPC 协议封装在 HTTPS 协议中,也就是用 HTTP 层封装 RPC,不用打开 RPC 端口就可穿越网络防火墙进行通信,而且 HTTPS 协议使用率非常高。

由于 Exchange 服务使用证书,首先要确认在客户端安装颁发 Exchange 服务器身份证书的 CA 的证书,具体方法上一节已经介绍过。

1. 通过 Outlook 访问 Exchange

这里以首次使用 Outlook 2010,通过向导创建邮件账户为例。

(1)启动 Outlook 2010 向导,单击"下一步"按钮。

(2)出现"电子邮件账户"界面,选中"是"选项,单击"下一步"按钮。

(3)出现"添加新账户"界面,选择"手动配置服务器设置或其他服务器类型",单击"下一步"按钮。

(4)出现"选择服务"界面,选择"Microsoft Exchange 或兼容服务",单击"下一步"按钮。

(5)出现图 9-42 所示的界面,在"服务器"框中输入 Exchange 服务器的域名,并在"用户名"框中输入账户的用户名。单击"下一步"按钮。

(6)出现图 9-43 所示的界面,从中输入用户名和密码,单击"下一步"按钮。

(7)出现提示账户创建完成的界面,单击"完成"按钮。

图 9-42　账户的服务器设置　　　　　　　　　图 9-43　账户登录界面

（8）弹出 Outlook 登录界面，输入用户密码，单击"确定"按钮即可登录到自己的收件箱，如图 9-44 所示，用户可以从中进行各种操作。

图 9-44　Outlook 2010 主界面

2．在客户端访问服务器上启用 Outlook Anywhere

要使用 Outlook Anywhere，首先需要在客户端访问服务器上启用 Outlook Anywhere。

（1）打开服务器管理器，单击"功能"节点查看功能摘要，确认已经安装有"HTTP 代理上的 RPC"组件。如果没有安装该组件，运行添加功能向导安装该组件即可。

（2）打开 Exchange 管理控制台，导航到"服务器配置">"客户端访问"节点，如图 9-45 所示，右键单击要配置的服务器，选择"启用 Outlook Anywhere"命令启动相应的向导。

（3）如图 9-46 所示，在"外部主机名"框中输入组织的外部主机名或 URL，这是用户使用 Outlook Anywhere 时用于连接到 Exchange 服务器的 URL；选中默认的"基本身份验证"选项，将以明文方式发送用户名和密码。然后单击"启用"按钮。

出于安全考虑，一般需要选择不通过网络发送用户凭据的 NTLM 身份验证，但这样可能无法与网络防火墙一起使用。

（4）Exchange 将应用上述设置，当出现"完成"界面是，提示启用 Outlook Anywhere 的过程需要 15 分钟左右的配置期才可以完成，单击"完成"按钮关闭向导。

等候一段时间，当客户端访问列表中的服务器的"启用 Outlook Anywhere"属性显示为"是"时，表示已经启用 Outlook Anywhere。

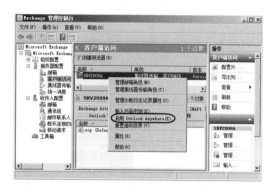 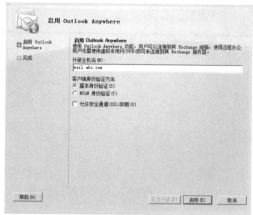

图 9-45 运行启用 Outlook Anywhere 向导　　　图 9-46 设置 Outlook Anywhere 选项

3. 在 Outlook 2010 中配置 Outlook Anywhere

要在客户端使用 Outlook Anywhere，需要在 Outlook 中配置 Outlook Anywhere。可以新建一个邮件账户（前面已经介绍过），也可以更改现有账户的设置（切换到"文件"选项卡，单击"账户设置"按钮再选择"账户设置"命令打开相应的对话框，双击列表中的电子邮件账户，可打开"更改账户"对话框，默认处于"服务器设置"界面）。

（1）在创建或更改账户的"服务器设置"界面中单击"其他设置"按钮弹出"Microsoft Exchange"对话框。

（2）切换到"连接"选项卡，如图 9-47 所示，选中"使用 HTTP 连接到 Microsoft Exchange"复选框。

（3）单击"Exchange 代理服务器设置"按钮弹出图 9-48 所示的界面，在"https://"框中输入要连接的 Exchange 代理服务器的地址；选中"仅使用 SSL 连接"复选框，并选中"仅连接到其证书中包含该主体名称的代理服务器"复选框，输入代理服务器名称，本例中为 msstd:mail.abc.com；选中"在快速网络中，首先使用 HTTP 连接，然后使用 TCP/IP 连接"复选框；从身份验证方法列表中选择"基本身份验证"。

图 9-47 启用 Outlook Anywhere　　　图 9-48 设置 Microsoft Exchange 代理服务器

这里的验证方法要与服务器端 Outlook Anywhere 的设置保持一致。

（4）设置完成后单击"确定"按钮。

（5）如果是新建账户继续其他步骤，如果是修改已有账户则根据提示重启 Outlook。

另外，还要确认客户端计算机已经安装有必要的 CA 证书。

接下来开始测试。启动 Outlook 登录成功后将显示已连接 Microsoft Exchange。按住<Ctrl>键，鼠标左键单击屏幕右下角的 Outlook 图标，如图 9-49 所示，在弹出菜单中选择"连接状态"命令将弹出"Microsoft Exchange 连接状态"对话框，可以发现连接服务器采用的连接方式为 HTTPS，如图 9-50 所示。

图 9-49   Outlook 弹出菜单

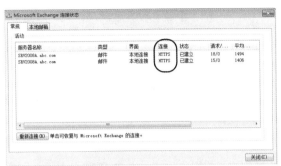

图 9-50   查看 Microsoft Exchange 连接状态

9.4.3   部署 POP3 和 IMAP4 客户端访问

出于安全性考虑，微软推荐客户端访问 Exchange 时使用 MAPI 或 Outlook AnyWhere。但有时要兼顾一些用户的习惯，或面向通用邮件客户端软件（如 Outlook Express、Eudora、Foxmail等），往往还要启用 POP3 或 IMAP 功能。默认情况下，Exchange Server 2010 禁用 POP3 和 IMAP4。如果要支持 POP3 和 IMAP4，需要进行适当配置，还必须为 POP3 和 IMAP4 客户端配置 SMTP才能发送电子邮件。这里以 POP3 配置为例讲解，IMAP4 可以参照 POP3 进行配置。

1. 在服务器端启用 POP3

安装 Exchange Server 2010 时 POP3 服务并未启动。可以使用"服务"管理单元将其设置为自动启动。具体方法是打开"服务"管理单元，如图 9-51 所示，右键单击 Microsoft Exchange POP3项，选择"属性"命令打开相应的对话框，在"常规"选项卡上从"启动类型"列表中选择"自动"，单击"应用"按钮；单击"服务状态"区域中的"启动"按钮，再单击"确定"按钮。

2. 在服务器端配置 POP3 属性

（1）打开 Exchange 管理控制台，依次展开"服务器配置"＞"客户端访问"节点，再单击"POP3 和 IMAP4"，右键单击"协议名称"列表中的 POP3 选项卡，选择"属性"命令弹出相应的属性设置对话框。

（2）在"常规"选项卡上指定 POP3 客户端登录到 Exchange 邮箱时所看到的标题字符串。

（3）切换到"绑定"选项卡，指定接收连接器上用于接受 POP3 客户端连接的 IP 地址和 TCP端口。一般保持默认设置即可。其中的"安全套接字层 (SSL) 连接"是指 POP3 客户端与 Exchange服务器之间的通信基于 TLS 或 SSL 加密通道。

（4）切换到"身份验证"选项卡，如图 9-52 所示，指定 POP3 用户的登录方式。

一般 POP3 用户习惯使用明文登录邮件服务器，而 Exchange 的 POP3 身份验证默认设置的是使用安全登录，需要使用 TLS 或 SSL 连接，在"X.509 证书名称"框中可以为 TLS 或 SSL会话指定 Exchange 证书提供的域名。如果需要明文登录，可以根据需要选择纯文本登录。配置身份验证设置后必须重新启动 POP3 服务。

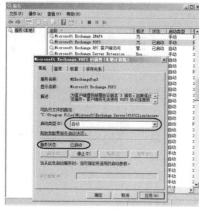

图 9-51 启用 POP3

图 9-52 配置 POP3 属性

（5）切换到"连接"选项卡，为 POP3 配置超时设置、连接限制设置和代理目标端口。

（6）切换到"检索设置"选项卡，为 POP3 客户端指定邮件和日历检索设置。

3. 在服务器端配置 SMTP

POP3 和 IMAP4 协议用于从邮件服务器收取邮件，而从客户端应用程序发送邮件则需要 SMTP 协议。Exchange Server 2010 由接收连接器控制与 Exchange 组织的入站连接，通过接收连接器从 Internet、电子邮件客户端和其他电子邮件服务器接收邮件。默认情况下，安装集线器传输服务器角色之后，将自动创建内部邮件流所需的接收服务器。

（1）打开 Exchange 管理控制台，导航到"服务器配置" > "集线器传输"节点，"接收器"列表中将显示两个默认创建的接收连接器。

其中"Client"用于接受来自所有非 MAPI 客户端的 SMTP 连接，如 POP3 和 IMAP4，默认端口号是 587，适合接收内部发送的邮件；"Default"用于接受来自其他集线器传输服务器和任何边缘传输服务器的连接，默认使用的端口号是 25，适合接收其他外部邮件系统发送的邮件。

（2）右键单击"Client"接收连接器，选择"属性"按钮打开相应的属性设置对话框，可以查看和编辑该接收连接器的属性。

（3）切换到"网络"选项卡，指定接收连接的 IP 地址和 TCP 端口（默认为 587），还可以配置接受连接的 IP 地址范围（默认为任意范围）。默认设置如图 9-53 所示。

（4）切换到"身份验证"选项卡，为传入的 SMTP 连接配置安全性选项，默认要求 TLS 安全连接，并进行身份验证。默认设置如图 9-54 所示。

图 9-53 网络选项设置

图 9-54 身份验证配置

4. POP3 客户端配置

这里以 Windows 7 计算机为例介绍 POP3 客户端的配置。Windows 7 系统安装时并不安装电子邮件客户端 Outlook Express，而是提供功能更强大的 Windows Live Mail 客户端的链接，可以从开始菜单选择"入门"，再访问 Windows Live Essentials 链接来下载安装该软件。也可以去相关网站单独下载 Windows Live Mail。要使 Windows Live Mail 正常收发 Exchange 服务器的邮件，必须正确配置邮件账户。

一是要配置好邮件服务器，包括接收邮件和待发邮件的服务器、接收邮件服务器的登录信息，以及待发邮件的身份验证，如图 9-55 所示。

二是要配置邮件服务器端口。本例中服务器端要求 SSL 连接，SMTP 和 POP3 端口分别为 587 和 995，如图 9-56 所示。由于默认创建的 Default 接收连接器基本配置与 Client 相同，如果不修改，这里 SMTP 也可以使用标准的 25 端口。

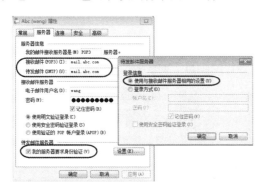

图 9-55　邮件服务器设置

图 9-56　服务器端口配置

9.5　配置 Exchange Server 收发外部邮件

到目前为止，Exchange 实现的只是内部邮件的收发，在实际应用中往往还需要将邮件发送到 Internet 上其他邮箱，或者收取来自 Ineternet 上的外部邮件，为此还需进一步配置。

要想使 Exchange 服务器能够收发外部邮件，首要的前提条件是向 ISP 申请了固定 IP 地址和 DNS 域名，并且为该域名创建 MX 记录。

如果直接为 Exchange 服务器配置公网接口，则安全风险比较大。通常将 Exchange 服务器部署在防火墙（或路由器）后面的内网中，防火墙应当开放 25 号端口，并正确配置内部邮件服务器与外部 MX 地址的 NAT 设置（端口映射）。一定规模的 Exchange 部署往往涉及到多台服务器，配置有专门的边缘传输服务器来处理外部邮件。为便于示范，这里没有安装边缘传输服务器，而是直接使用内部的集线器传输服务器上来实现向外网收发邮件，只涉及最基本的两项配置，一是配置 SMTP 发送连接器，二是配置 SMTP 接收连接器。

9.5.1　配置 SMTP 发送

发送连接器代表发送出站邮件时所经过的逻辑网关，控制从发送服务器到接收服务器（或目标电子邮件系统）的出站连接。Exchange 传输服务器向目标地址发送邮件的过程中，需要通过发送连接器将邮件传递到下一个跃点。客户端发往外域的邮件，先到达传输服务器，再由传输服务器转发到目的域。

默认情况下，在安装集线器传输服务器角色或边缘传输服务器角色时，没有显式创建任何发送连接器，但是内置有隐式发送连接器以支持集线器传输服务器之间以内部方式路由邮件。这里要将邮件发往外部域，就需要显式创建一个发送连接器，将该域的邮件路由到该连接器的源服务器，以便中继到目的域。

（1）打开 Exchange 管理控制台，导航到"组织配置" > "集线器传输"节点，切换到"发送连接器"选项卡，右键单击空白处，选择"新建发送连接器"启动新建 SMTP 发送连接器向导。

（2）如图 9-57 所示，在"名称"框中为发送连接器指定名称，从"选择此连接器的预期用法"列表中选择连接器的使用类型。这里选择"Internet"，将电子邮件发送到 Internet，该连接器将配置为使用 MX 记录路由电子邮件。

（3）单击"下一步"按钮，出现"地址空间"界面，指定邮件可以发送到哪些域。如图 9-58 所示，单击"添加"按钮弹出"SMTP 地址空间"对话框，在"地址空间"框中输入通配符"*"，表示邮件可以发送到所有的域，单击"确定"按钮。

图 9-57　选择连接器的使用类型

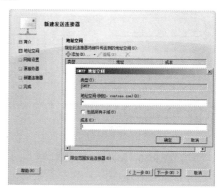

图 9-58　指定目的地址空间

（4）单击"下一步"按钮，出现图 9-59 所示的界面，从中选择使用发送连接器发送电子邮件的方式。这里保持默认设置，使用 DNS 来解析远程 SMTP 服务器的 IP 地址以及路由邮件。

如果邮件不是直接由 Exchange 服务器直接发送到公网，而是由公司的其他 SMTP 服务器（如邮件网关）来转发，就需要选择通过智能主机传送邮件，并进行相关设置。

（5）单击"下一步"按钮，出现图 9-60 所示的界面，从中配置源服务器（向外发送邮件的服务器）。默认情况下，已将当前使用的集线器传输服务器作为源服务器列出。如果内部有多个集线器传输服务器都要向外发送邮件，则根据需要添加源服务器。

图 9-59　发送连接器的网络设置

图 9-60　指定源服务器

（6）单击"下一步"按钮，出现"新建连接器"界面，查看该连接器的配置摘要，确认后单击"新建"按钮。

（7）出现"完成"界面，单击"完成"关闭向导，完成发送连接器的创建。

9.5.2 配置 SMTP 接收

关于接收连接器，前面已经简单介绍过。在 Exchange Server 2010 中，接收连接器是一个接收侦听器，用于侦听与接收连接器的设置相匹配的入站连接。发送到 Exchange 服务器的邮件由接收连接器决定是否接收。默认创建的 SMTP 接收连接器适合内部邮件流所需的接收服务。这里要收取来自外部域的邮件，可以修改默认的"Default"接收连接器的配置。

在 Exchange 管理控制台中导航到"服务器配置">"集线器传输"节点，出现"接收连接器"列表，如图 9-61 所示。打开 Default 连接器的属性设置对话框，切换到"权限组"选项卡，选择分配到该接收连接器的权限组，这里选中"匿名用户"复选框，如图 9-62 所示。

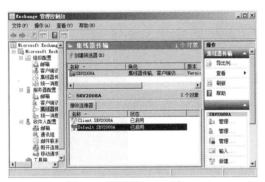

图 9-61　接收连接器列表

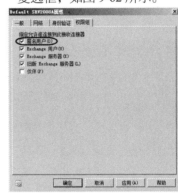

图 9-62　配置接收连接器

权限组是授予已知用户组、计算机组或安全组的一组预定义权限，只有权限组的成员才被允许向接收连接器提交邮件。匿名用户表示未进行身份验证的用户。

9.6　习题

简答题

（1）电子邮件系统由哪几部分组成？
（2）简述电子邮件的传递过程。
（3）电子邮件传输协议有哪几种？
（4）组件邮件服务器需要做哪些前期准备工作？
（5）Exchange 2010 服务器角色有哪些？
（6）简述客户端访问服务器角色。
（7）简述 Exchange 邮箱的特点。
（8）为什么要使用 Outlook Anywhere？

实验题

（1）在 Windows Server 2008 R2 服务器上安装典型的 Exchange 2010 服务器，并配置

Exchange 证书。

（2）创建一个 Exchange 邮箱，使用 Outlook Web App 测试邮箱访问。

（3）部署 Outlook Anywhere 客户端访问并进行测试（可以在内网中进行测试）。

（4）部署 IMAP4/SMTP 客户端访问，并使用邮件客户端（可以是 Outlook、Windows Live Mail 或其他软件）进行测试。

第 10 章
远程桌面服务

【学习目标】

本章将向读者介绍终端服务和远程桌面服务的基础知识，让读者掌握远程桌面服务部署、远程桌面连接配置、RemoteApp 程序部署与分发、远程桌面 Web 访问部署、远程桌面服务管理的方法和技能。

【学习导航】

Windows Server 2008 R2 将终端服务改称为远程桌面服务，除了提供传统的桌面连接让客户端访问整个远程桌面之外，还重点支持 RemoteApp 程序部署。RemoteApp 程序是一种新型远程应用呈现技术，与客户端的桌面集成在一起，使用户像在本地计算机上一样远程使用应用程序。部署 RemoteApp 程序可确保所有客户端都使用应用程序的最新版本。本章以 Windows Server 2008 R2 平台为例，讲解远程桌面服务的部署、管理和应用。

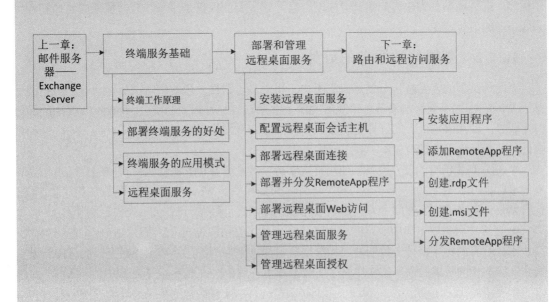

10.1　终端服务基础

终端服务为所谓"瘦客户机"远程访问和使用服务器提供服务，其核心在服务器端，主要用于网络环境将应用程序集中部署在服务器端，让每个客户端登录服务器访问自己权限范围内的应用程序和文件，也就是构建多用户系统。终端服务也可于远程管理和控制。在 Windows Server 2008 R2 中已经将终端服务改称为远程桌面服务，功能进一步增强了。

10.1.1　终端工作原理

早期的终端是 UNIX 字符终端，现在的 Windows 终端具有更为友好的图形界面，操作起来更为便捷。如图 10-1 所示，终端服务采用客户/服务器模式，终端服务器运行应用程序，终端服务仅将程序的用户界面传输到客户端，客户端计算机作为终端模拟器，返回键盘和鼠标动作，客户端的动作由终端服务器接收并加以处理。多个客户端可同时登录到终端服务器上，互不影响地工作。客户端不需要具有计算能力，至多只需提供一定的缓存能力。

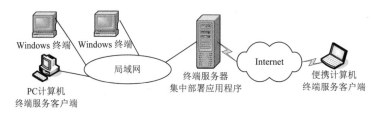

图 10-1　终端服务示意

目前最流行的是能够部署和运行 Windows 应用程序的 Windows 终端，英文全称 Windows Based Terminal，简称 WBT。Windows 终端服务有两种主流的解决方案，一种是由 Windows 服务器操作系统集成的终端服务，另一种是由 Citrix 公司提供的第三方解决方案 MetaFrame 系统。

客户端通过终端服务可以访问 Windows 图形界面，并在服务器上运行 Win32 和 Win64 应用程序。这种模型称为瘦客户端计算模型，客户端需要的仅仅是用来加载远程桌面软件和连接到服务器的最少资源。

10.1.2　部署终端服务的好处

有两种类型的客户端，一类是在普通 PC 机上基于软件实现的终端服务客户端，另一类是基于 Windows 的专业终端设备。单纯从价格上考虑，与一般 PC 机相比，Windows 终端的优势并不明显。使用终端最大的好处是能够集中管理、降低网络和信息管理费用、提高安全性和可靠性，从而降低总体拥有成本。其主要优点如下。

● 充分利用已有的硬件设备。使用终端服务，客户计算机既可作为瘦客户端，又可作为具有完整功能的计算机。终端服务器可将 Windows 桌面和基于 Windows 的应用程序传递到那些不能运行 Windows 操作系统的计算机上。较低配置的 PC 机也可作为 Windows 终端使用。

● 在终端服务器上集中部署应用程序，提升企业信息系统的可管理性，降低企业的总体拥有成本。所有的程序执行、数据处理和数据存储都可集中部署在终端服务器上，而且能让所有客户端访问相同版本的程序。软件只需在服务器上安装一次，而不需安装在每台计算机上。

● 远程管理和控制。系统管理员可通过 LAN、WAN 或拨号连接来远程管理服务器，也可对终端机进行管理和监控。

● 终端服务客户端可用于多种不同桌面平台。

10.1.3 终端服务的应用模式

终端服务本质上是一种基于服务器端的计算，可用于大中型企业、教育培训机构、金融证券机构等行业用户，也可用于 ASP（应用程序服务提供商）、企业 Intranet 系统和电子商务系统。另外，将终端服务与远程启动技术和无盘网络技术结合起来，可组建无盘终端网络。终端服务有 5 种应用模式，如表 10-1 所示。

表 10-1 终端服务的应用模式

应用模式	说　明	典型应用
基于服务器的集中计算	在服务器端部署应用程序，集中进行应用程序的管理、配置、升级以及其他技术支持，提高数据的安全性，减少网络流量，降低总体拥有成本	分支机构对企业服务器的访问
远程应用	在服务器上部署应用程序，让远程用户通过各种网络连接访问中心服务器，用户端可免装各种应用软件，通过宽带或窄带网络连接方式进行工作，达到与局域网中工作一样的效果	远程用户或移动用户访问总部服务器，运行各种业务
跨平台应用	充分利用现有的业务系统和资源（不同类型的客户端、操作系统、网络连接）访问最新的 Windows 应用程序，最大限度地发挥现有软硬件的效益，在异构网络中部署跨平台应用	在不调整现有软硬件平台的情况下，部署和升级新的 Windows 应用程序
瘦客户设备应用	将最新的 Windows 应用程序直接提供给瘦客户设备，而不用针对各种瘦客户设备对应用程序进行二次开发	让许多新型设备，如 WBT、PDA 直接访问现有 Windows 应用程序
基于 Web 的应用程序发布	使用 Web 发布功能，用户可以在网页中配置和访问完整的 Windows 应用软件	在 Intranet 或 Internet 上发布现有的交互式 Windows 应用程序

10.1.4　Windows Server 2008 R2 的远程桌面服务

Microsoft 从 Windows 2000 Server 开始支持基本的终端服务。Windows Server 2003 的终端服务开始支持 Web 浏览器访问，包括终端服务器和管理远程桌面两个组件，前者用于在服务器上部署和管理应用程序，实现多用户同时访问服务器上的桌面；后者用于远程控制 Windows 服务器。Windows Server 2008 对终端服务进行了改进和创新，将其作为一个服务器角色，增加了终端服务远程应用程序（RemoteApp 程序）、终端服务网关和终端服务 Web 访问等组件，便于通过 Web 浏览器更便捷地访问远程程序或 Windows 桌面本身，同时支持远程终端访问和跨防火墙应用。

Windows Server 2008 R2 进一步改进终端服务，并将其改称为远程桌面服务，它提供的技术让用户能够从企业内部网络和 Internet 访问在远程桌面会话主机服务器（相当于终端服务器）上安装的 Windows 程序或完整的 Windows 桌面。

1．远程桌面服务的角色服务

在 Windows Server 2008 R2 中，已重命名所有远程桌面服务角色服务，并新增了远程桌面虚拟化主机。这样，远程桌面服务角色由下列角色服务组成。

（1）远程桌面会话主机（RD 会话主机）。该角色服务以前称为终端服务器，用于提供终端服务，使服务器可以集中部署和发布基于 Windows 的程序，或者提供完整的 Windows 桌面。用户可连接到该服务器来运行程序、保存文件，以及使用该服务器上的网络资源。

（2）远程桌面 Web 访问（RD Web 访问）。它以前称为 TS Web 访问，用于让用户通过 Web 浏览器来访问 RemoteApp 程序和桌面连接，可帮助管理员简化远程应用发布工作，同时还能简化用户查找和运行远程应用过程。

（3）远程桌面授权（RD 授权）。该角色服务以前称为 TS 授权，用于管理连接到远程桌面会话主机服务器所需的客户端访问许可证（RDS CAL），具体是在远程桌面授权服务器上安装、颁发 RDS CAL 并跟踪其可用性。

（4）远程桌面网关（RD 网关）。远程桌面网关以前称为 TS 网关，目的是让远程用户无需使用 VPN 连接就能通过 Internet 连接到企业内部网络上的资源，将终端服务的适用范围扩展到企业防火墙之外的更广泛领域。它使用 HTTPS 上的 RDP 协议（RDP over HTTPS）在 Internet 上的计算机与内部网络资源之间建立安全的加密连接。远程桌面网关与网络访问保护整合起来以提高安全性。

（5）远程桌面连接代理（RD 连接 Broker）。远程桌面连接代理以前称为 TS 会话 Broker，用于在负载平衡的 RD 会话主机服务器场中跟踪用户会话，还用于通过 RemoteApp 和桌面连接为用户提供对 RemoteApp 程序和虚拟机的访问。

（6）远程桌面虚拟化主机（RD 虚拟化主机）。这是 Windows Server 2008 R2 新增的角色服务，集成了 Hyper-V（操作系统虚拟主机技术）以托管虚拟机，并将这些虚拟机作为虚拟桌面提供给用户。可以将唯一的虚拟机分配给组织中的每个用户，或为他们提供对虚拟机池的共享访问。远程桌面虚拟化主机需要使用远程桌面连接代理来确定将用户重定向到何处。

2. RemoteApp 程序

与传统的终端服务一样，Windows Server 2008 R2 的远程桌面服务支持高保真桌面。除了传统的基于会话的桌面，新增基于虚拟机的桌面。客户端可以访问远程桌面会话主机所提供的桌面连接来访问整个远程桌面。

远程桌面服务主要用于在服务器上（而不是在每台设备上）部署程序，这可以带来以下好处。

● 应用程序部署。可将基于 Windows 的程序快速部署到整个企业中的计算设备中。在程序经常需要更新、很少使用或难以管理的情况下，远程桌面服务尤其有用。

● 应用程序合并。从服务器安装和运行的程序，无需在客户端计算机上进行更新，从而减少访问程序所需的网络带宽量。

● 远程访问。用户可以从设备和非 Windows 操作系统访问服务器上正在运行的程序。

● 分支机构访问。为需要访问中心数据存储的分支机构用户提供更好的程序性能。与典型的广域网连接相比，此类通过远程桌面服务连接运行的程序性能通常会更好。

RemoteApp 程序是 Windows Server 2008 开始提供的一种新型远程应用呈现技术，它与客户端的桌面集成在一起，而不是在远程服务器的桌面中向用户显示，这样用户像在本地计算机上一样远程使用应用程序。通过部署 RemoteApp 程序，企业可确保所有客户端都使用应用程序的最新版本。对于那些频繁更新、难于安装或者需要通过低带宽连接进行访问的业务应用程序来说，RemoteApp 程序是一种极具成本效益的部署手段。

基于 Windows Server 2008 R2 的 RemoteApp 程序的部署如图 10-2 所示，该图也示意了远程

桌面服务的基本运行机制。RemoteApp 程序可以通过远程桌面 Web 访问在网站上分发（提供指向 RemoteApp 程序的链接）；也可以将 RemoteApp 程序作为.rdp 文件或 Windows Installer 程序包通过文件共享或其他分发机制分发给用户。通过部署远程桌面网关，支持客户端从 Internet 访问 RemoteApp 程序。接下来将具体讲解 RemoteApp 程序部署的步骤。

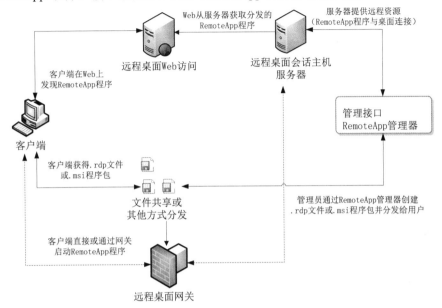

图 10-2　RemoteApp 程序的部署

10.2　部署和管理远程桌面服务

远程桌面服务是 Windows Server 2008 R2 中的一个角色，主要用于企业环境中有效地部署和维护软件。下面示范远程桌面服务的部署与管理，实验环境中有一台 Windows Server 2008 R2 服务器用作域控制器，一台 Windows Server 2008 R2 服务器（作为域成员）安装远程桌面服务，一台 Windows 7 计算机作为客户端。

10.2.1　安装远程桌面服务

默认情况下 Windows Server 2008 R2 没有安装远程桌面服务，可以通过服务器管理器来安装远程桌面服务这个角色。

（1）以域管理员身份登录到服务器，打开服务器管理器，在主窗口"角色摘要"区域（或者在"角色"窗格）中单击"添加角色"按钮，启动添加角色向导。

（2）单击"下一步"按钮出现"选择服务器角色"界面，选择要安装的角色"远程桌面服务"。

（3）单击"下一步"按钮，显示该角色的基本信息。

（4）单击"下一步"按钮，出现图 10-3 所示的界面，从中选择要安装的角色服务。

这里选择核心的"远程桌面会话主机"和常用的"远程桌面 Web 访问"（它涉及 IIS 服务器，如果 IIS 服务器未安装或者它所需的 IIS 角色服务未安装，选择该项将弹出对话框提示安装 Web 服务器及其部分角色服务）。

（5）单击"下一步"按钮，出现应用程序程序兼容性提示界面，建议在安装远程桌面会话主机之后安装要发布的应用程序，对于已经安装的应用程序，如果出现兼容性问题，需要卸载之后再安装。

（6）单击"下一步"按钮，出现图 10-4 所示的界面，指定远程桌面会话主机的身份验证方法。这里选择"不需要使用网络级别身份验证"。

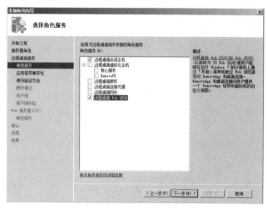

图 10-3　选择远程桌面服务角色服务

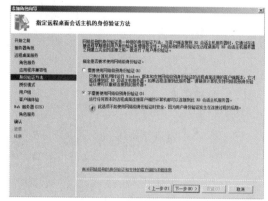

图 10-4　选择身份验证方法

如果选择"需要使用网络级别身份验证"，安全性更好，但是客户端必须使用支持凭据安全支持提供程序（CredSSP）协议的操作系统，如 Windows 7 或 Windows Vista 等及其更高新版本，而 Windows XP 和 Windows Server 2003 就不能使用 RemoteApp 程序。此选项在安装之后，还可以通过远程桌面会话主机配置再修改。

（7）单击"下一步"按钮，出现"指定授权模式"界面，这里选择"以后配置"，允许免费使用 120 天。

（8）单击"下一步"按钮，出现图 10-5 所示的界面，从中添加允许访问远程桌面服务的用户或用户组，也就是将要访问的用户组加入到本地的 Remote Desktop Users 组中。

默认已经添加了 Administrators 组，这里 Domain Users 加入。以后还可以在服务器上进一步管理 Remote Desktop Users 组成员。

（9）单击"下一步"按钮，出现图 10-6 所示的界面，从中配置客户端体验。这里只选择"桌面元素"。

（10）单击"下一步"按钮，如果涉及 Web 服务器及其角色服务的安装（主要用于远程桌面 Web 访问的配套），将出现相应的界面，一般保持默认设置。

完成上述设置之后将出现"确认安装选择"界面，确认安装选项配置符合要求之后，单击"安装"按钮开始安装，根据向导提示完成其余操作步骤。根据要求重新启动完成安装。

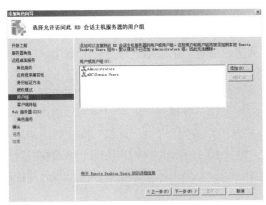

图 10-5 添加远程桌面用户

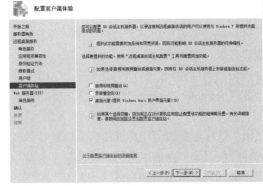

图 10-6 配置客户端体验

10.2.2　配置远程桌面会话主机

远程桌面服务是由远程桌面会话主机服务器（终端服务器）提供的，其配置对于远程桌面服务具有全局性，决定远程桌面服务的基本环境。从开始菜单选择"管理工具">"远程桌面服务">"远程桌面会话主机配置"，打开相应的控制台，根据需要配置远程桌面服务连接和服务器设置。

1. 配置远程桌面服务连接

安装远程桌面会话主机时将创建一个默认的连接，可以对其修改配置，也可以创建新的连接或删除已有的连接。这里以配置默认创建的现有连接为例介绍。

如图 10-7 所示，展开"远程桌面会话主机配置"控制台，"连接"列表显示当前的远程桌面服务连接，可见远程桌面服务采用的是 RDP（RDP 已升级为 7.1 版本）。选择其中要配置的连接，右侧"操作"窗格中显示相应的操作，如重命名连接、禁用连接或删除。右键单击该连接项，选择"属性"命令打开图 10-8 所示的对话框，从中可以设置多种选项。

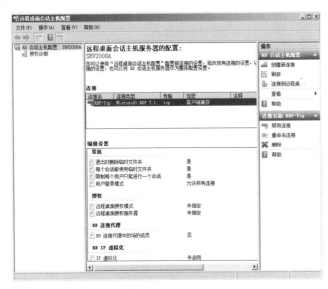

图 10-7 远程桌面会话主机配置控制台

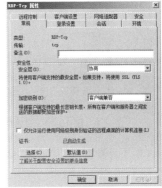

图 10-8 设置连接属性（常规）

（1）安全设置。在"常规"选项卡上配置服务器身份验证和加密级别，以及网络级别身份验证。

切换到"登录设置"选项卡，如图 10-9 所示，设置用户登录选项。一般应选择默认选项，让客户端提供登录信息。如果选中"总是使用下列登录信息"单选钮，设置让所有用户以同一账户登录，这样不便于跟踪用户。

切换到"安全"选项卡，如图 10-10 所示，为用户或组设置远程桌面服务访问权限，重点是配置 Remote Desktop Users 组的权限。标准权限有 3 种，分别是"完全控制"、"用户访问"和"来宾访问"。可以设置特殊权限来更为精确地控制用户访问，单击"高级"按钮弹出相应对话框，选择要配置的用户或组，编辑其特殊权限，如图 10-11 所示。"用户访问"标准权限对应的特殊权限为"查询信息"、"登录"、"连接"。例如，用户要使用远程桌面服务管理器远程控制用户会话，必须至少拥有"远程控制"特殊权限。

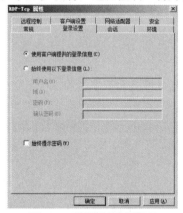

图 10-9　设置用户登录选项

图 10-10　设置访问权限

（2）客户端设置。切换到"客户端设置"选项卡，如图 10-12 所示，设置客户端的基本设置，包括登录时要连接的设备、所允许的最大颜色深度以及要禁用的客户端映射资源。

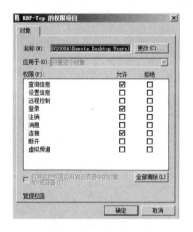

图 10-11　设置特殊权限

图 10-12　设置客户端选项

（3）会话设置。切换到"会话"选项卡，配置远程桌面服务会话的超时设置和重新连接设置。

切换到"远程控制"选项卡，如图 10-13 所示，从中设置是否允许远程控制。如果要针对该连接统一设置远程控制，应选中"使用具有下列设置的远程控制"单选钮，确定是否要求用户权限以控制会话。在"控制级别"区域有两个选项，"查看会话"表示用户会话只能查看，不能同步显示;"与会话交互"表示用户会话可随时使用键盘和鼠标进行控制,交互双方的会话(操作)同步显示。

2. 配置服务器设置

可以对远程桌面会话主机服务器进行配置。参见图 10-7,"编辑设置"区域显示当前的服务器设置,要查看和修改具体设置项,只需双击该项,打开相应的属性设置对话框进行设置即可,如图 10-14 所示。例如,要限制每个用户只能进行一个会话,双击该项,选中该复选框即可。

图 10-13　远程控制设置

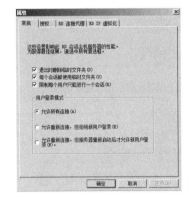
图 10-14　服务器设置

10.2.3　部署远程桌面连接

远程桌面是 Microsoft 为方便网络管理员管理维护服务器而推出的一项服务,管理员使用远程桌面连接程序连接到网络中开启了远程桌面功能的计算机上,可以像本地直接操作该计算机一样执行各种管理操作任务。在 Windows 早期版本中将它称为终端服务的远程管理模式,现在则称其为用于管理的远程桌面。管理员从客户端配置并运行远程桌面连接程序(与访问终端服务相同),远程登录到服务器上,像在该服务器本机上一样对其执行各种管理操作。如果计算机上未安装"远程桌面会话主机"角色服务,服务器最多只允许同时建立两个与它的远程连接。

1. 服务器端的远程桌面配置

默认情况下,在安装了"远程桌面会话主机"角色服务后,将启用远程连接,即可为客户端提供远程桌面连接服务。可以执行以下步骤来验证或更改远程连接设置。

(1)通过控制面板打开"系统"窗口(或者右键单击"计算机"并选择"属性"命令),单击"远程设置"打开系统属性对话框。

(2)如图 10-15 所示,根据需要选中"允许运行任意版本远程桌面的计算机连接"或"只允许运行使用网络级别身份验证的远程桌面的计算机连接"项。后者更安全,但仅支持 Windows Vista 和 Windows Server 2008 以及更高版本的客户端。

(3)根据需要管理具有远程连接权限的用户。单击"选择用户"按钮打开图 10-16 所示的对话框添加或删除远程桌面用户,Administrator 组成员总是能够远程连接到该服务器。

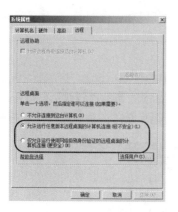

图 10-15　服务器端启用远程桌面功能

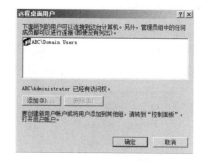

图 10-16　管理远程桌面用户

还可以根据需要进一步进行远程会话主机配置来控制远程桌面连接，这需要在远程桌面会话主机服务器上打开"远程桌面会话主机配置"控制台并打开相应连接的属性设置对话框进行配置。

① 配置连接允许的同时远程连接数。可以配置连接允许的同时远程连接数。限制同时远程连接数可以提高计算机的性能，因为减少了需要系统资源的会话。如图 10-17 所示，切换到"网络适配器"选项卡上，默认不限制连接数，要更改就需要选中"最大连接数"单选按钮，输入希望连接允许的同时远程连接数。注意如果"最大连接数"选项已选中并且灰显，则"限制连接数"组策略设置已启用并且应用该服务器。

② 指定在用户登录时自动启动某个程序。默认情况下远程桌面服务会话将访问完整的 Windows 桌面，除非指定在用户登录到远程会话时启动某个程序。如图 10-18 所示，切换到"环境"选项卡上，从中配置所需的初始启动程序设置。如果指定了初始启动程序，该程序将是用户可以在远程桌面服务会话中使用的唯一程序，用户登录到远程会话时不会显示开始菜单和 Windows 桌面，用户退出程序时，会话将自动注销。

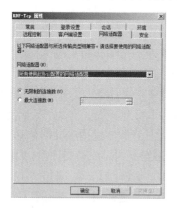

图 10-17　设置远程连接数

图 10-18　配置初始程序

2. 客户端使用远程桌面连接

客户端使用远程桌面连接软件连接到远程桌面服务器。以 Windows 7 计算机为例，从程序菜单中选择"附件">"远程桌面连接"命令打开图 10-19 所示的对话框。要正常使用，还需对远程连接进一步配置。

（1）单击"选项"按钮出现相应的界面，如图 10-20 所示，在"常规"选项卡中设置登录设置，包括要连接的终端服务器、登录终端服务器的用户账户及其密码。可以将设置好选项的连接保存为连接文件，供以后调用。

（2）切换到"显示"选项卡，从中设置桌面的大小和颜色。

（3）切换到"本地资源"选项卡，如图 10-21 所示，从"远程音频"列表中选择声音文件的处理方式；从"键盘"列表中选择连接到远程计算机时 Windows 快捷键组合的应用；在"本地设备和资源"区域设置是否允许终端服务器访问本地计算机上的打印机等。

图 10-19　启动远程桌面连接

图 10-20　登录设置

（4）根据需要切换到其他选项卡，可以设置有关远程桌面连接的其他选项。

（5）设置完毕，单击"连接"按钮，出现远程桌面登录界面，输入登录账户名称和密码，像在服务器本地一样。

登录成功之后的操作界面如图 10-22 所示，客户端可像本地用户在本机上一样进行操作。用户要退出，可通过顶部的会话控制条来选择断开。

图 10-21　设置本地资源选项

图 10-22　登录远程桌面主机会话服务器

除了使用远程桌面连接工具之外，客户端还可通过 Web 浏览器来访问由远程桌面 Web 访问提供的远程桌面。具体请参见 10.2.5 节的介绍。

3．用于管理的远程桌面配置

用于管理的远程桌面相当于授权远程用户管理 Windows 服务器，它由远程桌面服务（终端服务）启用，采用的是远程桌面协议，如果只是要远程管理 Windows Server 2008 R2 服务器，则没有必要安装"远程桌面会话主机"角色服务。

安装 Windows Server 2008 R2 系统时，会自动安装用于管理的远程桌面，在未安装"远程桌面会话主机"角色服务的情况下默认禁用该功能。可以通过控制面板打开"系统"窗口，再单击"远程设置"打开系统属性对话框进行配置，具体步骤同前述更改远程连接设置。

在未安装"远程桌面会话主机"角色服务的情况下，Windows Server 2008 R2 服务器也提供"远程桌面会话主机配置"控制台对远程桌面连接进行配置管理，如图 10-23 所示，界面中将显示"此服务器配置用于管理的远程桌面"（此例在域控制器上操作）。进一步查看远程连接的属性，可以在"网络适配器"选项卡中发现最大连接数受限，如图 10-24 所示。

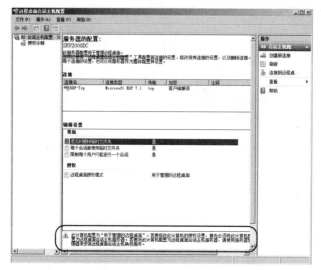

图 10-23　配置用于管理的远程桌面

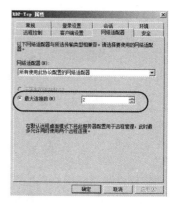

图 10-24　最大连接数为 2

用于管理的远程桌面受到下列限制。

● 默认连接（RDP-Tcp）最多只允许两个同时远程连接。

● 无法配置远程桌面授权设置。

● 无法配置远程桌面连接代理设置。

● 无法配置用户登录模式。

若要取消这些限制，必须在计算机上安装"远程桌面会话主机"角色服务。

10.2.4　部署并分发 RemoteApp 程序

部署 RemoteApp 程序是远程桌面服务的重点，主要步骤如下。

（1）配置 RemoteApp 部署设置。

（2）将应用程序设置为 RemoteApp 程序。

（3）向用户分发 RemoteApp 程序。

最简单的方式是通过远程桌面 Web 访问分发，这将在下一节专门介绍。管理员可创建.rdp文件或 Windows Installer（.msi）程序包再分发给客户端。

相关的配置工作主要由 RemoteApp 管理器来实施。从管理工具菜单中选择"远程桌面服务"＞"RemoteApp 管理器"命令，打开图 10-25 所示的主界面。

1．配置 RemoteApp 部署设置

RemoteApp 部署设置是一种全局设置，适用于该服务器上所有 RemoteApp 程序的部署设置。这些设置将应用于任何可通过远程桌面 Web 访问分发的 RemoteApp 程序。在创建.rdp 文件或 Windows Installer 程序包时，这些设置将作为默认设置使用。

在 RemoteApp 管理器的"操作"窗格中单击"RD 会话主机服务器设置"（或者在"概述"

窗格中单击"RD 会话主机服务器设置"旁边的"更改"），打开图 10-26 所示的对话框，在"远程桌面会话主机"选项卡的"连接设置"区域设置服务器名称和远程桌面协议端口号（默认为 3389）。在"访问未列出的程序"区域可以选择允许或不允许用户启动未列出的程序，为安全起见，保持默认设置（不允许）。

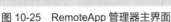

图 10-25　RemoteApp 管理器主界面

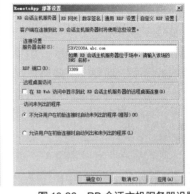

图 10-26　RD 会话主机服务器设置

切换到图 10-27 所示的"通用 RDP 设置"选项卡，可以配置 RDP 会话的设备重定向，例如，要发布的 Word 文字处理程序一般需要对打印机和剪贴板进行重定向。还可以设置用户体验，如果选中"连接到远程桌面时使用所有客户端监视器"复选框，服务器上的远程桌面可以在客户端的多个显示器上实现跨越显示。

可以使用数字签名为用于 RemoteApp 连接的.rdp 文件签名，便于客户端识别和信任远程资源的发布者，防止使用恶意用户已篡改的.rdp 文件。切换到图 10-28 所示的"数字签名"选项卡，选中"使用数字证书签名"复选框，单击"更改"按钮选择要用的证书。可以使用服务器身份验证证书、代码签名证书或特别定义的远程桌面协议签名证书，证书可以来自第三方、企业内部，还可以是自签名证书。例中使用的是该服务器的一个计算机证书。

图 10-27　通用 RDP 设置

图 10-28　签名用证书设置

2. 在远程桌面会话主机服务器上安装应用程序

对于要发布的应用程序，应当在安装了远程桌面会话主机角色服务之后再进行安装。对于之前已经安装的，如果发现兼容性问题，可卸载之后重新安装。

多数情况下可以像在本地桌面上安装程序那样在远程桌面会话主机服务器上安装程序。某些程序可能无法在多用户的环境中正常运行。要确保应用程序正确地安装到多用户环境，在安装应用程序之前必须将远程桌面会话主机服务器切换到特殊的安装模式，以确保在安装期间创建正确的注册表项和.ini 文件。安装应用程序之后，要将远程桌面会话主机服务器切换到执行模式，远程用户才能开始使用该应用程序。切换到特殊的安装模式有以下两种方法。

● 使用控制面板中"程序"下的"在桌面会话主机上安装应用程序"工具，运行向导来帮助安装应用程序，完成后自动切回执行模式。

● 在命令提示符执行 Change user /install 命令，然后手动启动应用程序的安装。完成安装之后，再手动执行 Change user /execute 命令切回执行模式。

某些程序可能需要进行较小的设置修改方可在远程桌面会话主机服务器上正常运行。还要应确保为所有用户安装程序。如果有相互关联或相互依赖的程序，则必须将这些程序安装在同一台服务器中。遇到以下情形，应考虑将各个程序分别安装在不同的服务器上。

● 程序存在兼容性问题，可能会影响其他程序。

● 一个应用程序及若干关联用户可能会耗尽服务器的能力。

为便于实验，在服务器上先安装 Microsoft Office 套件。当然也可使用系统自带的实用工具程序（如写字板、计算器等）来进行实验。

3. 添加 RemoteApp 程序

应用程序需要设置为 RemoteApp 程序才能发布，具体方法是将其添加到 RemoteApp 程序列表中。

（1）打开 RemoteApp 管理器，在"操作"窗格中单击"添加 RemoteApp 程序"按钮，启动 RemoteApp 向导。

（2）单击"下一步"按钮，出现图 10-29 所示的界面，从中选择要发布的应用程序。可以一次性选择多个程序。

这里列出的是开始菜单上出现的程序。如果要添加的程序不在该列表中，则单击"浏览"按钮，然后指定程序的.exe 文件的位置。

（3）如果要配置 RemoteApp 程序的属性，单击"属性"按钮打开图 10-30 所示的对话框，可以更改该程序的有关选项。其中别名是程序的唯一标识符，默认值为程序的文件名（不带扩展名），建议不要更改此名称。默认选中"RemoteApp 程序可通过 RD Web 访问获得"复选框，表示该程序可通过 Web 方式发布。

图 10-29　选择要添加的 RemoteApp 程序

图 10-30　设置 RemoteApp 程序属性

（4）单击"下一步"按钮，出现图 10-31 所示的对话框，从中检查确认设置后，单击"完成"按钮，所选的程序应出现在"RemoteApp 程序"列表中，如图 10-32 所示。选中该程序，右侧"操作"窗格中将出现相应的操作命令。

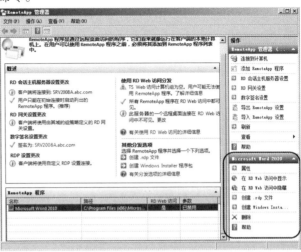

图 10-31　复查设置　　　　　　　　　　　图 10-32　已添加的 RemoteApp 程序

在分发 RemoteApp 程序之前，还可根据需要更改 RemoteApp 部署设置。

4. 创建远程桌面协议（.rdp）文件并进行分发

可以创建一个远程桌面协议（.rdp）文件，将 RemoteApp 程序分发给用户。一般通过文件共享、文件下载、文件复制等方式将该文件分发到客户端计算机，当然还可以使用专门的软件分发进程（Microsoft System Center Configuration Manager）。

（1）打开 RemoteApp 管理器，从"RemoteApp 程序"列表中选择要分发的 RemoteApp 程序，在"操作"窗格中单击"创建.rdp 文件"按钮启动 RemoteApp 向导。

（2）单击"下一步"按钮出现图 10-33 所示的对话框，指定待生成程序包的存放位置。

根据需要设置 RD 会话主机服务器设置、RD 网关设置以及证书设置，这里的更改将覆盖 RemoteApp 部署设置。

（3）单击"下一步"按钮出现"复查设置"对话框，检查确认设置后单击"完成"按钮。生成的.rdp 文件将出现在指定的文件夹中，如图 10-34 所示。

图 10-33　程序包设置　　　　　　　　　　图 10-34　生成的.rdp 文件

（4）将远程桌面协议文件分发给用户。

5. 客户端通过.rdp 文件访问 RemoteApp 程序

客户端计算机获得该.rdp 文件后即可启动 RemoteApp 程序。

（1）双击.rdp 文件打开相应的对话框，可能会弹出图 10-35 所示的对话框，提示目前还未信任 RemoteApp 程序的发布者。如果没有提供签名用的证书，提示信息就会变为无法识别 RemoteApp 程序的发布者。

（2）单击"连接"按钮，出现图 10-36 所示的界面，开始连接到远程服务器上并运行该应用程序。

图 10-35　信任 RemoteApp 发布者提示

图 10-36　连接到服务器

（3）弹出图 10-37 所示的对话框，要求进行身份验证，请输入用户名和密码。验证成功后将自动进入应用程序界面，如图 10-38 所示。

图 10-37　身份验证

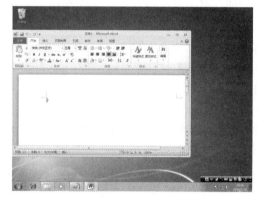

图 10-38　运行 RemoteApp 程序

6. 解决 RemoteApp 发布者的信任问题

如果没有配置证书，启动 RemoteApp 程序时会给出无法识别 RemoteApp 程序的发布者的警告。例中虽然配置了证书，客户端也信任证书的颁发者（根 CA 证书），但还是给出要求信任 RemoteApp 发布者的警告。如果不希望给出这样的警告信息，最省事的方法是选择"不再询问是否从此发布者进行远程连接"复选框，但这并没有从根本上解决问题。要解决 RemoteApp 发布者的信任问题，需要通过组策略来指定受信任的 RemoteApp 发布者。

（1）获取 RemoteApp 发布者的证书的指纹。找到该证书（例中为 SRV2008A.abc.com）并打开它，如图 10-39 所示，切换到"详细信息"选项卡查看证书的详细信息，单击"指纹"字段，获取指纹信息，不要包括前后空格。

（2）以域管理员身份登录到域控制器，打开组策略管理控制台，编辑"Default Domain Policy"（默认域策略），依次展开"计算机配置" > "策略" > "管理模板" > "Windows 组件" > "远程桌面服务" > "远程桌面连接客户端"节点，双击"指定表示受信任.rdp 发行者的 SHA1 证书指纹"项弹出相应的设置对话框，选中"已启用"单选按钮，并在"选项"下面的文本框中输入上述证书指纹，如图 10-40 所示。单击"确定"按钮完成组策略设置。

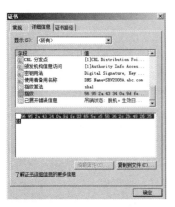

图 10-39 获取证书指纹　　　　图 10-40 指定表示受信任.rdp 发行者的 SHA1 证书指纹

（3）完成上述配置之后，刷新组策略时域用户将自动指定受信任.rdp 发行者。如果要立即刷新组策略，则可以重新启动客户端计算机，或者在命令提示符下运行 gpupdate 命令。

此后，如果用户尝试启动由受信任证书签名的.rdp 文件，则该用户启动此文件时将不会接收到任何警告消息。

7. 创建 Windows Installer（.msi）程序包

可以创建一个 Windows Installer（.msi）程序包将 RemoteApp 程序分发给用户。.msi 程序包在客户端上安装后，可以与特定扩展名进行关联，还可以生成图标和快捷方式，与客户端的本地程序非常相似，这有利于增强用户体验。

为便于实验，先将 PowerPoint 程序添加到 RemoteApp 程序列表中。

（1）打开 RemoteApp 管理器，从"RemoteApp 程序"列表中选择要分发的 RemoteApp 程序，在"操作"窗格中单击"创建 Windows Installer 程序包"按钮启动 RemoteApp 向导。

（2）单击"下一步"按钮出现相应的对话框（见图 10-33），从中指定程序包设置。

（3）单击"下一步"按钮出现图 10-41 所示的对话框，从中配置分发程序包。

可以在"快捷方式图标"区域指定该程序的快捷方式图标将出现在客户端的哪个位置。在"接管客户端扩展"区域配置是否接管该程序的客户端文件扩展名。如果将客户端计算机上的文件扩展名与 RemoteApp 程序相关联，对于远程桌面会话主机服务器上由该程序处理的所有文件扩展名，在客户端也将与 RemoteApp 程序关联。注意不要在远程桌面会话主机服务器上安装启用此设置创建的.msi 程序包，因为这可能导致使用该程序包的客户端无法启动关联的 RemoteApp 程序。

（4）单击"下一步"按钮，出现"复查设置"对话框，检查确认设置后单击"完成"按钮。生成的.msi 文件将出现在指定的文件夹中，如图 10-42 所示。

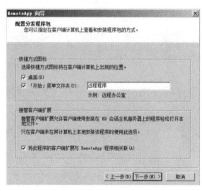
图 10-41　配置分发程序包

图 10-42　生成的 .msi 文件

8．通过组策略分发基于 MSI 的 RemoteApp 应用程序

可以像 .rdp 文件一样通过文件共享等方式分发 .msi 程序包，但是最常用的还是通过组策略部署 .msi 程序包，这对大型企业环境非常有利，下面示范操作步骤。

（1）先将要分发的 MSI 文件置于共享文件夹中。例中直接将远程会话主机服务器上的 C:\Program Files\Packaged Programs 设置为共享文件夹。

（2）以域管理员身份登录到域控制器，打开组策略管理控制台，编辑"Default Domain Policy"（默认域策略），依次展开"用户配置"＞"策略"＞"软件设置"节点，右键单击其中的"软件安装"节点，选择"新建"＞"数据包"命令弹出"打开"对话框，浏览选择要分发的 .msi 文件，如图 10-43 所示。

（3）单击"打开"按钮，弹出图 10-44 所示的对话框，从中选择部署方法。这里选择"已分配"以强制安装该软件包。

图 10-43　选择分发程序包

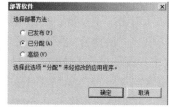
图 10-44　选择部署方法

（4）单击"确定"按钮完成 .msi 程序包的添加。如图 10-45 所示，双击该组策略项，可以进一步查看和设置属性，这里切换到"部署"选项卡，选中"在登录时安装此应用程序"复选框，单击"确定"按钮完成组策略设置。

这样用户在下一次登录时将会自动安装该程序包，根据设置，桌面上和程序菜单中都提供该 RemoteApp 程序的链接，如图 10-46 所示。用户可以双击该链接运行该 RemoteApp 程序，该链接指向的实际上还是安装该 RemoteApp 程序的 .msi 程序包时自动生成的 .rdp 文件。

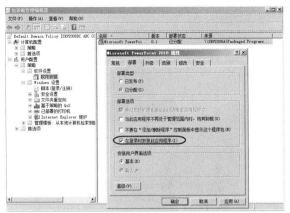

图 10-45　设置软件安装属性

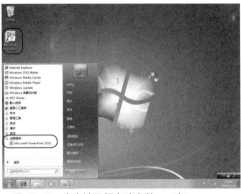

图 10-46　客户端已经自动安装.msi 包

10.2.5　部署远程桌面 Web 访问

远程桌面 Web 访问可以使用户通过 Web 浏览器访问 RemoteApp 程序和远程桌面。这实际上是将 RDP 协议封装在 HTTPS 协议中以方便应用程序和远程桌面的发布。RDP 协议使用的是 3389 端口，在内网使用一般没有问题，但有些防火墙对 3389 端口会限制使用，如果使用 HTTPS 协议就不受限制。要允许用户通过 Internet 访问远程桌面 Web 访问服务器，可以考虑部署远程桌面网关。

基于 Windows Server 2008 R2 远程桌面 Web 访问，管理员通过使用 RemoteApp 和桌面连接向用户提供一组远程资源，如 RemoteApp 程序和虚拟机桌面。用户可以通过以下两种方式访问 RemoteApp 和桌面连接（远程桌面）。

● 从 Web 浏览器登录到远程桌面 Web 访问提供的专用网站。

● 通过客户端计算机上的开始菜单访问。

"所有程序"的"RemoteApp 和桌面连接"的文件夹中将列出可供访问的资源，如 RemoteApp 程序。这要求客户端运行 Windows 7、Windows Server 2008 和 Windows Server 2008 R2 等操作系统。向客户端计算机的开始菜单发布 RemoteApp 和桌面连接程序是 Windows Server 2008 R2 的新增功能。

1.　配置远程桌面 Web 访问网站

要实现远程桌面 Web 访问，首先要确认安装"远程桌面 Web 访问"，该角色服务涉及 IIS 服务器及其部分角色服务的安装。安装完毕，将自动在默认网站下创建一个名为 RDWeb 的应用程序，用户使用 Web 浏览器访问的就是该应用程序。

默认情况下，RDWeb 应用程序要求使用 SSL 连接（可以展开 IIS 管理器来查看 SSL 设置，见图 10-47），客户端只能通过 HTTPS 协议访问，这就需要服务器上有证书支持，并在网站上绑定 HTTPS 协议。证书可以从商业 CA 申请，也可以在企业内部创建自己的 CA，甚至使用自签名证书，HTTPS 协议只能在网站级别设置，读者可以参照第 8 章介绍过的 SSL 证书注册和 SSL 网站配置的方法和步骤，这里不再赘述。

这里的证书用于验证 Web 服务器身份，与上述用于签名.rdp 文件的证书目的不同，虽然两处可以使用同一个用于表明服务器身份的计算机证书或 Web 服务器证书。一定要注意该证书注册的通用名称，远程桌面 Web 访问就是用该名称来访问，例中安装的远程服务器证书的通用名称为 SRV2008A.abc.com，可以在 IIS 管理器中查看，如图 10-48 所示。

图 10-47　SSL 设置　　　　　　　　　　图 10-48　查看服务器证书

RDWeb 应用程序位于默认网站中，为该网站添加 HTTPS 绑定，如图 10-49 所示。

2. 指定 RemoteApp 和桌面连接的源

远程桌面 Web 访问的是 RemoteApp 和桌面连接，安装并配置好远程桌面 Web 访问后，必须指定 RemoteApp 和桌面连接的源。该源决定了哪些服务器显示给用户的 RemoteApp 程序和虚拟桌面，可以是远程桌面连接代理服务器，也可以是 RemoteApp 源。

（1）以域管理员身份登录到远程桌面 Web 访问服务器上。

（2）从"管理工具"中选择"远程桌面服务">"远程桌面 Web 访问配置"命令打开相应的页面。默认访问的是 https://localhost/rdweb，而 RDWeb 要求 SSL 证书，由于没有提供 localhost 的证书，因此提示此网站的安全证书有问题。

（3）单击"继续浏览此网站"链接，打开图 10-50 所示的页面，在"域\用户名"框中输入此格式的域管理员账户（如 ABC\Administrator），在"密码"框中输入其密码，然后单击"登录"按钮。

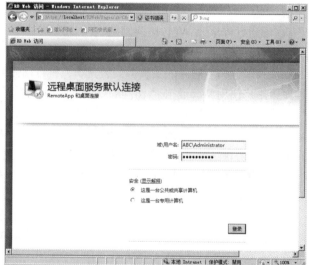

图 10-49　绑定 HTTPS 协议　　　　　　图 10-50　查看远程桌面 Web 访问分发

提示 要避免出现证书错误，使用 IE 浏览器访问 https://server_name/rdweb 连接到远程桌面 Web 访问网站，其中 server_name 是远程桌面 Web 访问服务器的域名（SSL 证书的通用名称），以域管理员账户登录，在标题栏上单击"配置"链接进入源设置界面。

（4）出现图 10-51 所示的页面，从中选择并指定要使用的源。

如果选择"一个或多个 RemoteApp 源"单选按钮，在"源名称"框中设置 RemoteApp 源的 NetBIOS 名称或 DNS 域名。可以指定多个 RemoteApp 源，使用分号分隔每个名称。这里要发布的源是本机（localhost），"远程桌面会话主机"与"远程桌面 Web 访问"安装在同一服务器上，发布的内容为远程桌面会话主机服务器提供的远程资源。

如果选择"RD 连接代理服务器"单选按钮，在"源名称"框中输入远程桌面连接代理服务器的 NetBIOS 名称或 DNS 域名。通过远程桌面连接代理服务器，用户可以访问在远程桌面虚拟化主机服务器上托管的虚拟桌面和在远程桌面会话主机服务器上托管的 RemoteApp 程序。可以使用远程桌面连接管理器工具来配置远程桌面连接代理服务器。

提示 如果远程桌面 Web 访问服务器与托管 RemoteApp 程序的远程桌面会话主机服务器是不同的服务器，则必须将远程桌面 Web 访问服务器的计算机账户添加到远程桌面会话主机服务器上的"TS Web Access Computers"安全组中。具体方法是在远程桌面会话主机服务器上打开"计算机管理"控制台，展开"本地用户和组"节点，双击 TS Web Access Computers 组账户，单击"添加"按钮，将"对象类型"改为"计算机"，然后指定远程桌面 Web 访问服务器的计算机账户作为该组成员。

（5）单击"确定"按钮完成源的指定。

3. 设置远程桌面 Web 访问分发资源

RemoteApp 程序和桌面的 Web 访问分发主要在 RemoteApp 管理器中设置。打开 RemoteApp 管理器，可以在"概述"区域查看当前的 Web 访问分发设置，如图 10-52 所示。

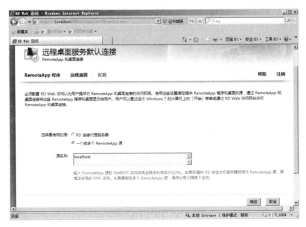

图 10-51　指定源

图 10-52　查看远程桌面 Web 访问分发资源

（1）分发 RemoteApp 程序

① 将要分发的 RemoteApp 程序添加到 RemoteApp 程序列表。默认情况下在配置 RemoteApp 程序属性时会选中"RemoteApp 程序可通过 RD Web 访问获得"复选框，对远程桌面 Web 访问启用 RemoteApp 程序（见图 10-30）。

② 根据需要更改 RemoteApp 程序是否可通过远程桌面 Web 访问进行分发。在 RemoteApp 程序列表中的"RD Web 访问"列指示是否进行 Web 分发。选中要设置的 RemoteApp 程序，在"操作"窗格中单击"在 RD Web 访问中显示"按钮将要对远程桌面 Web 访问启用该 RemoteApp 程序；单击"在 RD Web 访问中隐藏"按钮则禁用该程序。

也可通过 RemoteApp 程序属性设置对话框中的"RemoteApp 程序可通过 RD Web 访问获得"复选框来启用或禁用 Web 访问。

③ 为 RemoteApp 程序指定哪些用户或组可以通过远程桌面 Web 访问（在 RDWeb 站上看到该 RemoteApp 程序的图标）。打开 RemoteApp 程序属性设置对话框，切换到"用户分配"选项卡，如图 10-53 所示，默认设置所有经过身份验证的域用户都可以通过远程桌面 Web 访问 RemoteApp 程序。可以根据需要指定特定的域用户和域组。

（2）分发远程桌面连接

远程桌面 Web 访问还包含远程桌面 Web 连接，使用户可以从 Web 浏览器远程连接到任何对其具有远程桌面权限的计算机的桌面。默认没有在远程桌面 Web 访问中提供远程桌面连接，也就是客户端在浏览 RDWeb 网站时看不到指向远程桌面会话主机服务器完整桌面会话的链接。要解决这个问题，在 RemoteApp 管理器中打开 RemoteApp 部署设置对话框，在"远程桌面访问"区域选中"在 RD Web 访问中显示到此 RD 会话主机服务器的远程桌面连接"复选框，如图 10-54 所示。

图 10-53　用户分配

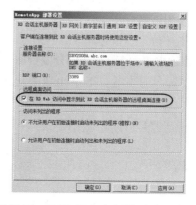

图 10-54　在 RD Web 中启用远程桌面连接

4. 客户端通过 Web 浏览器连接到远程桌面服务

要使用 Windows Server 2008 R2 的远程桌面 Web 访问，客户端浏览器版本不低于 IE 6.0，远程桌面连接（RDC）版本不低于 6.1（至少支持 RDP 6.1）。带有 SP3 的 Windows XP、带有 SP1 的 Windows Vista、Windows Server 2008、Windows 7 和 Windows Server 2008 R2 等符合条件。

使用 https://server_name/rdweb 连接到远程桌面 Web 访问网站，其中 server_name 是远程桌面 Web 访问服务器的域名，最好采用 SSL 证书的通用名称，否则将提示证书错误警告（当然可以忽略该警告，继续访问）。初始主界面如图 10-55 所示，如果是在公共计算机上使用远程桌面

Web 访问，选中"这是一台公共或共享计算机"；如果使用专用计算机，选择"这是一台专用计算机"，后者在注销前将允许较长的非活动时间。然后输入身份验证登录即可。

客户端需要 RDP 客户端控件才能运行。如果浏览器给出警告信息，应该运行该 ActiveX 控件，如图 10-56 所示。

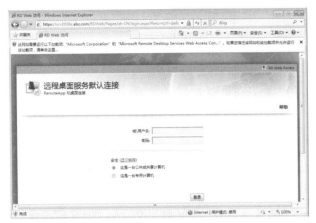

图 10-55 远程桌面 Web 访问界面   图 10-56 运行客户端控件

登录之后的界面如图 10-57 所示，列出已发布的 RemoteApp 程序，以及远程桌面（指向远程桌面会话主机服务器）。单击相应的连接即可访问。切换到"远程桌面"选项卡，如图 10-58 所示，可以连接到指定的服务器远程桌面。

图 10-57 RemoteApp 程序及远程桌面链接   图 10-58 基于 Web 的远程桌面连接

5. 客户端通过"开始"菜单访问 RemoteApp 和桌面连接

Windows Server 2008 R2 可以将 RemoteApp 和桌面连接部署到 Windows 7、Windows Server 2008 和 Windows Server 2008 R2 等客户端的"开始"菜单中。这需要在客户端配置 RemoteApp 和桌面连接。

（1）以管理员的身份登录到客户端计算机，打开控制面板，在其中的搜索框中输入"RemoteApp"进行搜索。

（2）显示搜索结果时，在"RemoteApp 和桌面连接"标题下单击"使用 RemoteApp 和桌面连接设置一个新连接"。

（3）如图 10-59 所示，在"连接 URL"框中输入"https:// server_name/RDWeb/Feed/webfeed.aspx"（server_name 是远程桌面 Web 访问服务器的域名，此处为 SRV2008A.abc.com），然后单击"下

一步"按钮。

（4）出现"已准备好设置连接"页面，单击"下一步"按钮。

（5）出现图 10-60 所示的界面，提示已成功设置以下连接，单击"完成"按钮。

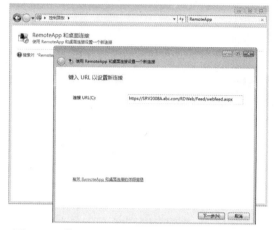 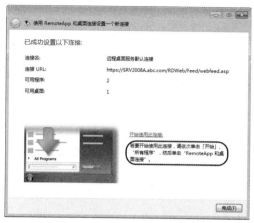

图 10-59　使用 RemoteApp 和桌面连接设置一个新连接　　　　图 10-60　基于 Web 的远程桌面连接

这样就可以从"开始"菜单选择"所有程序" ＞ "RemoteApp 和桌面连接" ＞ "远程桌面服务器默认连接"命令，可以看到已经发布的 RemoteApp 程序和桌面连接，直接运行即可。

10.2.6　管理远程桌面服务

可在远程桌面会话主机服务器上进一步控制和管理在线客户。从"管理工具"菜单中选择"远程桌面服务"＞"远程桌面服务管理器"命令，打开图 10-61 所示的控制台，根据需要查看当前登录的用户，以及该用户使用的进程或程序，也可强制断开远程桌面服务用户的连接。例如，查看某用户的状态，如图 10-62 所示。

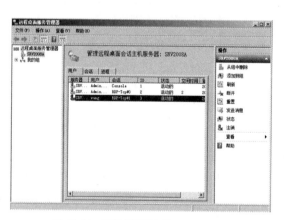 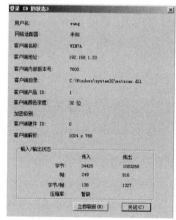

图 10-61　远程桌面服务管理器　　　　　　　　图 10-62　某登录用户的当前状态

10.2.7　管理远程桌面授权

连接到远程桌面会话主机服务器的每个用户或计算设备必须拥有远程桌面授权服务器颁发的有效远程桌面服务客户端访问许可（RDS CAL）。RDS CAL 的类型有两种。

● RDS-每设备 CAL。允许一台设备（任何用户使用的）连接到远程桌面会话主机服务器。

● RDS-每用户 CAL。授予一个用户从无限数目的客户端计算机或设备访问远程桌面会话主机服务器的权限。

远程桌面授权服务器必须激活才能开始授权，这需要向微软 Clearinghouse 申请，免费使用时间为 120 天。该评估期结束后，除非远程桌面会话主机服务器找到远程桌面授权服务器以颁发客户端许可证，否则它将不再允许客户端进行连接。

首先要安装"远程桌面授权"角色服务，然后激活远程桌面授权服务器，最后安装客户端许可证。对于小型部署，可以在同一台计算机上同时安装远程桌面会话主机和远程桌面授权；对于大型部署，建议将远程桌面授权安装在另一台服务器上。

10.3　习题

简答题

（1）部署终端服务有哪些好处？
（2）终端服务有哪几种应用模式？
（3）远程桌面服务包括哪些角色服务？
（4）简述远程桌面服务的基本运行机制。
（5）什么是 RemoteApp 程序？什么是远程桌面？
（6）RemoteApp 程序如何分发？
（7）如何解决 RemoteApp 发布者的信任问题？
（8）简述远程桌面 Web 访问。

实验题

（1）在 Windows Server 2008 R2 服务器上安装远程桌面服务（包括"远程桌面会话主机"和"远程桌面 Web 访问"）。
（2）在远程桌面会话主机服务器上安装 Office 套件，针对 Word 程序创建.rdp 文件并分发给客户端，针对 PowerPoint 程序创建.msi 程序包并分发给客户端，最后在客户端进行测试。
（3）部署远程桌面 Web 访问，让用户通过浏览器访问 RemoteApp 和桌面连接。

PART 11

第 11 章
路由和远程访问服务

本章将向读者介绍 Windows Server 2008 R2 的路由和远程访问服务,让读者掌握 IP 路由器、网络地址转换(NAT)路由器、远程访问服务器、虚拟专用网(VPN)的部署方法和技能。

Windows Server 2008 R2 作为网络操作系统,本身就可提供路由器、网络地址转换(NAT)、远程访问、虚拟专用网(VPN)等网络通信功能,这是通过其内置的路由和远程访问服务(RRAS)角色服务来实现的。路由和远程访问服务功能强大,但是比较复杂,本章将介绍路由和远程访问服务所提供的各种功能和服务,并讲解如何使用它来配置 Windows Server 2008 R2 网络环境。

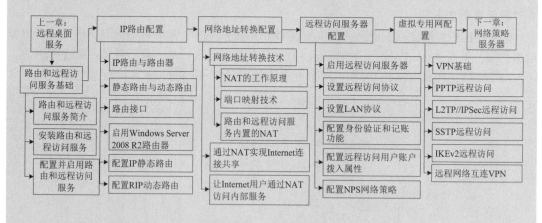

11.1 路由和远程访问服务基础

路由与远程访问服务最突出的优点就是与 Windows 服务器操作系统本身和 Active Directory 的集成，借助于多种硬件平台和网络接口，可非常经济地实现不同规模的互联网络路由、远程访问服务和虚拟专用网等解决方案。

11.1.1 路由和远程访问服务简介

路由和远程访问服务（Routing and Remote Access Service RRAS），名称来源于它所提供的两个主要网络服务功能。路由和远程访问集成在一个服务中，却是两个独立的网络功能。

1. 路由

路由和远程访问服务可以充当一个全功能的软件路由器，也可以是一个开放式路由和互联网络平台，为局域网、广域网、虚拟专用网（简称 VPN）提供路由选择服务。

2. 远程访问服务

将路由和远程访问服务配置为充当远程访问服务器，可以将远程工作人员或移动工作人员连接到企业网络。适用于局域网连接用户的所有服务（包括文件和打印共享、Web 服务器访问）一般都可通过远程访问连接使用。远程用户可以像其计算机直接连接到网络上一样工作。

路由和远程访问服务可以提供两种不同类型的远程访问连接。

（1）拨号网络。通过使用远程通信提供商提供的服务，远程客户端使用非永久的拨号线路连接到远程访问服务器的物理端口上，这时使用的网络就是拨号网络。最常见的拨号网络是客户端拨打远程访问服务器某个端口的电话号码。

（2）虚拟专用网。虚拟专用网是在公共网络上建立的安全专用网络。客户端使用特定的隧道协议对服务器的虚拟端口进行虚拟呼叫。常见的应用是客户端通过虚拟专用网隧道连接到与 Internet 相连的远程访问服务器上。远程访问服务器应答虚拟呼叫，验证呼叫方身份，并在虚拟专用网客户端和企业网络之间传送数据。与拨号网络相比，虚拟专用网始终是通过公用网络（如 Internet）在客户端和服务器之间建立的一种逻辑的、非直接的连接，这就必须对连接上传送的数据进行加密。

3. Windows Server 2008 R2 的路由和远程访问服务

在 Windows Server 2008 R2 中，路由与远程访问服务是作为"网络策略和访问服务"角色的一种角色服务提供的，与早期版本相比主要做了如下改进。

- 删除了开放式最短路径优先（OSPF）路由协议组件。
- 删除路由和远程访问中的基本防火墙，并将其替换为 Windows 防火墙。
- 增加了安全套接字隧道协议（SSTP）与 IKEv2（VPN Reconnect）协议。这是两种新型的虚拟专用网隧道技术。
- 提供网络访问保护的 VPN 强制。
- 改进对 IPv6 协议的支持。
- 支持新的强加密算法。

11.1.2 安装路由和远程访问服务

Windows Server 2008 R2 默认没有安装路由和远程访问服务，可以通过服务器管理器来安装。

（1）以管理员身份登录到服务器，打开服务器管理器，在主窗口"角色摘要"区域（或者在"角色"窗格）中单击"添加角色"按钮，启动添加角色向导。

（2）单击"下一步"按钮出现"选择服务器角色"界面，选择角色"网络策略和访问服务"。

（3）单击"下一步"按钮，显示该角色的基本信息。

（4）单击"下一步"按钮，出现角色服务选择界面，选择要安装的角色服务"路由和远程访问服务"。至于该角色下的其他角色服务，将在第 12 章介绍。

（5）单击"下一步"按钮，根据向导提示完成其余操作步骤。

11.1.3 配置并启用路由和远程访问服务

路由和远程访问服务安装之后，默认情况下处于禁用状态。无论是使用路由功能，还是使用远程访问服务功能，都必须先启用它。

1．启用路由与远程访问服务

（1）从"管理工具"菜单中选择"路由和远程访问"命令，打开"路由和远程访问"控制台。如图 11-1 所示，默认路由和远程访问服务处于禁用状态。

（2）右键单击服务器节点，从快捷菜单中选择"配置并启用路由和远程访问"命令，启动路由和远程访问服务器安装向导。

（3）单击"下一步"按钮，出现图 11-2 所示的对话框，从中选择要定义的项目，单击"下一步"按钮，根据提示完成其余操作步骤，然后启动该服务。

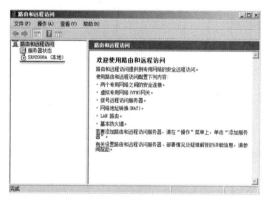

图 11-1 路由和远程访问服务处于禁用状态

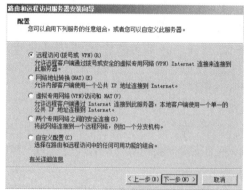

图 11-2 选择配置项目

> **提示** 在"路由和远程访问"控制台中执行"禁用路由和远程访问"命令将删除当前的路由和远程服务配置。只有需要重新配置路由和远程访问时，才需执行该命令，再根据向导配置并启用路由和远程访问服务。本章涉及多种路由与远程访问方案的配置实验，反倒可以利用这一点来快速转换配置，在实现新的方案时，先禁用路由和远程访问以清除原方案的配置，再使用向导配置新的方案。

2．管理路由和远程访问服务

路由和远程访问作为服务程序运行，如果配置并启用了路由和远程访问，可以在"路由和远程访问"控制台中右键单击服务器，从"所有任务"的子菜单中选择相应的命令来停止或重新启动该服务；也可以在"服务"管理单元中对"Routing and Remote Access"服务进行管理。

3. 配置路由和远程访问服务

路由和远程访问服务可以充当多种服务器角色，这取决于具体的配置。

（1）通过向导进行配置。首次启用路由和远程访问服务时将启动路由和远程访问服务器安装向导，该提供了 4 种典型配置和 1 项自定义配置。选择以下任何一种典型配置，向导将引导管理员详细配置。

● 远程访问（拨号或 VPN）。配置服务器接受远程客户端通过拨号连接或 VPN 连接到服务器的请求。

● 网络地址转换（NAT）。配置 NAT 路由器，以支持 Internet 连接共享。

● 虚拟专用网（VPN）访问和 NAT。组合 VPN 远程访问和 NAT 路由器。

● 两个专用网络之间的安全连接。配置两个内部网络通过 VPN 连接或请求拨号连接进行远程互联。

上述典型配置只适合一种类型的服务配置。要使用任何可用的路由和远程访问服务功能，可选择自定义配置。如图 11-3 所示，管理员可以从服务类型中选择一种或同时选择多种，向导会安装必要的 RRAS 组件来支持所选的服务类型，但不会提示需要任何信息来设置具体选项，这些任务管理员随后在"路由和远程访问"控制台中进行配置。

（2）使用"路由和远程访问"控制台手动配置。再次提醒，上述向导只有在服务器上首次配置路由和远程访问服务时才可使用。已经通过向导配置 RRAS 服务之后，要修改已有配置选项，或者增加新的服务类型时，都需要在"路由和远程访问"控制台中进行手动设置。

如图 11-4 所示，"路由和远程访问"控制台作为重要的控制中心，管理着 RRAS 的大部分属性，通过 RRAS 控制台除了配置端口和接口之外，还可以设置协议、全局的选项和属性以及远程访问策略。接下来将具体介绍如何使用该控制台执行特定的设置和管理任务。

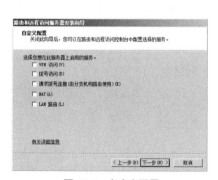

图 11-3　自定义配置

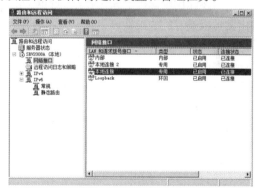

图 11-4　"路由和远程访问"控制台

11.2　IP 路由配置

TCP/IP 网络作为互连网络，涉及 IP 路由配置，路由选择在 TCP/IP 中承担着非常重要的角色。路由和远程访问服务能使 Windows Server 2008 R2 作为路由器，在网络中提供路由选择服务。

11.2.1　IP 路由与路由器

1．IP 路由

从数据传输过程看，路由是数据从一个节点传输到另一个节点的过程。在 TCP/IP 网络中，携带 IP 报头的数据报，沿着指定的路由传送到目的地。同一网络区段中的计算机可以直接通信，不同网络区段中的计算机要相互通信，则必须借助于 IP 路由器。如图 11-5 所示，两个网络都是 C 类 IP 网络，网络 1 上的节点 192.168.1.5 与 192.169.1.20 可以直接通信，但是要与网络 2 的节点 192.168.2.20 通信，就必须通过路由器。

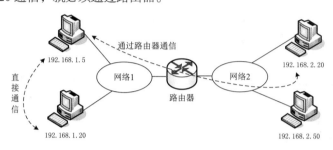

图 11-5　IP 路由示意

2．IP 路由器

路由器是在互联网络中实现路由功能的主要节点设备。典型的路由器通过局域网或广域网连接到两个或多个网络。路由器将网络划分为不同的子网（也称为网段），每个子网内部的数据包传送不会经过路由器，只有在子网之间传输数据包才经过路由器，这样提高了网络带宽的利用率。路由器还能用于连接不同拓扑结构的网络。

路由器可以是专门的硬件设备，一般称专用路由器或硬件路由器；也可以由软件来实现，一般称主机路由器或软件路由器。另外，网络地址转换（NAT）甚至网络防火墙都可以看作是一种特殊的路由器。

支持 TCP/IP 的路由器称为 IP 路由器。在 TCP/IP 网络中，IP 路由器在每个网段之间转发 IP 数据包，又叫 IP 网关。每一个节点都有自己的网关，IP 包头指定的目的地址不在同一网络区段中，就会将数据包传送给该节点的网关。

3．IP 路由表

路由器靠路由表来确定数据包的流向。路由表也称为路由选择表，由一系列称为路由的表项组成，其中包含有关互联网络的网络 ID 位置信息。当一个节点接收到一个数据包时，查询路由表，判断目的地址是否在路由表中，如果是，则直接发送给该网络，否则转发给其他网络，直到最后到达目的地。

除了路由器使用路由表之外，网络中的主机也使用路由表。在路由网络中，相对于路由器而言，非路由的普通计算机一般称为主机。TCP/IP 对应的路由表是 IP 路由表，IP 路由表实际上是相互邻接的网络 IP 地址的列表。

路由表中的表项一般包括网络地址、转发地址、接口和跃点数等信息。不同的网络协议，路由表的结构略有不同。图 11-6 所示的是某服务器上的一份 IP 路由表。

目标	网络掩码	网关	接口	跃点数	协议
0.0.0.0	0.0.0.0	192.168.1.1	本地连接	10	网络管理
127.0.0.0	255.0.0.0	127.0.0.1	Loopback	51	本地
127.0.0.1	255.255.255.255	127.0.0.1	Loopback	306	本地
169.254.89.177	255.255.255.255	0.0.0.0	本地连接	266	网络管理
169.254.255.255	255.255.255.255	0.0.0.0	本地连接	266	网络管理
192.168.1.0	255.255.255.0	0.0.0.0	本地连接	266	网络管理
192.168.5.0	255.255.255.0	0.0.0.0	本地连接 2	266	网络管理
192.168.5.148	255.255.255.255	0.0.0.0	本地连接 2	266	网络管理
192.168.5.255	255.255.255.255	0.0.0.0	本地连接 2	266	网络管理
224.0.0.0	240.0.0.0	0.0.0.0	本地连接	266	网络管理
255.255.255.255	255.255.255.255	0.0.0.0	本地连接	266	网络管理

图 11-6　IP 路由表

查看分析路由表结构，其表项主要由以下信息字段组成。

● 目标（目的地址）：需要网络掩码来确定该地址是主机地址，还是网络地址。

● 网络掩码：用于决定路由目的的 IP 地址。例如，主机路由的掩码为 255.255.255.255；默认路由的掩码为 0.0.0.0。

● 网关：转发路由数据包的 IP 地址，一般就是下一个路由器的地址。在路由表中查到目的地址后，将数据包发送到此 IP 地址，由该地址的路由器接收数据包。该地址可以是本机网卡的 IP 地址，也可以是同一子网的路由器接口的地址。

● 接口（Interface）：指定转发 IP 数据包的网络接口，即路由数据包从哪个接口转出去。

● 跃点数：指路由数据包到达目的地址所需的相对成本。一般称为 Metric（度量标准），典型的度量标准指到达目的地址所经过的路由器数目，此时又常常称为路径长度或跳数（Hop Count），本地网内的任何主机，包括路由器，值为 1，每经过一个路由器，该值再增加 1。如果到达同一目的地址有多个路由，优先选用值最低的。

路由表中的每一项都被看成一个路由，共有以下几种路由类型。

● 网络路由：到特定网络 ID 的路由。

● 主机路由：到特定 IP 地址，即特定主机的路由。主机路由通常用于将自定义路由创建到特定主机以控制或优化网络通信。主机路由的网络掩码为 255.255.255.255。

● 默认路由：若在路由表中没有找到其他路由，则使用默认路由。默认路由简化主机的配置。其网络地址和网络掩码均为 0.0.0.0。在 TCP/IP 协议配置中一般将其称为默认网关。

● 特殊路由：如 127.0.0.0 指本机的 IP 地址，224.0.0.0 指 IP 多播转发地址，255.255.255.255 指 IP 广播地址。

4. 路由选择过程

路由功能指选择一条从源到目的路径并进行数据包转发。如果按路由发送数据包，经过的节点出现故障，或者指定的路由不准确，数据包就不能到达目的地。位于同一子网的主机（或路由器）之间采用广播方式直接通信，只有不在同一子网中，才需要通过路由器转发。路由器至少有两个网络接口，同时连接到至少两个网络。对大部分主机来说，路由选择很简单，如果目的主机位于同一子网，就直接将数据包发送到目的主机，如果目的主机位于其他子网，就将数据包转发给同一子网中指定的网关（路由器）。

11.2.2　静态路由与动态路由

配置路由信息主要有两种方式：手动指定（静态路由）和自动生成（动态路由）。在实际应用中，有时采用静态路由和动态路由相结合的混合路由方式。一种常见的情况是主干网络上使用动态路由，分支网络和最终用户使用静态路由；另一种情况是，高速网络上使用动态路由，低速连接的路由器之间使用静态路由。

1. 静态路由

静态路由是指由网络管理员手工配置的路由信息。当网络的拓扑结构或链路的状态发生变化时，网络管理员要手工修改路由表中相关的静态路由信息。静态路由具有以下优点。

- 完全由管理员精确配置，网络之间的传输路径预先设计好。
- 路由器之间不需进行路由信息的交换，相应的网络开销较小。
- 网络中不必交换路由表信息，安全保密性高。

静态路由的不足也很明显，对于因网络变化而发生的路由器增加、删除、移动等情况，无法自动适应。要实现静态路由，必须为每台路由器计算出指向每个网段的下一个跃点，如果规模较大，管理员将不堪重负，而且还容易出错。

静态路由的网络环境设计和维护相对简单，并且非常适用于那些路由拓扑结构很少有变化的小型网络环境。有时出于安全方面的考虑也可以采用静态路由。

2. 动态路由

动态路由通过路由协议，在路由器之间相互交换路由信息，自动生成路由表，并根据实际情况动态调整和维护路由表。路由器之间通过路由协议相互通信，获知网络拓扑信息。路由器的增加、移动以及网络拓扑的调整，路由器都会自动适应。如果存在到目的站点的多条路径，即使一条路径发生中断，路由器也能自动地选择另外一条路径传输数据。

动态路由的主要优点是伸缩性和适应性，具有较强的容错能力。其不足之处在于复杂程度高，频繁交换的路由信息增加了额外开销，这对低速连接来说无疑难以承受。

动态路由适用于复杂的中型或大型网络，也适用于经常变动的互联网络环境。

路由协议是特殊类型的协议，能跟踪路由网络环境中所有的网络拓扑结构。它们动态维护网络中与其他路由器相关的信息，并依此预测可能的最优路由。主流的路由协议如下。

- 边界网关协议（Border Gateway Protocol，BGP）。
- 增强的内部网关路由协议（Enhanced Interior Gateway Routing Protocol，EIGRP）。
- 外部网关协议（Exterior Gateway Protocol，EGP）。
- 内部网关路由协议（Interior Gateway Routing protocol，IGRP）。
- 开放最短路径优先（Open Shortest Path First，OSPF）。
- 路由信息协议（Routing Information Protocol，RIP）。

3. RIP

Windows Server 2008 R2 的路由和远程访问服务本身支持 RIP。RIP 属于距离向量路由协议，主要用于在小型到中型互联网络中交换路由选择信息。RIP 只是同相邻的路由器互相交换路由表，交换的路由信息也比较有限，仅包括目的网络地址、下一跃点以及距离。RIP 目前有两个版本：RIP 版本 1 和 RIP 版本 2。RIP 路由器主要用于中小型企业、有多个网络的大型分支机构、校园网等。

如图 11-7 所示，RIP 路由器之间不断交换路由表，直至饱和状态，整个过程如下。

（1）开始启动时，每个 RIP 路由器的路由选择表只包含直接连接的网络。例如，路由器 1 的路由表只包括网络 A 和 B 的路由，路由器 2 的路由表只包括网络 B、C 和 D 的路由。

（2）RIP 路由器周期性地发送公告，向邻居路由器发送路由信息。很快，路由器 1 就会获知路由器 2 的路由表，将网络 B、C 和 D 的路由加入自己的路由表，路由器 2 也会进一步获知路由器 3 和路由器 4 的路由表。

（3）随着 RIP 路由器周期性地发送公告，最后所有的路由器都将获知到达任一网络的路由。

此时，路由器已经达到饱和状态。

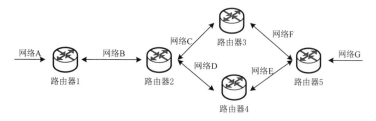

图 11-7　RIP 路由器之间交换路由表（箭头表示交换方向）

除了周期性公告之外，RIP 路由器还可以通过触发更新对路由信息进行通信。当网络拓扑更改以及发送更新的路由选择信息时，触发更新发生以反映那些更改。使用触发更新，将立即发送更新的路由信息，而不是等待下一个周期的公告。

RIP 的最大优点是配置和部署相当简单。RIP 的最大缺点是不能将网络扩大到大型或特大型互连网络。RIP 路由器使用的最大跃点计数是 15 个，16 个跃点或更大的网络被认为是不可达到的。当互联网络的规模变得很大时，每个 RIP 路由器的周期性公告可能导致大量的通信。另一个缺点是需要较高的恢复时间。互连网络拓扑更改时，在 RIP 路由器重新将自己配置到新的互连网络拓扑之前，可能要花费几分钟时间。互连网络重新配置自己时，路由循环可能出现丢失或无法传递数据的结果。

11.2.3　路由接口

路由器上支持路由的网络接口称为路由接口。路由接口可以是转发数据包的物理接口，也可以是逻辑接口。Windows Server 2008 R2 路由器支持 3 种类型的路由接口。

1. LAN 接口

LAN 接口是物理接口，通常指用于局域网连接的网卡。充当路由器的计算机上安装的网卡都是 LAN 接口，安装的 WAN 适配器有时也表示为 LAN 接口。LAN 接口基本总是处于激活状态，一般不需要通过身份验证过程激活。

2. 请求拨号接口

请求拨号接口是代表点对点连接的逻辑接口。点对点连接基于物理连接（如使用模拟电话线连接的两个路由器）或者逻辑连接（如使用虚拟专用网连接的两个路由器）。请求拨号连接可以是请求式，仅在需要时建立点对点连接，也可以是持续型，建立点对点连接然后保持已连接状态。请求拨号接口通常需要通过身份验证过程来连接。请求拨号接口所需的设备是设备上的一个端口。

通过请求拨号接口实现的路由称为请求拨号路由，也称为按需拨号路由，一般用于远程网络互联。请求拨号路由可以明显地降低连接成本。在请求拨号路由网络中，应使用静态路由，因为拨号链路只在需要时才拨通，不能为动态路由信息表提供路由信息的变更情况。

3. IP 隧道接口

IP 隧道接口是代表已建立隧道的点对点连接的逻辑接口。IP 隧道接口不需要通过身份验证过程来建立连接。

11.2.4　启用 Windows Server 2008 R2 路由器

默认情况下，Windows Server 2008 R2 路由和远程访问服务并没有启用路由功能，需要进行相应的配置。如果是首次配置路由和远程访问服务，可利用向导启用路由器，选择"自定义配置"选项，然后再选中"LAN 路由"复选框（见图 11-3）。然后单击"下一步"按钮，出现相应的对话框，提示路由器设置完成，单击"完成"按钮，弹出相应的提示对话框，询问是否开始服务，单击"是"按钮即可。

如果已经配置过路由和远程访问服务，在"路由和远程服务"控制台中右键单击服务器节点，选择"属性"命令打开相应的对话框，如图 11-8 所示，确认在"常规"选项卡上选中"IPv4路由器"复选框。如果修改这些配置，需要重启路由和远程访问服务使之生效。

11.2.5 配置 IP 静态路由

可以在许多不同的拓扑和网络环境中使用路由器。路由器部署涉及到绘制网络拓扑图、规划网络地址分配方案、路由器网络接口配置、路由配置等。

1. 配置简单的 IP 路由网络

一个路由器连接两个网络是最简单的路由方案。因为路由器本身同两个网络直接相连，不需要路由协议即可转发要路由的数据包，只需设置简单的静态路由。这里给出一个简单的例子，网络拓扑如图 11-9 所示，为便于理解，图中标明了每个路由接口的 IP 地址。

图 11-8 启用局域网路由

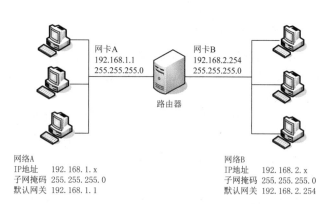

图 11-9 一个路由器连接两个网络

首先配置作为路由器的 Windows Server 2008 R2 计算机。

（1）在 Windows Server 2008 R2 计算机上安装和配置两块网卡。可根据情况将网卡改为更明确的名称，如到网络 A 的连接名为"LAN_A"，到网络 B 的连接名为"LAN_B"，这样会更直观。

提示 Windows Server 2008 R2 网络连接的重命名与早期 Windows 版本有所不同。具体方法是通过控制面板打开"网络和共享中心"（或者右键单击"开始"菜单中的"网络"再选择"属性"命令），单击"更改适配器设置"链接，右键单击其中的网络连接，选择"重命名"即可更改名称。

（2）在网卡上配置 IP 地址，连接到网络 A 和网络 B 的两个网卡的 IP 地址分别为 192.168.1.1 和 192.168.2.254，子网掩码为 255.255.255.0。

（3）如果没有启用路由功能，可参见 11.2.4 节的讲解开启路由和远程访问服务的路由功能。

（4）在"路由和远程访问"控制台中展开"IPv4"节点，右键单击"静态路由"项，选择"显示 IP 路由表"命令，弹出窗口查看当前的路由信息，如图 11-10 所示。

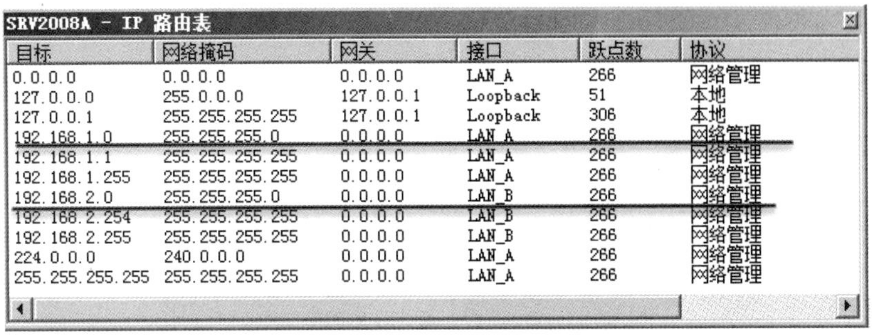

目标	网络掩码	网关	接口	跃点数	协议
0.0.0.0	0.0.0.0	0.0.0.0	LAN_A	266	网络管理
127.0.0.0	255.0.0.0	127.0.0.1	Loopback	51	本地
127.0.0.1	255.255.255.255	127.0.0.1	Loopback	306	本地
192.168.1.0	255.255.255.0	0.0.0.0	LAN_A	266	网络管理
192.168.1.1	255.255.255.255	0.0.0.0	LAN_A	266	网络管理
192.168.1.255	255.255.255.255	0.0.0.0	LAN_A	266	网络管理
192.168.2.0	255.255.255.0	0.0.0.0	LAN_B	266	网络管理
192.168.2.254	255.255.255.255	0.0.0.0	LAN_B	266	网络管理
192.168.2.255	255.255.255.255	0.0.0.0	LAN_B	266	网络管理
224.0.0.0	240.0.0.0	0.0.0.0	LAN_A	266	网络管理
255.255.255.255	255.255.255.255	0.0.0.0	LAN_A	266	网络管理

SRV2008A - IP 路由表

图 11-10　查看 IP 路由表

路由表中分别提供了目标为 192.168.1.0（网络 A）和 192.168.2.0（网络 B）的路由表项。

这里的"协议"字段用于指示路由项的来源。如果是通过"路由和远程访问"控制台手动创建的将显示为"静态"；如果不是通过该控制台手动创建，而是利用其他方式设置的（如网卡设置）将显示为"网络管理"；如果是通过动态路由协议获得的，将显示该协议名称；其他情况则都显示为"本地"。

接下来配置网络上其他计算机（非路由器）的 IP 地址、子网掩码和默认网关。应当将其默认网关设置为与路由器连接的网卡的 IP 地址，网络 A 的其他计算机默认网关为 192.168.1.1，而网络 B 上其他计算机的默认网关为 192.168.2.254。路由网络中的每台计算机应设置默认网关，否则由于不能传送路由信息而无法与其他网络中的计算机通信。

最后进行测试。一般使用 ping 或 tracert 命令来测试。例如，在网络 B 的某计算机试着用 ping 和 tracert 命令访问网络 A 的某台计算机。

2. 配置静态路由

上述方案非常简单，网络中只有一个路由器。该路由器直接与两边的网络相连，路由器直接将包转发给目的主机，不用手工添加路由。如果遇到更为复杂的网络，要跨越多个网络进行通信，每个路由器必须知道那些并未直接相连的网络的信息，当向这些网络通信时，必须将包转发给另一个路由器，而不是直接发往目的主机，这就需要提供明确的路由信息。这里给出一个例子，网络拓扑如图 11-11 所示。

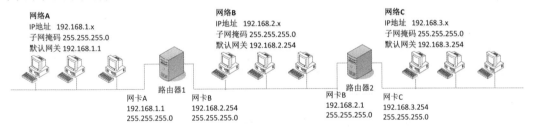

图 11-11　跨多个路由器通信的路由网络示意

静态路由配置比较容易，只需在每台路由器上设置与该路由器没有直接连接的网络的路由项即可。打开"路由和远程访问"控制台，展开"IPv4"节点，右键单击"静态路由"节点，选择"新建静态路由"命令，弹出图 11-12 所示的窗口，在其中设置相应的参数，各项参数含义如下。

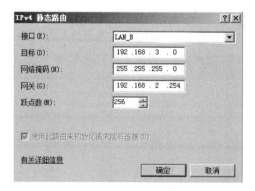

图 11-12　设置到网络 C 的静态路由

- 接口：指定转发 IP 数据包的网络接口。
- 目标：目的 IP 地址，可以是主机地址、子网地址和网络地址，还可以是默认路由（ 0.0.0.0 ）。
- 网络掩码：用于决定目的 IP 地址。需要注意的主机路由的子网掩码为 255.255.255.255；默认路由的掩码为 0.0.0.0。
- 网关：转发路由数据包的 IP 地址，也就是下一路由器的 IP 地址。
- 跃点数：也称跳（ Hop Count ），到达目的地址所经过的路由器数目。

这里的跃点数虽然指到达目的地址所经过的路由器数目，实际上只是一个确定路由相对优先级的参数，如果到达目的地址只有一条路径，即使要经过多个路由器，也可随便赋值，一般采用默认值 256 即可，不一定要准确反映所经过的路由器数目。

提示　对于局域网网卡，设置的网关接口必须与该网卡位于同一子网。也就是说，如果正在使用的接口是 LAN 接口，例如以太网或令牌环，则路由的"网关"IP 地址必须是所选接口可以直接到达的 IP 地址。对于请求拨号接口（按需路由）则不用设置网关。

以图 11-11 所示的网络中的路由器 1 为例进行示范。根据网络拓扑，共有 3 个网段和 2 个路由器，从网络 A 到网络 C 要跨越两个路由器。路由器 1 要连接到网络 C，必须通过路由器 2 同网络 C 通信，到网络 C 的数据包由网卡 B 发送，下一路由器为路由器 2，路由器 2 连接网络 B 的 IP 地址为 192.168.2.254。到网络 C 的静态路由设置如图 11-12 所示。

一定要注意，路由器 1 与网络 A 和网络 B 都能直接相连，不用设置静态路由。

当前设置的静态路由项添加到"静态路由"列表中。右键单击"静态路由"项，选择"显示 IP 路由表"命令查看当前路由信息，如图 11-13 所示，其中的通信协议都显示为"静态（非请求拨号）"。

提示　不要使用彼此指向对方的默认路由来配置两个相邻的路由器。默认路由将不直接相连的网络上的所有通信传递到已配置的路由器。具有彼此指向对方的默认路由的两个路由器，对于不能到达目的地的通信可能产生路由循环。

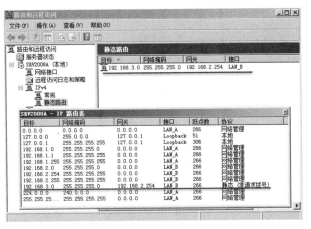

图 11-13　查看 IP 路由表

3. 使用 route ADD 命令添加静态路由

还可直接使用命令行工具 route 来添加静态路由，语法格式为

```
route ADD [目的地址] MASK [子网掩码] [网关] METRIC [跃点数] IF [网络接口（号）]
```

其中路由目的地址或网关（gateway）可以使用通配符 "*" 和 "?"，这可简化路由配置。另外，要使添加的静态路由项成为永久性路由，还应使用-p 选项，否则，系统重启后，使用此命令添加的路由将被删除。

11.2.6　配置 RIP 动态路由

这里以 RIP 路由为例介绍动态路由的配置。RIP 路由设置的基本步骤与静态路由设置相似，只是在路由设置时有所不同，要在路由器上添加 RIP 协议，添加并配置 RIP 路由接口。

（1）参照静态路由设置，在要充当路由器的 Windows Server 2008 R2 计算机上安装和配置网卡，并启用路由功能和 IP 路由功能。

（2）添加 RIP 路由协议。打开 "路由和远程访问" 控制台，展开 "IPv4" 节点，右键单击 "常规" 节点，从快捷菜单中选择 "新增路由协议" 命令弹出 "新路由协议" 对话框，如图 11-14 所示。

（3）单击要添加的协议 "用于 Internet 协议的 RIP 版本 2"，然后单击 "确定" 按钮，"IPv4" 节点下面将出现 "RIP" 节点。

（4）再添加 RIP 接口，将路由器的网络接口配置为 RIP 接口。右键单击 "RIP" 节点，从快捷菜单中选择 "新增接口" 命令弹出图 11-15 所示的对话框，从中选择要配置的接口，单击 "确定" 按钮。

（5）出现图 11-16 所示的对话框，这里采用默认值，单击 "确定" 按钮即可。

（6）可根据需要切换到其他选项卡设置该接口的其他属性。如根据需要，添加并配置其他 RIP 接口。这里两个接口都加入。

参照上述步骤，在每个充当路由器的计算机上进行上述操作，完成 RIP 路由配置。

可在 "路由与远程访问" 控制台中查看现有的 RIP 接口，然后右键单击 "静态路由" 项并选择 "显示 IP 路由表" 命令查看当前路由信息，如图 11-17 所示，其中目标为 192.168.3.0 的路由表项的通信协议都显示为 "翻录"（实际上应当是 RIP，此处应系中文版翻译错误）。

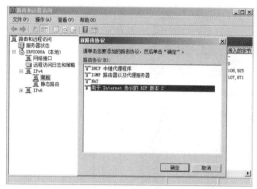

图 11-14　添加 RIP 路由协议

图 11-15　添加 RIP 接口

图 11-16　配置 RIP 接口

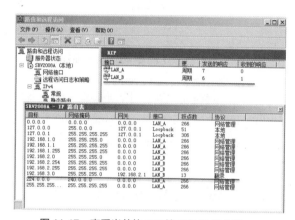

图 11-17　查看当前的 RIP 接口和 IP 路由表

除了采用默认的 RIP 设置，还可根据需要进一步设置 RIP。主要是设置每个 RIP 接口的属性，也可设置 RIP 协议的全局属性。

在网络的每台主机上配置相应的 IP 地址，设置相应的默认网关。使用 ping 和 tracert 命令在不同网络之间测试。

11.3　网络地址转换配置

Windows Server 2008 R2 路由和远程访问服务集成了非常完善的网络地址转换功能，可以用来将小型办公室、家庭办公室网络连接到 Internet 网络。

11.3.1　网络地址转换技术

网络地址转换（NAT）工作在网络层和传输层，既能实现内网安全，又能提供共享上网服务，还可将内网资源向外部用户开放（将内网服务器发布到 Internet）。

1.　NAT 的工作原理

NAT 实际上是在网络之间，对经过的数据包进行地址转换后再转发的特殊路由器，工作原理如图 11-18 所示。要实现 NAT，可将内网中的一台计算机设置为具有 NAT 功能的路由器，该路由器至少安装两个网络接口，其中一个网络接口使用合法的 Internet 地址接入 Internet，另一个网络接口与内网其他计算机相连接，它们都使用合法的私有 IP 地址。

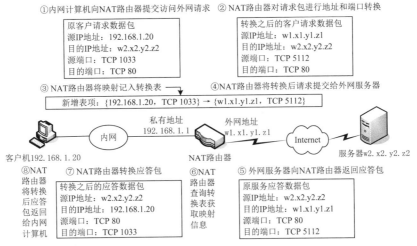

图 11-18 NAT 原理示意

NAT 的网络地址转换是双向的，可实现内网和 Internet 双向通信，根据地址转换的方向，NAT 可分为两种类型：内网到外网的 NAT 和外网到内网的 NAT。

内网到外网的 NAT 实现以下两个方面的功能。

● 共享 IP 地址和网络连接，让内网共用一个公网地址接入 Internet。

● 保护网络安全，通过隐藏内网 IP 地址，使黑客无法直接攻击内网。

2. 端口映射技术

外网到内网的 NAT 用于从内网向外部用户提供网络服务，NAT 系统可为内网中的服务器建立地址和端口映射，让外网用户访问，这是通过端口映射来实现的。如图 11-19 所示，端口映射将 NAT 路由器的公网 IP 地址和端口号映射到内网服务器的私有 IP 地址和端口号，来自外网的请求数据包到达 NAT 路由器，由 NAT 路由器将其转换后转发给内网服务器，内网服务器返回的应答包经 NAT 路由器再次转换，然后传回给外网客户端计算机。

图 11-19 端口映射示意

端口映射又称端口转换或目的地址转换，如果公网端口与内网服务器端口相同，则往往称为端口转发。

3. RRAS 内置的 NAT

NAT 是一种特殊的路由器，网络操作系统大都内置了 NAT 功能。Windows Server 2008 R2 的 RRAS 通过下列组件来实现完善的网络地址转换功能。

● 转换组件。用于实现数据包转换。它转换 IP 地址，同时转换内部网络和 Internet 之间转发数据包的端口。

● 寻址组件。用于为内部网络计算机提供 DHCP 服务。寻址组件是简化的 DHCP 服务器，用于分配 IP 地址、子网掩码、默认网关以及 DNS 服务器的 IP 地址。

● 名称解析组件：用于为内部网络计算机提供 DNS 名称解析服务。将 NAT 服务器作为内部网络计算机的 DNS 服务器，当 NAT 服务器接收到名称解析请求时，它随即将该请求转发到外部接口所配置的 DNS 服务器，并将 DNS 响应结果返回给内部网络计算机。

11.3.2　通过 NAT 实现 Internet 连接共享

网络地址转换主要用来实现 Internet 连接共享。首先要配置用于网络地址转换的路由器（服务器），配置其专用接口和公用接口（Internet 接口，可以是 LAN 网卡，也可以是拨号连接），添加并配置网络地址转换协议，然后对内部网络中的计算机进行 TCP/IP 设置。这里通过一个实例来介绍，其网络拓扑如图 11-20 所示。这里可以使用局域网模拟，例中将 NAT 服务器上外部接口 IP 地址设置为 172.16.16.10（子网掩码 255.255.0.0）；另一台服务器外部接口 IP 地址设置为 172.16.50.20，子网掩码（255.255.0.0）。

1. 设置 NAT 服务器

要将 Windows Server 2008 R2 服务器配置为 NAT 路由器，利用路由和远程访问服务器安装向导非常方便，只要选择"网络地址转换(NAT)"选项，根据提示逐步完成网络地址转换的所有配置。不过手工设置则更加灵活实用，下面详细介绍网络地址转换设置步骤。

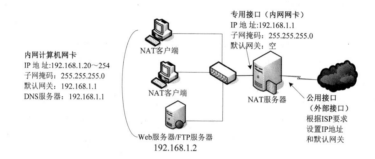

图 11-20　通过 NAT 服务器共享网络连接

（1）分别为 NAT 服务器的专用接口和公用接口配置 IP 地址。专用接口不用设置默认网关。公用接口如果使用拨号连接，步骤会复杂一些，需要在"路由和远程访问"控制台中配置相应的请求拨号接口，并在拨号端口上启用路由，添加相应的请求拨号接口，并配置默认路由。为方便实验，这里的公用接口采用局域网连接进行模拟。

（2）添加"NAT"路由协议。首次配置路由和远程访问服务可运行相应的安装向导，选择"网络地址转换（NAT）"，根据提示进行操作，完成路由和远程访问服务服务的启用。

如果已经配置过路由和远程访问服务，在"路由和远程访问"控制台中展开"IPv4"节点，右键单击其中的"常规"节点，选择"新增路由协议"命令，单击要添加的协议"NAT"，然后单击"确定"按钮。

（3）为 NAT 添加公用接口（Internet 接口）。如图 11-21 所示，右键单击 IPv4 节点下 NAT 节点，选择"新增接口"命令，弹出对话框，从接口列表中选择要连接外网的接口，单击"确定"按钮。出现图 11-22 所示的对话框，选中"公用接口连接到 Internet"单选钮并选中"在此接口上启用 NAT"复选框。

（4）为 NAT 添加专用接口（内网接口）。右键单击 NAT 节点，选择"新增接口"命令，选择要连接内网的接口，单击"确定"按钮，弹出相应的对话框，选中"专用接口连接到专用网络"单选按钮。

图 11-21 添加 NAT 接口   图 11-22 设置公用接口

至此，网络转换的基本功能已经实现，如果要进一步设置，请继续下面的操作。

（5）如果要启用网络地址转换寻址功能，即提供 DHCP 服务，右键单击"NAT"节点，选择"属性"命令打开相应的对话框，切换到图 11-23 所示的"地址分配"选项卡，选中"使用 DHCP 分配器自动分配 IP 地址"复选框，指定分配给专用网络上的 DHCP 客户端的 IP 地址范围（此地址范围要与 NAT 服务器专用接口位于同一网段）。必要时，还可设置要排除的 IP 地址。

（6）启用网络地址转换名称解析功能，即提供 DNS 服务，右键单击 NAT 节点，选择"属性"命令，打开相应的对话框，切换到图 11-24 所示的"名称解析"选项卡，对于到 DNS 服务器主机名称解析，请选中"使用域名系统（DNS）的客户端"复选框。

图 11-23 启用 NAT 寻址功能   图 11-24 启用 NAT 名称解析功能

如果当内部网络上的主机将 DNS 名称查询发送到 NAT 服务器时需要初始化到 Internet 的连接，则请选中"当名称需要解析时连接到公用网络"复选框，然后从"请求拨号接口"列表中选择适当的请求拨号接口名称。

一旦启用了 NAT 的寻址功能，就不能在 NAT 服务器上运行 DHCP 服务或 DHCP 中继代理；一旦启用了 NAT 的名称解析功能，就不能在 NAT 服务器上运行 DNS 服务。

2. 配置 NAT 客户端

如果在 NAT 服务器上启用了 DHCP 功能，只需将内部专用网络的其他计算机上配置为 DHCP 客户端，以自动获得 IP 地址及相关配置。

如果在 NAT 服务器上没有启用 DHCP 功能，网络中也没有其他 DHCP 服务器提供 DHCP 服务，就必须使用手工配置。注意将默认网关和 DNS 服务器都设置为 NAT 服务器内部接口的 IP 地址。

至此，可以测试网络地址转换功能了，在内部网络的计算机试着访问 Internet 网络，NAT

服务器将自动接入 Internet，并提供 IP 地址转换服务。

11.3.3　让 Internet 用户通过 NAT 访问内部服务

这实际上是通过端口映射发布内网服务器，让公网用户通过对应于公用接口的域名或 IP 地址来访问位于内网的服务和应用。来自 Internet 的请求在到达 NAT 服务器以后，就会被自动转发到拥有适当内网 IP 地址的内网服务器中。这里通过一个发布 Web 服务器的实例来进行介绍，其网络拓扑如图 11-20 所示。

（1）在内部网络中确定要提供 Internet 服务的资源服务器，并为其设置 TCP/IP 参数，包括静态的 IP 地址、子网掩码、默认网关和 DNS 服务器（NAT 服务器的内部 IP 地址）。

必须为内部服务器计算机设置默认网关，否则端口映射不起作用。

（2）参照 11.3.2 节的有关步骤，启用路由和远程访问服务，添加 NAT 路由协议，并添加公用端口和专用端口。

如果在 NAT 服务器上启用网络地址转换寻址功能，则在 IP 地址范围排除资源服务器使用的 IP 地址。如图 11-23 所示，单击"排除"按钮，将内部服务器 IP 地址添加为保留地址。

（3）添加要发布的服务。

在"路由和远程服务"控制台中展开"IPv4"＞"NAT"节点，右键单击要设置的公用接口，选择"属性"打开相应对话框，切换到图 11-25 所示的"服务和端口"选项卡，从列表中选中要对外发布的服务，这里选中"Web 服务器(HTTP)"，然后单击"编辑"按钮，弹出图 11-26 所示的对话框，在"专用地址"文本框中设置要发布的服务器的 IP 地址，然后单击"确定"按钮。

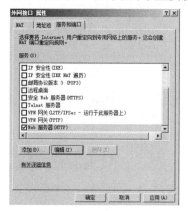

图 11-25　选择服务

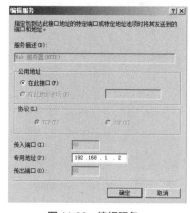

图 11-26　编辑服务

至此，对外发布服务已经实现。可以进行测试。在公网计算机上提交到 NAT 服务器公用地址的 Web 请求，将获得来自内部 Web 服务器的返回结果。

不过这种情况只适合几项标准的服务（默认端口），如果要发布更多的服务和应用，应考虑自定义端口映射。具体方法是在"服务和端口"选项卡中单击"添加"按钮，弹出图 11-27 所示的对话框，在"公用地址"设置外来访问的目标地址，默认选中"在此接口"单选按钮，即当前公用接口的 IP 地址；在"协议"区域选择 TCP 或 UDP 单选按钮；在"传入端口""专用地址"和"传出端口"文本框中分别输入外来访问的目标端口、内部服务器的 IP 地址和端口。

查看 NAT 映射表来进一步测试 NAT 功能。在"路由和远程服务"控制台中展开 IPv4＞NAT 节点，右键单击要设置的公用接口，选择"显示映射"命令打开图 11-28 所示的对话框，其中显示当前处于活动状态的地址和端口映射记录，可以清楚地查看正在活动的 NAT 通信，其中方向为"出站"的表示内部用户访问 Internet 网络，方向为"入站"的表示 Internet 用户访问内部网络。

图 11-27 自定义服务

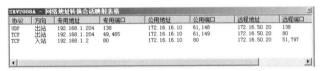

图 11-28 查看 NAT 映射表

11.4 远程访问服务器配置

远程访问通常指远程接入，远程计算机拨入到本地网络中，可以与本地网中的计算机一样共享资源。RRAS 提供两种不同的远程访问连接：拨号网络和虚拟专用网。当用于拨号网络时，将服务器称为拨号网络服务器；当用于虚拟专用网时，则称为 VPN 服务器。这两者统称为远程访问服务器。这里主要介绍远程服务器的共同特性和配置。实际应用中 RRAS 主要用于 VPN 远程访问，而拨号网络使用相对较少，下一节将专门介绍 VPN。

11.4.1 启用远程访问服务器

可以使用向导配置并启用远程服务，也可手动配置远程服务器。运行路由和远程访问服务安装向导，只要选择"远程访问（拨号或 VPN）"选项，根据提示逐步完成即可。必须指定在 LAN（局域网）上使用的 LAN 协议，并说明使用此协议是提供到整个网络的访问，还是仅仅到远程访问服务器上的访问，还要设置身份验证和加密选项。

如果已配置 RRAS 其他服务并要保持现有配置，则可手动启用远程服务器。在"路由和远程服务"控制台中右键单击要设置的服务器，选择"属性"命令打开相应的对话框，在"常规"选项卡（见图 11-8）上选中"IPv4 远程访问服务器"复选框，单击"确定"按钮，重启路由和远程服务以启用远程服务器功能。如果需要支持 IPv6，则要选中"IPv4 远程访问服务器"复选框。根据需要配置具体的选项，如 LAN 协议、身份验证等。

11.4.2 设置远程访问协议

远程访问协议用于协商连接并控制连接上的数据传输。使用远程访问协议在远程访问客户端和服务器之间建立拨号连接，相当于通过网线连接起来。Windows Server 2008 R2 服务器支持的远程访问协议是 PPP。PPP 协议即点对点协议，已成为一种工业标准，主要用来建立连接。远程访问客户端作为 PPP 客户端，远程服务器作为 PPP 服务器。

Windows Server 2008 R2 服务器只能接受 PPP 方式的连接。在"路由和远程服务"控制台中打开服务器属性设置对话框，切换到 PPP 选项卡（见图 11-29），从中设置 PPP 选项。一般使用默认设置即可。

"多重链接"用来设置是否支持多重链接（多链路）。选中"使用 BAP 或 BACP 的动态带宽控制"选项，可以动态地管理连接。其中，BAP 是带宽分配协议，BACP 是带宽分配控制协议。

"链接控制协议（LCP）扩展"用来设置链接控制协议扩展，主要用来支持要求回拨等功能。

11.4.3　设置 LAN 协议

远程访问还需要 LAN 协议用于远程访问客户端与服务器及其所在网络之间的网络访问。首先使用远程访问协议在远程访问客户端和服务器之间建立连接，相当于通过网线连接起来；然后使用 LAN 协议在远程访问客户端和服务器之间进行通信。在数据通信过程中，发送方首先将数据封装在 LAN 协议中，然后将封装好的数据包封装在远程访问协议中，使之能够通过拨号连接线路传输；接收方则正好相反，收到数据包后，先通过远程访问协议解读数据包，再通过 LAN 协议读取数据。可以将远程客户端视为基于特殊连接的 LAN 计算机。

TCP/IP 是最流行的 LAN 协议。对于 TCP/IP 协议来说，还需给远程客户端分配 IP 地址以及其他 TCP/IP 配置，如 DNS 服务器和 WINS 服务器、默认网关等。在"路由和远程服务"控制台中打开服务器属性设置对话框，切换到 IPv4 选项卡（见图 11-30），从中设置 IP 选项。

● 限制远程客户访问的网络范围。如果希望远程访问客户端能够访问到远程访问服务器所连接的网络，应选中"启用 IPv4 转发"复选框；如果清除该选项，使用远程客户端将只能访问远程访问服务器本身的资源，而不能访问网络中的其他资源。

● 向远程客户端分配 IP 地址。远程访问服务器分配给远程访问客户端的 IP 地址有两种方式，一种是通过 DHCP 服务器，选择"动态主机配置协议"，远程访问服务器将从 DHCP 服务器上一次性获得 10 个 IP 地址，第 1 个 IP 地址留给自己使用，将随后的地址分配给客户端；另一种是由管理员指派给远程访问服务器的静态 IP 地址范围（可设置多个地址范围），选中"静态地址池"单选钮，设置 IP 地址范围，远程访问服务器使用第 1 个范围的第 1 个 IP 地址，将剩下的 IP 地址分配给远程客户端。

● 在"适配器"列表中指定远程客户端获取 IP 参数的网卡。如果有多个 LAN 接口，默认情况下，远程访问服务器在启动期间随机地选择一个 LAN 接口，并将选中的 LAN 接口的 DNS 和 WINS 服务器 IP 地址分配给远程访问客户端。

图 11-29　设置 PPP 选项

图 11-30　设置 IPv4 选项

11.4.4 设置身份验证和记账功能

身份验证是远程访问安全的重要措施。远程访问服务器使用验证协议来核实远程用户的身份。RRAS 支持用于本地的 Windows 身份验证和用于远程集中验证的 RADIUS 身份验证，还支持无需身份验证的访问。当启用 Windows 作为记账提供程序时，Windows 远程访问服务器也支持本地记录远程访问连接的身份验证和记账信息，即日志记录。

> **提示** RADIUS（远程身份验证拨入用户服务）是一个工业标准协议（由 RFC2138 和 2139 定义），为分布式拨号网络提供身份验证、授权和记账服务。身份验证（Authentication）和授权（Authorization）是两个不同的概念。身份验证是对试图建立连接的用户的身份凭证进行验证，在验证的过程中，用户使用特定的身份验证协议将身份凭证从客户端发送到服务器端，由服务器进行核对。而授权用于确定用户是否有访问某种资源的权限，只有身份验证通过后，才能进行授权，以决定是否允许该用户建立连接。如果使用 Windows 身份验证，服务器使用 Windows 系统的 SAM 账户数据库来验证用户身份，用户账户的拨入属性和网络策略（远程访问策略）则用于授权建立连接。如何部署 RADIUS 将在第 12 章具体介绍。

1. 选择身份验证和记账提供程序

在"路由和远程服务"控制台中打开服务器属性设置对话框，切换到"安全"选项卡（见图 11-31），选择身份验证和计账（应译为"记账"）提供程序。

从"验证提供程序"列表中选择是由 Windows 系统还是 RADIUS 服务器来验证客户端的账户名称和密码。除非建立了 RADIUS 服务器，否则采用默认的"Windows 身份验证"。

从"记账提供程序"列表中选择连接日志记录保存的位置。默认的是"Windows 记账"，记录保存在远程访问服务器上；如果选择"RADIUS 记账"，则记录保存在 RADIUS 服务器上。当然还可选择"<无>"，不保存连接记录日志。

2. 设置身份验证方法

可以进一步设置身份验证方法。如图 11-31 所示，单击"身份验证方法"按钮，打开图 11-32 所示的对话框，设置合适的验证方法。身份验证方法一般使用在连接建立过程中用于协商的一种身份验证协议，各种身份验证方法比较见表 11-1。

图 11-31 设置身份验证和记账

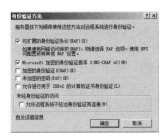

图 11-32 设置身份验证方法

可以同时选中多种验证方法，应尽可能禁用安全级别低的验证方法，以提高安全性。在选择身份验证方法的时候，要注意服务器端和客户端都要支持。

表 11-1　身份验证方法

协　议	安全等级	特　点
PAP（未加密的密码）	低	密码身份验证协议，明文传递账户和密码，安全性极低，但兼容性好
CHAP（加密身份验证）	较高	质询握手身份验证协议，使用工业标准 MD5 的质询响应方式提供单向加密机制
MS-CHAP v2（Microsoft 加密身份验证版本 2）	高	MS CHAP 增强版，主要加强了在远程访问连接的协商过程中安全凭据传递和密钥生成的安全性，弥补了安全漏洞，提供双向身份验证
EAP（可扩展的身份验证协议）	特殊	允许为自定义身份验证机制，远程访问客户端和身份验证服务器（远程访问服务器或 RADIUS 服务器）协商要明确使用的身份验证方案
允许未经身份验证而连接	不安全	远程访问客户端和远程访问服务器之间不交换用户名和密码

11.4.5　配置远程访问用户拨入属性

必须为远程访问用户设置拨入属性，并授予适当的远程访问权限。Windows Server 2008 R2 不仅可以为远程访问用户个别设置账户和权限，还可通过设置 NPS 网络策略（以前版本称为远程访问策略）来集中管理账户和权限。远程访问服务器需要验证用户账户来确认其身份，而授权由用户账户拨入属性和 NPS 网络策略设置共同决定。这里主要讲解用户拨入属性设置，关于网络策略将在 11.4.6 节中详细介绍。

1. 远程访问连接授权过程

以远程访问服务器使用 Windows 身份验证为例说明远程访问客户端获得授权访问的过程。

（1）远程访问客户端提供用户凭据尝试连接到 RRAS 服务器。

（2）RRAS 服务器根据用户账户数据库检查并进行响应。

（3）如果用户账户有效且身份验证凭据正确，RRAS 使用其拨入属性和网络策略为连接授权。

（4）如果是拨号连接并且启用了回拨功能，则服务器将挂断连接再回拨客户端，然后继续执行连接协商过程。

2. 设置用户账户拨入属性

远程访问服务器本身可以用于身份验证和授权，也可委托 RADIUS 服务器进行身份验证和授权。它支持本地账户验证，也支持 Active Directory 域用户账户验证，这取决于用于身份验证的服务器。要使用 Active Directory 域用户账户进行身份验证，用于身份验证的服务器必须是域成员，并且要加入到 "RAS and IAS Servers" 组中。

以域用户账户拨入属性设置为例，打开用户账户属性设置对话框，切换到 "拨入" 选项卡，如图 11-33 所示，包括以下 4 个方面的设置。

● 配置网络访问权限。默认设置为 "通过 NPS 网络策略控制访问"，表示访问权限由网络策略服务器上的网络策略决定。"允许访问" 和 "拒绝访问" 权限只有在 NPS 网络策略忽略用户账户拨入属性时有效。

● 配置呼叫方 ID 和回拨。验证呼叫方是一种限制用户拨入的手段，如果用户拨入所使用的呼叫电话号码与这里配置的电话号码不匹配，服务器将拒绝拨入连接。除让对方支付电话费用外，回拨还有一定的安全功能。

● 配置静态 IP 地址分配。如果分配静态 IP 地址，则当连接建立时，该用户将不会使用由远程访问服务器分配给它的 IP 地址，而是使用此处指派的 IP 地址。

● 配置静态路由。一般不用配置静态路由。只有配置请求拨号路由连接，才会涉及为用户拨入配置静态路由。

11.4.6 设置 NPS 网络策略

NPS 网络策略可以更灵活，更方便地实现远程连接的授权，将用户账户的拨入属性和网络策略结合起来实现复杂的远程访问权限设置。

1. NPS 网络策略的应用

从 Windows Server 2008 开始，网络策略服务器（NPS）取代了 Windows Server 2003 的 Internet 验证服务器（IAS），并将远程访问策略改称为网络策略。NPS 网络策略是一套授权连接网络的规则，由网络策略服务器提供。网络策略服务器除了作为 RADIUS 服务器用于连接请求的身份验证和授权外，还可用于部署网络访问保护以执行客户端健康检查。这将在第 12 章详细介绍。

本章讲解的是路由和远程访问服务，重点介绍用于远程访问的网络策略。用户只有在符合网络策略的前提下，才能连接到远程访问服务器，并根据网络策略的规定访问远程访问服务器及其网络资源。使用网络策略，可以根据所设条件来授权远程连接。远程访问服务器配置和应用网络策略有以下两种情形。

● 在 Windows Server 2008 R2 中仅安装"路由和远程访问服务"。这将自动安装 NPS 部分组件（网络策略和记账），如果采用 Windows 身份验证，将直接使用本地的 NPS 网络策略；如果采用 RADIUS 身份验证，将使用指定的 RADIUS 服务器（网络策略服务器）上的 NPS 网络策略。

● 在 Windows Server 2008 R2 中同时安装"网络策略服务器"和"路由和远程访问服务"。同时安装这两个角色服务，NPS 服务器将自动接管路由和远程访问服务的身份验证和记账（见图 11-34），也就是说不支持 Windows 身份验证和记账，而必须使用 NPS 服务器。默认情况下使用本地服务器的 NPS 网络策略，要使用其他服务器的网络策略，需要配置 RADIUS 代理，将身份验证请求转发到指定的 RADIUS 服务器（网络策略服务器）。

图 11-33　设置用户账户的拨入属性

图 11-34　NPS 配置身份验证和记账

2. NPS 网络策略构成

每个网络策略是一条由条件、约束和设置组成的规则。可以配置多个网络策略时，形成一组有序规则。NPS 根据策略列表中的顺序依次检查每个连接请求，直到匹配为止。如果禁用某个网络策略，则授权连接请求时 NPS 将不应用该策略。

这里以默认的网络策略为例介绍网络策略的基本构成。如图 11-35 所示，在"路由和远程访问服务"控制台中展开服务器节点，右键单击"远程访问日志和策略"节点，选择"启动 NPS"命令打开 NPS（网络策略服务器）控制台。如图 11-36 所示，这是一个精简版的控制台（完整版的需要安装网络策略服务器），已经内置了两个网络策略，位于上面的优先级高。第 1 个策略就是针对路由和远程访问服务的，第 2 个策略就是针对其他访问服务器的，设置的都是拒绝用户连接。

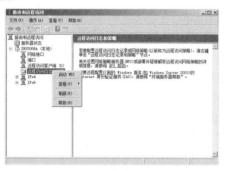

图 11-35　启动 NPS

图 11-36　默认的网络策略列表

双击第 1 个策略打开相应的属性设置对话框，共有 4 个选项卡用于查看和设置策略。如图 11-37 所示，在"概述"选项卡中可以设置策略名称、策略状态（启用或禁用）、访问权限和网络服务器的类型等。该默认策略的访问权限设置为"拒绝访问"（界面中的说明文字有错误，应改为"如果连接请求与此策略匹配，将拒绝访问"），表示拒绝所有连接请求。不过，没有选中"忽略用户账户的拨入属性"复选框，说明还可以由用户的拨入属性来授予访问权限（将其网络权限设置为"允许访问"）。如果在网络策略中选中"忽略用户账户的拨入属性"复选框，则以网络策略设置的访问权限为准，否则用户账户拨入属性配置的网络访问权限将覆盖网络策略访问权限的设置。

切换到"条件"选项卡，如图 11-38 所示，从中配置策略的条件项。条件是匹配规则的前提，如用户组、隧道类型等。只有连接请求与所定义的所有条件都匹配，才会使用该策略对其执行身份验证，否则将转向其他网络策略进行评估。

图 11-37　网络策略属性设置

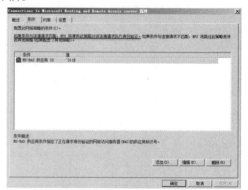

图 11-38　网络策略条件配置

切换到"约束"选项卡，如图 11-39 所示，配置策略的约束项。约束也是一种特定的限制，如身份验证方法、日期和时间限制，但与条件的匹配要求不同。只有连接请求与条件匹配，才会继续评估约束；只有连接请求与所有的约束都不匹配时，才会拒绝网络访问。也就是说，连接请求只要有其中任何一个约束匹配，就会允许网络访问。

切换到"设置"选项卡，如图 11-40 所示，从中配置策略的设置项。设置是指对符合规则的连接进行指定的配置，如设置加密位数，分配 IP 地址等。NPS 将条件和约束与连接请求的属性进行对比，如果匹配，且该策略授予访问权限，则所定义的设置会应用于连接。

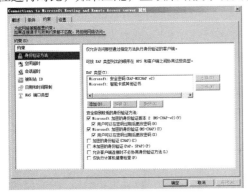
图 11-39　网络策略约束配置

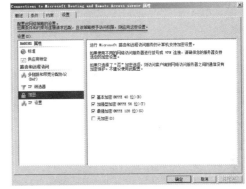
图 11-40　网络策略设置配置

默认的 RRAS 网络策略拒绝所有用户连接，要允许远程访问，可以采取以下任何一种方法。

● 修改默认策略，将其访问权限改为"授予访问权限"。

● 确认默认策略的访问权限设置中清除"忽略用户账户的拨入属性"复选框，通过用户账户拨入属性设置为远程访问用户授予"允许访问"网络权限。

● 为远程访问创建专用的网络策略，为符合条件的连接请求授予访问权限。

3. 创建 NPS 网络策略

这里以用于 VPN 远程访问的策略为例示范网络策略的创建。

（1）在 NPS 控制台右键单击"网络策略"节点，选择"新建"命令启动新建网络策略向导。

（2）如图 11-41 所示，指定网络策略名称和网络访问服务器类型，这里选择 Remote Access Server（VPN-Dial up）。还可以指定供应商来限制连接类型。

（3）单击"下一步"按钮出现"指定条件"界面，从中定义策略的条件项。如图 11-42 所示，单击"添加"按钮弹出"选择条件"对话框，从列表中选择要配置的条件项（如"用户组"），再单击"添加"按钮，设置匹配的条件（如添加域用户组），单击"确定"按钮。

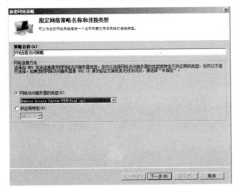
图 11-41　指定网络策略名称和连接类型

图 11-42　指定网络策略条件

（4）根据需要参照上一步骤继续定义其他条件项，例中共设置了"用户组"和"NAS 端口类型"，如图 11-43 所示。

（5）完成策略的条件项定义以后，单击"下一步"按钮出现图 11-44 所示的界面，从中指定访问权限。这里选中"已授予访问权限"选项。

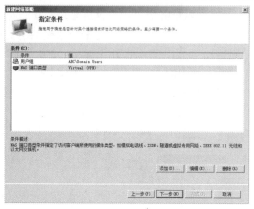

图 11-43　网络策略条件列表

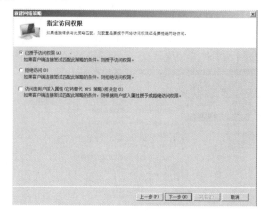

图 11-44　指定访问权限

（6）单击"下一步"按钮出现图 11-45 所示的界面，从中配置身份验证方法，这里保持默认设置。身份验证方法实际是网络策略的约束项。

（7）单击"下一步"按钮出现图 11-46 所示的界面，从中配置约束项，默认不设置选项。

（8）单击"下一步"按钮出现"配置设置"界面，这里设置"加密"项，清除其中的"无加密"复选框，如图 11-47 所示。

（9）单击"下一步"按钮出现"正在完成新建网络策略"界面，检查确认设置基本单击"完成"按钮完成策略的创建。

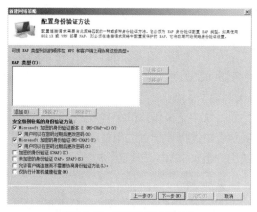

图 11-45　配置身份验证方法

图 11-46　配置约束

新创建的网络策略加入到列表中，处理顺序排在第 1 位，将优先应用，如图 11-48 所示。右键单击该策略，选择相应的命令进一步管理该策略，例如选择"上移"或"下移"命令来调整顺序。管理员可以调整网络策略的顺序，通常是将较特殊的策略按顺序放置在较普遍的策略之前。

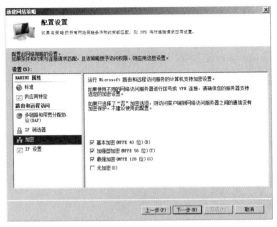

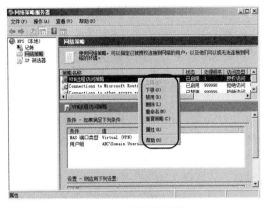

图 11-47 配置网络策略设置项   图 11-48 网络策略列表

此处页边有竖排："第 11 章 路由和远程访问服务"，页码319。

4. NPS 网络策略处理流程

了解网络策略处理的流程，便于管理员正确地使用网络策略。整个流程如图 11-49 所示。其中的"用户账户拨入设置"是指用户账户拨入属性设置中的其他控制，如验证呼叫方 ID 等。当用户尝试连接请求时，将逐步进行检查，以决定是否授予访问权限。一般都是拒绝权限优先。只有处于启用状态的网络策略才被评估，如果删除所有的策略，或者禁用所有的策略，任何连接请求都会被拒绝。

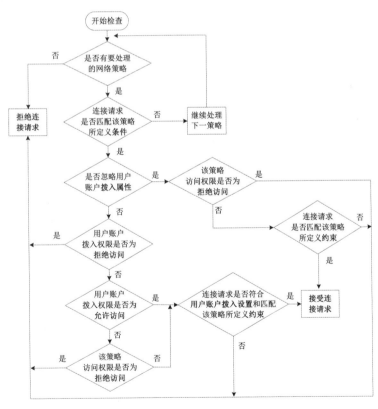

图 11-49 网络策略处理流程

11.5 虚拟专用网（VPN）配置

RRAS 集成虚拟专用网（VPN）功能，从 Windows Server 2008 开始支持 SSTP 协议，Windows Server 2008 R2 又增加了对 IKEv2 的支持，从而提供更加完善的 VPN 解决方案。

11.5.1 VPN 基础

VPN 是企业内网的扩展，在公共网络上建立安全的专用网络，传输内部信息而形成逻辑网络，为企业用户提供比专线价格更低廉，更安全的资源共享和互联服务。VPN 作为与传统专用网络相对应的一种组网技术，兼具公用网络和专用网络的许多特点，能够节省总体成本、简化网络设计、保证通过公用网络传输私有数据的安全性。

1. VPN 应用模式

VPN 大致可以划分为远程访问和网络互连两种应用模式。

（1）远程访问。如图 11-50 所示，远程访问可作为替代传统的拨号远程访问的解决方案，能够廉价、高效、安全地连接移动用户、远程工作者或分支机构，适合企业的内部人员移动办公或远程办公，以及商家提供 B2C 的安全访问服务等。此模式采用的网络结构是单机连接到网络，又称点到站点 VPN、桌面到网络 VPN、客户到服务器 VPN。

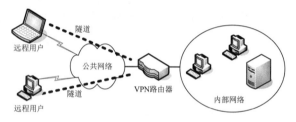

图 11-50　基于 VPN 的远程访问

（2）远程网络互连。这是最主要的 VPN 应用模式，用于企业总部与分支机构之间、分支机构与分支机构的网络互连，如图 11-51 所示。此模式采用的网络结构是网络连接到网络，又称站点到站点（Site-to-Site）VPN、网关到网关 VPN、路由器到路由器 VPN、服务器到服务器 VPN 或网络到网络 VPN。

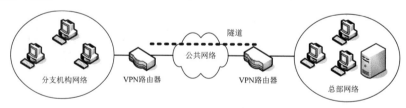

图 11-51　基于 VPN 的远程网络互连

2. 基于隧道的 VPN

VPN 的实现技术多种多样，隧道（又称通道）技术是最典型的，也是应用最为广泛的 VPN 技术。VPN 隧道的工作机制如图 11-52 所示，位于两端的 VPN 系统之间形成一种逻辑的安全隧道，称为 VPN 连接或 VPN 隧道，各种应用（如文件共享、Web 发布、数据库管理等）可以像在局域网中一样使用。

320

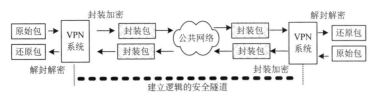

图 11-52　VPN 隧道工作机制

隧道包括数据封装、传输和解包的全过程，实际上是用一种网络协议来传输另一种网络协议的数据单元，依靠网络隧道协议实现。

3. VPN 协议

VPN 客户端使用隧道协议以创建 VPN 服务器上的安全连接。Windows Server 2008 R2 的 RRAS 供支持 4 种 VPN 协议，表 11-2 对这些协议进行了比较。

PPTP 使用 MPPE 加密来进行连接，只需对用户进行验证，是最容易使用的 VPN 协议。

L2TP 本身并不进行加密工作，而是由 IPSec 实现加密。它需要对所有客户端进行计算机证书身份验证，需要部署 PKI 数字证书。不过路由和远程访问服务在 L2TP/IPSec 身份验证中提供了预共享密钥支持，无需计算机证书，在 VPN 客户端与服务器两端使用相同的预共享密钥也可建立 L2TP/IPSec 连接，只是这种身份验证方法安全性相对较差，远不如证书。

上述两种协议既支持远程访问，又支持网络互连。不过所使用的端口比较复杂，会增加防火墙部署难度。SSTP 可以创建一个在 HTTPS 上传送的 VPN 隧道，HTTPS 是普遍采用的安全访问协议，可以穿过代理服务器、防火墙和 NAT 路由器。这种 SSTP 只适用于远程访问，不能支持网络互联 VPN。

IKEv2 是 Windows Server 2008 R2 和 Windows 7 所支持的最新 VPN 协议，采用 IPSec 隧道模式。它实现 VPN Reconnect（重新连接）功能，允许网络中断后，在指定的时间内仍然保留 VPN 隧道；一旦网络恢复，无需手动发起 VPN 连接就可以恢复 VPN 隧道，好像没有中断一样，这对无线移动连接很有用。不过 IKEv2 仅支持远程访问。

另外，Windows Server 2008 R2 支持基于 IPSec 的 VPN，这与路由与远程访问服务无关。

表 11-2　VPN 协议比较

VPN 协议	应用模式	穿透能力	说　明
PPTP（Point-to-Point Tunneling Protocol）	远程访问与远程网络互连	NAT（需支持 PPTP）	是点对点协议 PPP 的扩展，增强了 PPP 的身份验证、压缩和加密机制。PPTP 协议允许对 IP、IPX 或 NetBEUI 数据流进行加密，然后封装在 IP 包头中通过企业 IP 网络或公共网络发送。PPP 和 Microsoft 点对点加密（MPPE）为 VPN 连接提供了数据封装和加密服务
L2TP/IPSec（Layer Two Tunneling Protocol/IPSec）	远程访问与远程网络互连	NAT（需支持 NAT-T）	L2TP 使用 IPSec ESP（封装安全有效荷载）协议来加密数据。L2TP 和 IPSec 的组合称为 L2TP/IPSec。VPN 客户端和 VPN 服务器均必须支持 L2TP 和 IPSec
SSTP（Secure Socket Tunneling Protocol）	远程访问	NAT、防火墙和代理服务器	SSTP 基于 HTTPS 协议创建 VPN 隧道，通过 SSL 安全措施来确保传输安全性
IKEv2（Internet Key Exchange VPN Reconnect）	远程访问	NAT（需支持 NAT-T）	使用 Internet 密钥交换版本 2（IKEv2）的 IPsec 隧道模式，支持失去 Internet 连接时自动重建连接的方式——VPN Reconnect

4. Windows Server 2008 R2 的 VPN 组件

如图 11-53 所示，一个完整的 VPN 远程访问网络主要包括 VPN 服务器、VPN 客户端、LAN 协议、远程访问协议、隧道协议等组件。

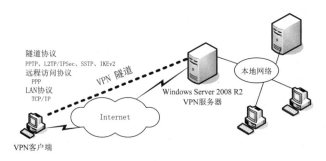

图 11-53　Windows Server 2008 R2 的 VPN 组件

VPN 服务器是核心组件，可以配置 VPN 服务器以提供对整个网络的访问或只限制访问 VPN 服务器本身的资源。典型情况下，VPN 服务器具有到 Internet 的永久性连接。

VPN 客户端可以是使用 VPN 连接的远程用户（远程访问），也可以是使用 VPN 连接（PPTP 或 L2TP/IPSec）的远程路由器（远程网络互联）。

VPN 客户端使用隧道协议以创建 VPN 服务器上的安全连接。

5. 规划部署 VPN

这里给出一个部署示例，网络拓扑结构如图 11-54 所示，建立网络互连和远程访问 VPN，将总部网络和分支机构网络通过公共网络连接起来，能够相互安全地通信，使出差在外的远程客户通过公共网络安全地访问总部网络。在建立和配置 VPN 网络之前，需要进行适当的规划。

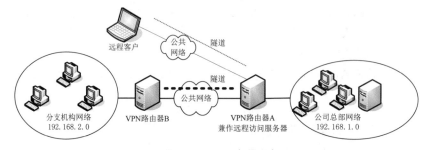

图 11-54　VPN 部署示意

为便于实验，可以使用局域网模拟公网，采用虚拟机软件构建一个虚拟网络环境用于测试。考虑到有的 VPN 协议不支持网络互联，将分别讲解远程访问与网络互联 VPN 方案的具体实现方法和步骤。

11.5.2　部署基于 PPTP 的远程访问 VPN

这里利用虚拟机软件搭建一个相对简易的用于 VPN 远程访问的环境，如图 11-55 所示。在域控制器上部署证书服务器和 DHCP 服务器，在 VPN 服务器上使用两个网络接口，一个用于外网，另一个用于内网，并安装路由与远程访问服务。客户端连接到外部网络。

图 11-55　用于 VPN 远程访问的模拟实验环境

PPTP 具有易于部署的优点。下午示范远程访问 PPTP VPN 的部署。

1. 配置并启用 VPN 服务器

确认已安装好路由与远程访问服务。建议使用路由和远程访问服务器安装向导来配置 VPN 服务器。如果已有路由和远程访问服务，运行向导需要先禁用路由和远程访问。

（1）打开"路由和远程访问"控制台，启动路由和远程访问服务安装向导，如图 11-56 所示，选择"远程访问（拨号或 VPN）"项。

（2）单击"下一步"按钮，出现图 11-57 所示的对话框，选中"VPN"复选框。

（3）单击"下一步"按钮，出现图 11-58 所示的对话框，指定 VPN 连接。选择用于公用网络的接口，并选中"通过设置静态数据包筛选器来对选择的接口进行保护"复选框。

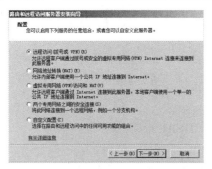

图 11-56　选择"远程访问（拨号或 VPN）"

图 11-57　选中 VPN

选中该复选框将自动生成用于仅限 VPN 通信的 IP 筛选器。因为公网接口上启用了 IP 路由，如果没有配置 IP 筛选器，那么该接口上接收到的任何通信都将被路由，这可能导致将不必要的外部通信转发到内部网络而带来安全问题。如果 VPN 服务器还要兼作 NAT 服务器，则不要选中该复选框。当然，还可以通过网络接口的入站筛选器和出站筛选器来进一步定制。例如，对于基于 PPTP 的 VPN 来说，应当限制 PPTP 以外的所有通信，这就需要在与公网接口上配置基于 PPTP 的入站和出站筛选器，以保证只有 PPTP 通信通过该接口。

（4）单击"下一步"按钮，出现图 11-59 所示的对话框，从中选择为 VPN 客户端分配 IP 地址的方式。这里选择"自动"，将由 DHCP 服务器分配。如果选择"来自一个指定的地址范围"，将要求指定地址范围。

（5）单击"下一步"按钮，出现图 11-60 所示的对话框，从中选择是否通过 RADIUS 服务器进行身份验证。这里选择"否"，表示采用 Windows 身份验证。例中 VPN 服务器为域成员，可以通过 Active Directory 进行身份验证。

（6）单击"下一步"按钮，出现"正在完成路由和远程访问服务器安装向导"界面，检查确认上述设置后，单击"完成"按钮。

（7）由于安装向导自动将 VPN 服务器设置为 DHCP 中继代理，将弹出图 11-61 所示的对话

 框，提示配置 DHCP 中继代理，单击"确定"按钮。

图 11-58　指定 VPN 连接

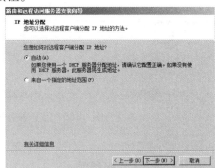

图 11-59　选择 IP 地址分配方式

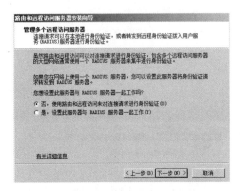

图 11-60　选择是否通过 RADIUS 验证

图 11-61　提示设置 DHCP 中继代理

　　路由和远程访问服务向 DHCP 服务器租用 IP 地址时，并不能直接获得 DHCP 选项设置，这就需要 VPN 服务器充当 DHCP 中继代理来获取 DHCP 选项。

　　（8）系统提示正在启动该服务，启动结束后单击"完成"按钮。

　　如图 11-62 所示，展开"路由和远程访问"控制台，右键单击 IPv4 节点下的"DHCP 中继代理"节点，选择"属性"命令，弹出相应的对话框，指定要中继到的 DHCP 服务器。由于 VPN 服务器代替 VPN 客户端请求 DHCP 选项，DHCP 中继代理位于 VPN 服务器，可通过本身的内部接口来发送请求。

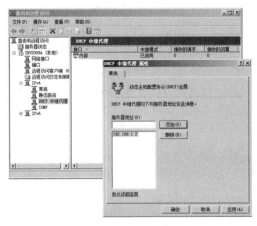

图 11-62　配置 DHCP 中继代理

RRAS 将已安装的网络设备作为一系列设备和端口进行查看。设备是为远程访问连接建立点对点连接提供可以使用的端口的硬件和软件。设备可以是物理的（如调制解调器），也可以是虚拟的（如 VPN 协议）。端口是设备中可以支持一个点对点连接的通道。一个设备可以支持一个端口或多个端口。VPN 协议（如 PPTP）就是一种虚拟多端口设备，这些协议支持多个 VPN 连接。配置并启动 VPN 远程访问服务器时会创建所支持的 VPN 端口。展开"路由和远程访问"控制台，右键单击服务器节点下的"端口"节点，选择"属性"命令打开相应的对话框，列出当前的设备，双击某设备，可以配置该设备（本例中 PPTP 支持 128 个端口），如图 11-63 所示。

图 11-63 查看路由和远程访问服务设备和端口

2. 配置远程访问权限

必须为 VPN 用户授予远程访问权限。授权由用户账户拨入属性和网络策略设置共同决定。用户账户拨入属性设置将网络权限默认设置为"通过 NPS 网络策略控制访问"，表示访问权限由网络策略服务器上的网络策略决定。如果创建了用于 VPN 的网络策略授权 VPN 用户访问，则不需设置。如果采用默认的网络策略，可将用户账户拨入属性设置中的网络权限默认设置为"允许访问"。具体操作参见 11.4.5 节与 11.4.6 节。

3. 配置 VPN 客户端

VPN 客户端首先要接入公网,然后再建立 VPN 连接。这里先配置一个 VPN 连接,以 Windows 7 为例，配置步骤示范如下。

（1）通过控制面板打开"网络和 Internet"窗口，再打开"网络和共享中心"窗口，单击"设置新的连接或网络"链接打开图 11-64 所示的对话框，选中"连接到工作区"项。

（2）单击"下一步"按钮出现图 11-65 所示的界面，单击"使用我的 Internet 连接（VPN）"链接启动连接工作区向导。

（3）当出现需要 Internet 连接才能使用 VPN 的提示时，单击"我将稍后再设置 Internet 连接"连接。

（4）出现如图 11-66 所示的界面，在"Internet 地址"框中输入 VPN 公网接口的 IP 地址（如果输入 DNS 域名，需要保证能正确解析），在"目标名称"框中设置连接名称。

（5）单击"下一步"按钮出现图 11-67 所示的界面，从中输入用于访问 VPN 服务器的用户账户信息，包括用户名、密码以及所属域。

（6）单击"创建"按钮完成 VPN 连接的创建。

图 11-64　设置连接或网络

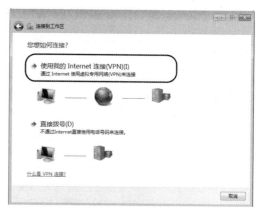

图 11-65　选择连接方式

图 11-66　设置连接地址或名称

图 11-67　设置用于连接的用户账户信息

　　接下来可以针对 PPTP 连接进一步配置该 VPN 连接。在"网络和共享中心"窗口中单击"连接到网络"链接弹出相应的对话框，如图 11-68 所示，右键单击其中的 VPN 连接，选择"属性"按钮，打开相应的属性设置对话框，切换到"安全"选项卡，从"VPN 类型"列表中选择"点对点隧道协议（PPTP）"，如图 11-69 所示。

图 11-68　操作 VPN 连接

图 11-69　设置连接安全选项

4. 测试 VPN 连接

　　最后进行实际测试。在"网络和共享中心"窗口中单击"连接到网络"链接弹出相应的对话框，右键单击其中的 VPN 连接，选择"连接"按钮打开图 11-70 所示的对话框，设置好用户账户信息后，单击"连接"按钮开始连接到 VPN 服务器。

连接成功可以查看连接状态。在"网络和共享中心"窗口的"查看活动网络"区域单击要查看的 VPN 连接，弹出图 11-71 所示的对话框，从中可以发现 VPN 连接处于活动状态，单击"断开"按钮可以断开连接。

单击"详细信息"按钮弹出图 11-72 所示的对话框，可以获知该 VPN 连接的客户端 IP 地址、DNS 服务器等 TCP/IP 设置信息。回到状态对话框，切换到"详细信息"选项卡，如图 11-73 所示，可以查看 VPN 连接所使用的协议，加密方法等。这里使用的是 PPTP 协议。

图 11-70 发起连接

图 11-71 查看连接状态

图 11-72 查看网络连接详细信息

图 11-73 查看连接状态详细信息

11.5.3 部署基于 L2TP/IPSec 的远程访问 VPN

如果要部署基于计算机证书的 L2TP/IPSec VPN，需要 VPN 服务器与 VPN 客户端都需要申请安装计算机证书，至少需要一个证书颁发机构来部署 PKI。为便于实验，这里仅示范基于预共享密钥的 L2TP/IPSec VPN 远程访问，只需要 VPN 服务器与 VPN 客户端双方采用相同的密钥。网络环境参见图 11-55。

1. 配置 VPN 服务器

VPN 服务器的配置与 11.5.2 节所涉及的 PPTP VPN 基本相同。这里直接在上述配置基础上稍加改动安全配置即可。

在"路由和远程访问"控制台中打开服务器属性设置对话框，切换到"安全"选项卡，如图 11-74 所示，选中"允许 L2TP 连接使用自定义 IPSec 策略"复选框，并设置预共享的密钥。单击"确定"按钮将弹出重新启动路由和远程访问的提示对话框，单击"确定"按钮即可。

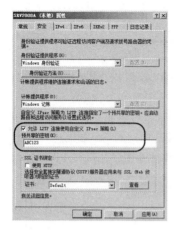

图 11-74　VPN 服务器配置 L2TP　　　　图 11-75　VPN 客户端配置 L2TP

2. 配置 VPN 客户端

VPN 客户端的配置与 11.5.2 节所涉及的 PPTP VPN 基本相同。只需稍加改动安全配置即可。

打开 VPN 连接属性设置对话框，切换到"安全"选项卡，从"VPN 类型"列表中选择"使用 IPSec 的第 2 层隧道协议（L2TP/IPSec）"，如图 11-75 所示。单击"高级设置"按钮，弹出图 11-76 所示的对话框，选中第一个选项并设置于服务器端相同的密钥，单击"确定"按钮。

确认用户的远程访问权限设置没有问题，测试 VPN 连接。连接成功在连接状态显示的详细信息中会指示使用 L2TP 协议，如图 11-77 所示。

图 11-76　设置预共享密钥　　　　图 11-77　查看连接状态详细信息

11.5.4　部署 SSTP VPN

SSTP VPN 只能用于远程访问。基于 SSTP 的 VPN 使用基于证书的身份验证方法。必须在 VPN 服务器上安装正确配置的计算机证书，计算机证书必须具有"服务器身份验证"或"所有用途"增强型密钥使用属性。建立会话时，VPN 客户端使用该计算机证书对 RRAS 服务器进行身份验证。

VPN 客户端并不需要安装计算机证书，但要安装颁发服务器身份验证证书的 CA 的根 CA 证书，使客户端信任服务器提供的服务器身份验证证书。对于 SSTP VPN 连接，默认情况下客户端必须通过检查在证书中标识为托管证书吊销列表（CRL）的服务器，也就是从 CA 下载 CRL，才能够确认证书尚未吊销。如果无法联系托管 CRL 的服务器，则验证会失败，并且断开 VPN 连接。为避免这种情况，必须在 Internet 上可访问的服务器上发布 CRL，或者将客户端配置为不要求 CRL 检查。

提示 实际部署中一般可以访问 Internet 上第三方 CA 发布的 CRL。如果需要使用内部网上的企业根 CA 发布的 CRL，可以采用变通方案，即在 VPN 服务器上启用 NAT 功能，通过端口映射将 HTTP 通信转到内部根 CA 网站，VPN 客户端通过 NAT 从根 CA 网站下载 CRL。另外，要保证 CA 能够通过 HTTP 分发 CRL（Windows Server 2008 R2 证书服务器默认未设置）。为方便实验，这里将客户端不要求检查 CRL。网络环境参见图 11-55。

1. 配置 VPN 服务器

VPN 服务器的安装配置与 11.5.2 节所涉及的 PPTP VPN 基本相同，只需稍加改动安全配置。

（1）为 VPN 服务器申请并安装计算机身份证书。可以从自建的证书服务器中申请计算机证书并进行安装。

可以在该服务器上打开证书管理单元查看已安装的计算机证书（位于"证书（本地计算机）" > "个人" > "证书"节点下），如图 11-78 所示。VPN 客户端必须使用该证书颁发对象的名称（VPN 服务器的域名）来连接 SSTP VPN 服务器。

（2）为 VPN 服务器设置 SSTP 要使用的证书。在"路由和远程访问"控制台中打开服务器属性设置对话框，切换到"安全"选项卡，如图 11-79 所示，在"SSTP 证书绑定"区域指定 SSTP 用于向客户端验证服务器身份的证书。

图 11-78 设置预共享密钥

图 11-79 配置 SSTP 证书

"证书"列表中选择 Default，表示可以使用该服务器上预期目为服务器身份验证的所有有效计算机证书。可以从该列表中选择指定的证书，单击"查看"按钮可以查验该证书的详细信息。如果服务器上部署有 SSL Web 服务，也可以直接使用为 Web 服务器配置的证书，只需选中"使用 HTTP"复选框。"SSTP 证书绑定"区域变更任何配置，会要求重新启动 RRAS。

2. 配置 VPN 客户端

SSTP VPN 客户端必须运行 Windows Vista SP1 及更新版本或 Windows Server 2008 及更新版本。这里以 Windows 7 计算机为例。

先解决证书验证问题。

（1）安装颁发服务器身份证书的 CA 的证书，使客户端能够信任根 CA 所发证书。本例中安装的 CA 证书为 ABC GROUP，如图 11-80 所示。可以采用以下方式获取和安装 CA 证书。

● 利用 PPTP VPN 连接访问位于内部网络的企业 CA，通过浏览器获取 CA 证书。

● 直接通过其他方式（文件复制）获取 CA 证书进行安装。

● 将客户端计算机暂时移动到内网中安装 CA 证书后，再移到公用网络中。这在做实验时非常方便。

（2）修改客户端计算机的注册表以禁用 CRL 检查。在 HKEY_LOCAL_MACHINE\System\CurrentControlSet\Services\Sstpsvc\parameters 节点下添加一个名为 NoCertRevocationCheck 的 DWORD 键，并将其值设为 1，如图 11-81 所示。

图 11-80　查看所安装的 CA 证书

图 11-81　修改注册表以禁用 CRL 检查

接下来修改 VPN 连接属性。

（3）打开 VPN 连接属性设置对话框，在"常规"选项卡上将目的地址改为 VPN 服务器的域名，如图 11-82 所示。

考虑到上述计算机证书颁发给具体的域名（见图 11-78），客户端连接 VPN 服务器要使用域名。要注意客户端能够解析该域名，实际应用中由公网上 DNS 服务器解析，实验时可直接采用本地 Hosts 文件来实现域名解析。

（4）切换到"安全"选项卡，从"VPN 类型"列表中选择"安全套接字隧道协议（SSTP）"，单击"确定"按钮。

确认用户的远程访问权限设置没有问题，开始测试 VPN 连接。连接成功在连接状态显示的详细信息中会指示使用 SSTP 协议，如图 11-83 所示。

图 11-82　设置要连续的 VPN 服务器域名

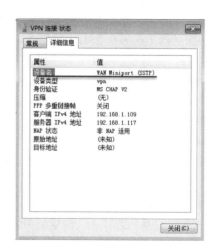

图 11-83　查看连接状态详细信息

11.5.5 部署 IKEv2 VPN

IKEv2 是 Windows Server 2008 R2 新增的 VPN 协议,最大的优势是支持 VPN 重新连接,不过它仅支持远程访问 VPN。VPN 服务器需要安装正确配置的计算机证书,VPN 客户端可以不需要计算机证书,但需要信任由 CA 颁发的证书。这里示范所使用的网络环境参见图 11-55,VPN 服务器的基本安装配置与 11.5.2 节所涉及的 PPTP VPN 基本相同,所不同的是要安装特定的服务器证书。

1. 为 VPN 服务器申请安装专用的证书

IKEv2 VPN 服务器需要安装目的为服务器验证和 IP 安全 IKE 中级的证书,微软企业 CA 系统预置的证书模板不能满足要求,因此需要创建新的证书模板,然后再为服务器颁发证书。

确认已经部署企业根证书颁发机构(参见第 8 章)。必须通过复制现有模板来创建新的证书模板。

(1)在证书颁发机构控制台中右键单击"证书模板"节点,选择"管理"命令可打开证书模板管理单元,列出已有的证书模板。

(2)右键单击要复制的模板 IPSec,从快捷菜单中选择"复制模板"命令弹出相应的对话框,选择证书模板所支持的最低 Windows 服务器版本,这里保持默认设置,即 Windows Server 2003。

(3)单击"确定"按钮打开相应的新模板属性设置对话框,在"常规"选项卡"模板显示名称"框中为新模板命名,如图 11-84 所示。

(4)切换到"扩展"选项卡,如图 11-85 所示,选择"应用程序策略",单击"编辑"按钮弹出对话框,"应用程序策略"列表中已经有"IP 安全 IKE 中级"策略。

图 11-84　设置证书模板的常规选项

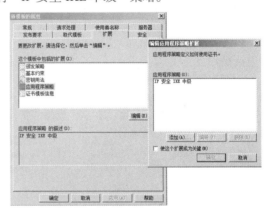

图 11-85　编辑应用程序策略扩展

(5)单击"添加"按钮弹出图 11-86 所示的对话框,从列表中选择"服务器身份验证",然后单击"确定"按钮。这样该证书模板就有两个目的了,如图 11-87 所示,连续两次单击"确定"完成证书模板的编辑。

(6)将该证书模板添加到证书颁发机构。在证书颁发机构控制台中右键单击"证书模板"节点,从快捷菜单中选择"新建">"要颁发的证书模板"命令弹出"启用证书模板"对话框,从列表中选择刚刚增加的新证书模板"IKE_VPN 服务器",单击"确定"按钮即可。

图 11-86 添加"服务器身份验证"

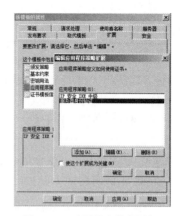

图 11-87 应用程序策略列表

由于 VPN 服务器是域成员,可采用证书申请向导直接从企业 CA 获取证书。

(1)打开证书管理单元(确保添加有"计算机账户")并展开,右键单击"证书(本地计算机)">"个人"节点,选择"所有任务">"申请新证书"命令,启动证书申请向导并给出有关提示信息。

(2)单击"下一步"按钮,选择证书注册策略,这里保持默认设置,即由管理员配置的 Active Directory 注册策略。

(3)单击"下一步"按钮,出现图 11-88 所示的窗口,选择要申请的证书类别(证书模板),这里选择"IKE_VPN 服务器"。

(4)单击"注册"按钮提交注册申请,如果注册成功将出现"证书安装结果"界面,提示证书已安装在计算机上,单击"完成"按钮。

可以在服务器上通过证书管理单元打开该证书进行查验,如图 11-89 所示,可见满足 IKEv2 VPN 服务器的证书要求。

图 11-88 证书注册

图 11-89 查看证书信息

2. 配置 NPS 网络策略

IKEv2 VPN 默认使用基于 EAP 的身份验证(其他 VPN 协议也可选择 EAP 验证),需要配置相应的 NPS 网络策略。在身份验证方法中添加 EAP 类型,最省事的方法是将 3 种方法都加入,如图 11-90 所示。可以针对 IKEv2 VPN 创建相应的网络策略,或者修改现有网络策略(修改约束项)。默认 NPS 网络策略已经支持 EAP 身份验证的两种方法(见图 11-39)。如果选择 EAP 之外的验证方法,则不需要配置 NPS 网络策略。

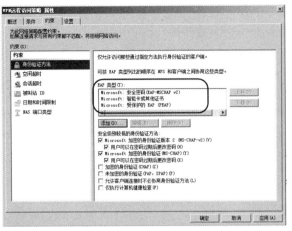

图 11-90　配置 NPS 网络策略

3. 配置 IKEv2 VPN 客户端

IKEv2 VPN 客户端必须运行 Windows 7 和 Windows Server 2008 R2 或更新版本。这里以 Windows 7 计算机为例。

（1）安装颁发服务器身份证书的 CA 的证书，使客户端能够信任根 CA 所发证书。具体方法参见 11.5.4 节。

（2）打开 VPN 连接属性设置对话框，在"常规"选项卡上将目的地址改为 VPN 服务器的域名。上述 IKEv2 VPN 证书颁发给具体的域名。

（3）切换到"安全"选项卡，如图 11-91 所示，从"VPN 类型"列表中选择 IKEv2，单击"高级设置"按钮，在弹出对话框中可以设置 VPN 重新连接属性（默认选中"移动性"复选框支持启用重新连接功能，将允许的网络中断最长时间设为 30 分钟）；此处身份验证使用 EAP，选择的是 EAP-MSCHAP v2，要求服务器端 NPS 网络策略支持。

身份验证如果选择"使用计算机证书"，则要求客户端安装计算机身份证书，而不仅是信任颁发服务器身份证书的 CA。

4. 测试 IKEv2 VPN 连接

确认用户的远程访问权限设置没有问题，开测试测试 VPN 连接。连接成功在连接状态显示的详细信息中会指示使用 L2TP 协议，如图 11-92 所示。

图 11-91　设置安全选项

图 11-92　查看连接状态详细信息

可以进一步测试重新连接特性。例中可以暂时禁用用于模拟外网的网络接口，查看 VPN 连接会显示"休止：服务器不可用"信息，如图 11-93 所示；重新启用该网络接口，查看 VPN 连接会显示"休止：正在等待重新连接"信息，如图 11-94 所示，连接正常恢复后将显示"已连接"信息。整个过程无需执行 VPN 连接操作。

图 11-93　服务器不可用

图 11-94　正在等待重新连接

11.5.6　部署远程网络互连 VPN

Windows Server 2008 R2 的路由和远程访问服务只有 PPTP 和 L2TP/IPSec 两种协议支持远程网络互连，即站点对站点的 VPN。虽然 Microsoft 提倡使用 L2TP/IPSec 技术，而且 L2TP/IPSec 的安全性更好，但是由于使用 IPSec 加密方式，对 CPU 等系统资源消耗过大，除非配备专门的硬件卸载卡，否则不宜用作纯软件的 VPN 路由器。因此，建议使用 PPTP 协议来实现软件 VPN。这里以 PPTP 协议为例讲解如何通过 VPN 隧道将两个网络互连起来，假设两个网络分别为公司总部和分支机构。这里利用虚拟机软件搭建一个相对简易的环境，如图 11-95 所示。一台服务器用作总部 VPN 路由器，另一台服务器用作分支机构 VPN 路由器（使用两个网络接口，一个用于外网，另一个用于内网），两台服务器上都安装 RRAS。客户端计算机连接到分支机构内部网络。两台服务器（路由器）通过在外网连接上建立 VPN 隧道来互连两端的内部网络。

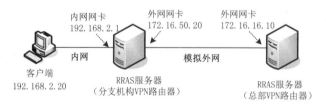

图 11-95　远程网络互连 VPN 模拟实验环境

1. 配置总部 VPN 路由器

（1）打开"路由和远程访问"控制台，启动路由和远程访问服务安装向导，选择"两个专用网络之间的安全连接"项。

（2）单击"下一步"按钮，出现对话框提示是否是所有请求拨号连接，选中"是"。

（3）单击"下一步"按钮，出现"IP 地址分配"对话框，选择为 VPN 客户端分配 IP 地址的方式。这里选择"来自一个指定的地址范围"，"下一步"按钮，指定一个地址范围。

（4）单击"下一步"按钮，出现"正在完成路由和远程访问服务器安装向导"界面，检查确认上述设置后，单击"完成"按钮。

（5）开始启动 RRAS 服务并初始化，接着启动请求拨号接口向导（出现"欢迎使用请求拨号接口向导"界面）。

（6）单击"下一步"按钮，出现"接口名称"对话框，输入用于连接分支机构的接口名称（例中为 CorpToBranch）。

（7）单击"下一步"按钮，出现"连接类型"对话框，选中"使用虚拟专用网络连接(VPN)"单选钮。

（8）单击"下一步"按钮，出现图 11-96 所示的"VPN 类型"对话框，从中选中"点对点隧道协议"单选按钮，即采用 PPTP 协议。

（9）单击"下一步"按钮，出现图 11-97 所示的"目标地址"对话框，从中输入要连接的 VPN 路由器（对方 VPN 服务器）的名称或地址。此处可不填写，因为例中总部 VPN 路由器不会初始化 VPN 连接，不呼叫其他路由器，所以不要求有地址。

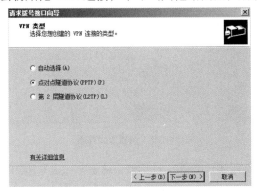

图 11-96　选择 VPN 类型　　　　　　　　　图 11-97　设置目标地址

（10）单击"下一步"按钮，出现图 11-98 所示的对话框，选中"在此接口上路由选择 IP 数据包"和"添加一个用户账户使远程路由器可以拨入"复选框（在服务器上创建一个允许远程访问的本地用户账户）。

如果没有选中"添加一个用户账户使远程路由器可以拨入"复选框，将直接进入第（13）步，添加完请求拨号接口后，应自行创建设置远程路由器拨入的用户账户。

（11）单击"下一步"按钮，出现图 11-99 所示的对话框，添加指向分支机构网络的路由，以便通过使用请求拨号接口来转发到分支机构的通信。

例中与分支机构相对应的路由为 192.168.2.0，网络掩码为 255.255.255.0，跃点数为 1，单击"添加"按钮弹出"静态路由"对话框来设置。如果有多个分支机构，应对每一个到分支机构添加一条静态路由。

图 11-98　设置协议和安全措施　　　　　　　图 11-99　设置静态路由

（12）单击"下一步"按钮，出现图 11-100 所示的对话框，设置拨入凭据，即分支机构 VPN 路由器连接总部要使用的 VPN 用户名和密码。这样，请求拨号接口向导自动创建账户并将远程访问权限设置为"允许访问"，账户的名称与拨入请求接口的名称相同。

（13）单击"下一步"按钮，出现图 11-101 所示的对话框，设置拨出凭据，即总部连接到分支机构路由器要使用的用户名和密码。本例中总部路由器不会初始化 VPN 连接，输入任意名称、域和密码即可。

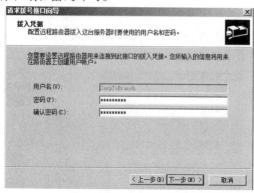

图 11-100　设置拨入凭据

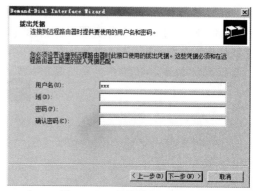

图 11-101　设置拨出凭据

（14）单击"下一步"按钮，出现"完成请求拨号接口向导"对话框，单击"完成"按钮完成该接口的创建，新添加的请求拨号连接将出现在"网络接口"列表中，如图 11-102 所示。

2. 部署分支机构 VPN 路由器

本例中分支机构需部署作为呼叫总部路由器的 VPN 路由器，设置步骤与总部 VPN 路由器基本相同。不同之处主要有以下几点。

● 接口名称设置为 BranchToCorp。

● 目标地址设置为总部 VPN 路由器的公网接口 IP 地址，例中为 172.16.16.10。参见图 11-97。

● 设置协议及安全措施时不必选中"添加一个用户账户使远程路由器可以拨入"复选框（这样不用设置拨入凭据）。参见图 11-98。

● 远程网络的静态路由设置为指向总部内网的路由，以使请求拨号接口来转发到总部的通信。例中与总部相对应的路由为 192.168.1.0，网络掩码为 255.255.255.0，跃点数为 1。参见图 11-99。

● 拨出凭据设置为用于拨入总部的用户账户的名称、域名和密码，与总部路由器请求拨号接口的拨入凭证相同，例中用户名为 CorpToBranch，参见图 11-102。

3. 测试远程网络互连 VPN

完成上述配置后可以通过建立请求拨号连接来连接位于两端的网络，这里从分支机构 VPN 路由器发起到总部 VPN 路由器的连接。注意总部服务器的 NPS 网络策略不要阻止分支机构拨入。

（1）手工建立请求拨号连接。如图 11-103 所示，在分支机构 VPN 服务器上打开"路由和远程访问"控制台，单击"网络接口"节点，右键单击右侧窗格中的请求拨号接口，选择"连接"命令进行连接。连接成功后该接口的连接状态将变为"已连接"，总部 VPN 服务器上对应的请求拨号接口（供分支机构呼叫）的连接状态也将变为"已连接"。

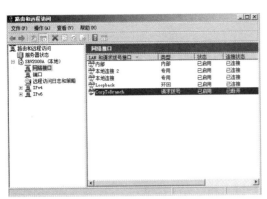

图 11-102 总部请求拨号连接

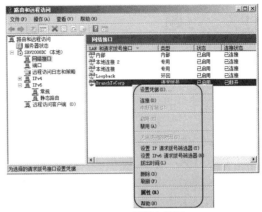

图 11-103 置拨出凭据

（2）自动激活请求拨号连接。也可通过从分机构网络访问总部网络来自动激活请求拨号连接，前提是在分支机构 VPN 服务器设置相应的静态路由。在"路由和远程访问"控制台中展开"IPv4">"静态路由"节点，双击右侧窗格中指向总部网络的静态路由项，打开图 11-104 所示的对话框，确认选中"使用此路由来初始化请求拨号连接"复选框。这样在通过路由来转发数据包时，如果隧道还没有建立，将自动建立连接。

例如，可在分支机构客户端使用 ping 命令探测总部网络的计算机（或 VPN 路由器），要注意的是，首次运行往往是不能成功，接口尚未激活，再次运行 ping 命令，即可成功 ping 到目的计算机。可以直接访问总部网络提供的各种网络服务和资源来激活请求拨号建立。

（3）将按需连接改为持续型连接。默认情况为按需请求连接，如果长达 5 分钟处于空闲状态将自动挂断，可进行设置，将其改为从不挂断。还可设置为持续型连接，两端 VPN 路由器启动后即建立连接并试图始终保持。这通过请求拨号接口属性来设置，如图 11-105 所示。

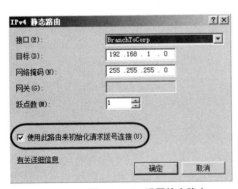

图 11-104 设置静态路由

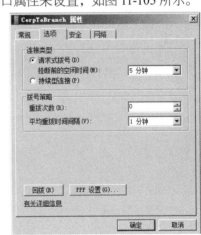

图 11-105 设置连接类型

另外，使用上述向导配置 VPN 路由器时，默认情况下也支持远程访问（服务器属性设置会选中"IPv4 远程访问服务器"选项），远程访问客户端也可接入 VPN 路由器所在内部网络。这样可以实现一个支持网络互联和远程访问的完整的 VPN 解决方案。

11.6　习题

简答题

（1）路由和远程访问服务提供哪几种典型配置？

（2）什么是主机路由？什么是默认路由？

（3）路由和远程访问服务路由接口有哪几种？

（4）述 NAT 与端口映射的原理和作用。

（5）简简述 LAN 协议和远程访问协议在远程访问中的作用。

（6）NPS 网络策略有什么作用？它与用户账户拨入属性如何结合起来控制远程访问权限？

（7）简述 VPN 的两种应用模式。

（8）路由和远程访问服务支持哪几种 VPN 协议？其中哪一种最适合移动应用？

实验题

（1）在 Windows Server 2008 R2 服务器上启用路由和远程访问服务，配置一个简单的路由器，将两个网络连接起来。

（2）通过 Windows Server 2008 R2 路由和远程访问服务的 NAT 功能实现连接共享和内网服务器发布。

（3）分别配置基于 PPTP、L2TP/IPSec、SSTP 和 IKEv2 的远程访问 VPN 并进行测试。

（4）配置基于 PPTP 的网络互连 VPN 并进行测试。

（5）配置 L2TP/IPSec 的网络互连 VPN 并进行测试。（此为选作题，可参考图 11-95 搭建实验环境，双方 VPN 路由器身份验证可以使用预共享密钥，也可以使用计算机证书。）

PART 12

第 12 章
网络策略服务器

【学习目标】

　　本章将向读者介绍网络策略服务器的基础知识，让读者掌握使用网络策略服务器配置 RADIUS 服务器、RADISU 代理和网络访问保护健康策略服务器的方法和技能。

【学习导航】

　　第 11 章在介绍远程访问服务时已经涉及网络策略,本章全面介绍网络策略服务器(Network Policy Server)。Windows Server 2008 R2 网络策略服务器是 "网络策略和访问服务" 角色的一种角色服务, 可以用作 RADIUS 服务器和 RADIUS 代理, 集中管理网络访问身份验证与授权, 还可以用作网络访问保护（NAP）策略服务器, 统一管理客户端计算机健康状态。本章将介绍网络策略服务器所提供的各种功能和服务,并讲解如何使用它来配置和管理 Windows 网络安全的。

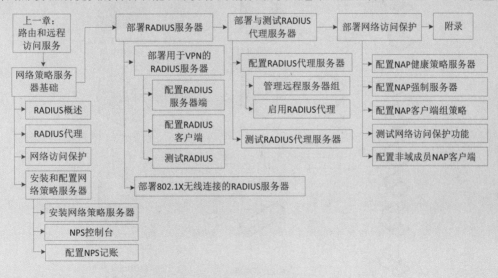

12.1 网络策略服务器基础

网络策略服务器简称 NPS，其前身是网络身份验证服务器（Internet Authentication Server，IAS）。NPS 可以用作 RADIUS 服务器、RADIUS 代理和网络访问保护（NAP）策略服务器，旨在集中配置和管理网络访问身份验证、授权和客户端运行状态策略。在 Windows Server 2008 R2 中，由"网络策略和访问服务"角色中的"网络策略服务器"角色服务来实现网络策略服务器有关功能。

12.1.1 RADIUS 概述

RADIUS 全称 Remote Authentication Dial In User Service，可以译为"远程身份验证拨入用户服务"，由 RFC2865 和 RFC 2866 定义，是目前应用最广泛的 AAA 协议。AAA 是指身份验证（Authentication）、授权（Authorization）和记账（Accounting）3 种安全服务。RADIUS 协议是一种基于客户/服务器模式的网络传输协议，客户端对服务器提出验证和记账请求，而服务器针对客户端请求进行应答。最初的 RADIUS 客户端主要是网络访问服务器。值得一提的是，IEEE 提出的 802.1X 标准用于对无线网络的接入认证，在认证时也采用 RADIUS 协议。

1. RADIUS 系统的组成

Windows Server 2008 R2 网络策略服务器可以用作 RADIUS 服务器，为远程访问拨号、VPN 连接、无线访问、身份验证交换机提供集中化的身份验证、授权和记账服务。RADIUS 客户端可以是访问服务器，如拨号服务器、VPN 服务器、无线访问点、802.1x 交换机，还可以是 RADIUS 代理(后面将专门介绍)。访问客户端是连接到网络访问服务器的计算机，其访问请求经 RADIUS 客户端提交到 RADIUS 服务器集中处理。RADIUS 系统组成如图 12-1 所示，包括 RADIUS 服务器、RADIUS 客户端、RADIUS 协议和访问客户端。

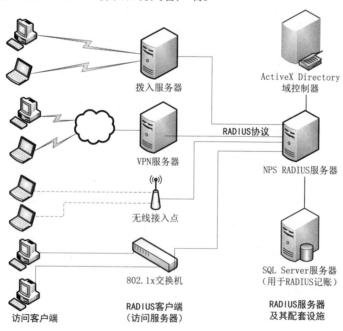

图 12-1 RADIUS 系统组成

2. RADIUS 服务器的功能与应用

将 NPS 用作 RADIUS 服务器时，它提供以下功能。

（1）为 RADIUS 客户端发送的所有访问请求提供集中的身份验证和授权服务。通常使用 Active Directory 域用户账户数据库对用于尝试连接的用户凭据进行身份验证，前提是 RADIUS 服务器要作为域成员，如果用户账户属于其他域，则要求与其他域具有双向信任关系。也可以使用本地 SAM 用户账户数据库进行身份验证。

RADIUS 服务器根据用户账户的拨入属性和网络策略对其连接进行访问授权。

（2）为 RADIUS 客户端发送的所有记账请求提供集中的记账记录服务。记账请求存储在本地日志文件中，还可配置为保存在 SQL Server 数据库中以便于分析。

使用 NPS 作为 RADIUS 服务器适合以下应用场合。

（1）使用 Active Directory 域或本地 SAM 用户账户数据库作为访问客户端的用户账户数据库。

（2）在多个拨号服务器、VPN 服务器或请求拨号路由器上使用路由和远程访问，并且要将网络策略配置与连接日志记录集中在一起。

（3）外购拨号、VPN 或无线访问，访问服务器使用 RADIUS 对建立的连接进行身份验证和授权。

（4）对一组不同种类的访问服务器集中进行身份验证、授权和记账。

3. RADIUS 身份验证、授权与记账工作流程

（1）访问服务器（如 VPN 服务器和无线访问点）从访问客户端接收连接请求。

（2）访问服务器（RADIUS 客户端）将创建访问请求消息并将其发送给 RADIUS 服务器。

（3）RADIUS 服务器评估访问请求。

（4）如果需要，RADIUS 服务器会向访问服务器发送访问质询消息，访问服务器将处理质询，并向 RADIUS 服务器发送更新的访问请求。

（5）系统将检查用户凭据，并获取用户账户的拨入属性。

（6）系统将使用用户账户的拨入属性和网络策略对连接尝试进行授权。

（7）如果对连接尝试进行身份验证和授权，则 RADIUS 服务器会向访问服务器发送访问接受消息，否则 RADIUS 服务器会向访问服务器发送访问拒绝消息。

（8）访问服务器将完成与访问客户端的连接过程，并向 RADIUS 服务器发送记账请求消息。

（9）RADIUS 服务器会向访问服务器发送记账响应消息。

12.1.2　RADIUS 代理

RADIUS 代理（RADIUS Proxy）又称 RADIUS 代理服务器，它用于接收 RADIUS 客户端的身份验证、授权和记账请求(此时作为 RADIUS 服务器)，接着将这些请求委托给其他 RADIUS 服务器进行处理（此时作为 RADIUS 客户端），最后将由其他 RADIUS 服务器返回的处理结果转送给 RADIUS 客户端。

Windows Server 2008 R2 网络策略服务器可以用作 RADIUS 代理，在 RADIUS 客户端（访问服务器）和 RADIUS 服务器之间充当一个中介，它们之间通过 RADIUS 协议进行通信，如图 12-2 所示。RADIUS 访问和记账消息都需要经过 RADIUS 代理服务器，被转发的消息的有关信息将被记录在 RADIUS 代理服务器的记账日志中。

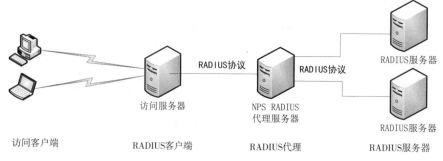

图 12-2 RADIUS 代理组成

当 NPS 服务器充当 RADIUS 代理时，需要与 RADIUS 客户端与 RADIUS 服务器进行交互，增加了 RADIUS 消息转发过程，整个 RADIUS 身份验证、授权和记账工作过程说明如下。

（1）访问服务器从访问客户端接收连接请求。

（2）访问服务器向 RADIUS 代理服务器发送访问请求消息。

（3）RADIUS 代理服务器将收到的访问请求消息转发给指定的 RADIUS 服务器。

（4）RADIUS 服务器评估访问请求。

（5）如果需要，RADIUS 服务器将向 RADIUS 代理服务器发送访问质询消息，由代理服务器转发到访问服务器。访问服务器通过访问客户端处理质询，并将已更新的访问请求发送到 RADIUS 代理服务器，再由代理服务器转发到 RADIUS 服务器。

（6）RADIUS 服务器对连接尝试进行身份验证和授权。

（7）如果对连接尝试进行了身份验证和授权，RADIUS 服务器将向 RADIUS 代理服务器发送访问接受消息，由它转发到访问服务器。如果未对连接尝试进行身份验证或授权，RADIUS 服务器将向 RADIUS 代理服务器发送访问拒绝消息，由它转发到访问服务器。

（8）访问服务器使用访问客户端完成连接过程，并将记账请求消息发送到 RADIUS 代理服务器。RADIUS 代理服务器记录记账数据，并将消息转发到 RADIUS 服务器。

（9）RADIUS 服务器将记账响应消息发送到 RADIUS 代理服务器，由它转发到访问服务器。

12.1.3　网络访问保护

Windows Server 2008 操作系统开始将网络访问保护（Network Access Protection，NAP）作为内置的安全策略执行平台，允许管理员集中管理客户端健康策略，防止不健康的计算机访问网络并危及网络的安全。Windows Server 2008 R2 进一步改进了 NAP。

1．网络访问保护的用途

每一台连接到本地网络的计算机都具有潜在的威胁，管理员无法确定每台计算机是否都安装了最新的安全补丁、防病毒软件、反间谍软件、是否配置了适当的防火墙，可能一台计算机出现了问题，整个网络都处于危险之中。为保护网络的安全，可以定制一个安全策略，只允许健康正常的计算机连接到本地网络。网络访问保护就是一种创建、强制和修正客户端健康策略的技术。

健康策略可以包含软件要求、安全更新要求和所需的配置设置等内容，是 NAP 检查评估所依据的标准。用于健康策略的主要条件如下。

● 客户端计算机是否安装并启用了防火墙软件。

● 客户端计算机是否安装并且正在运行防病毒软件。

- 客户端计算机是否安装最新的防病毒更新。
- 客户端计算机是否安装并且正在运行反间谍软件。
- 客户端计算机是否安装最新的反间谍更新。
- 客户端计算机是否启用 Microsoft Update（自动更新）服务。

NAP 在尝试连接到网络的客户端计算机上强制执行健康策略。在授予客户端计算机完全网络访问权限之前，NAP 通过检查和评估客户端计算机的健康状态，在客户端计算机不符合健康策略时限制网络访问，并修正不符合的客户端计算机，使其符合健康策略来强制实施健康策略。

2．NAP 系统的组成

基于 Windows Server 2008 R2 策略服务器实现的 NAP 系统包括 NAP 客户端、NAP 强制服务器和 NAP 健康策略服务器，如图 12-3 所示。

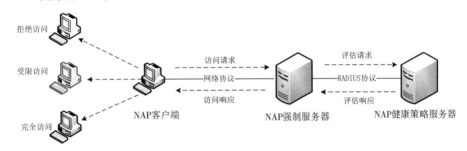

图 12-3 NAP 系统组成

（1）NAP 客户端——系统健康代理（System Health Agent，SHA）。NAP 客户端是启用系统健康代理的系统，它负责监控客户端的健康状态（Statement of Health），并将健康状态发送给 NAP 强制服务器。NAP 客户端与 NAP 强制服务器之间的通信协议取决于所采用的 NAP 强制方法，例如，NAP 强制方法采用 DHCP，则 NAP DHCP 客户端通过 DHCP 协议将健康状态发送给 DHCP 服务器。

Windows Vista 和 Windows 7 内置 Windows 安全健康代理（WSHA）用于支持 SHA，可以直接作为 NAP 客户端。Windows XP SP3 以上版本也可作为 NAP 客户端。其他系统或设备可以使用 NAP API 来创建自己的系统健康代理。

（2）NAP 强制服务器。NAP 强制服务器接收来自 NAP 客户端的健康状态，将其发送给 NAP 健康策略服务器；该服务器检查评估客户端是否符合健康策略；NAP 强制服务器根据健康策略服务器的响应对客户端强制执行 NAP 策略，如授予完整的网络访问权限。

NAP 强制服务器又称 NAP 强制点（NAP Enforcement Point），可以是 DHCP 服务器、VPN 服务器、HRA（健康注册机构）服务器，还可以是 802.1X 身份验证交换机或无线访问点等设备，这是由所采用的 NAP 强制方法所决定的。

NAP 强制服务器与健康策略服务器之间使用 RADIUS 协议进行通信，因而它必须作为 RADIUS 客户端或 RADIUS 代理服务器。

（3）NAP 健康策略服务器——系统健康验证器（System Health Validator，SHV）。健康策略服务器可由 Windows Server 2008 R2 网络策略服务器充当，需要启用系统健康验证器，SHV 是与 SHA 对应的服务器软件。客户端上的每个 SHA 在 NPS 服务器中都有一个对应的 SHV。SHV 检查评估客户端的健康状态，决定客户端是否符合健康策略。Windows Server 2008 R2 内置的 Windows 安全健康验证程序（WSHV）用于提供 SHV 服务。

健康策略服务器必须作为 RADIUS 服务器，通过 RADIUS 协议与 NAP 强制服务器进行通信。

3. 网络访问保护的工作机制

网络访问保护机制运行的关键步骤为策略验证→NAP 强制和网络限制→修正（Remediation）。

（1）策略验证。NPS 服务器对定义客户端计算机健康状态的策略进行验证。在网络连接过程中，NAP 客户端组件将健康状态发送到 NPS 服务器，NPS 检查其健康状态并将其与健康策略进行对比。

（2）NAP 强制和网络限制。NAP 强制设置借助网络策略设置，允许符合策略要求的客户端计算机完全访问网络，拒绝不符合的客户端计算机访问网络，或者只允许它们访问特定的受限网络，还可以实现推迟访问限制。

默认设置是允许完全网络访问。匹配策略条件的客户端被视为符合网络健康要求，如果连接请求验证通过并被授权，将被允许不受限制地访问网络。

NAP 客户端被置于受限网络上，它可以从更新服务器接收更新，以使客户端符合健康策略。客户端符合健康策略后，才被允许连接。

推迟访问限制是指匹配策略条件的客户端暂时被许可完全网络访问，而将 NAP 强制推迟到特定的日期和时间执行。

（3）修正。对于置于受限网络中的不符合健康要求的客户端计算机可能需要进行修正。修正是指自动更新客户端计算机，使其符合最新的健康策略的过程。例如，如果健康策略要求开启 Windows 防火墙，如果有人关闭了客户端的防火墙，则 NAP 确定客户端处于不符合策略要求的状态，随后将断开客户端与网络的连接，并且将客户端连接到受限网络，直到 Windows 防火墙再次启用为止。

可以使用 NPS 网络策略中的 NAP 设置来配置自动修正，以便在客户端计算机不符合健康策略时，NAP 客户端组件自动尝试更新客户端计算机。

另外，NAP 可以对已连接到网络的客户端计算机上强制执行健康、合规。该功能对于确保在健康策略和客户端计算机的健康状态改变时持续保护网络非常有用。客户端计算机的健康状态改变时，或者它们发起对网络资源的请求时，它们都将被监控。

4. 网络访问保护的强制方法

Windows Server 2008 R2 的 NAP 强制健康策略可用于以下 5 种网络技术。

（1）DHCP NAP 强制。需使用 DHCP NAP 强制服务器组件、DHCP 强制客户端组件及网络策略服务器实现。DHCP 服务器和网络策略服务器能在计算机尝试租用或续订网络上的 IP 地址配置时强制使用健康策略。如果客户端计算机已配置有一个静态 IP 地址，或配置为避免使用 DHCP，则此强制方法无效。

（2）VPN NAP 强制。需使用 VPN NAP 强制服务器组件和 VPN 强制客户端组件实现。VPN 服务器可以在客户端计算机尝试对网络进行 VPN 连接时强制使用健康策略。

（3）IPSec 通信 NAP 强制。需使用健康证书服务器、健康注册机构（HRA）服务器、NPS 服务器和 IPSec 强制客户端实现。当 NAP 客户端符合要求时，健康认证服务器颁布 X.509 证书，NAP 客户端与内部网络上的其他 NAP 客户端进行 IPSec 通信时，将使用这些证书对 NAP 客户端进行身份验证。

（4）802.1X NAP 强制。由 NPS 服务器和 EAP Host（可扩展身份验证协议主机）强制客户端组件组成。针对 802.1X 端口网络访问控制，NPS 服务器可指示 802.1X 验证交换机或者符合 802.1X 标准的无线访问点在受限的网络上连接不兼容的 802.1X 客户端。802.1X 强制为通过使用支持 802.1X 的网络访问服务器访问网络的所有计算机提供强制网络限制。

（5）远程桌面网关 NAP 强制。需使用运行 NPS 服务器和远程桌面网关服务器来部署。可以使用网络访问保护来强制并监视作为远程桌面客户端的客户端计算机的健康状态。

上述每一种 NAP 强制方法均有其各自的优势。通过合并强制方法，管理员能够将各种方法的长处结合到一起。但是，部署多种 NAP 强制方法会使 NAP 的执行管理更加复杂。

12.1.4　安装和配置网络策略服务器

Windows Server 2008 R2 网络策略服务器可以用作 RADIUS 服务器、RADIUS 代理服务器和 NAP 策略服务器。这里介绍一下网络策略服务器的安装和基本配置。

1．安装网络策略服务器

默认情况下 Windows Server 2008 R2 没有安装网络策略服务器，可通过服务器管理器来安装。

（1）以管理员身份登录到服务器，打开服务器管理器，在主窗口"角色摘要"区域（或者在"角色"窗格）中单击"添加角色"按钮，启动添加角色向导。

（2）单击"下一步"按钮出现"选择服务器角色"界面，选择"网络策略和访问服务"。

（3）单击"下一步"按钮，显示该角色的基本信息。

（4）单击"下一步"按钮，出现图 12-4 所示的角色服务选择界面，这里选择要安装的角色服务"网络策略服务器"。

提示　"网络策略和访问服务"角色中还有两个角色服务需要简单介绍一下。健康注册机构（HRA）是 NAP 基础结构的一个组件，在 NAP IPSec 中具有重要的作用。当健康证书符合网络健康要求时，HRA 将代表 NAP 客户端获取健康证书，由这些健康证书对与其他 NAP 客户端进行 IPSec 安全通信的 NAP 客户端进行身份验证。主机凭据授权协议（HCAP）用于 NAP 解决方案和 Cisco 网络许可控制的集成，部署带有 NPS 和 NAP 的 HCAP 时，NPS 可以执行 Cisco 802.1X 访问客户端授权，包括强制 NAP 健康策略，而 Cisco 身份验证、授权和记账服务器则执行身份验证。

（5）单击"下一步"按钮，根据向导提示完成其余操作步骤。

2．NPS 控制台

从"管理工具"菜单中选择"网络策略服务器"命令，打开图 12-5 所示的 NPS 控制台，可以对本机的网络策略服务器进行管理。例如，右键单击"NPS（本地）"节点，选择"停止 NPS 服务"或"启动 NPS 服务"来停止或启动 NPS 服务。

图 12-4　安装网络策略服务器

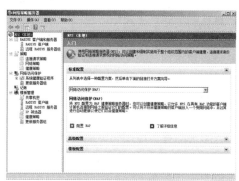

图 12-5　NPS 控制台

NPS 控制台提供大量向导引导管理员进行配置。为提高配置效率，NPS 控制台提供 NPS 模板来创建配置元素，从而减少在一台或多台服务器上配置网络策略服务器时所需的时间和成本。NPS 模板类型包括共享机密（密钥）、RADIUS 客户端、远程 RADIUS 服务器、IP 筛选器、健康策略、更新服务器组等。

在 NPS 控制台中可以为 NPS 服务器配置 3 种类型的策略。

（1）连接请求策略（Connection Request Policies）。指定哪些 RADIUS 服务器对 NPS 服务器从 RADIUS 客户端接收的连接请求执行身份验证、授权和记账的多组条件和设置。

（2）网络策略（Network Policies）。指定用户被授权连接到网络以及能否连接网络的情况的多组条件、约束和设置。

（3）健康策略（Health Policies）。指定系统健康验证程序和其他设置，可以为支持 NAP 的计算机定义客户端计算机配置要求。

3. 在 Active Directory 中注册 NPS 服务器

当 NPS 服务器是 Active Directory 域成员时，要让它访问 Active Directory 中的用户账户凭据和拨入属性，必须在 Active Directory 域服务中注册。

在默认域中注册有多种方法，这里示范一种简便方法。以域管理员身份登录到 NPS 服务器，打开 NPS 控制台，如图 12-6 所示，右键单击"NPS（本地）"节点，然后选择"在 Active Directory 中注册服务器"命令弹出图 12-7 所示的提示对话框，单击"确定"按钮。

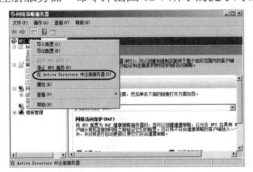

图 12-6 在 Active Directory 中注册 NPS 服务器

图 12-7 注册提示对话框

要在其他域中注册 NPS 服务器，通常使用"Active Directory 用户和计算机"控制台将 NPS 服务器添加到相应域中的"用户"文件夹下的"RAS 和 IAS 服务器"安全组中。

4. 配置 NPS 记账

可以根据需要在 NPS 服务器上配置记账，目的是记录用户身份验证和记账请求以用于检查分析。可以记录到本地文件，也可以记录到与 Microsoft SQL Server XML 兼容的数据库。

打开 NPS 控制台，单击"记账"节点，如图 12-8 所示，列出当前的 NPS 记账配置。默认配置是记录到本地日志文件（如 C:\Windows\system32\LogFiles）。单击"更改日志文件属性"按钮打开图 12-9 所示的对话框，从中设置记录选项。

实际的生产部署中往往有大量的记账信息，需要配置数据库来进行记账，甚至要将多个 NPS 服务器的记账集中一个数据库中。在 NPS 控制台中单击"记账"节点，单击"配置记账"按钮打开记账配置向导，根据向导提示进行操作，当出现如图 12-10 所示的对话框时，选择记账选项；如果选中"记录到 SQL Server 数据库"，单击"下一步"按钮打开"配置 SQL Server 日志记录"对话框，再单击"配置"按钮弹出"数据链接属性"对话框，用于设置数据库服务器的连接信息，如图 12-11 所示。

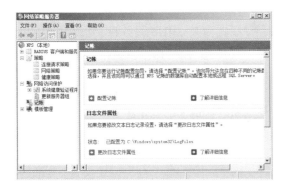

图 12-8　NPS 记账设置

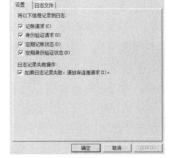

图 12-9　NPS 日志文件属性

图 12-10　选择记账选项

图 12-11　配置 SQL Server 日志记录

12.2　部署 RADIUS 服务器

Windows Server 2008 R2 网络策略服务器可以用作 RADIUS 服务器，为远程访问拨号、VPN连接、无线访问、身份验证交换机提供身份验证、授权和记账服务。NPS 控制台提供了两个 RADIUS 服务器配置向导，分别是"用于拨号或 VPN 连接的 RADIUS 服务器"和"用于 802.1X 无线或有线连接的 RADIUS 服务器"。这里重点以 VPN 远程访问为例讲解 RADIUS 服务器的手动部署与管理，然后再以无线访问为例简单介绍如何通过向导配置 RADIUS 服务器。

12.2.1　配置用于 VPN 的 RADIUS 服务器端

为便于实验，这里利用虚拟机软件搭建一个用于 VPN 的 RADIUS 服务器的简易实验环境，如图 12-12 所示。这里在域控制器上安装网络策略服务器。本例中使用默认域进行身份验证和授权，需要在域中注册 NPS 服务器。先开始配置 RADIUS 服务器。

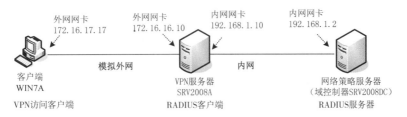

图 12-12　用于 VPN 的 RADIUS 服务器模拟实验环境

1. 将 NPS 服务器设置为 RADIUS 服务器

NPS 服务器安装完成后，默认已将其自动设置为 RADIUS 服务器。可以通过连接请求策略来检查确认。连接请求策略可指定将哪些 RADIUS 服务器用于 RADIUS 身份验证和记账。

打开 NPS 控制台，如图 12-13 所示，展开"策略">"连接请求策略"节点，右侧窗格中列出现有的连接策略列表，默认已创建一个名为"Use Windows authentication for all users"策略，其条件表示一周任何时段都可以连接，显然所有连接请求都被允许。

双击该默认策略打开相应的属性设置对话框，切换到"设置"选项卡，如图 12-14 所示，单击"转发连接请求"下的"身份验证"，默认选中"在此服务器上对请求进行身份验证"选项，表示直接由该 NPS 服务器来验证用户的连接请求。可以单击"转发连接请求"下的"记账"进一步检查确认由该 NPS 服务器执行记账任务。

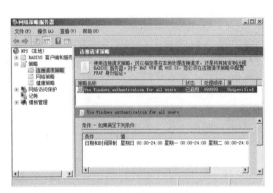

图 12-13　默认连接请求策略

图 12-14　在该服务器上对请求进行身份验证

2. 为 RADIUS 服务器指定 RADIUS 客户端

在 NPS 服务器中添加新的 RADIUS 客户端，为每个 RADIUS 客户端提供一个友好名称、IP 地址和共享机密（密钥）。例中将一台 VPN 服务器作为 RADIUS 客户端。

（1）打开 NPS 控制台，展开"RADIUS 客户端和服务器"节点，右键单击"RADIUS 客户端"节点，选择"新建"命令，弹出相应的对话框。

（2）如图 12-15 所示，选中"启用此 RADIUS 客户端"复选框，然后设置以下选项。

● 在"友好名称"框中为该客户端命名。

● 在"地址"框中设置该客户端的 IP 地址或 DNS 名称。

● 在"共享机密"区域设置 RADIUS 客户端要共享的密钥。这里没有选择共享机密模板，选择"手动"单选按钮并设置共享密钥。

（3）切换到"高级"选项卡，如图 12-16 所示，从"供应商名称"下拉列表中选择 RADIUS 客户端的供应商，例中将 Windows 路由和远程访问服务中的 VPN 服务器作为客户端，因此选择 Microsoft。如果不能确定，可直接选择 RADIUS Standard。

如果选中"Access-Request 消息必须包含 Message-Authenticator 属性"选项，则要求对方发送请求时要包含消息验证器属性，以提高安全性，防止假冒 IP 地址的 RADIUS 客户端。

（4）确认上述设置后，单击"确定"按钮完成添加 RADIUS 客户端。

这样，上述客户端将加入到 RADIUS 客户端列表中，如图 12-17 所示。可以根据需要进一步修改其设置，右键单击该客户端，从快捷菜单中选择相应的命令即可。

图 12-15　RADIUS 客户端设置

图 12-16　RADIUS 客户端高级设置

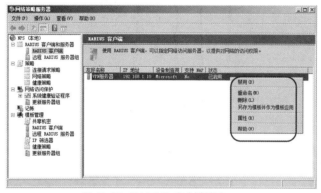

图 12-17　RADIUS 客户端列表

3. 配置网络策略

当处理作为 RADIUS 服务器的连接请求时，NPS 服务器对此连接请求既要执行身份验证，又要执行授权。在身份验证过程中，NPS 验证连接到网络的用户或计算机的身份。在授权过程中，NPS 确定是否允许用户或计算机访问网络。授权是由网络策略决定的。

打开 NPS 控制台，展开"策略">"网络策略"节点，如图 12-18 所示，右侧窗格中列出现有的网络策略列表，默认已创建两个策略。双击第一个策略 Connections to Microsoft Routing and Remote Access server（针对 RRAS 访问），可以发现"访问权限"区域已选中"拒绝访问"选项，拒绝所有用户访问。要允许用户访问，如图 12-19 所示，在"访问权限"区域选中"授予访问权限"选项，或者新建一个网络策略允许 VPN 用户访问，具体方法请参见第 11 章。

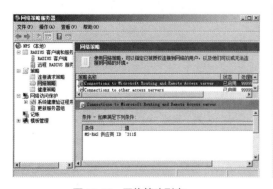

图 12-18　网络策略列表

图 12-19　授予访问权限

12.2.2 配置 RADIUS 客户端

例中将 VPN 服务器作为 RADIUS 客户端，第 11 章已介绍过 VPN 服务器的安装和配置。这里侧重介绍在VPN服务器上通过"路由和远程访问"控制台来配置远程访问服务器的RADIUS验证和记账。

最简单的方法是在"路由和远程访问"控制台中运行路由和远程访问服务器安装向导来配置 RADIUS。选择"远程访问（拨号或 VPN）"，再选择"VPN"，根据提示进行操作，当出现图 12-20 所示的对话框时，选中第二个选项；单击"下一步"按钮，出现图 12-21 所示的界面，从中设置 RADIUS 的地址或域名，在"共享机密"框中输入 RADIUS 服务器端所设置的共享密钥。然后根据提示完成操作步骤。

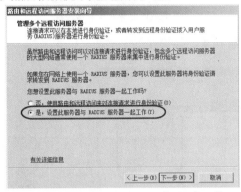

图 12-20 设置与 RADIUS 服务器一起工作　　　图 12-21 RADIUS 服务器设置

也可以手动配置 RADIUS 身份验证与记账。在"路由和远程访问"控制台中打开服务器属性设置对话框，切换到图 12-22 所示的"安全"选项卡，从"身份验证提供程序"列表中选择"RADIUS 身份验证"，单击右侧的"配置"按钮打开相应的对话框，然后单击"添加"按钮弹出"添加 RADIUS 服务器"对话框，如图 12-23 所示，设置 RADIUS 服务器及其共享密钥，其他选项保持默认值即可。参照上述方法配置计账（记账）提供程序。

图 12-22 设置 RADIUS 身份验证　　　图 12-23 添加 RADIUS 服务器

12.2.3 测试 RADIUS

完成上述配置后，可以进行 RADIUS 测试。

（1）在服务器（例中为域控制器）上检查用户账户的拨入属性设置，确认该用户的"网络访问权限"设置为"通过 NPS 网络策略控制访问"（这也是默认设置），如图 12-24 所示。

（2）在访问客户端（例中为 Windows 7 计算机）上添加一个到 RADIUS 客户端（例中为 VPN 服务器）的 VPN 连接，将其 VPN 类型设置为 PPTP，具体方法请参见第 11 章。

（3）启动该 VPN 连接，输入相应的用户名、密码和域名，连接成功后可查看个连接的详细信息，如图 12-25 所示。

图 12-24　通过 NPS 网络策略控制访问　　　图 12-25　VPN 连接状态

（4）在 RADIUS 服务器上检查 NPS 日志记录，打开系统驱动器上的\Windows\system32\LogFiles 文件夹，其中有一个 log 文件，用文本编辑器打开，可以发现连接请求已被记录到日志，如图 12-26 所示，说明 RADIUS 身份验证、授权与记账功能均已生效。

图 12-26　查看 NPS 日志记录（RADIUS 记账）

12.2.4　部署用于 802.1X 无线连接的 RADIUS 服务器

早期的网络接入没有任何限制，只要连接到交换机上，就能接入网络。为控制网络接入，推出了 IEEE 802.1X 标准。它全称 Port-Based Network Access Control，可译为"基于端口的网络接入控制"，用于用户接入网络的身份验证。它要求客户端在连接到网络之前要先通过身份验证和授权，可以限制未经授权的用户或设备通过接入端口访问局域网或无线局域网。802.1X 采用客户/服务器结构，包括以下 3 个部分。

● 客户端。被要求身份验证的用户或设备，通常是 PC。

● 身份验证系统。对接入的用户/设备进行身份验证的端口。可以是支持 802.1X 的交换机、路由或无线访问点。

● 身份验证服务器。对请求访问网络资源的用户或设备进行验证的设备。通常是 RADIUS 服务器。

Windows Server 2008 R2 提供了名为"用于 802.1X 无线或有线连接的 RADIUS 服务器"配

置向导，可以为支持 802.1X 的无线访问、身份验证交换机配置身份验证、授权和记账服务。这里以无线访问为例讲解配置过程。为便于实验，需要搭建一个实验环境，如图 12-27 所示。

图 12-27　用于无线访问的 RADIUS 服务器实验环境

1. 配置用于安全无线访问的 RADIUS 服务器

（1）打开 NPS 控制台，如图 12-28 所示，单击"NPS(本地)"节点，从右侧窗格"标准配置"区域的列表中选择"用于 802.1X 无线或有线连接的 RDSIUS 服务器"，单击"配置 802.1X"按钮启动配置 802.1X 向导。

（2）如图 12-29 所示，选中"安全无线连接"类型，并在"名称"框中为其命名。

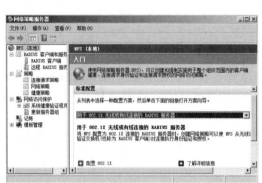

图 12-28　开始配置 802.1X　　　　　　　　图 12-29　选择 802.1X 连接类型

（3）单击"下一步"按钮，出现"指定 802.1X 交换机"对话框，指定作为 RADIUS 客户端的身份验证交换机或无线访问点。这里将无线访问点添加为 RADIUS 客户端，如图 12-30 所示。

（4）单击"下一步"按钮，出现图 12-31 所示的对话框，从中配置身份验证方法。这里选择最为简单的"Microsoft：安全密码(EAP-MSCHAP v2)"。

图 12-30　添加 RADISU 客户端　　　　　　　图 12-31　配置身份验证方法

对于 802.1X 无线和有线连接支持可扩展的身份验证协议（Extensible Authentication Protocol，EAP）来加强安全性，可以使用以下 3 种扩展的身份验证方法。

● EAP-TLS。选中"Microsoft：智能卡或其他证书"。通过使用 EAP-TLS，无线客户端发送用于身份验证的计算机证书、用户证书或智能卡，同时 RADIUS 服务器也发送用于身份验证的计算机证书，相互验证身份。

● PEAP-TLS。选中"Microsoft：受保护的 EAP (PEAP)"。除具有 EAP-TLS 身份验证特性外，PEAP-TLS 还要求在发送验证信息前先加密 TLS 会话，是最强的身份验证方法。

上述两种身份验证方法要求 RADIUS 服务器和客户端都安装计算机证书，因而必须通过安装和配置 Active Directory 证书服务来部署公钥基础结构，以便将证书颁发到域成员客户端计算机和 RADIUS 服务器（NPS 服务器）。

● PEAP-MS-CHAP v2。选中"Microsoft：安全密码(EAP-MSCHAP v2)"。这是一种基于密码的身份验证方法，不需要计算机证书或智能卡，身份验证信息的交换会话使用加密的 TLS 进行保护，并且使用 CHAP 进行密码的完整性验证。但它要求在 RADIUS 服务器上安装计算机证书，每个无线客户端计算机只需安装根 CA 证书（可由组策略实现自动添加），可以从第三方申请证书。

（5）单击"下一步"按钮出现"指定用户组"对话框，添加允许访问无线访问点的用户组。

（6）单击"下一步"按钮，出现"配置流量控制"对话框，可以不进行配置。

（7）单击"下一步"按钮，出现提示正在完成的界面，检查确认配置信息，单击"完成"按钮完成 NPS 服务器配置。

根据以上配置信息，可知添加了一个 RADIUS 客户端，并分别创建了一条连接请求策略和一条网络策略。可根据需要进一步修改这些配置。

2. 配置无线访问点

无线访问点除了常规的 SSID、IP 地址配置外，要使用基于 802.1X 身份验证的 WPA2 或者 WPA 无线安全技术，还需要将其配置为 RADIUS 客户端，设置 RADIUS 服务器的 IP 地址或域名、RADIUS 共享密钥、用于身份验证和记账的 UDP 端口，默认为 1812 和 1813。

3. 配置无线客户端

可以使用组策略为域中的 Windows XP SP3、Windows Vista 及更高版本计算机统一配置无线网络（IEEE 802.11）策略。这里以 Windows 7、Windows Vista 无线客户端的无线策略配置为例进行示范。

（1）打开组策略管理器，编辑相应域的组策略对象，依次展开"计算机配置" > "策略" > "Windows 配置" > "安全设置"节点。

（2）右键单击其中的"无线网络（IEEE 802.11）策略"节点，选择"为 Windows Vista 及更高版本创建新的无线网络策略"命令打开图 12-32 所示的对话框，创建无线网络策略。

（3）单击"添加"按钮选择"结构"或"临时"，打开图 12-33 所示的对话框，添加要应用的 SSID 的名称。

（4）切换到"安全"选项卡，如图 12-34 所示，为网络选择安全方法，这里保持默认的 WPA2 和 AES；选择网络身份验证方法"Microsoft：受保护的 EAP (PEAP)"。

（5）单击"属性"按钮弹出图 12-35 所示的对话框，选中"验证服务器证书"复选框，并从"受信任的根证书颁发机构"列表中选择向 NPS 服务器颁发服务器证书的受信任的根证书颁发机构。注意此设置将客户端信任的受信任根证书颁发机构限制为所选的 CA，如果未选择任何根 CA，则客户端将信任列表中的所有根 CA。

图 12-32　新建无线网络策略

图 12-33　新建配置文件

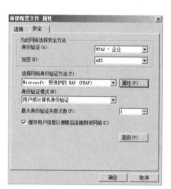

图 12-34　配置安全

图 12-35　设置受保护的 EAP 属性

（6）从"选择身份验证方法"列表中选择"安全密码（EAP-MS-CHAP v2）"。

（7）依次单击"确定"完成设置并退出。

12.3　部署与测试 RADIUS 代理服务器

　　Windows Server 2008 R2 网络策略服务器可以充当 RADIUS 代理服务器，将 RADIUS 客户端的身份验证、授权和记账请求委托给其他 RADIUS 服务器进行处理。这至少需要两台 NPS 服务器，一台作为 RADIUS 代理，另一台作为 RADIUS 服务器。为便于实验，对 12.2 节的 VPN 实验环境略加调整，在 VPN 服务器上同时安装网络策略服务器，并将它作为 RADIUS 代理，如图 12-36 所示。

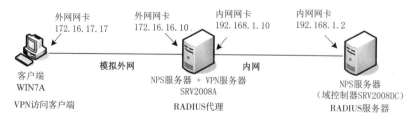

图 12-36　RADIUS 代理服务器模拟实验环境

12.3.1　配置 RADIUS 代理服务器

首先在 VPN 服务器上运行服务器管理器，为"网络策略和访问服务"角色添加"网络策略服务器"角色服务。由于同时安装有"网络策略服务器"和"路由和远程访问服务"两个角色服务，NPS 服务器将自动接管路由和远程访问服务的身份验证和记账，也就是说远程访问的身份验证和记账必须由本地 NPS 服务器提供。在"路由和远程访问"控制台中打开服务器属性设置对话框，切换到"安全"选项卡，可以发现这样的提示信息。

该服务器（例中为 SRV2008A）作为 VPN 服务器，具有 RADIUS 客户端身份。由于安装网络策略服务器，又可作为 RADIUS 服务器或 RADIUS 代理服务器。这里要将其配置为 RADIUS 代理服务器。可以使用连接请求策略来指定执行连接请求身份验证的位置，是在本地计算机上，还是在属于远程 RADIUS 服务器组成员的远程 RADIUS 服务器上（也就是使用 RADIUS 代理）。

1. 管理远程 RADIUS 服务器组

设置 RADIUS 代理需要实现创建远程 RADIUS 服务器组，并将要为 RADIUS 代理服务器提供服务的 RADIUS 服务器作为该组成员。

（1）在 SRV2008A 服务器上打开 NPS 控制台，展开"RADIUS 客户端和服务器"节点，右键单击"远程 RADIUS 服务器组"节点，选择"新建"命令，弹出相应的对话框，如图 12-37 所示。

（2）在"组名"框中为该组命名，单击"添加"按钮打开"添加 RADIUS 服务器"对话框，在"服务器"框中设置 RADIUS 服务器的 IP 地址或域名。

（3）切换到"身份验证/记账"选项卡，如图 12-38 所示，设置共享机密（密钥），其他选项保持默认设置即可。

图 12-37　新建远程 RADIUS 服务器组

图 12-38　设置身份验证与记账

（4）确认上述设置后，单击"确定"按钮完成 RADIUS 服务器的添加。

（5）回到"新建远程 RADIUS 服务器组"对话框，可根据需要继续添加其他 RADIUS 服务器，完成后单击"确定"按钮。

这样，上述远程 RADIUS 服务器组将加入到远程 RADIUS 服务器组列表中，可以根据需要进一步修改其设置。

2. 启用 RADIUS 代理

打开 NPS 控制台,如图 12-39 所示,展开"策略">"连接请求策略"节点,右侧窗格中列出现有的连接策略列表,由于原先 VPN 服务器上已经配置为 RADIUS 客户端,这里增加了一个名为"路由和远程访问服务"的策略(另外也生成了一个名为"Microsoft 路由和远程访问身份验证服务器"的远程 RADIUS 服务器组),通过该策略已经自动设置为 RADIUS 代理服务器。为便于实验,这里再对该策略进行修改。当然,还可以增加一个新的连接请求策略。

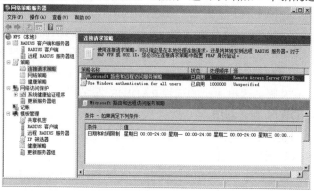

图 12-39 连接请求策略列表

(1)双击该策略打开相应的属性设置对话框,切换到"设置"选项卡,如图 12-40 所示,单击"转发连接请求"下的"身份验证",选中"将请求转发到以下远程 RADIUS 服务器组进行身份验证"选项,并从列表中选择相应的远程 RADIUS 服务器组。如果没有合适的远程 RADIUS 服务器组,可以单击"新建"按钮增加。

(2)如图 12-41 所示,单击"转发连接请求"下的"记账",选中"将记账请求转发到此远程 RADIUS 服务器组"选项,并从列表中选择相应的远程 RADIUS 服务器组。

(3)完成上述设置后单击"确定"按钮。

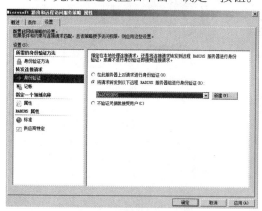

图 12-40 转发身份验证请求

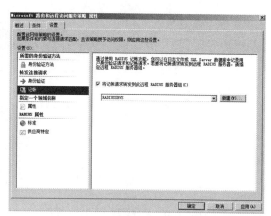

图 12-41 转发记账请求

12.3.2 测试 RADIUS 代理服务器

配置好 RADIUS 代理服务器后,再配置好 RADIUS 服务器和 PPTP VPN 服务器,然后进行 VPN 连接测试,连接成功后可以分别检查 RADIUS 代理服务器和 RADIUS 服务器的 NPS 日志记录。

RADIUS 代理服务器上的 NPS 日志记录如图 12-42 所示,从中可以发现使用的连接请求策略、远程服务器组、RADIUS 服务器。这说明 RADIUS 代理已经成功运行。

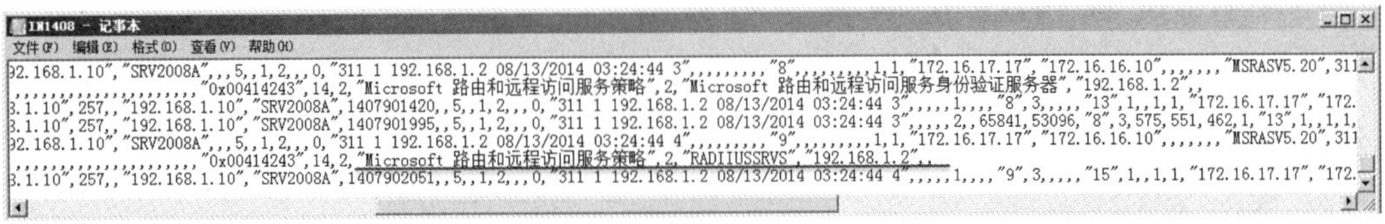

图 12-42　查看 RADIUS 代理服务器 NPS 日志记录（RADIUS 记账）

RADIUS 服务器上的 NPS 日志记录如图 12-43 所示，从中可以发现使用的连接请求策略与代理服务器不同。

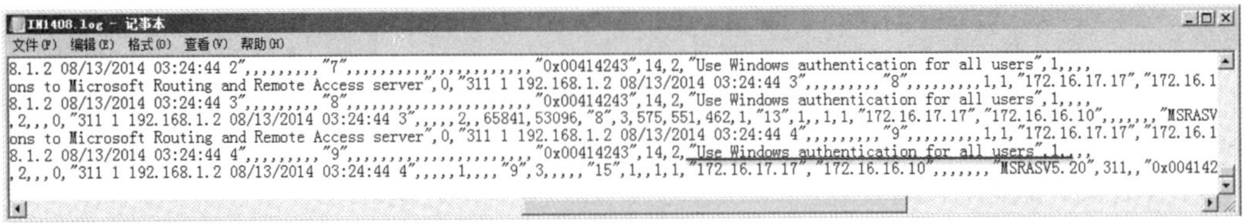

图 12-43　查看 RADIUS 服务器 NPS 日志记录（RADIUS 记账）

12.4　部署网络访问保护

Windows Server 2008 R2 网络策略服务器可以充当 NAP 健康策略服务器，集中管理客户端健康策略。这里以比较常用的 DHCP NAP 强制为例示范网络访问保护的部署和管理。

当实施 DHCP NAP 强制方案时，安装 DHCP 服务的 Windows Server 2008 R2 或 Windows Server 2008 计算机充当强制服务器。DHCP NAP 强制服务器需要满足以下两条连接要求。

● 要验证 NAP 客户端计算机的健康，DHCP 服务器必须在本地 NPS 中配置 NAP 健康策略，或者能够连接到一台或多台 NAP 健康策略服务器。

● 当 NAP 客户端计算机首次请求 DHCP 地址时，或者未符合健康策略的计算机完成健康状态修正之后，DHCP 服务器应当与它们通信。

通常需要部署两台服务器，如图 12-44 所示，一台作为域控制器提供 Active Directory 域服务；另一台作为 NAP 健康策略服务器，安装有网络策略服务器和 DHCP 服务，并作为域成员。为便于实验，这里简化实验环境，将两台服务器合并，由 Windows Server 2008 R2 域控制器兼任 NAP 健康策略服务器，这样仅需一台服务器和一台客户端就可以完成实验（注意将客户端计算机调整到内网），如图 12-45 所示。下面讲解具体的配置方法。

图 12-44　NAP 网络环境　　　　　　　　图 12-45　NAP 模拟实验环境

12.4.1 配置 NAP 健康策略服务器

配置 NAP 健康策略服务器的前提是安装网络策略服务器，关键是配置 NAP 和系统健康验证器。这里在域控制上进行操作，安装"网络策略服务器"角色服务的步骤不再赘述。

1. 配置 NAP

NPS 控制台提供了向导来帮助管理员快速完成 NAP 配置，生成相应的 NAP 增强策略。

（1）打开 NPS 控制台，单击"NPS（本地）"节点，从右侧窗格"标准配置"区域的列表中选择"网络访问保护（NAP）"，单击"配置 NAP"按钮启动配置 NAP 向导。

（2）如图 12-46 所示，从"网络连接方法"列表中选择"动态主机配置协议（DHCP）"，在"策略名称"框中为其命名，保持默认即可。

（3）单击"下一步"按钮，出现图 12-47 所示的界面，指定用于执行 NAP 强制的 DHCP 服务器（作为 RADIUS 客户端加入到 NPS 服务器中）。

如果 DHCP 服务器没有安装在 NPS 服务器中，则需要将远程 DHCP 服务器配置为 RADIUS 客户端。本实验环境 DHCP 服务安装在 NPS 服务器中，所以无需配置。

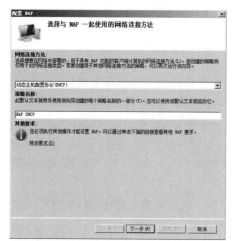

图 12-46　指定网络连接方法　　　　图 12-47　指定 DHCP 服务器

（4）单击"下一步"按钮，出现图 12-48 所示的界面，指定受 NAP 限制的 DHCP 作用域。这里不指定 DHCP 作用域，NAP 将应用于该 DHCP 服务器中的所有作用域范围。

（5）单击"下一步"按钮，出现"配置计算机组"界面，这里不添加计算机组，该策略应用于所有用户。

（6）单击"下一步"按钮，出现相应的界面，指定更新服务器组和 URL。

更新服务器组定义用于更新 NAP 客户端软件的 Microsoft 更新服务器，其成员通常是 WSUS（Windows Server Update Service）服务器，将 Microsoft 产品的最新更新程序部署到企业网络计算机。先要创建相应的更新服务器组，才能在此进行设置。URL 用于设置指导客户端用户实施网络访问保护的帮助网页。这里将两项都保持默认设置。

（7）单击"下一步"按钮，出现图 12-49 所示的界面，定义 NAP 健康策略，保持默认设置即可。

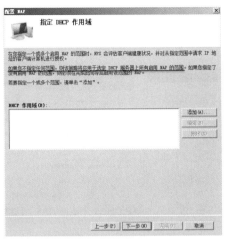

图 12-48 指定 DHCP 作用域

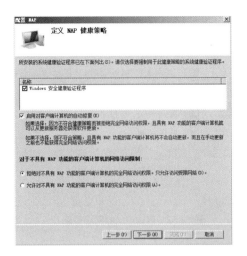

图 12-49 定义 NAP 健康策略

（8）单击"下一步"按钮，出现提示正在完成的界面，检查确认上述设置，单击"完成"按钮完成 NAP 策略的创建。

2. 查看和管理 NAP 策略

通过上述配置，系统针对 DHCP NAP 强制自动创建了连接请求策略、网络策略和健康策略。可以进一步查看策略的详细定义，还可以根据需要修改。

（1）连接请求策略。如图 12-50 所示，系统针对 DHCP NAP 强制自动生成一条连接请求策略，双击该策略打开相应的界面，如图 12-51 所示，这里将访问服务器的类型限定为"DHCP Server"。切换到"设置"选项卡，可以查看和设置连接请求转发。

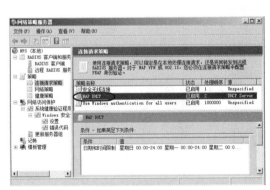

图 12-50 自动生成的连接请求策略

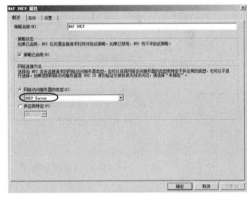

图 12-51 连接请求策略属性

（2）网络策略。如图 12-52 所示，系统针对 DHCP NAP 强制自动生成 3 条网络策略，分别针对符合健康策略的客户端、不符合健康策略的客户端和不支持 NAP 的客户端设置网络访问保护。例如，查看其中的"NAP DHCP 不支持 NAP"策略打开相应的界面，切换到"设置"选项卡，如图 12-53 所示，单击"NAP 强制"，可以发现只允许受限访问并启动自动更新对客户端进行自动修正。

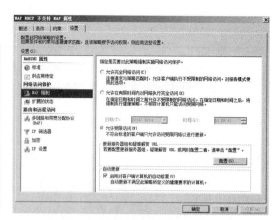

图 12-52　自动生成的网络策略　　　　　　　图 12-53　"NAP DHCP 不支持 NAP"网络策略

（3）健康策略。

部署 NAP 时，会将健康策略添加到网络策略配置中，使 NPS 可以在授权过程中执行客户端健康检查。如图 12-54 所示，系统针对 DHCP NAP 强制自动生成两条健康策略，分别定义符合健康策略和不符合健康策略的条件。查看其中的"NAP DHCP 符合"策略打开相应的界面，如图 12-55 所示，要求客户端通过所有的 SHV 的检查，这里检查所使用的 SHV 只有一个，是 Windows 安全健康验证程序，且使用的是默认设置。可以从"客户端 SHV 检查"下拉列表中选择其他条件（见图 12-56），还可以设置所用的 SHV。查看其中的"NAP DHCP 符合"策略打开相应的界面，如图 12-57 所示，客户端只要有一个 SHV 检查不能通过，即被视为不符合健康策略。

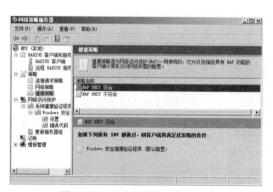
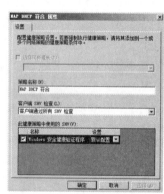

图 12-54　自动生成的健康策略　　　　　　　图 12-55　"NAP DHCP 符合"健康策略

图 12-56　设置 SHV 检查　　　　　　　图 12-57　"NAP DHCP 不符合"健康策略

3. 配置系统健康验证器

上述健康策略要由 Windows 安全健康验证程序来检查。健康验证器定义了客户端符合健康策略，访问内部网络所需要的条件。打开 NPS 控制台，如图 12-58 所示，依次展开"网络访问保护">"系统健康验证程序">"Windows 安全健康验证程序">"设置"节点。双击右侧的"默认配置"项打开对话框，默认选中大部分选项，如图 12-59 所示，这里针对 Windows 7/Windows Vista 仅选中"已为所有网络连接启用防火墙"选项，设置客户端符合 NAP 健康策略的条件是启用防火墙。

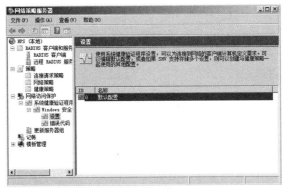

图 12-58　Windows 安全健康验证程序

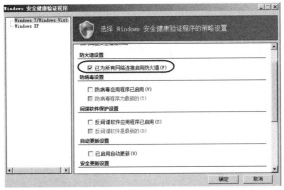

图 12-59　Windows 安全健康验证程序策略设置

12.4.2 配置 NAP 强制服务器（DHCP 服务器）

DHCP 服务器作为 NAP 强制服务器，对 DHCP 客户端执行网络访问保护强制。DHCP 服务器需要作为 RADIUS 客户端，通过 RADIUS 协议与 NPS 服务器（作为健康策略服务器）通信。DHCP 服务器本身并不支持 RADIUS，如果 DHCP 服务器上没有安装网络策略服务器，则需要安装该角色服务，在 Active Directory 域环境中还要将其加入域。本实验环境中，DHCP 服务与 NPS 服务器都安装在域控制器中，无需进行这些安装和配置工作。

1. DHCP 作用域启用 NAP

DHC 作用域默认不支持网络访问保护，需要设置。打开 DHCP 控制台，展开服务器节点下的"IPv4"节点，右键单击"作用域"节点，选择"属性"命令打开相应的对话框，切换到"网络访问保护"选项卡中，选中"对此作用域启用"和"使用默认网络访问保护配置文件"选项，如图 12-60 所示。

2. 配置默认用户类

DHCP 默认设置为"默认用户"用户类提供 DHCP 选项。符合健康策略的客户端计算机从 DHCP 服务器获得 IP 地址时将同时获得这些选项。

在 DHCP 控制台中打开相应作用域的属性设置对话框,切换到"高级"选项卡,如图 12-61 所示,从"用户类"列表中选择"默认用户类",然后设置"006 DNS 服务器""015 DNS 域名"等选项值。

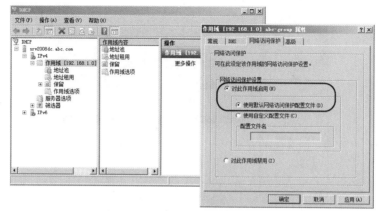

图 12-60　对 DHCP 作用域启用 NAP

3. 配置默认网络访问保护类

由于安装有 NPS 服务器,DHCP 服务器可以为"默认网络访问保护级别"用户类提供 DHCP 选项。不符合健康策略的客户端计算机从 DHCP 服务器获得 IP 地址时将同时获得这些选项。

在 DHCP 控制台中打开相应作用域属性设置对话框,切换到"高级"选项卡,如图 12-62 所示,从"用户类"列表中选择"默认的网络访问保护级别"(英文全称"Default Network Access Protection Class",译为"默认网络访问保护类"更合适),然后设置"006 DNS 服务器""015 DNS 域名"等选项值。通常用特定的子域(如 restricted.abc.com)来标记那些不符合健康策略的 NAP 客户端。

图 12-61　配置默认用户类　　　　图 12-62　配置默认网络访问保护类

12.4.3　配置 NAP 客户端组策略

默认情况下 Windows 计算机并不能成为 NAP 客户端,必须进行一些设置。在 Active Directory 域环境中,通常应用组策略来统一设置 NAP 客户端。实际应用中一般要针对 NAP 客户端计算机创建专门的安全组,将客户端加入到该组,将组策略仅应用到该安全组。

（1）以域管理员身份登录到域控制器，从管理工具菜单中打开组策略管理器。或者从其他域成员服务器运行 gpme.msc 来打开该工具，前提是安装有"组策略管理"功能。

（2）展开相应的林和域节点，右键单击要配置的域节点，选择"在这个域中创建 GPO 并在此链接"命令打开"新建 GPO"对话框，为其命名。这里命名为"NAP 客户端设置"。

（3）右键单击该 GPO，选择"编辑"命令打开相应的组策略编辑器，依次展开"计算机配置"> "策略" > "Windows 配置" > "安全设置" > "系统服务"节点。

（4）如图 12-63 所示，在详细窗格中双击"Network Access Protection Agent"打开相应的属性设置对话框，选中"定义此策略设置"复选框并选择"自动"单选钮，单击"确定"按钮。

图 12-63　自动启动"Network Access Protection Agent"服务

（5）如图 12-64 所示，继续在"安全设置"节点下展开"网络访问保护" > "NAP 客户端配置" > "强制客户端"节点，双击详细窗格中的"DHCP 隔离强制客户端"打开相应的对话框，选中"启用此强制客户端"复选框，单击"确定"按钮。

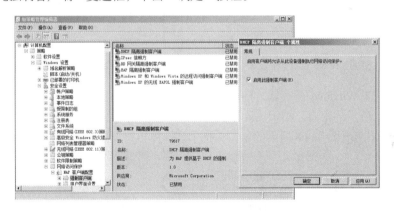

图 12-64　启用 DHCP 隔离强制客户端

（6）在相应域节点下展开"计算机配置" > "策略" > "管理模板" > "Windows 组件" > "安全中心"节点，双击详细窗格中的"启用安全中心(仅限域 PC)"打开相应的对话框，选中"已启用"复选框，单击"确定"按钮。这样将启用"安全中心"，监视基本安全设置并在计算机可能存在风险时通知用户。

（7）设置完毕关闭组策略编辑器和组策略管理器。

12.4.4 测试网络访问保护功能

这里以域成员计算机作为 NAP 客户端进行测试。

（1）如果该计算机还未加入到域，请先将其加入域。

（2）在客户端计算机上运行 gpupdate 命令强制刷新组策略，或重启该计算机，获取新的 NAP 客户端设置组策略。

（3）打开控制面板，依次单击"系统和安全"和"操作中心"查看该计算机的安全保护设置。展开"安全"项并向下拉动，可发现网络访问保护功能和网络防火墙都已启用，如图 12-65 所示。

（4）回到控制面板，依次单击"系统和安全"和"Windows 防火墙"查看防火墙设置。单击"打开或关闭 Windows 防火墙"链接，可发现 Windows 防火墙都已启用，如图 12-66 所示。

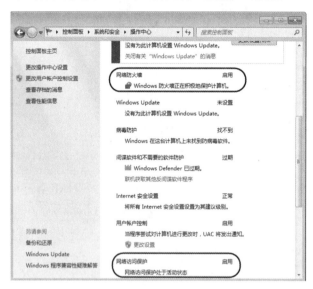

图 12-65　查看安全设置

图 12-66　配置 Windows 防火墙

（5）尝试关闭 Windows 防火墙，将弹出"启用 Windows 防火墙"的通知信息，单击该信息将弹出图 12-67 所示的窗口，指示该计算机不符合管理员定义的安全标准，正在进行更新（修正）。更新完毕将出现图 12-68 所示的窗口，指示该计算机符合安全标准。

图 12-67　更新（修复）安全设置

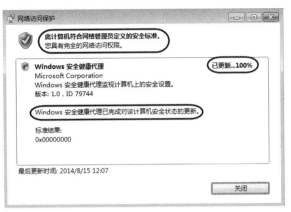

图 12-68　安全设置更新完毕

此时无法手动关闭 Windows 防火墙。即使执行关闭防火墙操作后，系统在检测到安全策略设置中的选项被更改，会强行再次按照安全策略的要求启用防火墙，从而修正客户端计算机。这就表明网络访问保护配置成功。

12.4.5　配置非域成员的 NAP 客户端

对于未加入到域的客户端计算机，需要进行手动配置使其成为 NAP 客户端。与域成员所应用的 NAP 客户端设置组策略一致，NAP 客户端配置包括启动 Network Access Protection Agent 服务和启动 DHCP 隔离强制客户端。

首先要启动 Network Access Protection Agent 服务。打开"计算机管理"控制台，依次展开"服务和应用程序"和"服务"节点，双击详细窗格中的 Network Access Protection Agent 打开相应的窗口，将启动类型改为"自动"，单击"确定"按钮。

然后启用 DHCP 隔离强制客户端。执行 napclcfg.msc 命令打开相应的对话框，如图 12-69 所示，单击"强制客户端"节点，双击详细窗格中的"DHCP 隔离强制客户端"，弹出相应的对话框，选中启用此强制客户端选项即可。

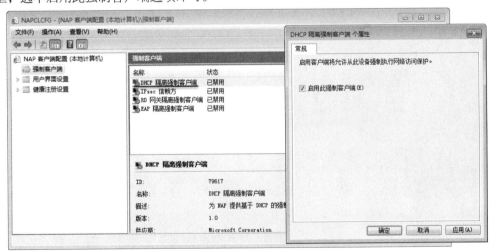

图 12-69　启用 DHCP 隔离强制客户端

12.5 习题

简答题

（1）简述 RADIUS 系统的组成。

（2）简述 RADIUS 服务器的主要功能。

（3）什么是 RADIUS 代理?

（4）简述 NAP 系统的组成。

（5）简述 NAP 的工作机制。

（6）NAP 有哪些强制方法?

实验题

（1）在 Windows Server 2008 R2 服务器上安装网络策略服务器并将其注册到 Active Directory。

（2）配置用于 VPN 远程访问的 RADIUS 服务器并进行测试。

（3）配置 DHCP NAP 强制并进行测试。

（4）配置 VPN NAP 强制并进行测试（此为选做题，可参考图 12-12 搭建实验环境，将 VPN 服务器配置为 RADIUS 客户端，NPS 服务器兼作 NAP 健康策略服务器和 RADIUS 服务器）。

附录
基于 Vmware
组建虚拟网络

VMware Workstation 是一款主流的桌面虚拟计算机软件，可在单一桌面上同时运行多个不同的操作系统，为用户提供开发、测试、部署软件的解决方案。VMware Workstation 可在一台物理计算机上模拟完整的网络环境，非常便于测试网络应用。本书的学习和实验需要搭建多种实验网络环境，推荐使用 VMware Workstation 组建虚拟网络。本附录部分以 VMware Workstation 10 简体中文版为例讲解如何在 Windows 计算机上组建和配置所需的虚拟网络，至于该软件的详细操作请参见相关资料。

A.1　VMware 虚拟网络基础

使用 VMware 之前首先要明确两个基本概念。

（1）主机。它是指物理存在的计算机，又称宿主计算机。主机操作系统是指宿主计算机上的操作系统，在主机操作系统上安装的虚拟机软件可以在计算机上模拟一台或多台虚拟机。

（2）虚拟机。它是指在物理计算机上运行的操作系统中的模拟出来的计算机，又称虚拟客户机。从理论上讲完全等同于实体的物理计算机。每个虚拟机都可安装自己的操作系统或应用程序，并连接网络。运行在虚拟机上的操作系统称为客户操作系统。

A.1.1　VMware 虚拟网络组件

使用虚拟机软件 VMware 可以在一台物理计算机上组建若干虚拟网络，以模拟实际网络。与物理网络一样，要组建虚拟网络，也必须有相应的网络组件。在 VMware 虚拟网络中，各种虚拟网络组件由 VMware 软件自己来充当。

1．虚拟交换机

如同物理网络交换机一样，虚拟交换机用于连接各种网络设备或计算机。在 Windows 主机系统中，VMware Workstation 10 最多可创建 20 个虚拟交换机，一个虚拟交换机对应一个虚拟网络。

2．虚拟机虚拟网卡

创建虚拟机时自动为虚拟机创建虚拟网卡（虚拟网络适配器），一个虚拟机最多可以安装 20 个虚拟网卡，连接到不同的虚拟交换机。

3．主机虚拟网卡

VMware 主机除了可以多个安装物理网卡外，最多也可以安装 20 个虚拟网卡。主机虚拟网卡连接到虚拟交换机以加入虚拟网络，实现 VMware 主机与 VMware 虚拟机之间的通信。安装 VMware Workstation 之后重新启动主机后，主机虚拟网卡自动被创建到主机系统中，根据需要可以设置多个主机虚拟网卡。

4. 虚拟网桥

通过虚拟网桥，可以将 VMware 虚拟机连接到 VMware 主机所在的局域网中。这种方式直接将虚拟交换机连接到主机的物理网卡上。默认情况下名为 VMnet0 的虚拟网络支持虚拟网桥。

5. 虚拟 NAT 设备

虚拟 NAT 设备用于实现虚拟网络中的虚拟机共享主机的一个 IP 地址（主机虚拟网卡上的 IP 地址），以连接到主机外部网络(Internet)。NAT 还支持端口转发，让外部网络用户也能通过 NAT 访问虚拟网络内部资源。VMware 虚拟网络 VMnet8 支持 NAT 模式。

6. 虚拟 DHCP 服务器

对于非网桥连接方式的虚拟机，可通过虚拟 DHCP 服务器自动为它们分配 IP 地址。

A.1.2 VMware 虚拟网络结构与组网模式

通过使用各种 VMware 虚拟网络组件，可以在一台计算机上建立满足不同需求的虚拟网络环境。VMware 虚拟网络结构如图 A-1 所示，这也反映了各个虚拟网络组件之间的关系。

一台 Windows 计算机上最多可创建 20 个虚拟网络，每个虚拟网络以虚拟交换机为核心。VMware 主机通过物理网卡（桥接模式）或虚拟网卡连接到虚拟交换机，VMware 虚拟机通过虚拟网卡连接到虚拟交换机，这样就组成虚拟网络，从而实现主机与虚拟机、虚拟机与虚拟机之间的网络通信。

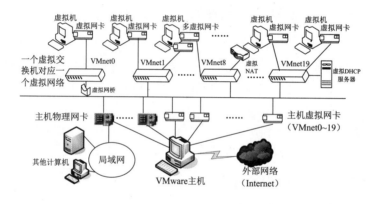

图 A-1 VMware 虚拟网络结构

在 Windows 主机上，一个虚拟网络可以连接的虚拟设备的数量不受限制。主机和虚拟主机上都最多能配置 20 个虚拟网卡，主机和虚拟主机都可连接到多个虚拟网络。每个虚拟网络有自己的 IP 地址范围。

为便于标识虚拟网络，VMware 软件将它们统一命名为 VMnet0～VMnet19。每个虚拟交换机对应一个虚拟网络，实际上是通过主机配置对应的虚拟网卡来实现的，这三者的名称都是相同的。虚拟机上的虚拟网卡要连接到某个虚拟网络，也要将其网络连接指向相应的虚拟网络名称。例如，要组建一个虚拟网络 VMnet2，会在主机上添加一个对应于 VMnet2 的虚拟网卡，并确保该虚拟网卡连接到虚拟网络 VMnet2；然后在虚拟机上将虚拟网卡的网络连接指向 VMnet2。

默认情况下有 3 个虚拟网络由 VMware 进行特殊配置，它们分别对应 3 种标准的 VMware 虚拟网络模式，即桥接模式、NAT 模式和仅主机（Host-only）模式。默认桥接模式网络名称为 VMnet0，NAT 模式网络名称为 VMnet8，仅主机模式网络名称为 VMnet1，这 3 个网络在 VMware Workstation 安装时自动创建。VMnet2～VMnet7、VMnet9～VMnet19 用于自定义虚拟网络。

A.2　VMware 虚拟网络基本配置

采用 VMware 虚拟组网技术，可以灵活地创建各种类型的网络。组网基本流程如下。

（1）确定规划网络结构，确定选择哪种组网模式。

（2）在 VMware 主机上设置虚拟网络，配置相应的虚拟网卡。

（3）根据需要在 VMware 主机上配置虚拟 DHCP 服务器、虚拟 NAT 设备，以及 IP 子网地址范围。

（4）在 VMware 虚拟机上配置虚拟网卡，使其连接到相应的虚拟网络。

（5）根据需要为 VMware 主机配置 TCP/IP。

这里主要介绍一下在 VMware 主机和虚拟机上的一般性设置。

A.2.1　在 VMware 主机上设置虚拟网络

在一台 Windows 计算机上最多可创建 20 个虚拟网络，在为虚拟机配置网络连接之前，根据需要在 VMware 主机上对虚拟网络进行配置，这需要使用虚拟网络编辑器。

在 VMware Workstation 10 程序主界面中选择"编辑" > "虚拟网络编辑器"命令，打开如图 A-2 所示的虚拟网络编辑器主界面，上部区域显示当前已经创建的虚拟网络列表，默认已经创建了 3 个虚拟网络：VMnet0、VMnet1 和 VMnet8。

图 A-2　列出现有的虚拟网络

实际上每个虚拟网络与主机上物理网卡（桥接模式）或虚拟网卡存在一一映射关系，添加虚拟网络的同时在主机上创建对应名称的虚拟网卡。可以查看主机的网络连接，如图 A-3 所示，虚拟网络 VMnet1 和 VMnet8 分别与主机上虚拟网卡 VMnet1 和 VMnet8 连接，VMnet0 则与物理网卡进行桥接，直接使用物理网卡。默认的虚拟网卡名称加上特殊前缀，如 VMware Virtual Ethernet Adapter for VMnet8。

图 A-3 查看主机虚拟网卡

在虚拟网络编辑器中可以添加或删除虚拟网络，或者修改现有虚拟网络配置，如为虚拟网络配置子网（包括子网地址和子网掩码）、DHCP 或 NAT。

以添加一个虚拟网络为例。在虚拟网络编辑器中单击"添加网络"按钮，弹出相应的对话框，如图 A-4 所示，从列表中选择要添加的网络名称（例中选择"VMnet2"），单击"确定"按钮，将该虚拟网络添加到上部区域的列表中，如图 A-5 所示。再单击"确定"或"应用"按钮完成虚拟网络的添加，并自动在主机中添加相应的虚拟网卡。如果要删除虚拟网络，主机中对应的虚拟网卡也将被删除。

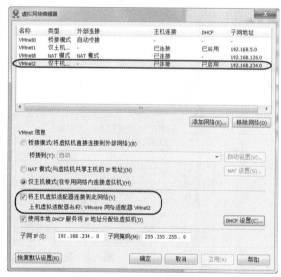

图 A-4 添加虚拟网络　　　　　　　图 A-5 新添加的虚拟网络

在虚拟网络编辑器中从列表中选择一个虚拟网络，可以在下部区域中对其进行配置，单击"确定"或"应用"按钮使配置生效。例中将新添加的虚拟网络设置为仅主机模式，选中"将主机虚拟适配器连接到此网络"复选框，表示将该虚拟网络与虚拟网卡关联起来。在"子网 IP"和"子网掩码"框中为该虚拟网络设置 IP 地址范围，一般需要根据需要修改其默认设置。

虚拟网络支持虚拟 DHCP 服务器，为虚拟机自动分配 IP 地址。选中"使用本地 DHCP 服务将 IP 地址分配给虚拟机"复选框以启用 DHCP，然后单击"DHCP 设置"按钮打开图 A-6 所示的对话框，从中配置和管理该虚拟网络的 DHCP 配置，包括可分配的 IP 地址范围和租期。

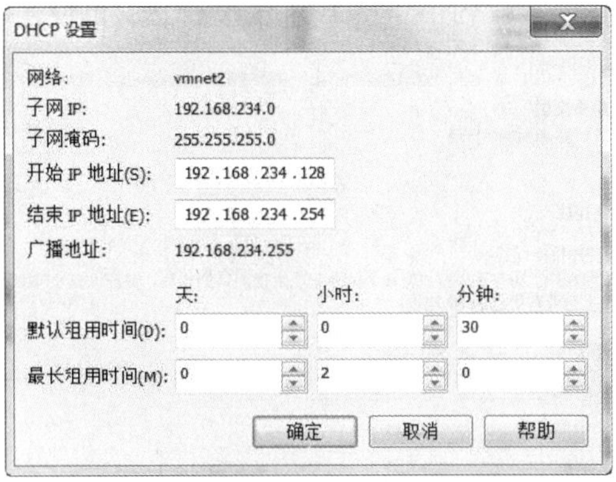

图 A-6　DHCP 设置

对于 NAT 模式的虚拟网络，可以设置 NAT，实现虚拟网络中的虚拟机共享主机的一个 IP 地址连接到主机外部网络。只允许有一个虚拟网络采用 NAT 模式，默认的是 VMnet8，如果要将其他虚拟网络设置 NAT 模式，需要先将 VMnet8 改为其他模式。以 VMnet8 为例，单击 "NAT 设置" 按钮打开图 A-7 所示的对话框，配置和管理该虚拟网络的 NAT 配置，其中最重要的是 "网关"，用于设置所选网络的网关 IP 地址，虚拟机通过该 IP 地址访问到外部网络。

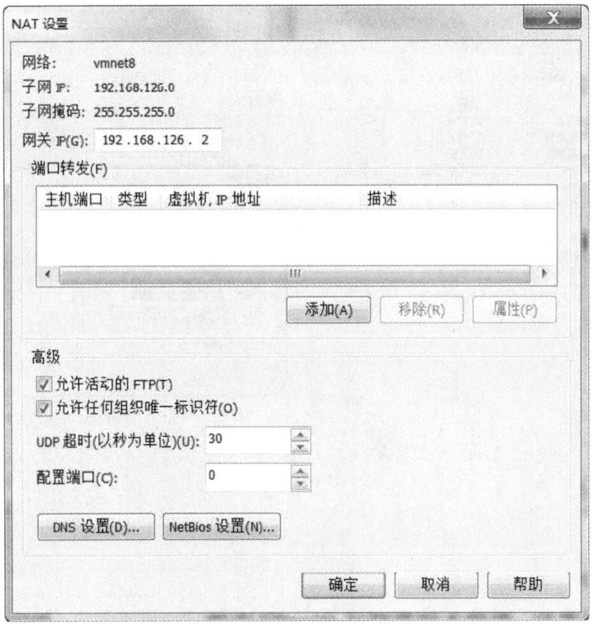

图 A-7　NAT 设置

A.2.2　在 VMware 虚拟机上设置虚拟网卡

使用新建虚拟机向导创建虚拟机时，可以设置虚拟机要采用的网络类型，如图 A-8 所示。如果选择 "不使用网络连接"，将不使用网络连接，也不会创建虚拟网卡。通常在创建 VMware 虚拟机之后，使用虚拟网络设置面板进一步设置虚拟网卡的属性。在 VMware Workstation 主界面中选中某个虚拟机，选择 "虚拟机" > "设置" 命令打开相应的对话框，在 "硬件" 选项卡单击"网络适配器"项，如图 A-9 所示，设置网络连接类型。如果要增加更多的虚拟网卡，单击"添加"按钮，根据提示选择"网络适配器"硬件类型，然后再设置网络连接类型。

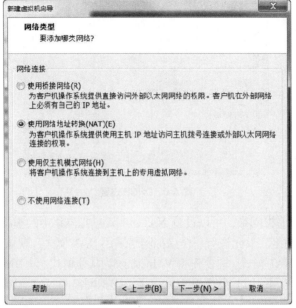

图 A-8　选择网络类型

图 A-9　设置网络连接模式

A.3　不同模式的 VMware 虚拟网络组建

在实际应用中，需要根据不同的需求采用不同的模式组建虚拟网络。

A.3.1　基于桥接模式组建 VMware 虚拟网络

基于桥接模式的 VMware 虚拟网络结构如图 A-10 所示。VMware 主机将虚拟网络（默认为 VMnet0）自动桥接到物理网卡，通过网桥实现网络互连，从而将虚拟网络并入主机所在网络。VMware 虚拟机通过虚拟网卡（默认为 VMnet0）连接到该虚拟网络（VMnet0），经网桥连接到主机所在网络。

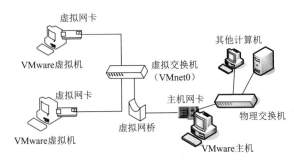

图 A-10　VMware 桥接模式组网

虚拟机与主机在该网络中地位相同，被当作一台独立的物理计算机对待。虚拟机可与主机相互通信，透明地使用主机所在局域网中任何可用的服务，包括共享上网。它还可与主机所在网络上其他计算机相互通信，虚拟机上的资源也可被主机所在网络中的任何主机访问。

如果主机位于以太网中，这是一种最容易让虚拟机访问主机所在网络的组网模式。采用这种模式组网，一般要进行以下设置。

① 在主机上设置桥接。

安装 VMware Workstation 时已经自动安装虚拟网桥。默认情况下，主机自动将 VMnet0 虚拟网络桥接到第 1 个可用的物理网卡。一个物理网卡只能桥接一个虚拟网络。如果主机上有多个物理以太网卡，那么也可以自定义其他网桥以连接其他物理网卡。

参见图 A-2，在"桥接到"列表中选择要桥接的物理网卡。默认选择的是自动，单击"自动设置"按钮可以进一步指定自动桥接的物理网卡（默认的是第 1 块网卡）。

② 在虚拟机上设置虚拟网卡的网络连接模式。

参见图 A-9，将网络连接模式设置为桥接模式，如果要连接到其他桥接模式虚拟网络，选择"自定义"，并从列表中选择虚拟网络名称。

③ 为虚拟机配置 TCP/IP。

此类虚拟机是主机所在以太网的一个节点，必须与主机位于同一个 IP 子网。如果网络中部署有 DHCP 服务器，可以设置虚拟机自动获取 IP 地址以及其他设置；否则需要手工设置 TCP/IP。

A.3.2　基于 NAT 模式组建 VMware 虚拟网络

使用 NAT 模式，就是让虚拟机借助 NAT 功能通过主机所在的网络来访问外网。基于 NAT 模式的 VMware 虚拟网络结构如图 A-11 所示。选择这种模式，VMware 可以身兼虚拟交换机、虚拟 NAT 设备和 DHCP 服务器 3 种角色。默认情况下，VMware 虚拟机通过网卡 VMnet8 连接到虚拟交换机 VMnet8，虚拟网络通过虚拟 NAT 设备共享 VMware 主机上的虚拟网卡 VMnet8 连接到主机所连接的外部网络（Internet）。

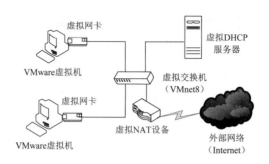

图 A-11　NAT 模式组网

主机上会配置一个独立的专用网络（虚拟网络 VMnet8），主机作为 VMnet8 的 NAT 网关，在虚拟网络 VMnet8 与主机所连网络之间转发数据。可以将虚拟网卡 VMnet8 看作是连接到专用网络的网卡，将主机上的物理网卡看成连接到外网的网卡，而虚拟机本身则相当于运行在专用网络上的计算机。VMware NAT 设备可在一个或多个虚拟机与外部网络之间传送网络数据，能识别针对每个虚拟机的传入数据包，并将其发送到正确的目的地。

如果希望在虚拟机中不用进行任何手工配置就能直接访问 Internet，建议采用 NAT 模式。采用这种模式组网，一般要进行以下设置。

1．在主机上设置 DHCP 和 NAT

首先为虚拟网络选择 NAT 模式，然后配置使用虚拟 DHCP 服务器和 NAT 设备。虚拟机可通过虚拟 DHCP 服务器从该虚拟网络获取一个 IP 地址。也可以不使用虚拟 DHCP 服务器。

默认为 NAT 模式虚拟网络启用了 NAT 服务。NAT 设置的网关一定要与虚拟网络位于同一子网，一般采用默认值即可。

也可以将 NAT 模式虚拟网络的 IP 子网设置为主机所在物理网络的 IP 子网。例如，主机物理网卡 IP 地址为 192.168.1.100/24，可将虚拟网络 IP 的子网设置为 192.168.1.0，子网掩码设置为 255.255.255.0。要注意不要与物理子网的 IP 地址发生冲突。

2．在虚拟机上设置虚拟网卡的网络连接模式

使用新建虚拟机向导创建虚拟机时，默认使用 NAT 模式。

如果要修改连接模式，参见图 A-9，将网络连接模式设置为 NAT 模式。如果选择"自定义"，要从列表中选择 NAT 模式虚拟网络的名称。

3．为虚拟机配置 TCP/IP

主机与虚拟主机之间建立了一个专用网络。默认情况下，虚拟机通过虚拟 DHCP 服务器获得 IP 地址，还有默认网关、DNS 服务器等，这些都可在主机上通过设置 NAT 参数来实现（见图 A-7）。

如果没有启用虚拟 DHCP 服务器，则需要手动设置虚拟机的 IP 地址、子网掩码、默认网关与 DNS 服务器。默认网关用设置为在 NAT 设置中指定的网关（见图 A-7）。

A.3.3　基于仅主机模式组建 VMware 虚拟网络

基于仅主机（Host-only）模式的 VMware 网络结构如图 A-12 所示。选择这种模式，VMware 身兼虚拟交换机和 DHCP 服务器两种角色。默认情况下，VMware 虚拟机通过网卡 VMnet1 连接到虚拟交换机 VMnet1，VMware 主机上的虚拟网卡 VMnet1 连接到虚拟交换机 VMnet1。

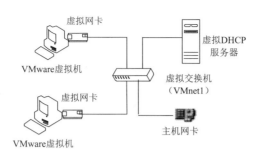

图 A-12 仅主机模式组网

虚拟机与主机一起组成一个专用的虚拟网络，但主机所在以太网中的其他主机不能与虚拟网络中的虚拟机进行网络通信，而虚拟机仍可以共享主机上的拨号等连接方式或以非以太网方式接入 Internet。虚拟机只能访问到主机，主机与虚拟机之间，以及虚拟机之间都可以相互通信。

这种模式适合建立一个完全独立于主机所在网络的虚拟网络，以便进行各种网络实验。采用这种模式组网，一般要进行一下设置。

1．在主机上设置子网 IP 和 DHCP

首先为虚拟网络选择仅主机模式，然后可以根据需要更改子网 IP 设置。这种模式的网络可使用虚拟 DHCP 服务器为网络中的虚拟机（包括主机对应的虚拟网卡）自动分配 IP 地址。可以在主机上建立多个仅主机模式虚拟网络。

2．在虚拟机上设置虚拟网卡的网络连接模式

参见图 A-9，将网络连接模式设置为仅主机模式。如果选择"自定义"，要从列表中选择一个仅主机模式虚拟网络的名称。

3．为虚拟机配置 TCP/IP

默认情况下虚拟机通过虚拟 DHCP 服务器获得 IP 地址。也可手工设置 IP 地址。

如果要接入 Internet，需要通过主机上的网络共享来实现。

A.3.4　定制自己的 VMware 虚拟网络

如果要设计一个更复杂的网络，就要进行自定义配置。这有两种情况，一种是在上述标准模式组网的基础上进行调整更改，另一种是通过自定义一个或多个虚拟网络，在主机或虚拟机上安装多个虚拟网卡，以实现防火墙、网关等复杂配置。

1．组建单个网关（防火墙）的虚拟网络

一个常用的例子是服务器计算机作网关的网络环境涉及 3 台计算机，网络结构如图 A-13所示，其中涉及到网关（双网卡）计算机与外网连接，需要在网络中测试各种网络服务，如 DHCP服务和 NAT 服务。

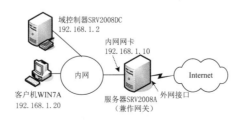

图 A-13　实际的实验网络

要在 VMware Workstation 10 中模拟该实验网络环境,可采用如图 A-14 所示的网络结构。3 台计算机都由虚拟机担任,内网部分采用仅主机模式组建 Vmnet1 网络,并稍作调整,禁用其提供的虚拟 DHCP 服务器,为各个虚拟机手工指定 IP 地址,这样也便于在虚拟机上做架设 DHCP 服务器实验。为便于测试外网连接,还可在虚拟机 SRV2008A 上加装一块虚拟网卡 VMnet0 并设置桥接模式,为该虚拟网卡手工分配 IP 地址(确保与主机位于同一 IP 子网),这样可将对主机的访问模拟为外网访问。

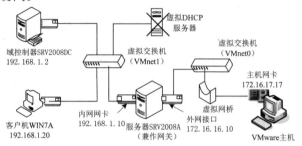

图 A-14 虚拟的实验网络

上述方案也可以直接采用自定义虚拟网络来实现,只需将仅主机模式的 Vmnet1 网络替换为自定义的其他网络,如 VMnet2,然后设置 DHCP 服务器。

2. 组建多个网关(防火墙)的复杂虚拟网络

这里以模拟前后端防火墙网络为例,网络结构如图 A-15 所示,至少需要 4 台虚拟机、3 个虚拟网络,可以采用自定义网络。

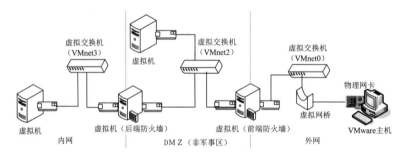

图 A-15 组建复杂的虚拟网络